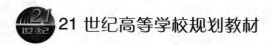

21 世纪高等学校规划教材

**Jishui Paishui Gongcheng**

# 给水排水工程

赵文军　主编
赵惠新　主审

U0390954

中国质检出版社
中国标准出版社

北　京

**图书在版编目（CIP）数据**

给水排水工程/赵文军主编 . —北京：中国质检出版社，2015.6
ISBN 978 - 7 - 5026 - 4016 - 3

Ⅰ.①给… Ⅱ.①赵… Ⅲ.①给水工程 ②排水工程 Ⅳ.①TU991

中国版本图书馆 CIP 数据核字（2014）第 146313 号

## 内 容 提 要

本书根据我国现行的相关标准、规范，我国水工业的发展和国内外先进技术的使用情况，系统介绍了给水排水工程的主要内容和近年来的技术和进展。

本书共 24 章，由四篇组成。第一篇为给水排水管网，内容包括给水排水管道系统概论、给水排水管道系统规划与布置、给水管道系统的设计、污水管道系统的设计、给水排水管道材料。第二篇为给水处理，内容包括水质与给水处理概论、混凝、沉淀和澄清、过滤、消毒和水厂设计。第三篇为污水处理，内容包括污水的水质及水污染控制、污水的物理处理、污水的生物处理——活性污泥法、生物膜法、污泥处理、污水的自然生物处理和城市污水厂设计。第四篇为建筑给排水，内容包括建筑内部给水系统、建筑内部给水系统的计算、建筑消防系统、建筑排水系统、排水管道的水力计算、建筑雨水排水系统。

本书可作为高等学校给水排水工程、环境工程等相关专业教材或教学参考书，也可供有关专业的科技人员或管理人员参考。

中国质检出版社
中国标准出版社　出版发行

北京市朝阳区和平里西街甲 2 号（100029）
北京市西城区三里河北街 16 号（100045）

网址：www. spc. net. cn

总编室：(010) 68533533　发行中心：(010) 51780238

读者服务部：(010) 68523946

中国标准出版社秦皇岛印刷厂印刷

各地新华书店经销

＊

开本 787×1092　1/16　印张 21.5　字数 498 千字
2015 年 6 月第一版　2015 年 6 月第一次印刷

＊

定价：49.00 元

# 本 书 编 委 会

# 序　言

伴随着近年来经济的空前发展和社会各项改革的不断深化，建筑业已成为国民经济的支柱产业和重要的经济增长点。该行业的快速发展对整个社会经济起到了良好的推动作用，尤其是房地产业和公路桥梁等各项基础设施建设的深入开展和逐步完善，也进一步促使整个国民经济逐步走上了良性发展的道路。与此同时，建筑行业自身的结构性调整也在不断进行，这种调整使其对本行业的技术水平、知识结构和人才特点提出了更高的要求，因此，近年来教育部对高校土木工程类各专业的发展日益重视，并连年加大投入以提高教育质量，以期向社会提供更加适应经济发展的应用型技术人才。为此，教育部对高等院校土木工程类各专业的具体设置和教材目录也多次进行了相应的调整，使高等教育逐步从偏重于理论的教育模式中脱离出来，真正成为为国家培养生产一线的高级技术应用型人才的教育，"十二五"期间，这种转化将加速推进并最终得以完善。为适应这一特点，编写高等院校土木工程类各专业所需教材势在必行。

针对以上变化与调整，由中国质检出版社牵头组织了21世纪高等学校规划教材的编写与出版工作。该套教材主要适用于高等院校的土木工程、工程监理以及道路与桥梁等相关专业。由于该领域各专业的技术应用性强、知识结构更新快，因此，我们有针对性地组织了中南林业科技大学、深圳大学、大连海洋大学、北华大学以及北方工业大学等多所相关高校、科研院所以及企业中兼具丰富工程实践和教学经验的专家学者担任各教材的主编与主审，从而为我们成功推出该套框架好、内容新、适应面广的好教材提供必要的保障，以此来满足土木工程类各专业普通高等教育的不断发展和当前全社会范围内建设工程项目安全体系建设的迫切需要；这也对培养素质全面、适应性强、有创新能力的应用型技术人才，进一步提高土木工程类各专业高等教育教材的编写水平起到了积极的推动作用。

针对应用型人才培养院校土木工程类各专业的实际教学需要，本系列教材的编写尤其注重了理论与实践的深度融合，不仅将建筑领域科技发展的新理论合理融入教材中，使读者通过对教材的学习可以深入把握建筑行业发展的全貌，而且也将建筑行业的新知识、新技术、新工艺、新材料编入教材中，使读者掌握最先进的知识和技能，这对我国新世纪应用型人才的培养大有裨益。相信该套教材的成功推出，必将会推动我国土木工程类高等教育教材体系建设的逐步完善和不断发展，从而对国家的新世纪人才培养战略起到积极的促进作用。

教材编审委员会
2015 年 1 月

# 前 言 FOREWORD

现代化城市给水排水工程是城市建设的重要组成部分。它包括一整套完善的给水和排水工程设施，用以完成取水、净水、输配水和排水、污水处理与综合利用等工作，满足城市给水、城市污水排放和保护环境的需要。

本书注重吸收国内外给水工程新理论、新技术和新设备，内容深入浅出，系统性和逻辑性较强，并且重视基本理论和基本概念阐述的严谨性，理论联系实际。

参加编写人员有：黑龙江大学赵文军编写第二篇；黑龙江大学张军编写第一篇和第四篇；黑龙江大学刘春花编写第三篇；哈尔滨理工大学艾恒雨参与了第十一章的编写；哈尔滨工程大学米海蓉参与了第十八章的编写。

书中引用了大量前辈、老师及同行的文献资料，文献名未能一一列出，特作声明，在此向这些文献作者表示深深的谢意。

由于编者的水平有限，教材的编写经验不足，错误在所难免，敬请广大读者批评指正。

编　者

2015 年 1 月

# 目 录 CONTENTS

## 第一篇　给水排水管网

# 第二篇 给水处理

# 第四篇　建筑给排水工程

# 第一篇　给水排水管网

# 第一章 给水排水管道系统概论

## 第一节 给水排水系统的组成

### 一、给水排水系统

给水排水系统是为人们的生活、生产、市政和消防提供用水、废水排除设施的总称。

给水排水系统的功能是向各种不同类别的用户供应满足不同需求的水量和水质,同时承担用户排除废水的收集、输送和处理,达到消除废水中污染物质对于人体健康和保护环境的目的。

给水系统是保障城市居民、工矿企业等用水的各项构筑物和输配水管网组成的系统。

根据系统的性质不同有四种分类方法:

按水源种类,分为地表水(江河、湖泊、水库、海洋等)和地下水(潜水、承压水、泉水等)给水系统。

按服务范围,可分为区域给水、城镇给水、工业给水和建筑给水等系统。

按供水方式,分为自流系统(重力供水)、水泵供水系统(加压供水)和两者相结合的混合供水系统。

按使用目的,可分为生活给水、生产给水和消防给水系统。

废水收集、处理和排放工程设施,称为排水系统。

根据排水系统所接受的废水的性质和来源不同,废水可分为生活污水、工业废水和雨水三类。

### (一)城市给水排水系统

整个城市给水排水系统如图 1-1 所示。

### (二)给水排水系统应具有的主要功能

给水排水系统应具有以下三项主要功能:

(1)水量保障,保障用户足够的水量或及时排除污(废)水。

(2)水质保障,保障供水水质或将符合排放标准的污(废)水排放水体。

(3)水压保障,提供适当的供水压力或尽可能利用重力排水。

### (三)给水排水系统组成

给水排水系统组成如图 1-2 所示。

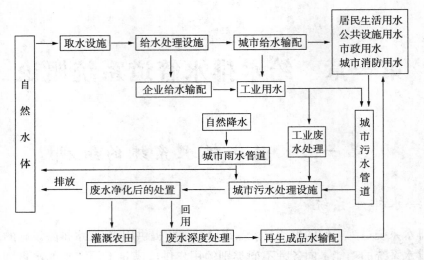

图 1-1　城市给水排水系统

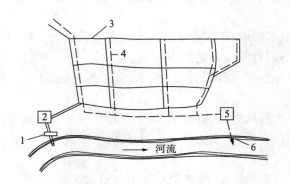

图 1-2　城镇给水排水系统示意图

1—取水系统;2—给水处理系统;3—给水管网系统;4—排水管道系统;
5—废水处理系统;6—废水排放系统

## (四)给水排水系统工作原理

给水排水系统中的各组成部分在水量、水质和水压(能量)上有着紧密的联系,必须正确认识和理解它们的相互关系并有效地进行控制和运行调度管理,才能满足用户对水量、水质和水压的要求,达到水资源优化利用,降低生产运行成本,满足生产要求,保证产品质量,方便人们生活,保护环境,防止灾害等目标。

**1. 给水排水系统的流量关系**

给水排水系统流量关系如图 1-3 所示。

**2. 给水排水系统的水质关系**

给水排水系统的水质主要以各组成部分的水质标准和变化过程来体现。作为城镇给水水源,其水质必须符合国家生活饮用水水源水质标准,生活饮用水必须达到国家生活饮用水水质卫生规范要求,工业用水和其他用水必须达到有关行业水质标准或用户特定的水质要求,废水排放,其水质要求应按照国家废水排放水质标准及废水排放受纳水体的承受能力确定。

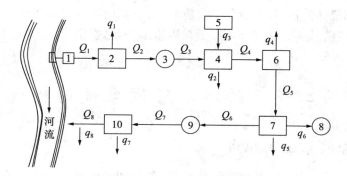

图 1-3　给水排水系统流量关系示意图

1—取水系统;2—给水处理系统;3—清水池;4—给水管网系统;5—水塔;
6—用户;7—排水管道系统;8—调节池;9—均和池;10—污水处理系统;
$Q_i$—输出流量;$q_i$—补充或损失流量

**3. 给水排水系统的水压关系**

给水排水整个过程都与能量有关,在给水系统中常采用以下几种形式:

全重力供水:当水源地势较高时,水流通过重力自流输水到水厂处理,然后又通过重力输水管和管网送至用户使用。

一级加压供水:输水过程中只有一次加压的过程,如水厂地势高,从水源到水厂采用一级提升,处理后依靠水厂的地势采用重力输水,或是水源地势高,直接用重力输水至水厂,处理后采用一级提升送至用户使用。

二级加压供水:这是目前采用最多的供水方式,水流在水源取水时经过第一级加压,提升到水厂进行处理,处理好的清水贮存于清水池中,清水经过第二级加压进入输水管和管网,供用户使用。

多级加压供水:有两种情形,一是长距离输水时需要多级加压提升;二是大型给水系统的用水区域很大,或用水区域为窄长型,一级加压供水不经济或前端管网水压偏高,应采用多级加压供水。

**4. 在排水系统中常采用的形式**

排水系统一般靠地形高差按重力输水,特殊情况下采用压力输水。

排水系统提升主要应用在:管道埋深较大的情况;局部地势低的地方。排水系统提升时有可能需要进行多次设置。

## (五)给水排水管道系统的功能与特点

**1. 给水排水管道系统的功能**

水量输送:即实现一定水量的位置迁移,满足用水和排水的地点要求。

水量调节:即采用贮水措施解决供水、用水与排水的水量不平均问题。

水压调节:即采用加压和减压措施调节水的压力,满足水输送、使用和排放的能量要求。

**2. 给水排水管道系统的特点**

给水排水管道系统具有一般网络系统的特点,即分散性(覆盖整个用水区域)、连通性(各部分之间的水量、水压和水质紧密关联且相互作用)、传输性(水量输送、能量传递)、扩展性(可以向内部或外部扩展,一般分多次建成)等。同时给水排水管道系统又具有与一般网络系统不同的特点,如隐蔽性强,外部干扰因素多,容易发生事故,基建投资费用大,扩建改建频繁,运行管理复杂等。

# 第二节　给排水管网系统的组成

## 一、给水管网系统的组成

整个给水工程或给水系统是包括水的取集、处理和输配的一个大的系统。根据水源不同、供水对象不同及地形不同等,给水系统的组成也有所不同。图1-4为一个典型的城市单水源给水系统示意图。图中各组成部分相互联系,共同完成从原水的取集、处理直至符合用户水质要求的清水送达用户的任务。如果水源距水处理构筑物较近,则从取水构筑物直至二级泵站都属于水厂部分(虚线内部分)。若取水构筑物距水处理构筑物较远,则取水构筑物和一级泵站另建水源厂,用源水输水管送至水厂。

给水管道系统是给水系统的组成之一。从广义而言,图1-4中除了取水构筑物和处理构筑物(图中阴影线部分)以外的部分统称给水管道系统。其组成为:

(1)输水管(渠)道。包括一级泵站至水厂处理构筑物的源水输水管道8和二级泵站至配水管网的净水输水管道9。输水管道的任务仅起输水作用。管中流量及流速不变。

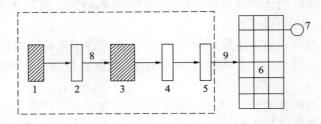

**图1-4　城镇给水系统示意图**

1—取水构筑物;2—一级泵站;3—水处理构筑物;4—清水池;5—二级泵站;
6—配水管网;7—水塔;8—源水输水管道;9—净水输水管道

(2)配水管网。其作用是将处理后的水分配至整个用水区域和用户。

(3)泵站。它将所需用水量提升到所要求的高度。一级泵站2抽取源水;二级泵站5提升净水。有时管网中还设加压泵站。

(4)水量调节构筑物。它包括调节一级泵站和二级泵站流量不等的清水池4,二级泵站和管网配水管用水量不等的水塔7(或高池水库)等。当前,一般大、中城市往往不用水塔,只在某些小城镇或工业企业给水系统中采用。因为,一般大、中城市一天24h用水量变化不太大,而所需水塔容积大,造价又较高,故大、中城市往往采用二级泵站内的水泵调度来调节水量。

(5)给水管道系统上的附属构筑物。给水系统上的附属构筑物主要有阀门井、检查井、消火栓井、水表井、放空排水井、水锤泄压井。

由以上可知,给水管道系统所承担的任务就是水的提升、水的输送和分配及水量调节。在整个给水系统中,投资最大的往往是输水管(渠)道和配水管网,可达总投资60%～80%,

例如磨盘山水库输水管线全长176.53km,起点为黑龙江省五常市磨盘山水库,终点为哈尔滨市平房区,沿途要穿过5条铁路、3条河流和十余条公路,输水管线为全国最长。总投资53亿元。因此,给水管道的合理设计十分重要。

## 二、给水管网系统类型

**1.按水源的数目分类**

(1)单水源给水管网系统。

(2)多水源给水管网系统。

**2.按系统构成方式分类**

(1)统一给水管网系统:同一管网按相同的压力供应生活、生产、消防各类用水。系统简单,投资较少,管理方便。适用在工业用水量占总水量比例小,地形平坦的地区。按水源数目不同可为单水源给水系统和多水源给水系统。

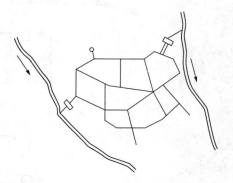

**图1-5 多水源给水系统**

(2)分质给水系统:因用户对水质的要求不同而分成两个或两个以上系统,分别供给各类用户。可分为生活给水管网和生产给水管网等。可以从同一水源取水,在同一水厂中经过不同的工艺和流程处理后,由彼此独立的水泵、输水管和管网,将不同水质的水供给各类用户,如图1-6。

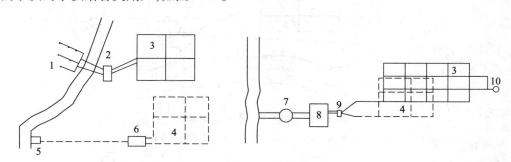

**图1-6 分质给水系统**

1—管井构筑物;2—泵站;3—生活用给水管网;4—生产用水管网;5—取水构筑物;
6—工业用水处理构筑物;7—取水构筑物;8—净水厂;9—二泵站;10—水塔

采用此种系统,可使城市水厂规模缩小,特别是可以节约大量药剂费用和动力费用,但管道和设备增多,管理较复杂。适用在工业用水量占总水量比例大,水质要求不高的地区。

(3)分区给水系统

将给水管网系统划分为多个区域,各区域管网具有独立的供水泵站,供水具有不同的水压。分区给水管网系统可以降低平均供水压力,避免局部水压过高的现象,减少爆管的概率和泵站能量的浪费。管网分区的方法有两种:城镇地形较平坦,功能分区较明显或自然分隔而分区(如图1-7所示);地形高差较大或输水距离较长而分区,又有串联分区和并联分区两类。图1-8所示为并联分区给水管网系统,图1-9所示为串联分区给水管网系统。

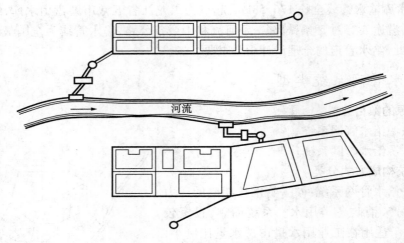

图1-7 分区给水管网系统

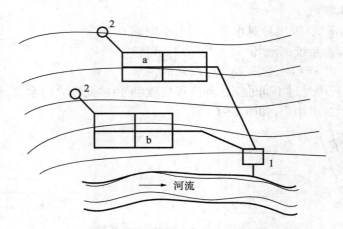

图1-8 并联分区给水管网系统

a—高区;b—低区;1—净水厂;2—水塔或高地水池

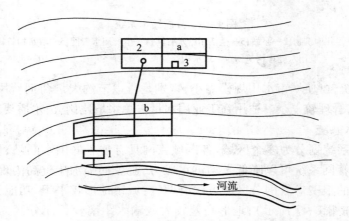

图1-9 串联分区给水管网系统

a—高区;b—低区;1—净水厂;2—水塔或高地水池;3—加压泵站

**3.按输水方式分类**

（1）重力输水：水源处地势较高,清水池中的水依靠重力进入管网系统,无动力消耗,比较经济。

（2）压力输水：依靠泵站加压输水。

# 第三节　排水管道系统

## 一、排水管道系统的组成

排水管道系统一般由废水收集设施、排水管道、水量调节池、提升泵站、废水输水管(渠)和排放口等组成。如图1-10所示。

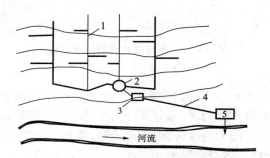

**图1-10　排水管道系统示意图**
1—排水管道;2—水量调节池;3—提升泵站;
4—输水管道(渠);5—污水处理厂

## 二、排水管网系统的体制

排水系统的体制是指在一个地区内收集和输送废水的方式,简称排水体制(制度)。它有合流制和分流制两种基本方式。

### (一)合流制

将城市污水和雨水采用一个管渠系统汇集排除的称合流制排水系统。合流制排水系统又分直排式合流制和截流式合流制两种。

**1.直排式合流制**

将城市污水和雨水混合在一起称混合污水、直流式排水系统是管道系统的布置就近坡向水体,分若干排出口,将未经处理的混合污水用统一管渠系统就近直接排入水体。我国许多城市旧城区大多采用这种系统。如图1-11所示。系统简单,由于混合污水未经处理直接排入水体造成水源污染日益严重,故直流式排水系统目前一般不采用。原有的直流式排水系统也已逐步进行改造。

**2.截流式合流制**

如图1-12所示,这种系统是在沿河的岸边铺设一条截流干管,同时在截流干管上设置溢流井,并在下游设置污水处理厂。

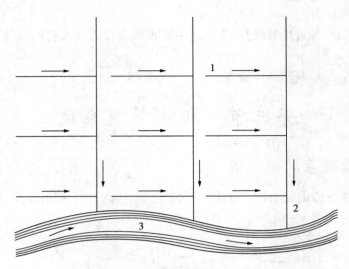

**图 1-11 直排式合流制排水系统**

1—合流支管;2—合流干管;3—河流

这种体制的污水在晴天和初降雨时经污水厂处理后再排入水体或被再利用,当混合污水的流量大于截流干管的输水能力时,部分混合污水经溢流(见图 1-13)井直接排入水体。对比于直排式排水系统有了较大的改进,但在雨天时,仍有部分混合污水未经处理而直接排放,成为水体的污染源而使水体遭受污染。因此,该系统主要适用于对老城市的旧合流制的改造。

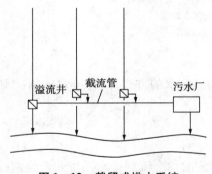

**图 1-12 截留式排水系统**

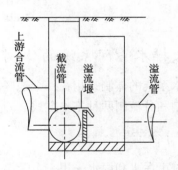

**图 1-13 溢流井结构示意图**

**3.完全合流制**

这种系统是将污水和雨水合流于一条管渠,全部送往污水处理厂进行处理。其特点是卫生条件较好,在街道下,管道综合也比较方便,但工程量较大,初期投资大,污水厂的运行管理不便。采用者不多。

**(二)分流制**

所谓分流制是指用不同管渠分别收集和输送生活污水、工业废水和雨水的排水方式。排除生活污水、工业废水的系统称为污水排水系统。排除雨水的系统称为雨水排水系统。

根据雨水的排除方式不同,分流制又分为下列两种情况:

**1. 完全分流制**

如图1-14所示,在系统中既有污水管道系统,又有雨水管渠系统。生活污水、工业废水经污水排水系统进入污水处理系统,经处理后排入水体或再利用。而雨水经雨水管道系统进入水体。

其特点是特点比较符合环境保护的要求,但对城市管渠的一次性投资较大,适用于新建城市。

**2. 不完全分流制**

如图1-15所示,这种体制只有污水排水系统,没有完整的雨水排水系统。各种污水通过污水排水系统送至污水厂,经过处理后排入水体;雨水沿道路边沟,地面明渠和小河,然后进入较大的水体。

如城镇的地势适宜,不易积水时,或初建城镇和小区可采用不完全分流制,先解决污水的排放问题,待城镇进一步发展后,再建雨水排水系统,完成完全分流制的排水系统。这样可以节省初期投资,有利于城镇的逐步发展。

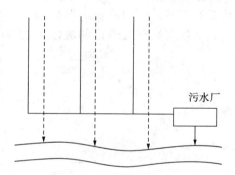

图1-14　完全分流制排水系统

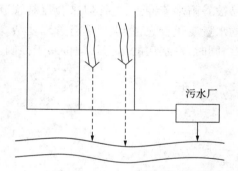

图1-15　不完全分流制排水系统

**3. 半分流制**

既有污水排水系统,又有雨水排水系统的分流制排水系统,即初降雨水经跳跃井进入污水厂,处理后排入水体或再次使用;后续降雨水直接经雨水排水系统排入水体。可以更好地保护水环境,但工程费用较大,目前使用不多,适用于污染较严重地区。

## (三) 排水体制的选择

**1. 从城市规划方面看:**

合流制仅有一条管渠系统,对地下建筑相互间的矛盾较小,占地少,施工方便。分流制管线多,对地下建筑的竖向规划矛盾较大。

**2. 从环境保护方面看:**

直排式合流制不符合卫生要求,新建的城镇和小区已不再采用;完全合流制排水系统卫生条件较好,但工程量大,初期投资大,污水厂的运行管理不便,特别是在我国经济实力还不雄厚的城镇和地区,更是无法采用;在老城市的改造中,常采用截流式合流制,充分利用原有的排水设施,与直排式相比,减小了对环境的危害,但仍有部分混合污水通过溢流井直接排入水体。分流制排水系统的管线多,但卫生条件好,有利于环境保护,虽然初降雨水对水体有污染,但它比较灵活,比较容易适应社会发展的需要,一般又能符合城镇卫生的要求,所以在国内外得到推荐应用,而且也是城镇排水系统体制发展的方向。不完全分流制排水系统,初期投资少,有利于城镇建设的分期发展,在新建城镇和小区可考虑采用这种体制。半分流制卫生情况比较好,但管渠数量多,建造费用高,一般仅在地面污染较严重的区域(如某些工厂区等)采用。

**3. 从投资方面看:**

分流制比合流制高。合流制只敷设一条管渠,其管渠断面尺寸与分流制的雨水管渠相差不大,管道总投资较分流制低 20% ~40%,但合流制的泵站和污水厂却比分流制的造价要高。由于管道工程的投资占给排水工程总投资的 70% ~80%,所以总的投资分流制比合流制高。如果是初建的城镇和小区,初期投资受到限制时,可以考虑采用不完全分流制,先建污水管道而后建雨水管道系统,以节省初期投资,有利于城镇发展,且工期短,见效快,随着工程建设的发展,逐步建设雨水排水系统。

**4. 从排水系统的管理上看:**

合流制管道系统在晴天时只是部分流,流速较低,容易产生沉淀。据经验,管中的沉淀物易被暴雨水流冲走,这样以来合流制管道系统的维护管理费用可以降低。但是,流入污水厂的水量变化较大,污水厂运行管理复杂。分流制管道系统可以保证管内的流速,不致发生沉淀,同时,污水厂的运行管理也易于控制。

# 第二章 给水排水管道系统规划与布置

## 第一节 规划原则和工作程序

给水排水管道系统规划属于给水排水系统规划的一部分,而给水排水系统规划又属于城市总体规划的重要组成部分,必须与城市总体规划相协调。因此,给水排水管道系统规划是在城市总体规划所制定的原则和要求下进行,居于城市总体规划中的单项工程规划。城市规模(包括人口和面积大小)、功能分区、规划年限及城市发展方向等,均在城市总体规划中确定。给水排水系统及管道系统应以此为依据,按国家有关建设方针和政策进行规划设计。有时候,给水排水系统及管道系统规划反过来也会对城市总体规划产生影响。

给水排水系统的城市规划内容中主要包含以下几项:给水水源;净水水处理厂;给水管网;排水管网;污水处理厂;废水排放与利用。与其相对应的规划任务则有下列各项:

①确定服务范围、规模;
②水资源利用与保护措施;
③系统的组成与体系结构;
④主要构筑物位置;
⑤水处理工艺流程与水质保证措施;
⑥管网规划和干管定线;
⑦废水处置方案与环境影响评价;
⑧工程规划的技术经济比较。

### 一、给水排水工程规划原则

给水排水工程规划原则如下:
(1)执行相关政策、法规;
(2)服从城镇发展规划(以城市规划作为给排水系统规划的依据);
(3)合理确定远近期规划与建设范;
(4)一般按远期规划、按近期设计和分期建设;
(5)合理利用水资源和保护环境;
(6)规划方案尽可能经济、高效。

### 二、规划工作程序

规则工作程序如下:
(1)明确规划任务,确定规划编制依据;
(2)调查收集必需的基础资料,进行现场勘察;

（3）在掌握资料与了解现状和规划要求的基础上，合理确定城市用水定额，估算用水量与排水量；

（4）制定给水排水工程规划方案；

（5）根据规划期限，提出分期实施规划的步骤和措施，控制和引导给水排水工程有序建设，节省资金，有利于城镇和工业区的持续发展，增强规划工程的可实施性，提高项目投资效益；

（6）编制规划文件，绘制规划图纸，完成规划成果文本。

# 第二节　给排水管道系统优化设计

管道系统优化设计是在满足工程建设目标的条件下（技术上可行），计算方案的经济费用。常用的方法有：数学分析法和方案比较法。

## 一、给水管道系统的优化设计

给水管道系统的优化设计，从完整的意义上而言，应综合考虑以下四方面因素：所需水量、水压的保证性；供水可靠性；水质安全性；经济性。由于除了经济性以外，其他因素目前还难以用数学式表达，故管道系统的优化设计目前还仅限于经济性方面。

如果管段流量已知，则管网建造费用和经常性管理费用（主要是电费）与管径或管中流速有关。管径大，流速低。管网建造费用大，但经常性的运行电费低（因水头损失小，所需水泵扬程低）。管径小，流速大，管网建造费用小，但经常性的运行电费高。如何确定管径，可采用优化方法求解。标准优化法是求一定约束条件下、一定年限内（称投资偿还期）管网造价和管理费之和为最小时的管径，称经济管径，相应经济管径的流速称经济流速。

在进行优化设计时，先建立以管网总费用等于管网建造费与管理费（主要是电费）之和为目标函数，以管网有关水力条件为约束条件，求函数的极小值，即可得经济管径。但经济管径往往不是标准管径，实际工程中只能选用与之相近的标准管径，结果只能是近似优化。

标准优化法存在以下的一些缺陷：所求经济管径不一定是标准管径，实际采用标准管径后，与优化结果存在误差；仅按一种工况——最高时用水量进行优化计算，而实际供水工况是多变的，例如：设计年限内出现最多的平均时用水量情况，在标准优化设计中均未考虑；采用同一费用指标，未考虑同一城市有可能采用不同管材和不同费用指标，与实际情况有出入；这是一种静态模型，没有考虑贷款利息、企业投资收益和每年还贷情况，故与当前经济规律有一定差距。

虽然标准优化法存在上述一些缺陷，但仍是目前常用的优化法。根据经验，如果某些参数（如投资偿还期）选用恰当，标准优化法仍能达到较好结果。

基于以上情况。专家们广泛重视给水管道系统优化设计新方法的研究，例如优选管径法（枚举技术）、遗传法等新的优化法，可以实现标准管径、实际费用指标及多工况优化计算。

由于管道系统在给水系统建设投资中占的比例较大，根据实践经验，通过优化设计计算，一般可节约管道系统工程投资 $5\% \sim 10\%$，甚至更多。如果通过优化设计能降低水泵扬程，则 $1m^3/s$ 流量、水泵扬程降低 $1m$，每年可节约 $12$ 万度电左右。

## 二、排水管道系统优化

排水管道系统优化设计包括两方面内容:管道系统布置的优化;管道设计参数的优化。优化设计的目的是保证排水管道系统正常运行情况下,总费用最低。

排水管道系统的优化是一个相当复杂的问题。管道系统布置的优化,涉及管道定线、中途泵站设置数目与位置、与障碍物交叉所采用的工程措施及出水口位置和形式等问题。管道设计参数的优化,涉及管渠断面尺寸、管渠长度、管渠坡度、管渠埋设深度以及管渠材料等问题。而管道系统布置的优化又与管道设计参数有关。反过来,管道布置未确定,管道设计参数也无法确定。两者是互相关联的。传统的设计方法是:先通过定性分析进行管道系统布置,而后确定管道参数。管道参数确定以后,再对原有布置进行修改、调整。这种方法也是一种简单的优化设计方法,但往往并非全局性的最优设计。

目前,排水管道系统优化设计主要仍是以费用为目标函数,以设计规范中有关规定为约束条件,建立优化设计数学模型。在排水管道系统中,费用包括:管道费、施工费、提升泵站建造费和运行电费等。这些费用均与管道长度、管道直径(或渠道断面尺寸)、管道材质、管道埋设深度、提升泵的扬程和流量等有关。如果具备有关费用指标,提出数学模型,再以最大和最小设计流速、最大充满度、最小管径、最小覆土厚度等为约束条件,求函数最小值,可得最优管径、坡度或埋深等。

由于我国目前有关排水管道系统技术经济资料匮乏,加上地区差别大,建立数学模型还存在一定困难。有的虽建立了数学模型,但应用中还存在局限性。排水管道系统优化设计尚待继续研究。

# 第三节　城市用水量预测计算

城市给水系统的设计年限,应符合城市总体规划,近远期结合,以近期为主。近期宜采用 5 ~ 10 年,远期规划年限宜采用 10 ~ 20 年。城市用水量是决定水资源使用量、建设规模、投资额的依据。它包括:城市给水工程统一供给的部分;城市给水工程统一供给以外的所有用水量的总和。

## 一、用水量及其变化

### (一)用水量的表示

**1. 城市用水量**

城市用水量包括以下几类:

1)综合生活用水量,包括居民生活用水和公共设施用水,前者指城市中居民的饮用、烹饪、洗涤、冲厕、洗澡等日常生活用水;公共建筑及设施用水包括娱乐场所、宾馆、浴室、商业、学校和机关办公楼等用水,但不包括城市浇洒道路、绿化和市政等用水;

2)工业企业生产用水量和工作人员生活用水量;

3)消防用水量;

4)市政用水量,主要指浇洒道路和绿地用水量;

5）未预见水量及给水管网漏失水量。

**2. 表示方法**

1）最高日用水量 $Q_d$，用水量最多一年内，用水量最多一天的用水量，$m^3/d$。

2）最高日平均时用水量 $Q_d/24$，$m^3/h$。

3）均日用水量 $Q_{ad}$，用水量最多一年内平均每天的用水量，$m^3/d$。

4）最高时用水量 $Q_h$，用水量最多一年内，用水量最多一天中，用水量最大的一小时的用水量，$m^3/h$。

## （二）用水量变化的表示

无论是生活或生产用水，用水量经常在变化。生活用水量随着生活习惯和气候而变化，如假期比平日高，夏季比冬季用水多；从我国大中城市的用水情况可以看出。在一天内又以早晨起床后和晚饭前后用水最多。又如工业企业的冷却用水量，随气温和水温而变化，夏季多于冬季。

工业生产用水量中包括冷却用水、空调用水、工艺过程用水以及清洁、绿化等其他用水，在一年中水量是有变化的。冷却用水主要是用来冷却设备，带走多余热量，所以用水量受到水温和气温的影响，夏季多于冬季。例如火力发电厂、钢厂和化工厂6~7月份高温季节的用水量约为全年月平均的1.3倍；空调用水用以调节室温和湿度，一般在5~9时使用，在高温季节用水量大；除冷却和空调外的其他工业用水量，一年中比较均衡，很少随气温和水温变化，如化工厂和造纸厂，每月用水量变化较少；还有一种季节性很强的食品工业用水，在高温时出生产量大，用水量骤增。

**1. 用水量变化系数**

日变化系数：在一年中，最高日用水量与平均日用水量的比值，叫做日变化系数 $K_d$，根据给水区的地理位置、气候、生活习惯和室内给排水设施程度，其值约为1.1~1.5。

$$K_d = \frac{Q_d}{Q_d'} = 1.1 \sim 1.5 \tag{2—1}$$

时变化系数：最高一小时用水量与平均时用水量的比值 $K_h$，该值在1.3~1.6。

$$K_h = \frac{Q_h}{Q_h'} = 1.3 \sim 1.6 \tag{2—2}$$

$K_h$ 的要根据城市性质、规模、国民经济与社会发展和城市供水系统，并结合供水曲线、和日用水变化分析确定。大中城市的用水比较均匀，$K_h$ 值较小，可取下限。小城市可取上限或适当加大。

**2. 用水量变化曲线**

表示一天24h的变化情况，是制定二泵站工作制度、各种给水构筑物的大小的依据。

在设计给水系统时，除了求出设计年限内最高日用水量和最高日的最高一小时用水量外，还应知道24h的用水量变化，据以确定各种给水构筑物的大小。

图2-1为某大城市的用水量变化曲线，图中每小时用水量按最高日用水量的百分数计，图形面积等于 $\sum_{i=1}^{24} Q_i\% = 100\%$ 是以最高日用水量百分数计的每小时用水量。用水高峰集中在8~10时和16~19时。因为城市大，用水量也大，各种用户用水时间相互错开，使各

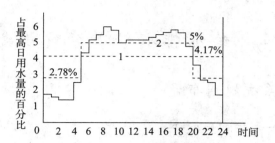

**图 2－1　城市用水量变化曲线**
1——泵站供水曲线;2—二泵站供水曲线

小时的用水虽比较均匀,时变化系数 $K_h$ 为 1.44,最高时(上午 9 时)月水量为最高日用水量的 6% 。实际上,用水量的 24h 变化情况天天不同,图 2－1 只是说明大城市的每小时用水量相差较小。中小城市的 24h 用水量变化较大,人口较少用水标准较低的小城市,24h 用水量的变化幅度更大。

对于新设计的给水工程,用水量变化规律只能按该工程所在地区的气候、人口、居住条件、工业生产工艺、设备能力、产值等情况,参考附近城市的实际资料确定。对于扩建工程,可进行实地调查,获得用水量及其变化规律的资料。

## 二、城市用水量预测计算

几种常用的方法如下:

(1)分类估算法:先按照用水的性质对用水进行分类,然后分析各类用水的特点,确定它们的用水标准,并按用水时标准计算各类用水量,最后累计出总用水量;

(2)单位面积法:根据城市用水区域面积估算用水量,$10^4 m^3/(km^2 \cdot d)$ 。

(3)人均综合指标法:城市人口平均总用水量称为人均综合用水量。由城市人口的总量进一步推求出城市总用水量。

(4)年递增率法(指数曲线的外推模型)

$$Q_a = Q_o(1 + \delta)^t \quad (m^3/d) \tag{2—3}$$

式中,$Q_o$——起始年份平均日用水量,$m^3/d$;

$\quad Q_a$——起始年份后第 $t$ 年的平均日用水量,$m^3/d$;

$\quad \delta$——用水量年平均增长率,% ;

$\quad t$——年数,$a$。

(5)线性回归法(一元线性回归模型)

$$Q_a = Q_o + \Delta Q \cdot t \quad (m^3/d) \tag{2—4}$$

式中,$\Delta Q$——日平均用水量的年平均增量,根据历史数据回归计算求得,$m^3/d$。

(6)生长曲线法

$$Q = \frac{L}{1 + ae^{-bt}} \quad (m^3/d) \tag{2—5}$$

式中,$a$、$b$——待定参数;

$\quad L$——预测用水量的上限值;

$\quad Q$——预测用水量,$m^3/d$。

# 第四节　给水排水管道系统规划布置

## 一、给水管网系统规划布置

### (一)给水管网布置原则与形式

**1.给水管网布置原则**

1)按照城市规划平面图布置管网,布置时应考虑给水系统分期建设的可能,充分的发展余地;

2)管网布置必须保证供水安全可靠,当局部管网发生事故时,断水范围应减到最小;

3)管线遍布在整个给水区内,保证用户有足够的水量和水压;

4)布置合理,力求管线最短,以降低管网造价和供水能量费用。

**2.给水管网布置基本形式**

管网的布置形式主要由街区形式确定,通常有树状网和环状网两种基本形式。

树状网(如图 2-2 所示)一般适用于小城市和小型工矿企业,这类管网从水厂泵站或水塔到用户的管线布置成树枝状。

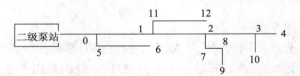

**图 2-2　树状网示意图**
(图中数字表示管网中节点编号)

当采用树状给水管网时,管网中任一段管线损坏,在该管段以后的所有管线都会断水,因此树状网的供水可靠性较差;同时在水力末端易出现死水区;末端因用水量已经很小,管中的水流缓慢,甚至停滞不流动,有出现浑水和红水的可能,因此水质容易变坏,水质条件不好;造价低,投资少。

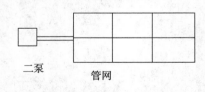

**图 2-3　环状网示意图**

环状网(如图 2-3 所示),管线连接成环状,这类管网当任一段管线损坏时,可以关闭附近的阀门使和其余管线隔开,然后进行检修,水还可从另外管线供应用户,断水的地区可以缩小,从而供水可靠性增加。环状网还可以大大减轻因水锤作用产生的危害,而在树状网中,则往往因此而使管线损坏。但是环状网的造价明显比树状网为高。

一般,在城市建设初期可采用树状网,以后随着给水事业的发展逐步连成环状网。实际上,现有城市的给水管网,多数是将树状网和环状网结合起来。在城市中心地区,布置成环状网,在郊区则以树状网形式向四周延伸。供水可靠性要求较高的工矿企业应采用环状网,并用树状网或双管输水到个别较远的车间。

给水管网的布置既要求安全供水,又要贯彻节约投资的原则:而安全供水和节约投资之间不免会产生矛盾,为安全供水以采用环状网较好,要节约投资最好采用树状网。在管网布置时,既要考虑供水的安全,又尽量以最短的路线埋管,并考虑分期建设的可能,即先按近期规划埋管,随着用水量的增长逐步增设管线。

### 3. 管网定线

如图 2-4 所示,在城市给水管网中,输水到各地区的较大管径称为干管。干管和干管之间的连接管使干管形成了环状网。连接管的作用在于局部管线损坏时,可以通过它重新分配流量,从而缩小断水范围,较可靠地保证供水。

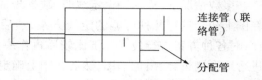

图 2-4　城市管网简化示意图

从干管取水供给用户和消火栓的较小管径称为分配管。城市内的工厂、学校、医院等用水均从分配管接出,再通过房屋进水管接到用户。一般建筑物用一条进水管,用水要求较高的建筑物或建筑物群,有时在不同部位接入两条或数条进水管,以增加供水的可靠性。

（1）干管定线

1）定线时,干管延伸方向应和二级泵站输水到水池、水塔、大用户的水流方向一致;

2）干管位置应从用水量较大的街区通过,就近供水;

3）力求管线最短,节省投资;

4）尽量平行铺设干管,提高供水安全性;

5）尽量避免在高级路面或重要道路下通过,给水管线一般按城市规划道路定线,但尽量避免在高级路面或重要道路下通过,以减小今后检修时的困难。管线在道路下的平面位置相标高,应符合城市或厂区地下管线建筑物、铁路以及其他管道的水平净距,均应参照有关规定。

6）干管之间的间距根据街区情况,通常干管间距 500~1000m,连接管的间距 800~1000m。

（2）配管、进户管

分配管敷设在每一街道或工厂车间的路边,将干管中的水送到用户和消火栓。直径由消防流量决定(防止火灾时分配管中的水头损失过大),最小管径为 100mm,大城市一般 150~200mm。进户管一般设一条,重要建筑设两条,从不同方向引入。

### 4. 输水管定线

从水源到水厂或水厂到相距较远管网的管、渠叫做输水管渠。如图 2-5 所示。

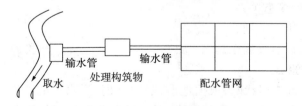

图 2-5　给水系统输水管示意图

当水源、水厂和给水区的位置相近时,输水管渠的定线问题并不突出。但是由于需水量的快速增长以及水源污染的日趋严重,为了从水量充沛、水质良好、便于防护的水源取水,就需有几十公里甚至几百公里外取水的远距离输水管渠,定线就比较复杂。

输水管渠在整个给水系统中是很重要的。它的一般特点是距离长,因此与河流、高地、交通路线等的交叉较多。

输水管渠有多种形式,常用的有压力输水管渠和无压输水管渠。远距离输水时,可按具体情况,采用不同的管渠形式。用得较多的是压力输水管渠,特别是输水管。

多数情况下,输水管渠定线时,缺乏现成的地形平面图可以参照。如有地形图时,应先在图上初步选定几种可能的定线方案,然后到现场沿线踏勘了解,从投资、施工、管理等方面,对各种方案进行技术经济比较后再作决定。缺乏地形图时,则需在踏勘选线的基础上,进行地形测量,绘出地形图,然后在图上确定管线位置。

输水管渠定线时必须与城市建设规划相结合,以最短距离穿越最少障碍物,不过工程地质不良地带,减少拆迁,少占农田,降低工程造价。

路线选定后接下来要考虑采用单管渠输水还是双管渠输水,管线上应布置哪些附属构筑物,以及输水管的排气和检修放空等问题。

为保证安全供水,可以用一条输水管渠而在用水区附近建造水池进行流量调节,或者采用两条输水管渠。输水管渠条数主要根据输水量、事故时需保证的用水量、输水管渠长度、当地有无其他水源和用水量增长情况而定。供水不许间断时,输水管渠一般不宜少于两条。当输水量小,输水管长或有其他水源可以利用时,可考虑单管渠输水另加调节水池的方案。

输水管渠的输水方式可分成两类:第一类是水源低于给水区,例如取用江河水时,需要采用泵站加压输水,根据地形高差、管线长度和水管承压能力等情况,有时需在输水途中再设置加压泵站;第二类是水源位置高于给水区,例如取用蓄水库水时,有可能采用重力管渠输水。

## 二、排水管网规划布置

### (一)排水管网布置原则与形式

**1. 排水管网布置原则**

(1)按照城市总体规划,结合实际布置;

(2)先确定排水区域和排水体制,然后布置排水管网,按从主干管到干管再到支管的顺序进行布置;

(3)充分利用地形,采用重力流排除污水和雨水,并使管线最短和埋深最小;

(4)协调好与其他管道关系;

(5)施工、运行和维护方便;

(6)远近期结合,留有发展余地。

**2. 排水管网布置形式**

排水管网一般布置成树状网,根据地形、竖向规划、污水厂的位置、土壤条件、河流情况以及污水种类和污染程度等分为多种形式,以地形为主要考虑因素的布置形式有以下几种:

(1)正交式:在地势向水体适当倾斜的地区,各排水流域的干管可以最短距离沿与水体垂直相交的方向布置。如图2-6所示。采用正交式布置时,干管长度短,管径小,比较经济,同时污水排出也迅速。由于污水未经处理就直接排放,会使水体遭受严重污染,影响环境。通常使用在雨水排水系统中。

（2）截流式:如图2-7所示,在正交式的基础上,沿河岸再敷设主干管,并将各干管的污水截流送至污水厂,经水厂处理后排入水体,是正交式发展的结果。采用这种形式布置可以减轻对水体造成的污染,保护环境。通常这种形式在分流制排水系统中使用。

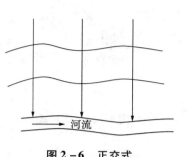

图2-6　正交式

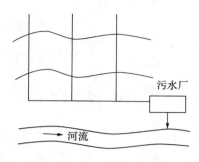

图2-7　截留式

（3）平行式:如图2-8所示,在地势向河流方向有较大倾斜的地区,可使干管与等高线及河道基本上平行,主干管与等高线及河道成一倾斜角敷设。这种布置可以保证干管较好的水力条件,避免因干管坡度过大以至于管内流速过大,使管道受到严重冲刷或跌水井过多。

（4）分区式:如图2-9所示,在地势高低相差很大的地区,当污水不能靠重力流至污水厂时采用。分别在高地区和低地区敷设独立的管道系统。高地区的污水靠重力流直接流入污水厂,而低地区的污水用水泵抽送至高地区干管或污水厂。采用次形式,能充分利用地形排水,节省电力。通常应用在个别阶梯地形或起伏很大的地区。

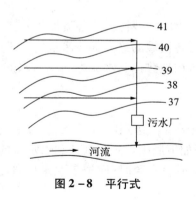

图2-8　平行式

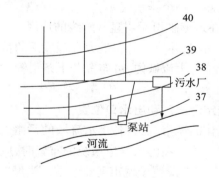

图2-9　分区式

（5）分散式:如图2-10所示,当城镇中央部分地势高,且向周围倾斜,四周又有多处排水出路时,各排水流域的干管常采用辐射状布置,各排水流域具有独立的排水系统。干管长度短,管径小,管道埋深浅,便于污水灌溉等,但污水厂和泵站(如需设置时)的数量将增多。通常在地势平坦的大城市中采用此形式。

（6）环绕式:如图2-11所示,当城镇中央部分地势高,且向周围倾斜,可沿四周布置主干管,将各干管的污水截流送往污水厂集中处理,这样就由分散式发展成环绕式布置。此种形式污水厂和泵站(如需设置时)的数量少。基建投资和运行管理费用小。

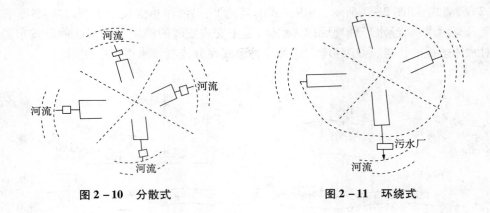

图 2－10　分散式　　　　　　　　图 2－11　环绕式

### (二)污水管网的布置

污水管网布置的内容主要包括:确定排水区界,划分排水流域;选定污水厂和出水口的位置;进行污水管道系统的定线;确定需要抽升区域的泵站位置;确定管道在街道上的位置等。一般按主干管、干管、支管的顺序进行布置。

**1. 确定排水区界、划分排水流域**

排水区界是污水排水系统设置的界限。它是根据城市规划的设计规模确定的。在排水区界内,一般根据地形划分为若干个排水流域。

(1)在丘陵和地形起伏的地区:流域的分界线与地形的分水线基本一致,由分水线所围成的地区即为一个排水流域。

(2)在地形平坦无明显分水线的地区:可按面积的大小划分,使各流域的管道系统合理分担排水面积,并使干管在最大合理埋深的情况下,各流域的绝大部分污水能自流排出。

每一个排水流域内,可布置若干条干管,根据流域地势标明水流方向和污水需要抽升的地区。

**2. 选定污水厂和出水口位置**

现代化的城市,需将各排水流域的污水通过主干管输送到污水厂,经处理后再排放,以保护受纳水体。在污水管道系统的布置时,应遵循如下原则选定污水厂和出水口的位置:

(1)出水口应位于城市河流下游。当城市采用地表水源时,应位于取水构筑物下游,并保持100m以上的距离;

(2)出水口不应设在回水区,以防止回水污染;

(3)污水厂要位于河流下游,并与出水口尽量靠近,以减少排放渠道的长度;

(4)污水厂应设在城市夏季主导风向的下风向,并与城市、工矿企业和农村居民点保持300m以上的卫生防护距离;

(5)污水厂应设在地质条件较好,不受雨洪水威胁的地方,并有扩建的余地。

**3. 污水管道定线**

在城市规划平面图上确定污水管道的位置和走向,称为污水管道系统的定线。定线时要满足采用重力流排除污水和雨水,尽可能在管线最短和埋深较小的情况下,让最大区域的污水能自流排出的条件。

（1）主干管

当地形平坦或略有坡度时，主干管一般平行于等高线布置，在地势较低处，沿河岸边敷设，以便于收集干管来水；当地形较陡，主干管可与等高线垂直，这样布置主干管坡度较大，但可设置数量不多的跌水井，使干管的水力条件改善，避免受到严重冲刷。同时考虑主干管的布置避开地质条件差的地区。

（2）干管

干管的布置尽量设在地势较低处，以便支管顺坡排水。地形平坦或略有坡度，干管与等高线垂直（减小埋深）；地形较陡，干管与等高线平行（减少跌水井数量）。干管一般沿城市街道布置。通常设置在污水量较大、地下管线较少、地势较低一侧的人行道、绿化带或慢车道下，并与街道平行。当街道宽度大于40m，可考虑在街两侧设两条污水管，以减少连接支管的长度和数量。

（3）支管

支管的布置取决于地形和街坊建筑特征，并应便于用户接管排水。布置形式有以下几种：

①低边式：见图2-12（a）所示，当街坊面积较小而街坊内污水又采用集中出水方式时，支管敷设在服务街坊较低侧的街道下；

②周边式（围坊式）：见图2-12（b），当街坊面积较大且地势平坦时，宜在街坊四周的街道下敷设支管；

③穿坊式：见图2-12（c）所示，当街坊或小区已按规划确定，其内部的污水管网已按建筑物需要设计，组成一个系统时，可将该系统穿过其他街坊，并与所穿街坊的污水管网相连。

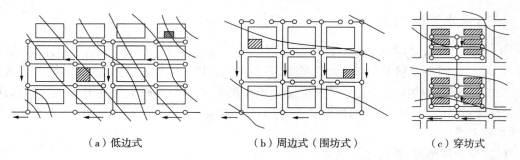

|（a）低边式|（b）周边式（围坊式）|（c）穿坊式|

图2-12　支管的布置形式

**4. 泵站位置**

当管道的埋深超过最大允许埋深或需将地势低洼处污水排放至地势较高地区的管道时，需考虑设置泵站。泵站设置的具体位置，应综合考虑环境卫生、地质、电源和施工条件等因素，并征得规划、环保、城建部门的同意。

根据泵站的设置位置，分别称其为中途泵站、局部泵站、总泵站。

（1）中途泵站：在干管或主干管中途，当管道的埋深超过最大允许埋深时，应设置泵站以提高下游管道的管位；

（2）局部泵站：地形复杂的城市，在局部低洼地区往往需要将地势较低处的污水抽升至地势较高地区的污水管道中；

（3）总泵站（或终点泵站）：污水管道系统终点的埋深一般都很大，而污水厂的第一个处理构筑物一般埋深较浅,或设在地面以上,这就需要将管道系统输送来的污水在污水厂起端抽升到第一个处理构筑物中。

**5. 污水管道在街道下的具体位置**

在城市街道下常有各种管线,如给水管、污水管、雨水管、煤气管、热力管、电力电缆、电讯电缆等。此外,街道下还可能有地铁、地下人行横道、工业隧道等地下设施。这就需要在各单项管道工程规划的基础上,综合规划,统筹考虑,合理安排各种管线在空间的位置,以利施工和维护管理。

由于污水管道为重力流管道,其埋深大,连接支管多,使用过程中难免渗漏损坏。所有这些都增加了污水管道的施工和维修难度,还会对附近建筑物和构筑物的基础造成危害,甚至污染生活饮用水。

因此,污水管道与建筑物应有一定间距,与生活给水管道交叉时,应敷设在生活给水管的下面。污水管道与其他地下管线或构筑物的最小净距可参照规范确定。

管线综合规划时,所有地下管线都应尽量设置在人行道、非机动车道和绿化带下,只有在不得已时,才考虑将埋深大,维修次数较少的污水、雨水管道布置在机动车道下。各种管线在平面上布置的次序一般是,从建筑规划线向道路中心线方向依次为电力管线—电信管线—煤气管道—热力管道—给水管道—雨水管道—污水管道。

若各种管线布置时发生冲突,处理的原则是未建让已建的,临时让永久的,小管让大管,压力管让无压管,可弯管让不可弯管。

在地下设施较多的地区或交通极为繁忙的街道下,应把污水管道与其他管线集中设置在隧道(管廊)中,但雨水管道应设在隧道外,并与隧道平行敷设。

### (三) 雨水管网布置

从全年雨水总量顺言,并不比全年污水量多,即使按我国东南沿海平均降雨量达1600mm而言,同一面积上全年雨水总量也不过和全年生活污水总量相近,而沿地面流入雨水管渠的径流量仅约雨水量的一半。但全年雨水的绝大部分多集中在夏季,且常为大雨或暴雨,在极短时间内形成极大的地面径流,若不及时排除便会造成很大危害。在雨水管渠布置时主要考虑以下几点:

**1. 充分利用地形,就近排入水体**

雨水管渠应尽量利用自然地形坡度布置,要以最短的距离靠重力流将雨水排入附近的池塘、河流、湖泊等水体中。当地形坡度较大时,雨水干管布置在地形低处或溪谷线上;当地形平坦时,雨水干管布置在排水流域的中间,以便于支管接入,尽量扩大重力流排除雨水的范围。

**2. 尽量避免设置雨水泵站**

当地形平坦且地面平均高程低于河流的洪水位高程时,需将管道适当集中,在出水口前设雨水泵站,经抽升后排入水体。尽可能使通过雨水泵站的流量减到最小,以节省泵站的工程造价和经常运行费用。

**3. 根据城市规划布置雨水管道**

通常应根据建筑物的分布,道路布置及街坊或小区内部的地形,出水口的位置等布置雨水管道,使街坊或区内大部分雨水以最短距离排入街道低侧的雨水管道。雨水干管的平面和竖向布置应考虑与其他地下管线和构筑物在相交处相互协调,以满足其最小净距的要求。雨水管道应平行道路敷设,宜布置在人行道或绿化带下,不宜布置在快车道下,以免积水时影响交通或维修管道时破坏路面。当道路大于 40m 时,应考虑在道路两侧分别设置雨水管道。

**4. 用明渠或暗管的选择**

在城市市区或厂区内,由于建筑密度高,交通量大,一般采用暗管排除雨水。采用暗管卫生条件好、不影响交通,但造价较高。在城市郊区,建筑密度较低,交通量较小的地方,一般考虑采用明渠。其特点是造价低;但明渠容易淤积,滋生蚊蝇,影响环境卫生,且明渠占地大,使道路的竖向规划和横断面设计受限,桥涵费用也增加。在地形平坦、埋设深度或出水口深度受限制的地区,可采用暗渠(盖板渠)排除雨水。

**5. 合理布置雨水口,保证路面雨水顺畅排除**

雨水口的布置应根据地形和汇水面积确定,以使雨水不致漫过路口。一般在道路交叉口的汇水点、低洼地段均应设置雨水口。此外,在道路上每隔 25～50m 也应设置雨水口。在道路交叉口处雨水口的的布置见图 2-13 所示。

此外,在道路路面上应尽可能利用道路边沟排除雨水,为此,在每条雨水干管的起端,通常利用道路边沟排除雨水,从而减少暗管长度 100～150m,降低了整个管渠工程的造价。

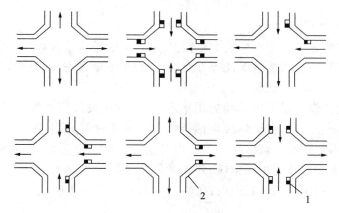

**图 2-13 道路交叉口处雨水口的布置**
1—雨水口;2—路边石

**6. 雨水出水口的布置**

当管道将雨水排入池塘或小河时,水位变化小,出水口构造简单,宜采用分散出水口。就近排放管线短、管径小,造价低。当河流等水体的水位变化很大,管道的出水口离常水位较远时,出水口的构造就复杂,因而造价较高,此时宜采用集中出水口式布置形式。

**7. 排洪沟的设置**

对于傍山建设的城市和厂矿企业,为了消除洪水的影响,除在设计地区内部设置雨水管道外,尚应考虑在设计地区周围或超过设计地区设置排洪沟,以拦截从分水岭以内排泄下来的洪水,并将其引入附近水体,以保证城市和厂矿企业的安全。

# 第三章　给水管道系统的设计

给水管道系统设计主要内容有以下六部分：管道系统的布置和定线；设计流量计算；求出管道直径；计算管道中水头损失；求出二级泵站扬程及水塔高度（当设置水塔时）；水量调节构筑物（清水池、水塔或水库）容积计算。

管道系统布置第二章中已作了介绍。本章仅简要介绍其余部分设计内容。

## 第一节　最高日设计用水量计算

给水系统设计时，首先须确定该系统在设计年限内达到的用水量，因为系统中的取水、水处理、泵站和管网等设施的规模都须参照设计用水量确定，因此会直接影响建设投资和运行费用。

### 一、用水量定额

用水量定额是确定设计用水量的主要依据，它可影响给水系统相应设施的规模、工程投资、工程扩建的期限、今后水量的保证等方面，所以必须慎重考虑，应结合现状和规划资料并参照类似地区或工业的用水情况，确定用水量定额。

用水量定额是指设计年限内达到的用水水平，是确定设计用水量的主要依据。因此须从城市规划、工业企业生产情况、居民生活条件和气象条件等方面，结合现状用水调查资料分析，进行远近期水量预测。城市生活用水相工业用水的增长速度，在一定程度上是有规律的，但如对生活用水采取节约用水措施，对工业用水采取计划用水、提高工业用水重复利用率等措施，可以影响用水量的增长速度，在确定用水量定额时应考虑这种变化。

#### （一）最高日设计用水量定额

**1. 居民生活用水定额**

是指每人每日生活用水量，L/（人·d）。城市居民生活用水量由城市人口、每人每日平均生活用水量和城市给水普及率等因素确定。这些因素随城市规模的大小而变化。通常，住房条件较好、给水排水设备较完善、居民生活水平相对较高的大城市，生活用水量定额也较高。我国幅员辽阔，各城市的水资源和气候条件不同，生活习惯各异，所以人均用水量有较大的差别。即使用水人口相同的城市，因城市地理位置和水源等条件不同，用水量也可以相差很多。一般说来，我国东南地区、沿海经济开发特区和旅游城市，因水源丰富，气候较好，经济比较发达，用水量普遍高于水源短缺、气候寒冷的西北地区。

居民生活用水定额（城市居民日常生活用水）和综合生活用水定额（城市居民日常生活用水和公共建筑用水，不包括浇洒绿地、道路和其他市政用水）见《室外给水设计规范》。

**2. 工业企业用水定额**

工业生产用水一般是指工业企业在生产过程中,用于冷却、空调、制造、加工、净化和洗涤方面的用水。在城市给水中,工业用水占很大比例。生产用水中,冷却用水是大量的,特别是火力发电、冶金和化工等工业。空调用水则以纺织、电子仪表和精密机床生产等工业用得较多。

工业生产用水定额一般以万元产值用水量表示。不同类型的工业万元产值用水量不同。如果城市中用水单耗指标较大的工业多,则万元产值的用水量也高;即使同类工业部门,由于管理水平提高、工艺条件改革和产品结构的变化,尤其是工业产值的增长,单耗指标会逐年降低。提高工业用水重复利用率,重视节约用水等可以降低工业用水单耗。随着工业的发展,工业用水量也随之增长,但用水量增长速度比不上产值的增长速度。工业用水的定额由于水的重复利用率提高而有逐年下降趋势。由于高产值、低单耗的工业发展迅速,因此万元产值的用水定额在很多城市有较大幅度的下降。有些工业企业的规划,往往不是以产值为指标,而以工业产品的产量为指标,这时,工业企业的生产用水量标准,应根据生产工艺过程的要求确定、或是按单位产品计算用水量,如每生产一吨钢要多少水,或按每台设备每天用水量计算,可参照有关工业用水量定额。生产用水量通常由企业的工艺部门提供。

**3. 工业企业职工用水定额**

工业企业内工作人员生活用水量和淋浴用水量可按《工业企业设计卫生标准》。职工生活用水量应根据车间性质决定,通常取值为:一般车间每人每班25L/(人·班),高温车间每人每班35L/(人·班),淋浴用水量:污染车间每人每班60L/人,不污染车间每人每班40L/人(淋浴时间在下班后1h进行)。

**4. 城市市政用水定额**

用水量应根据路面种类、绿化面积、气候和土壤等条件确定。浇洒道路1~1.5L/(m² 路面·次),每日2~3次;浇洒绿地(绿化用水)1.5~2.0L/(d·m²)。

**5. 消防用水**

消防用水只在火灾时使用,历时短暂,但从数量上说,它在城市用水量中占有一定的比例,尤其是中小城市,所占比例甚大。城市或居住区的室外消防用水量应按同时发生的火灾次数和一次灭火的用水量确定,室内消防用水量、水压和火灾延续时间等,应按照现行的《建筑设计防火规范》和《高层民用建筑设计防火规范》等执行。

## 二、用水量计算

城市总用水量计算时,应包括设计年限内该给水系统所供应的全部用水:居住区综合生活用水、工业企业生产用水和职工生活用水、消防用水、浇洒道路和绿地用水以及未预见水量和管网漏失水量,但不包括工业自备水源所需的水量。

### (一)生活用水量 $Q_1$

城市或居住区的最高日生活用水量为:

$$Q_1 = qNf \qquad (\text{m}^3/\text{d}) \qquad (3\text{—}1)$$

各区用水量定额不同时,应等于各区用水量的总和

$$Q_1 = \sum q_i N_i f_i \qquad (\text{m}^3/\text{d}) \qquad (3\text{—}2)$$

式中，$q_i$——各区的最高日生活用水量定额，$m^3/(人 \cdot d)$；

　　$N_i$——各区设计年限内计划人口数，人；

　　$f_i$——各区自来水普及率。

## （二）工业生产用水 $Q_2$

$$Q_2 = \sum q_{2i} N_{2i} (1 - f_i) \quad (m^3/d) \tag{3—3}$$

式中，$q_{2i}$——各工业企业最高日用水量定额，$m^3/万元$，$m^3/单位产量$ 或 $m^3/(单位设备 \cdot d)$；

　　$N_{2i}$——各工业企业产值，万元/d，或产量或设备数量；

　　$f_i$——工业用水复用率。

## （三）工业企业职工生活用水和淋浴用水量 $Q_3$

$$Q_3 = \sum \frac{q_{3a1} N_{3a1} + q_{3a2} N_{3a2} + q_{3b1} N_{3b1} + q_{3b2} N_{3b2}}{1000} \quad (m^3/d) \tag{3—4}$$

式中，$q_{3a1}$——各工业企业一般车间生活用水量定额，$25 L/(人 \cdot 班)$；

　　$q_{3a2}$——各工业企业高温车间生活用水量定额，$35 L/(人 \cdot 班)$；

　　$N_{3a1}$——各工业企业一般车间最高职工总人数，人；

　　$N_{3a2}$——各工业企业高温车间最高职工总人数，人；

　　$q_{3b1}$——各工业企业一般车间淋浴用水量定额，$40 L/(人 \cdot 班)$；

　　$q_{3b2}$——各工业企业高温车间淋浴用水量定额，$60 L/(人 \cdot 班)$；

　　$N_{3b1}$——各工业企业一般车间最高班职工淋浴总人数，人；

　　$N_{3b2}$——各工业企业高温车间最高班职工淋浴总人数，人。

## （四）市政用水 $Q_4$

$$Q_4 = \sum \frac{q_{4a} N_{4a} f_4 + q_{4b} N_{4b}}{1000} \quad (m^3/d) \tag{3—5}$$

式中，$q_{4a}$——城市浇洒道路用水量定额，$L/(m^2 \cdot 次)$；

　　$q_{4b}$——城市绿化用水量定额，$L/(m^2 \cdot d)$；

　　$N_{4a}$——城市最高日浇洒道路面积，$m^2$；

　　$N_{4b}$——城市最高日绿化用水面积，$m^2$；

　　$f_4$——最高日浇洒道路次数，$2 \sim 3$ 次/d。

## （五）未预见水量和管网漏水量

未预见水量：指用水系统在给水系统设计中对难以预见的因素（如规划变化等）而保留的水量。由于我国国民经济发展较快，以往设计的大部分水厂对用水量发展情况估计不足，建造水厂偏小，帮建成的水厂就要扩建，造成被动局面。考虑到上述因素，未预见用水率应适当提高，按 10% ~ 15% 考虑。

管网漏失水量：是指给水管网中未经使用而漏掉的水量，包括管道接口不严、管道腐蚀穿孔、水管爆裂、闸门封水圈不严以及消火栓等用水设备漏水。根据国外有关报道，漏失率为 7% 左右，根据国内调查，一般在 10% 左右。

考虑到各地情况不同,将次亮相水量一并计算,故规范中规定二者"按最高日用水量的15% ~ 25%计算。

得出:

设计年限内最高日用水量:

$$Q_d = (1.15 \sim 1.25)(Q_1 + Q_2 + Q_3 + Q_4) \qquad (m^3/d) \qquad (3—6)$$

最高时设计用水量:

$$Q_h = \frac{K_h Q_d 1000}{24 \times 3600} = \frac{K_h Q_d}{86.4} \qquad (L/s) \qquad (3—7)$$

如上式中令 $K_h = 1$,即得最高日平均时的设计用水量。输水管和配水管网的计算流量均应按输配水系统在最高日最高用水时工作情况确定,并与管网中有无水塔(或高地水池)及其在管网中的位置有关。当管网中无水塔时,泵站到管网的输水管和配水管网都应以最高日最高时设计用水量作为设计流量。管网起端设水塔时(网前水塔),泵站到水塔的输水管直径应按泵站分级工作的最大一级供水流量计算,水塔到管网的输水管和配水管网仍按最高时用水量计算。管网末端设水塔时(对置水塔或网后水塔),因最高时用水量必须从二级泵站和水塔同时向管网供水,泵站到管网的输水管以泵站分级工作的最大一级供水流量作为设计流量,水塔到管网的输水管流量按照水塔输入管网的流量进行计算。

# 第二节　管段设计流量及管径的确定

## 一、管段设计流量计算

### (一)沿线流量

工业企业的给水管网,大量用水集中在少数车间,配水情况比较简单。城市给水管线,因干管和分配管上接出许多用户,沿管线配水,水管沿线既有工厂、机关、旅馆等大量用水的单位,也有数量很多但水量较少的居民,用水情况比较复杂。干管配水情况如图 3 - 1 所示,如果按照实际用水情况来计算管网,非但很少可能,并且因用户用水量经常变化也没有必要。因此,计算时加以简化。采用比流量法,假定小用水户的流量沿线均匀分布。

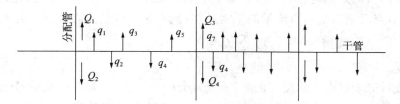

图 3 - 1　干管配水情况

(1)比流量:假定用水量均匀分布在全部干管,干管单位长度的流量 $q_s$。

$$q_s = \frac{Q - \sum q}{\sum L} \qquad L/(s \cdot m) \qquad (3—8)$$

式中,$Q$——管网总用流量,

    $\sum q$——大用户集中用水量总和,L/s;

    $\sum L$——干管总长度,m。(不包括穿越广场、公园等无建筑地区的管线;只有一侧配水的管线,长度按一半计算。)

（2）沿线流量:是指沿线分配给用户的流量。用 $q_y$ 表示

$$q_y = q_s \cdot l_i \qquad (L/s) \qquad\qquad (3—9)$$

式中,$l_i$——沿线管段长度,m。

整个管网的沿线流量总和 $\sum q_y = q_s \sum L = Q - \sum q$。等于管网供给的总用水量减去大用户集中用水总量。

## （二）节点流量

实际的管段并没有喇叭口形状的,管径也是不连续的,所以,仔细去计算每一个沿线流出去的流量已经没有实际意义了。沿线流量只有当其累积到一定量,足以引起管径变化的时候计算起来才有实际意义。这样,就可以不考虑实际沿线配水的情况,而把一定长度管段上的沿线流量用一个等效的流量来代替,即节点流量。

节点流量包括两部分:由沿线流量划成节点流量和该节点的集中流量。

$$Q_i = 0.5 \sum q_y + q_i (L/s) \qquad\qquad (3—10)$$

城市管网中,工业企业等大用户所需流量可直接作为接入大用户节点的节点流量。工业企业内的生产用水管网,水量大的车间用水量也可直接作为节点流量。

这样,管网图上只有集中在节点的流量,包括由沿线流量折算的节点流量和大用户的集中流量。大用户的集中流量,可以在管网图上单独注明,也可和节点流量加起来,在相应节点上注出总流量。一般在管网计算图的节点旁引出箭头,注明该节点的流量,以便于进一步计算。

## （三）管段流量的确定

管段计算流量包括该管段两侧的沿线流量和通过该管段输送到以后管段的转输流量。管段流量分配的目的是确定各管段中的流量,进而确定管段直径。流量分配要保持水流的连续性,每一节点必须满足节点流量的平衡条件:流入任一节点的流量等于流离该节点的流量,若以流入为"－",流离为"＋",则 $\sum Q = 0$。

**1. 树状网**

树状网流量分配特点是水流方向唯一,流量分配唯一,任一管段的流量等于以后所有节点流量总和。分配步骤通常是首先确定水流方向,然后由末端向前推算各管段流量到泵站和水塔。各管段的流量易于确定,并且每一管段只有唯一的流量值。

**2. 环状网**

环状网的流量分配比较复杂。因各管段的流量与以后备节点流量没有直接的联系,并且在一个节点。$L$ 连接几条管段,因此任一节点的流量包括该节点流量和流向以及流量该节点的几条管段流量。所以环状网流量分配时,由于到任一节点的水流情况较为复杂,不可

能像树状网一样,对每一管段得到唯一的流量值。分配流量时,必须保持每一节点的水流连续性,也就是流向任一节点的流量必须等于流离该节点的流量,以满足节点流量平衡。环状网流量分配有多种方案组合(如图3-2所示),其分配原则时满足供水可靠性前提下,兼顾经济性。

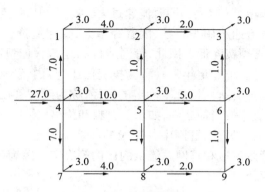

**图3-2　环状网流量分配**

假定离开节点管段流量为正,流向节点的为负。环状网流量分配的方法与步骤如下:

(1)确定控制点位置,管网主导流向。按照管网的主要供水方向,初步拟定各管段的水流方向。控制点是管网正常工作时和事故时必须保证所需水压的点,泵站最远或地形较高之处,并选定整个管网的控制,一般选在给水区内离二级泵站最远或地形较高之处。

(2)参照主导流向拟定各管段水流方向,以最短距离供水到大用户或边远地区。为了可靠供水,从二级泵站到控制点之间选定几条主要的平行干管线,这些平行干管中尽可能均匀地分配流量,并且符合水流连续性,即满足节点流量平衡的条件。这样,当其中一条干管损坏,流量由其他干管转输时,不会使这些干管中的流量增加过多。

(3)尽量使平行的主要干管分配相近的流量(防止某些管段负荷过重),连接管要少分配流量,满足沿线配水为限(主要作用是干管损坏时转输流量)。

(4)各干管通过的流量沿主要流向逐渐减少,不要忽多忽少。

(5)可以起端开始或从末端,满足节点流量的平衡条件。

此分配值是预分配,用来选择管径,真正值由平差结果定。

## 二、拟定管径

确定管网中每一管段的直径是输水和配水系统设计计算的主要课题之一。管段的直径应按分配后的流量确定。在设计中,各管段的管径按下式计算

$$D = \sqrt{\frac{4q}{\pi v}} \qquad (3\text{—}11)$$

式中,$q$——流量,$m^3/s$;

　　$v$——管流速,$m/s$。

由上式可知,管径不但和管段流量有关,而且还与流速有关。因此,确定管径时必须先选定流速。

为了防止管网因水锤现象而损坏,在技术上最大设计流速限定在 2.5~3.0m/s 范围内;

在输送浑浊的原水时,为了避免水中悬浮物质在水管内沉积,最低流速通常应大于0.60m/s,由此可见,在技术上允许的流速范围是较大的。因此,还需在上述流速范围内,根据当地的经济条件,考虑管网的造价和经营管理费用,来选定合适的流速。如果流速选用的大一些,管径就会减小,相应的管网造价便可降低,但水头损失明显增加,所需的水泵扬程将增大,从而使经营管理费(主要指电费)增大。同时流速过大,管内压力高,因水锤现象引起的破坏作用也随之增大。相反,若流速选用小一些,因管径增大,管网造价会增加。但因水头损失减小,可节约电费,使经营管理费降低。因此,管网造价和经营管理费(主要指电费)这两项经济因素是决定流速的关键。求一定年限t(称为投资偿还期)内,管网造价和经营管理费用之和为最小的流速,称为经济流速),以此来确定的管径,称为经济管径。

各城市的经济流速值应按当地条件,如水管材料和价格、施工条件、电费等来确定,不能直接套用其他城市的数据。另外,管网中各管段的经济流速也不一样,须随管网图形、该管段在管网中的位置、该管段流量和管网总流量的比例等决定。因为计算复杂,有时简便地应参照表3-1确定经济管径。

**表3-1 界限流量表**

| 管径/mm | 界限流量/L·s⁻¹ | 管径/mm | 界限流量/L·s⁻¹ |
|---|---|---|---|
| 100 | <9 | 450 | 130~168 |
| 150 | 9~15 | 500 | 168~237 |
| 200 | 15~28.5 | 600 | 237~355 |
| 250 | 28.5~45 | 700 | 355~490 |
| 300 | 45~68 | 800 | 490~685 |
| 350 | 68~96 | 900 | 685~822 |
| 400 | 96~130 | 1000 | 822~1120 |

# 第三节　给水管道系统水力计算

管网计算目的:求出各水源节点(如泵站、水塔等)的供水量($Q$);各管段中的流量($q_{ij}$)、管径($D_{ij}$);全部节点的水压高程($H_i$)。

管网计算的原理是基于质量守恒与能量守恒,由此得出连续性方程和能量方程。

## 一、管网平差

由于初分流量时是严格按照节点流量平衡来进行的,所以连续性方程能够满足,但是能量方程就有可能不满足,即环内正反两个方向的水头损失不相等。环内正反两个方向的水头损失之差称作闭合差。调整管段流量,减少闭合差到一定精度范围的过程就叫管网平差。

实际管网中的流量分配总是自动的满足连续性方程和能量方程,如果初分流量不能满足能量方程,那只能说明初分的流量在管网的实际流量中永远都不会发生,所以就不能根据这个初分流量进行后面的水力计算。这就要求对初分流量进行调整,使之符合实际情况。

管网平差有下面3种方法:

**1. 环方程组解法**

管网经流量分配后,各节点已满足连续性方程,可是由该流量求出的管段水头损失,并不同时满足每个环的能量方程,为此必须多次将各管段的流量反复调整,直到满足能量方程,从而得出各管段的流量和水头损失。

解环方程时,哈代－克罗斯(Hardy Cross)法是其中常用的一种算法。由于环状网中,环数少于节点数和管段数,相应的以环方程数为最少,因而成为手工计算时的主要方法。

**2. 节点方程组解法**

解节点方程是在假定每一节点水压的条件下,应用连续性方程以及管段压降方程,通过计算调整,求出每一节点的水压。节点的水压已知后,即可以从任一管段两端节点的水压差得出该管段的水头损失,进一步从流量和水头损失之间的关系算出管段流量。工程上常用的算法有哈代－克罗斯法。

解节点方程是应用计算机求解管网计算问题时,应用最广的一种算法。

**3. 管段方程组解法**

该法是应用连续性方程和能量方程,求得各管段流量和水头损失,再根据已知节点水压求出其余各节点水压。大中城市的给水管网,管段数多达数百条甚至数千条,需借助计算机才能快速求解。

## 二、管网水力计算

### (一)树状管网水力计算

树状管网水力计算步骤:

(1)按城镇管网布置图,绘制计算草图,对节点和管段顺序编号,并标明管段长度和节点地形高程。

(2)按最高日最高时用水量计算节点流量,并在节点旁引出箭头,注明节点流量。大用户的集中流量也标注在相应节点上。

(3)在管网计算草图上,从距二级泵站最远的管网末梢的节点开始,按照任一管段中的流量等于其下游所有节点流量之和的关系,逐个向二级泵站推算每个管段的流量。

(4)确定管网的最不利点(控制点),选定泵房到控制点的管线为干线。有时控制点不明显,可初选几个点作为管网的控制点。

(5)根据管段流量和经济流速求出干线上各管段的管径和水头损失。

(6)按控制点要求的最小服务水头和从水泵到控制点管线的总水头损失,求出水塔高度和水泵扬程。(若初选了几个点作为控制点,则使二级泵站所需扬程最大的管路为干线,相应的点为控制点)。

(7)支管管径参照支管的水力坡度选定,即按充分利用起点水压的条件来确定。

(8)根据管网各节点的压力和地形标高,绘制等水压线和自由水压线图。

### (二)环状管网水力计算

环状管网水力计算步骤如下:

(1)按城镇管网布置图,绘制计算草图,对节点和管段顺序编号,并标明管段长度和节点地形高程。

（2）按最高日最高时用水量计算节点流量,并在节点旁引出箭头,注明节点流量。大用户的集中流量也标注在相应节点上。

（3）在管网计算草图上,将最高用水时由二级泵站和水塔供入管网的流量(指对置水塔的管网),沿各节点进行流量预分配,定出各管段的计算流量。

（4）根据所定出的各管段计算流量和经济流速,选取各管段的管径。

（5）计算各管段的水头损失 $h$ 及各个环内的水头损失代数和 $\sum h$。

（6）若 $\sum h$ 超过规定值(即出现闭合差 $\triangle h$),须进行管网平差,将预分配的流量进行校正,以使各个环的闭合差达到所规定的允许范围之内。

（7）按控制点要求的最小服务水头和从水泵到控制点管线的总水头损失,求出水塔高度和水泵扬程。

（8）根据管网各节点的压力和地形标高,绘制等水压线和自由水压线图。

# 第四章　污水管道系统的设计

城市排水系统采用分流制时,污水管道系统仅担负着城市污水(生活污水和纳入城市污水管道的工业废水)的收集和输送任务。污水管道系统的设计内容主要是:管道系统平面布置,计算设计流量;管道直径和坡度计算;管道埋没深度设计;附属构筑物设计。管道系统布置已在第二章作了介绍,附属构筑物设计本章从略。

## 第一节　污水设计流量计算

污水设计流量是污水管道系统及附属构筑物设计的依据,指污水管道及其附属构筑物能保证通过的最大流量,设计流量包括生活污水量和工业废水量(L/s)。

### 一、污水设计流量的计算

#### (一)设计污水量定额

**1. 民生活污水定额和综合生活污水定额**

居民生活污水定额是指居民每人每日所排出的平均污水量。居民生活污水定额与居民生活用水定额、建筑内给排水设施水平及排水系统普及程度等因素有关。

我国现行 GB 50014—2006《室外排水设计规范》规定,可按当地用水定额的 80% ~ 90% 采用。对给排水系统完善的地区可按 90% 计,一般地区可按 80% 计。综合生活污水定额还包括公共建筑排放的污水。

**2. 工业企业工业废水和职工生活污水和淋浴废水定额**

给水定额相近,可参考:1)工业废水的定额一般是按工厂或车间的每日产量和单位产品的废水量计算,有时也按生产设备的每日废水量计算;2)职工生产污水和淋浴废水定额同工业、企业职工生活用水和淋浴用水定额。

#### (二)污水量的变化

通常用变化系数来反映城镇污水量的变化程度。变化系数有日变化系数、时变化系数和总变化系数。

日变化系数 $K_d$:在一年中最大日污水量与平均日污水量的比值称为日变化系数。

时变化系数 $K_h$:最大日中最大时污水量与该日平均时污水量的比值称为时变化系数。

总变化系数 $K_z$:最大日最大时污水量与平均日平均时污水量的比值称为总变化系数。

$$K_z = K_d \cdot K_h \tag{4—1}$$

$$K_z = \frac{2.7}{Q^{0.11}} \tag{4—2}$$

式中,$\overline{Q}$——平均日平均时流量,L/s。

**1. 居民生活污水量变化系数**

总变化系数与平均流量有一定关系,平均流量越大,总变化系数越小。生活污水量总变化系数宜按现行《室外排水设计规范》规定采用,见表4-1。

表4-1　生活污水量总变化系数

| 污水平均日流量/(L/s) | 5 | 15 | 40 | 70 | 100 | 200 | 500 | >1000 |
|---|---|---|---|---|---|---|---|---|
| 总变化系数/$K_z$ | 2.3 | 2.0 | 1.8 | 1.7 | 1.6 | 1.5 | 1.4 | 1.3 |

注:当污水平均日流量为中间数值时,总变化系数用内差法求得。

**2. 工业废水量变化系数**

日变化系数较小,接近1。时变化系数见表4-2。

表4-2　工业废水量总变化系数

| 工业种类 | 冶金 | 化工 | 纺织 | 食品 | 皮革 | 造纸 |
|---|---|---|---|---|---|---|
| 时变化系数/$K_h$ | 1.0~1.1 | 1.3~1.5 | 1.5~2.0 | 1.5~2.0 | 1.5~2.0 | 1.3~1.8 |

**3. 工业企业工业职工生活污水和淋浴污水量变化系数**

生活污水总变化系数一般车间为3.0,高温车间为2.5;淋浴污水下班后1h使用,不考虑变化。

## (三)污水设计流量计算

**1. 居民生活污水设计流量的确定**

居民生活污水是指居民日常生活中洗涤、冲厕、洗澡等产生的污水。居民生活污水设计流量可按式(4—3)计算

$$Q_1 = \frac{q_1 \cdot N_1 \cdot K_z}{24 \times 3600} = \frac{q_1 \cdot N_1 \cdot K_z}{86400} \quad (\text{L/s}) \qquad (4-3)$$

式中,$Q_1$——居民生活污水设计流量,L/s;

$q_1$——居民生活污水定额,L/(人·d);

$N_1$——设计人口数,人;

$K_z$——生活污水量总变化系数。

**2. 工业废水设计流量**

$$Q_2 = \sum \frac{K_{2i} q_{2i} N_{2i} (1 - f_i)}{3.6 T_i} \quad (\text{m}^3/\text{d}) \qquad (4-4)$$

式中,$K_{2i}$——各工业企业废水量变化系数;

$q_{2i}$——各工业企业废水量定额,$\text{m}^3/$万元,$\text{m}^3/$单位产量或$\text{m}^3/$(单位设备·d);

$N_{2i}$——各工业企业产值,万元,产量或设备数量;

$f_i$——各工业企业生产用水重复使用率;

$T_i$——各工业企业最高日生产小时数,小时。

**3. 工业企业的生活污水和淋浴污水设计流量**

工业企业生活污水和淋浴污水设计流量用式(4—5)计算

$$Q_3 = \sum \left( \frac{K_{h3a1}q_{3a1}N_{3a1} + K_{h3a2}q_{3a2}N_{3a2}}{3600T_{3ai}} + \frac{q_{3b1}N_{3b1} + q_{3b2}N_{3b2}}{3600} \right) \quad (4—5)$$

式中,$q_{3a1}$——各工业企业一般车间生活用水量定额,25L/(人·班);

$q_{3a2}$——各工业企业高温车间生活用水量定额,35L/(人·班);

$N_{3a1}$——各工业企业一般车间最高职工总人数,人;

$N_{3a2}$——各工业企业高温车间最高职工总人数,人;

$q_{3b1}$——各工业企业一般车间淋浴用水量定额,40L/(人·班);

$q_{3b2}$——各工业企业高温车间淋浴用水量定额,60L/(人·班);

$N_{3b1}$——各工业企业一般车间最高班职工淋浴总人数,人;

$N_{3b2}$——各工业企业高温车间最高班职工淋浴总人数,人;

$T_{3ai}$——每班工作时数,h;

$K_{h3a1}$——一般车间职工生活污水时变化系数,一般取3.0;

$K_{h3a2}$——高温车间职工生活污水时变化系数,一般取2.5。

**4. 公共建筑污水设计流量**

可利用综合污水定额计算,如有具体资料也可单独计算。见式4—6

$$Q_4 = \sum \frac{K_{h4i}q_{4i}N_{4i}}{3600T_{4i}} \quad (L/s) \quad (4—6)$$

式中,$q_{4i}$——各公共建筑最高日污水量标准,(L/用水单位·d);

$N_{4i}$——各公共建筑用水单位数;

$T_{4i}$——各公共建筑最高日排水小时数,h;

$K_{h4i}$——各公共建筑污水量时变化系数。

城市污水设计总流量

$$Q = Q_1 + Q_2 + Q_3 + Q_4 \quad (L/s) \quad (4—7)$$

## 二、管段设计流量

### (一)设计管段的划分

(1)设计管段:两个检查井之间的管段,如果采用的设计流量不变,且采用同样的管径和坡度,则称它为设计管段。

(2)划分设计管段:只是估计可以采用同样管径和坡度的连续管段,就可以划作一个设计管段。根据管道的平面布置图,凡有集中流量流入,有旁侧管接入的检查井均可作为设计管段的起止点。设计管段的起止点应依次编上号码。

### (二)设计管段设计流量的确定

每一设计管段的污水设计流量可能包括以下几种流量:

(1)本段流量 $q_1$——从本管段沿线街坊流来的污水量;

(2)转输流量 $q_2$——从上游管段和旁侧管段流来的污水量;

(3)集中流量 $q_3$——从工业企业或其他产生大量污水的公共建筑流来的污水量。

对于某一设计管段,本段流量是沿管段长度变化的,即从管段起点的零逐渐增加到终点的全部流量。为便于计算,通常假定本段流量从管段起点集中进入设计管段。而从上游管段和旁侧管流来的转输流量 $q_2$ 和集中流量 $q_3$ 对这一管段是不变的。

本段流量是以人口密度和管段的服务面积来计算,公式见(4—8)。

$$q_1 = q_s \cdot F \tag{4—8}$$

式中,$q_1$——设计管段的本段流量,L/s;

　　$F$——设计管段的本段服务面积,$hm^2$;

　　$q_s$——比流量,$L/(s \cdot hm^2)$。

比流量是指单位面积上排出的平均污水量。可用式(4—9)计算:

$$q_s = \frac{n \cdot \rho}{86400} \tag{4—9}$$

式中,$n$——生活污水定额,$L/(人 \cdot d)$;

　　$\rho$——人口密度,人/$hm^2$。

某一设计管段的设计流量可由式(4—10)计算:

$$q_{ij} = (q_1 + q_2)K_z + q_3 \tag{4—10}$$

式中,$q_{ij}$——某一设计管段的设计流量,L/s;

　　$q_1$——本段流量,L/s;

　　$q_2$——转输流量,L/s;

　　$q_3$——集中流量,L/s;

　　$K_z$——生活污水总变化系数。

# 第二节　污水管道水力计算

## 一、水力计算的基本公式

水力计算的目的,是在流量已知条件下,求出经济合理的管道直径(或渠道断面尺寸)、管道坡度和埋没深度。污水管道中的水流一般是重力流。管中水流实际上不是均匀流,流量沿程是变化的。但在一直线管段中流量变化不大,可近似作为均匀流。因此污水管渠的水力计算可参照均匀流计算公式(式4—11、式4—12、式4—13)计算。

$$Q = \omega \cdot v \tag{4—11}$$

$$v = C \cdot \sqrt{R \cdot I} \tag{4—12}$$

$$C = \frac{1}{n} \cdot R^{\frac{1}{6}} \tag{4—13}$$

由于污水管渠是重力流且是非满流,则管中流量 $Q$、管径 $D$、流速 $v$、管道坡度 $I$、充满度 $h/D$ 等 5 个参数是相互关联的水力参数。改变任一参数,都会使其他参数发生变化。因此,计算相当复杂。传统的力法是利用预先绘制的水力计算图求解,现在可用计算机求解。设计时,流量 $Q$ 是经过计算已经确定的。其余 4 个参数,则需根据地形情况、设计要求和有关限制条件通过计算确定,使污水管渠正常运行。

## 二、污水管道设计参数

### (一)设计充满度

(1)设计充满度($h/D$):在设计流量下,污水管道中的水深 $h$ 与管道直径 $D$ 的比值称为设计充满度(或水深比)。见图 4-1 所示。

当 $h/D = 1$ 时称为满流;当 $h/D < 1$ 时称为不满流。

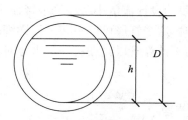

**图 4-1　充满度示意图**

(2)污水管道的设计有按满流和非满流两种方法。在我国,按非满流进行设计。

原因是:污水的流量很难精确确定,而且雨水或地下水可能渗入污水管道增加流量,因此,选用的污水管道断面面积应留有余地,以防污水溢出;污水管道内沉积的污泥可能分解析出一些有害气体,需留出适当的空间,以利管道内的通风,排除有害气体便于管道的疏通和维护管理。

(3)最大设计充满度的规定如表 4-3。

**表 4-3　最大设计充满度**

| 管径或渠高/mm | 最大设计充满度 |
| --- | --- |
| 200 ~ 300 | 0.55(0.60) |
| 350 ~ 450 | 0.65(0.70) |
| 500 ~ 900 | 0.70(0.75) |
| ≥1000 | 0.75(0.80) |

### (二)最小管径

#### 1. 规定最小管径的原因

(1)养护方便:一般在污水管道的上游部分,设计流量很小。若根据流量计算,则管径会很小,根据养护经验表明,管径过小易堵塞,使养护管道的费用增加。而小口径管道直径相差一号在同样埋深下,施工费用相差不多。

(2)减小管道的埋深:此外采用较大的管径,可选用较小的坡度,使管道埋深减小。最小管径可见表 4-4。

表4－4　最小管径和最小设计坡度

| 污水管道位置 | 最小管径/mm | 最小设计坡度 |
|---|---|---|
| 街坊和厂区内 | 200 | 0.004 |
| 街道 | 300 | 0.003 |

**2. 不计算管段**

在污水管道的上游,由于设计管段服务的排水面积较小,所以流量较小,由此而计算出的管径也很小。如果某设计管段的设计流量小于在最小管径、最小设计坡度(最小流速)、充满度为0.5时管道通过的流量时,这个管段可以不必进行详细的水力计算,直接选用最小管径和最小设计坡度,该管段称为不计算管段。在有冲洗水源时,这些管段可考虑设置冲洗井定期冲洗以免堵塞。

**(三)最小设计坡度**

1. 最小设计坡度:相应于管内最小设计流速时的坡度叫做最小设计坡度,即保证管道内污物不淤积的坡度。

2. 管道最小坡度,在满足不淤积时,随水力半径 $R$ 而变化,$I_{min} = f(v_{min}, 管道的水力半径 R)$。由 $v = C \sqrt{RI}$ 得

$$I = \frac{v^2}{C^2 R} = \frac{n^2 v^2}{R^{\frac{4}{3}}} \tag{4—14}$$

不同管径的污水管道应有不同的最小设计坡度,管径相同的管道,由于充满度不同,也可以有不同的最小设计坡度。在表4－4中规定了最小管径管道的最小设计坡度。

**(四)设计流速**

设计流速与设计流量和设计充满度相应的污水平均流速。

最小设计流速:是保证管道内不发生淤积的流速,与污水中所含杂质有关;国外很多专家认为最小流速为 0.6 ~ 0.75m/s,我国根据试验结果和运行经验确定最小流速为 0.6m/s。

最大设计流速:是保证管道不被冲刷破坏的流速,与管道材料有关;金属管道的最大流速为 10m/s,非金属管道的最大流速为 5m/s。

**(五)埋设深度**

在污水管道工程中,管道的埋设深度越大,工程造价越高,施工期越长。

**1. 含义**

覆土厚度是指管外壁顶部到地面的距离;埋设深度是指管内壁底部到地面的距离(见图4－2)。

**2. 最小埋深**

确定污水管道最小埋设深度时,必须考虑下列因素:

(1)必须防止管内污水冰冻或土壤冰冻而损坏管道。土壤的冰冻深度,不仅受当地气候的影响,而且与土壤本身的性质有关。所以,不同的地区,由于气候条件不同,土壤性质

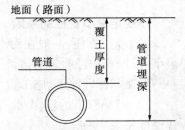

图4－2　管道埋深与覆土厚度

不同,土壤的冰冻深度也各不相同。在污水管道工程中,一般所采用的土壤冰冻深度值,是当地多年观测的平均值。

由于生活污水水温较高,且保持一定的流量不断地流动,所以污水不易冰冻。由于污水水温的辐射作用,管道周围的土壤不会冰冻。所以,在污水管道的设计中,没有必要将整个管道都埋设在土壤的冰冻线以下。但如果将管道全部埋在冰冻线以上,则会因土壤冻涨而损坏管道基础。

现行的《室外排水设计规范》规定:无保温措施的生活污水或水温与其接近的工业废水管道,管底可埋设在土壤冰冻线以上 0.15m。有保温措施或水温较高或水流不断、流量较大的污水管道,其管底在冰冻线以上的距离可适当增大,其数值可根据经验确定。

(2)必须保证管道不致因为地面荷载而破坏。为保证污水管道不因受外部荷载而破坏,必须有一个覆土厚度的最小限值要求,这个最小限值,被称为最小覆土厚度。此值取决于管材的强度、地面荷载类型及其传递方式等因素。

现行的《室外排水设计规范》规定:在车行道下的排水管道,其最小覆土厚度一般不得小于 0.7m。在对排水管道采取适当的加固措施后,其最小覆土厚度值可以酌减。

(3)必须满足街坊污水管衔接的要求。此值受建筑物污水出户管埋深的控制。从安装技术方面考虑,建筑物污水出户管的最小埋深一般在 0.5~0.7m,以保证底层建筑污水的排出。所以街坊污水管道的起端埋深最小也应有 0.6~0.7m。由此值可计算出街道污水管道的最小埋设深度。

对每一管道来说,从上面三个不同的要求来看,可以得到三个不同的管道埋深。这三个值中,最大的一个即是管道的最小设计埋深。

**3. 最大埋深**

管道的最大埋深,应根据设计地区的土质、地下水等自然条件,再结合经济、技术、施工等方面的因素确定。

一般在土壤干燥的地区,管道的最大埋深不超过 7~8m;在土质差、地下水位较高的地区,一般不超过 5m。

当管道的埋深超过了当地的最大限度值时,应考虑设置排水泵站提升,以提高下游管道的设计高程,使排水管道继续向前延伸。

## (六)污水管道的衔接

污水管道在管径、坡度、高程、方向发生变化及支管接入时都是通过检查井中衔接。在检查井中衔接时应满足:尽可能提高下游管段的高程,以减少管道埋深,降低造价;避免上游管段中形成回水而造成淤积。管道的衔接方法主要有水面平接、管顶平接两种。

(1)水面平接:是指在水力计算中,上游管段终端和下游管段起端在指定的设计充满度下的水面相平,即上游管段终端与下游管段起端的水面高程相同,如图4-3所示。此方式适用于管径相同时的衔接。

(2)管顶平接:是指在水力计算中,使上游管段终端和下游管段起端的管顶标高相同见图4-4所示。采用管顶平接时,下游管段的埋深将增加。这对于平坦地区或埋深较大的管道,有时是不适宜的。这时为了尽可能减少埋深,可采用水面平接的方法。通常此方式用于管径不相同时的衔接。

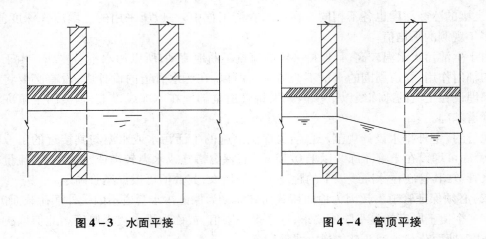

图4-3 水面平接　　　　　　　图4-4 管顶平接

下游管段起端的水面和管内底高程都不得高于上游管段终端的水面和管内底高程。当管道敷设地区的地面坡度很大时,为调整管内流速所采用的管道坡度应小于地面坡度。为了保证下游管段的最小覆土厚度和减少上游管段的埋深,可根据地面坡度采用跌水连接。在旁侧管道与干管交汇处,若旁侧管道的管内底高程比干管的管内底高程相差1m以上时,为保证干管有良好的水力条件,最好在旁侧管道上先设跌水井后再与干管相接。

# 第三节　雨水管道系统设计

雨水管渠设计的主要内容包括:
(1)确定当地的暴雨强度公式或暴雨强度曲线;
(2)划分排水流域,进行雨水管渠的定线;
(3)划分设计管段,计算各设计管段雨水设计流量;
(4)进行管渠的水力计算,确定各设计管段的管径、坡度、标高及埋深。
(5)绘制管渠平面图及纵剖面图。

雨水管渠系统设计与污水管道系统设计有很多相同之处。例如,雨水管渠系统也是树状网形式,同样采用重力流,水力计算与污水管道相同;设计管段的概念和管段之间衔接以及管道埋深要求也与污水管道相同。但雨水管渠设计与污水管道设计也有不同之处。其主要不同是流量的汇集和设计流量计算方法不同,此外,某些设计参数和要求也有差别,分述如下。

## 一、雨水设计流量

雨水设计流量是雨水管渠系统设计的依据。由于雨水径流的特点是流量大而历时短。因此应对雨量进行分析,以便经济合理地推算暴雨量和径流量,作为雨水管渠的设计流量。雨水管渠设计流量与设计暴雨强度、汇水面积和地面覆盖情况(用径流系数表示)有关。

### (一)设计暴雨强度

所谓设计暴雨强度,是指一定年限内可能出现一次的暴雨(称重现期),在一定的降雨历时内,单位汇水面积上的雨水量 L/(s·ha)。

$$q = 167i \qquad L/(s \cdot hm^2)$$

$$i = \frac{H}{t} \tag{4—15}$$

式中,$q$——暴雨强度,L/(s·hm$^2$);

　　$i$——平均降雨强度,mm/min;

　　$H$——降雨量,mm;

　　$t$——降雨历时,min。

暴雨强度是描述暴雨特征的重要指标,也是确定雨水设计流量的重要依据。在任一场暴雨中,暴雨强度是随降雨历时变化的。所取的降雨历时长,则与该历时相对应的暴雨强度将小于短历时对应的暴雨强度。在推求暴雨强度公式时,降雨历时常采用 5min、10min、15min、20min、30min、45min、60min、90min、120min9 个时段。在分析暴雨资料时,必须选用对应各降雨历时的最大降雨量。由于在各降雨历时内每个时刻的暴雨强度也是不同的,所以计算出的各历时的暴雨强度称为最大平均暴雨强度。

## (二)降雨面积和汇水面积

降雨面积是指降雨所笼罩的面积,即降雨的范围。汇水面积是指雨水管渠汇集雨水的面积,用 $F$ 表示,以公顷或平方公里为单位(hm$^2$ 或 km$^2$)。任一场暴雨在降雨面积上各点的暴雨强度是不相等的,但在城镇雨水管渠系统设计中,设计管渠的汇水面积较小,一般小于 100km$^2$,其汇水面积上最远点的集水时间不超过 60~120min,这种较小的汇水面积,在工程上称为小汇水面积。在小汇水面积上可忽略降雨的非均匀分布,认为各点的暴雨强度都相等。

## (三)暴雨强度的重现期

某特定值暴雨强度的重现期是指等于或大于该值的暴雨强度可能出现一次的平均间隔时间,一般用 $P$ 表示,以年为单位,按如下公式进行计算:

$$P = \frac{N}{m} \tag{4—16}$$

式中,$P$——暴雨强度的重现期,a;

　　$N$——资料记录的年限,a;

　　$m$——等于或大于某特定值的暴雨强度出现的次数。

重现期 $P$ 与年频率 $P_n$ 互为倒数,即

$$P = \frac{1}{P_n} \tag{4—17}$$

## (四)暴雨强度公式

暴雨强度公式是在各地自计雨量记录分析整理的基础上,按照我国现行《室外排水设计规范》规定的方法推求出来的。暴雨强度公式是暴雨强度 $i$(或 $q$)、降雨历时 $t$、重现期 $P$ 三者间关系的数学表达式,是雨水管渠的设计依据。我国常用的暴雨强度公式为:

$$q = \frac{167A_1(1 + c\lg P)}{(t + b)^n} \qquad (4—18)$$

式中， $q$——设计暴雨强度，$L/(s \cdot hm^2)$；

$P$——设计重现期，a；

$t$——降雨历时，min；

$A_1$、$c$、$b$、$n$——地方参数，根据统计方法计算确定。

我国《给水排水设计手册》第 5 册收录了我国若干城市的暴雨强度公式，统计时可直接选用。目前尚无暴雨强度公式的城镇，可借用附近气象条件相似地区城市的暴雨强度公式。

## 二、雨水管网设计流量计算

### (一)径流系数

径流系数 $\psi$ 是径流量与降雨量之比。降落在地面上的雨水，一部分渗入地下或被洼地截流，余下部分才形成径流而进入管渠。因此不同地区或覆盖情况不同，径流系数也不相同。

影响径流系数的因素主要有汇水面积的地面覆盖情况、地面坡度、地貌、建筑密度的大小、路面铺砌等。此外，还与降雨历时、暴雨强度及暴雨雨型有关。要精确确定 $\psi$ 值，难度较大。目前在雨水管渠设计中，通常采用按地面覆盖种类确定的经验数值。我国现行《室外排水设计规范》中规定的径流系数 $\psi$ 值见表 4 - 5：

表 4 - 5 径流系数 $\psi$ 值

| 地面种类 | $\psi$ 值 |
|---|---|
| 各种屋面、混凝土和沥青路面 | 0.90 |
| 大块石铺砌路面和沥青表面处理的碎石路面 | 0.60 |
| 级配碎石路面 | 0.45 |
| 干砌砖石和碎石路面 | 0.40 |
| 非铺砌土路面 | 0.30 |
| 公园或绿地 | 0.15 |

在雨水管渠系统设计中，汇水面积通常是由各种性质的地面覆盖组成的，随着它们占有的面积比例变化，$\psi$ 值也各异。因此整个汇水面积的径流系数应采用平均径流系数，其值是按各类地面面积用加权平均法计算求得。见公式(4—19)。也可采用区域的综合径流系数。一般市区的综合径流系数 $\psi = 0.5 \sim 0.8$，郊区的综合径流系数 $\psi = 0.4 \sim 0.6$。

$$\psi_{av} = \frac{\sum F_i \psi_i}{F} \qquad (4—19)$$

式中，$\psi_{av}$——综合径流系数；

$F_i$——汇水面积上各类地面的面积，$hm^2$；

$\psi_i$——相应于各类地面的径流系数；

$F$——全部汇水面积，$hm^2$。

# 第五章　给水排水管道材料

## 第一节　给水管道材料

给水管道不仅投资大,而且在运行中关系到供水能耗,供水水质以及供水安全可靠性。因此,合理选用管材十分重要。

### 选择给水管材时应考虑的因素

选择给水管材时应考虑以下几个方面因素:

(1)管道承受内压和外荷载强度;

(2)管道耐腐蚀性能;

(3)管道使用年限;

(4)管道运输、施工和安装难易程度;

(5)管道内壁光滑程度(涉及水力条件);

(6)管道价格。

设计中应通过以下几方面的技术、经济综合评价,确定技术经济合理的管道材料。给水管材主要有以下几类,分述如下:

### (一)金属管材

**1.钢管**

给水管道常用的是焊接钢管和无缝钢管。前者适用于大、中口径管道;后者适用于中、小口径管道。钢管的特点是:耐高压,耐振动,重量较轻,管材及管配件易加工;刚度小,易变形,承受外荷载的稳定性差,易腐蚀;价格较高。在给水管道系统中,钢管一般作为大、中口径,高压力的输水管道,特别适用于地形复杂的地区。其中无缝钢管一般是中、小口径。采用钢管时,应特别注意防腐蚀,除了内壁衬里、外壁涂层外,必要时还要作阴极保护。近年来,小口径不锈钢管也用于特殊给水系统中,如分质供水系统中,可作为直接饮用水管道。

**2.铸铁管**

铸铁管是给水管道系统中使用最多的一种管材。铸铁管主要有两种:灰口铸铁管和球墨铸铁管。

灰口铸铁管耐腐蚀性比钢管强,过去使用最广,但由于质地较脆,抗冲击和抗震能力较差,爆管事故经常发生。故工业发达国家20世纪60年代就开始逐渐淘汰灰口铸铁管,我国近年来也已逐步淘汰灰口铸铁管。

球墨铸铁管耐腐蚀性较钢管强,重量比灰口铸铁管轻,抗冲击和抗震能力比灰口铸铁管强,价格低于钢管但高于灰口铸铁管。工业发达国家已普遍采用球墨铸铁管。我国也开始逐渐以球墨铸铁管替代灰口铸铁管。球墨铸铁管一般适用于中、小口径管道,我国目前生产的最大直径1400mm,国外最大直径已达2900mm。

## (二)混凝土管材

混凝土管有3种:自应力钢筋混凝土管,预应力钢筋混凝土管和预应力钢筒混凝土管。自应力钢筋混凝土管一般仅用于农村及中、小城镇给水,口径较小。

预应力钢筋混凝土管主要特点是:价格低,耐腐蚀性能优于钢管,抗震能力比灰口铸铁管强,管壁较光滑,但重量大,运输与安装不便。预应力钢筋混凝土管用于大、中口径管道。

预应力钢筒混凝土管是在管芯中间夹一层厚约1.5mm薄壁钢管,然后在环向绕一层或二层预应力钢丝。它兼具钢管和预应力钢筋混凝土管某些优点,如水密性优于钢筋混凝土管,耐腐蚀性优于钢管,但重量较大,运输、安装不便。预废力钢筒混凝土管在大口径管道中颇有发展前景。目前,世界上使用预应力钢筒混凝土管最多的国家是美国和加拿大,最大直径可达7600mm,一般管径范围在400~4000mm。

## (三)塑料管

给水系统常用的塑料管有硬质聚氯乙烯管(UPVC)、高密度聚乙烯管(PE)、聚丙烯管(PP)、聚丙烯腈-丁二烯-苯乙烯管(ABS)、玻璃钢管(GRP)及夹砂玻璃钢管(RPMP)等。各种塑料管的共同优点是:表面光滑,重量较轻,耐腐蚀性能优良,但不同的塑料管也存在各自不同的缺点。如UPVC管材质地较脆,强度不如钢管;PE管刚度和强度均有限,且易老化。另外,塑料管价格偏高。尽管塑料管存在一些不足,但其优点显著,故应用日益广泛。据国际供水协会(IWSA)统计,目前塑料管在国际供水管道中的应用已占25%左右(按长度计),其中用得最多的主要是管径小于200mm的管道。但是大、中口径管道中,GRP管道应用也日益广泛。20世纪80年代以来,日本、美国及欧洲、中东一些国家,新敷设的大、中型口径的管道中,GRP管所占比例日益增加。例如,日本在城市大口径给水管道中,GRP管占25%左右,已超过钢管用量;英国所用GRP管已占供水管道总长25%以上。GRP管不仅重量轻,表面光滑,耐腐蚀性能优良,而且强度也高,但目前价格高,是影响其市场竞争力的主要因素。此外,由于在玻璃钢结构层中的玻璃纤维有可能游离至水中,故一般适用于大、中口径的浑水输水管,而在配水管网中应用较少。

## (四)金、塑复合管材

为了利用金属的高强度和塑料的耐腐蚀性能,近年来金属和塑料复合管材日渐增多,主要有:

PVC衬里钢管:由PVC管和钢管复合而成。内壁为PVC管,外壁为钢管。

PE衬里钢管:由PE管和钢管复合而成。内壁为PE管,外壁为钢管。

以上所提的复合管材基本上是小口径管道,大多用于室内给水管道。

随着材料科学技术的发展,新管材不断涌现。我国在管材方面起步晚,但发展快。例如,我国许多原先生产灰口铸铁管厂家,已逐渐进行改造,通过引进、吸收、消化国外先进技术和设备,生产球墨铸铁管。新的球墨铸铁管生产厂家也不断出现,目前生产的球墨铸铁管最大管径为1400mm,近期内将达到2000mm。又如,自20世纪80年代开始,我国已从意大利、美国、日本、法国等引进玻璃钢管生产线。一些大、中型给水工程已采用GRP管或RPM管。由于我国已禁止使用传统的镀锌钢管,所以预计我国在塑料管及复合管材方面将有大的发展。

# 第二节　排水管道材料

## 一、管渠断面形式

排水管渠的断面形状,应符合下列要求:

1. 排水管渠的断面形状应根据设计流量、埋设深度、工程环境条件,同时结合当地施工、制管技术水平和经济、养护管理要求综合确定,宜优先选用成品管;

2. 大型和特大型管渠的断面应方便维修、养护和管理。

排水管渠断面形状应综合考虑下列因素后确定:1)受力稳定性好;2)断面过水流量大,在不淤流速下不发生沉淀;3)工程综合造价经济;4)便于冲洗和清通。

排水工程常用管渠的断面形状有圆形、矩形、梯形和卵形等。

圆形断面有较好的水力性能,结构强度高,使用材料经济,便于预制,因此是最常用的一种断面形式。

矩形断面可以就地浇筑或砌筑,并可按需要调节深度,以增大排水量。排水管道工程中采用箱涵的主要因素有:受当地制管技术、施工环境条件和施工设备等限制,超出其能力的即用现浇箱涵;在地势较为平坦地区,采用矩形断面箱涵敷设,可减少埋深。

梯形断面适用于明渠。

卵形断面适用于流量变化大的场合,合流制排水系统可采用卵形断面。

## 二、管渠材料

排水管渠必须具有足够的强度,以承受外部的荷载和内部的水压。另外,为了保证排水管道在运输和施工中不致破裂,也要求管道具有足够的强度。

### 1. 混凝土管和钢筋混凝土管

混凝土管和钢筋混凝土管适用于排除雨水、污水,可在专门的工厂预制,也可以在现场浇制,分混凝土管、轻型混凝土管、重型混凝土管三种。管口通常有承插式、企口式、平口式三种。

混凝土管的管径一般小于450mm,长度多为1m,适用于管径较小的无压管。当管道埋深较大或敷设在土质不良地段时,为抵抗外压,当管径大于400mm时通常采用钢筋混凝土管。当管道设计断面大于1.5m时,通常就在现场浇制混凝土和钢筋混凝土排水管渠。

混凝土管和钢筋混凝土管便于就地取材,制造方便。而且根据抗压的不同要求,制成无压管、低压管、预应力管等,所以在排水管道系统中应用普遍。但混凝土管和钢筋混凝土管的抗酸碱侵蚀及抗渗性差,而且管节短、接头多、自重大、搬运不便、施工复杂,在地震强度大于8度的地区及饱和松砂、淤泥和淤泥土质、冲填土地区不宜敷设。

**2. 金属管**

常用的金属管有铸铁管及钢管。室外排水管道一般很少使用金属管,只有当排水管道承受高内压、高外压或对渗漏要求高的地方,如排水泵站的进出水管、地震强度大于8度或地下水位高、流砂严重地区采用金属管。

金属管质地坚硬、抗压、抗渗、抗震性能好;内壁光滑,水流阻力小;单节长度大,接头少。但价格昂贵,抗酸碱腐蚀能力差。因此,采用金属管时,必须做好防腐处理。

**3. 塑料管**

近些年,我国排水工程中采用较多的埋地塑料排水管道品种主要有硬聚氯乙烯管、聚乙烯管和玻璃纤维增强塑料夹砂管等。

根据工程使用情况,管材类型、范围和接口形式如下:

1. 硬聚氯乙烯管(UPVC),管径主要使用范围为225～400mm,承插式橡胶圈接口;

2. 聚乙烯管(PE管,包括高密度聚乙烯HDPE管),管径主要使用范围为500～1000mm,承插式橡胶圈接口;

3. 玻璃纤维增强塑料夹砂管(RAM管),管径主要使用范围为600～2000mm,承插式橡胶圈接口。

随着技术经济的发展,还可以采用符合质量要求的其他塑料管道。

# 第二篇　给水处理

# 第六章　水质与给水处理概论

天然水中都不同程度地含有各种各样的杂质，必须对天然水进行水质处理，合格后才能使用或送入管网。

## 第一节　天然水中杂质的种类与性质

### 一、原水中的杂质

自然界中的水，通过降水、渗透和蒸发等循环方式而形成多种形式的水源。水在自然循环和社会循环中都不同程度地有各种各样的杂质混入，使水质发生变化。其杂质的来源基本分为两类：一是自然过程：如初期降水（包括雨、雪等）在到达地面之前对各种有害物质的溶入；水对地层矿物中某些易溶成分的溶解；水流对地表及河床冲刷所带入的泥砂和腐殖质；水中各类微生物、水生动植物繁殖及其死亡残骸等。二是人为因素（即生活污水、农业污水及工业废水）的污染。此时，水中杂质将更为复杂。

（1）按水中杂质的尺寸大小，可以分为溶解物、胶体和悬浮物 3 种，尺寸及外观特征如表 6 - 1。

表 6 - 1　水中杂质的尺寸与外观特征

|  | 溶解物 | 胶体 | 悬浮物 |
|---|---|---|---|
| 颗粒大小 | $0.1 \sim 1.0$nm | $1.0 \sim 100$nm | $1.0 \sim 100$nm |
| 分辨工具 | 电子显微镜 | 超显微镜 | 显微镜或肉眼 |
| 外观特征 | 透明 | 光照下浑浊 | 浑浊或肉眼可见 |

表中的颗粒尺寸系按球形计，且各类杂质的尺寸界限只是大体的范围。一般说粒径在 $100$nm $\sim 1 \mu$m 属于胶体和悬浮物的过渡阶段。小颗粒悬浮物往往也具有一定的胶体特性，当粒径大于 $10 \mu$m 时与胶体有明显差别。

悬浮物，主要是泥砂类无机物质和动植物生存过程中产生的物质或死亡后的腐败产物等有机物。

胶体，主要是细小的泥砂、矿物质等无机物和腐殖质等有机物。

溶解物，主要是呈真溶液状态的离子和分子，如 $Ca^{2+}$、$Mg^{2+}$、$Cl^-$ 等离子，$HCO_3^-$、$SO_4^{2-}$ 等酸根，$O_2$、$CO_2$、$H_2S$、$SO_2$、$NH_3$ 等溶解气体分子。

从水的生活饮用和水处理技术的观点看：悬浮物的尺寸较大，易于在水中下沉或上浮。易于下沉的一般是大颗粒泥砂及矿物质废渣等；能够上浮的一般是体积较大而密度小于水的某些有机物。胶体物质颗粒尺寸很小。水中胶体通常包括粘土、某些细菌和病毒藻类、腐殖质及蛋白质等。它们在水中长期静放,既不能上浮水面也不能沉淀澄清。悬浮物和胶体往往造成水的浑浊,而有机物如腐殖质及藻类等还造成水的色、臭、味,是对工业使用和人类健康的主要影响,并给人以厌恶感和不快。

(2)从化学结构上可以将水中杂质分为无机物、有机物、生物等几类。

无机杂质,天然水中所含有的无机杂质主要是溶解性的离子、气体及悬浮性的泥砂。溶解离子有 $Ca^{2+}$、$Mg^{2+}$、$Na^+$ 等阳离子和 $HCO_3^-$、$SO_4^{2-}$、$Cl^-$ 等阴离子。

有机杂质,天然水中的有机物与水体环境密切相关。一般常见的有机杂质为腐殖质类以及一些蛋白质等。

生物(微生物)杂质,这类杂质包括原生动物、藻类、细菌、病毒等。这类杂质会使水产生异臭异味,增加水的色度、浊度,导致各种疾病等。

(3)按杂质的来源可以分天然和人工合成的污染物。天然水体中的污染物的种类和数量在不断增加,其中数量最多的是人工合成的有机物。目前,全世界已在水中检测出2000多种有机化合物。

## 二、各种天然水源的水质特点

一般可以将天然水分为地表水和地下水两大类,地表水又可以分为江河水、湖泊水库水、山区浅水河流和海水。

(1)江河水

江河水易受自然条件影响,水较混浊,细菌较多,江河水的含盐量和硬度都比较低。含盐量一般在 70～900mg/L,硬度通常在 50～400mg/L(以 $CaCO_3$ 计)。

(2)湖泊、水库水

主要由江河水供给,水质特点与江河水类似。但由于湖(或水库)水流动性小,贮存时间长,经过长期自然沉淀,一般浊度较低,多数含藻类较多。湖(或水库)水受风浪冲击后水质变化较大,受生活污水污染后易产生富营养化。

(3)海水

海水的主要特点是高含盐量,在 7.5～43.0g/L。含量最多的是氯化钠($NaCl$),约占83.7%,其他盐类还有 $MgCl_2$、$CaSO_4$ 等。海水一般须经淡化处理后方可作为居民生活用水。

(4)地下水

因地下水因受地层渗滤过程的净化,水质较清,细菌较少,特别是深层井水细菌更少,但含盐量和硬度较高。含盐量一般在 100～5000mg/L,硬度通常在 100～500mg/L(以 $CaCO_3$ 计)。地下水的水质和水温一般终年稳定,较少受外界影响。

## 第二节　水质标准

水质标准是用水对象(包括饮用和工业用水等)所要求的各项水质参数应达到的指标和限值。水质参数指能反映水的使用性质的一种量度,有的涉及单项质量浓度具体数值,如水中各种溶解离子等;有的并不代表某一具体成分,但能直接或间接反映水的某一方面使用性质。如水的色度、浊度、总溶解固体等称"替代参数"。不同用水对象要求的水质标准不同,随着科学技术的进步和水源污染日益严重,水质标准总是在不断修改、补充之中。

## 一、生活饮用水卫生标准

生活饮用水水质与人类健康和生活使用直接相关,故世界各国对饮用水水质标准极为关注。由于水源污染日益严重,也由于水质检测技术及医学科学的不断发展,饮用水水质标准总是不断地修改、补充。20世纪初,饮用水水质标准主要包括水的外观和预防传染病的项目,以后开始重视重金属离子的危害,80年代则侧重于有机污染物的防止。我国自1956年颁发《生活饮用水卫生标准(试行)》直至1986年实施《生活饮用水卫生标准》(GB 5749—1985)的30年间,共进行4次修订。水质指标项目不断增加,所增加的基本上均是化学污染物的项目。国家卫生部于2001年6月7日颁布了新《生活饮用水卫生规范》,并于2001年9月1日起执行。其中对生活饮用水水质标准的一些项目作了修改并增加了一些项目,这是继1985年颁布《生活饮用水水质标准》16年后跨出的一大步。2007年7月1日,由国家标准委和卫生部联合发布的《生活饮用水卫生标准》(GB 5749—2006)强制性国家标准和13项生活饮用水卫生检验国家标准正式实施。

新标准具有以下三个特点:一是加强了对水质有机物、微生物和水质消毒等方面的要求。新标准中的饮用水水质指标由原标准的35项(GB 5749—1985)增至106项,增加了71项。其中,微生物指标由2项增至6项;饮用水消毒剂指标由1项增至4项;毒理指标中无机化合物由10项增至21项;毒理指标中有机化合物由5项增至53项;感官性状和一般理化指标由15项增至20项;放射性指标仍为2项;二是统一了城镇和农村饮用水卫生标准;三是实现饮用水标准与国际接轨。新标准水质项目和指标值的选择,充分考虑了我国实际情况,并参考了世界卫生组织的《饮用水水质准则》,参考了欧盟、美国、俄罗斯和日本等国家的饮用水标准。

在新《标准》增加的71项水质指标里,微生物学指标由2项增至6项,增加了对蓝氏贾第虫、隐孢子虫等易引起腹痛等肠道疾病、一般消毒方法很难全部杀死的微生物的检测。饮用水消毒剂由1项增至4项,毒理学指标中无机化合物由10项增至22项,增加了对净化水质时产生二氯乙酸等卤代有机物质、存于水中藻类植物微囊藻毒素等的检测。有机化合物由5项增至53项,感官性状和一般理化指标由15项增加至21项。并且,还对原标准35项指标中的8项进行了修订。同时,鉴于加氯消毒方式对水质安全的负面影响,新《标准》还在水处理工艺上重新考虑安全加氯对供水安全的影响,增加了与此相关的检测项目。新《标准》适用于各类集中式供水的生活饮用水,也适用于分散式供水的生活饮用水。

《生活饮用水卫生标准》(GB 5749—2006)规定,生活饮用水水质应符合下列基本要求:

①生活饮用水中不得含有病原微生物;

②生活饮用水中化学物质不得危害人体健康;

③生活饮用水中放射性物质不得危害人体健康;

④生活饮用水的感官性状良好;

⑤生活饮用水应经消毒处理;

⑥生活饮用水水质应符合表6-2和表6-4卫生要求。集中式供水出厂水中消毒剂限值、出厂水和管网末梢水中消毒剂余量均应符合表6-3要求;

⑦农村小型集中式供水和分散式供水的水质因条件限制,部分指标可暂按照表6-5执行,其余指标仍按表6-2、表6-3和表6-4执行;

表 6 – 2　水质常规指标及限值

| 指　　标 | 限　　值 |
|---|---|
| 1. 微生物指标[a] | |
| 总大肠菌群/(MPN/100mL 或 CFU/100mL) | 不得检出 |
| 耐热大肠菌群/(MPN/100mL 或 CFU/100mL) | 不得检出 |
| 大肠埃希氏菌/(MPN/100mL 或 CFU/100mL) | 不得检出 |
| 菌落总数/(CFU/mL) | 100 |
| 2. 毒理指标 | |
| 砷/(mg/L) | 0.01 |
| 镉/(mg/L) | 0.005 |
| 铬(六价)/(mg/L) | 0.05 |
| 铅/(mg/L) | 0.01 |
| 汞/(mg/L) | 0.001 |
| 硒/(mg/L) | 0.01 |
| 氰化物/(mg/L) | 0.05 |
| 氟化物/(mg/L) | 1.0 |
| 硝酸盐(以 N 计)/(mg/L) | 10　地下水源限制时为 20 |
| 三氯甲烷/(mg/L) | 0.06 |
| 四氯化碳/(mg/L) | 0.002 |
| 溴酸盐(使用臭氧时)/(mg/L) | 0.01 |
| 甲醛(使用臭氧时)/(mg/L) | 0.9 |
| 亚氯酸盐(使用二氧化氯消毒时)/(mg/L) | 0.7 |
| 氯酸盐(使用复合二氧化氯消毒时)/(mg/L) | 0.7 |
| 3. 感官性状和一般化学指标 | |
| 色度(铂钴色度单位) | 15 |
| 浑浊度(散射浑浊度单位)/NTU | 1　水源与净水技术条件限制时为 3 |
| 臭和味 | 无异臭、异味 |
| 肉眼可见物 | 无 |
| pH | 不小于 6.5 且不大于 8.5 |
| 铝/(mg/L) | 0.2 |
| 铁/(mg/L) | 0.3 |
| 锰/(mg/L) | 0.1 |
| 铜/(mg/L) | 1.0 |
| 锌/(mg/L) | 1.0 |

续表

| 指　标 | 限　值 |
|---|---|
| 氯化物/(mg/L) | 250 |
| 硫酸盐/(mg/L) | 250 |
| 溶解性总固体/(mg/L) | 1 000 |
| 总硬度(以 CaCO₃计)/(mg/L) | 450 |
| 耗氧量(CODMn法,以 O₂计)/(mg/L) | 3<br>水源限制,原水耗氧量>6mg/L 时为 5 |
| 挥发酚类(以苯酚计)/(mg/L) | 0.002 |
| 阴离子合成洗涤剂/(mg/L) | 0.3 |
| 4.放射性批标b | 指导值 |
| 总α放射性　/(Bq/L) | 0.5 |
| 总β放射性　/(Bq/L) | 1 |

　　aMPN 表示最可能数;CFU 表示菌落形成单位。当水样检出总大肠菌群时,应进一步检验大肠埃希氏菌或耐热大肠菌群;水样未检出总大肠菌群,不必检验大肠埃希氏菌或耐热大肠菌群。

　　b放射性指标超过指导值,应进行核素分析和评价,判断能否饮用。

表6-3　饮用水中消毒剂常规指标及要求

| 消毒剂名称 | 与水接触时间 | 出厂水中限值/(mg/L) | 出厂水中余量/(mg/L) | 管网末梢水中含量/(mg/L) |
|---|---|---|---|---|
| 氯气及游离氯制剂(游离氯) | ≥30min | 4 | ≥0.3 | ≥0.05 |
| 一氯胺(总氯) | ≥120min | 3 | ≥0.5 | ≥0.05 |
| 臭氧(O₃) | ≥12min | 0.3 | — | 0.02<br>如加氯,总氯≥0.05 |
| 二氧化氯(ClO₃) | ≥30min | 0.8 | ≥0.1 | ≥0.02 |

表6-4　水质非常规指标及限值

| 指　标 | 限　值 |
|---|---|
| 1.微生物指标 | |
| 贾第鞭毛虫/(个/10L) | <1 |
| 隐孢子虫/(个/10L) | <1 |
| 2.毒理指标 | |
| 锑/(mg/L) | 0.005 |
| 钡/(mg/L) | 0.7 |
| 铍/(mg/L) | 0.002 |
| 硼/(mg/L) | 0.5 |

| 指　标 | 限　值 |
|---|---|
| 钼/(mg/L) | 0.07 |
| 镍/(mg/L) | 0.02 |
| 银/(mg/L) | 0.05 |
| 铊/(mg/L) | 0.000 1 |
| 氯化氰(以 CN⁻ 计)/(mg/L) | 0.07 |
| 一氯二溴甲烷/(mg/L) | 0.1 |
| 二氯一溴甲烷/(mg/L) | 0.06 |
| 二氯乙酸/(mg/L) | 0.05 |
| 1,2 - 二氯乙酸/(mg/L) | 0.03 |
| 二氯甲烷/(mg/L) | 0.02 |
| 三卤甲烷(三氯甲烷、一氯二溴甲烷、二氯一溴甲烷、三溴甲烷的总和) | 该类化合物中各种化合物的实测浓度与其各自限值的比值之各不超过 1 |
| 1,1,1 - 三氯乙烷/(mg/L) | 2 |
| 三氯乙酸/(mg/L) | 0.1 |
| 三氯乙醛/(mg/L) | 0.01 |
| 2,4,6 - 三氯酚/(mg/L) | 0.2 |
| 三溴甲烷/(mg/L) | 0.1 |
| 七氯/(mg/L) | 0.000 4 |
| 马拉硫磷/(mg/L) | 0.25 |
| 五氯酚/(mg/L) | 0.009 |
| 六六六(总量)/(mg/L) | 0.005 |
| 六氯苯/(mg/L) | 0.001 |
| 乐果/(mg/L) | 0.08 |
| 对硫磷/(mg/L) | 0.003 |
| 灭草松/(mg/L) | 0.3 |
| 甲基对硫磷/(mg/L) | 0.02 |
| 百菌清/(mg/L) | 0.01 |
| 呋喃丹/(mg/L) | 0.007 |
| 林丹/(mg/L) | 0.002 |
| 毒死蝉/(mg/L) | 0.03 |
| 草甘膦/(mg/L) | 0.7 |
| 敌敌畏/(mg/L) | 0.001 |
| 莠去津/(mg/L) | 0.002 |
| 溴氰菊酯/(mg/L) | 0.02 |

| 指　　标 | 限　　值 |
|---|---|
| 2,4 - 滴/(mg/L) | 0.03 |
| 滴滴涕/(mg/L) | 0.001 |
| 乙苯/(mg/L) | 0.3 |
| 二甲苯(总量)/(mg/L) | 0.5 |
| 1,1 - 二氯乙烯/(mg/L) | 0.03 |
| 1,2 - 二氯乙烯/(mg/L) | 0.05 |
| 1,2 - 二氯苯/(mg/L) | 1 |
| 1,4 - 二氯苯/(mg/L) | 0.3 |
| 三氯乙烯/(mg/L) | 0.07 |
| 三氯苯(总量)/(mg/L) | 0.02 |
| 六氯丁二烯/(mg/L) | 0.000 6 |
| 丙烯酰胺/(mg/L) | 0.000 5 |
| 四氯乙烯/(mg/L) | 0.04 |
| 甲苯/(mg/L) | 0.7 |
| 邻苯二甲酸二(2 - 乙基己基)酯/(mg/L) | 0.008 |
| 环氧氯丙烷/(mg/L) | 0.000 4 |
| 苯/(mg/L) | 0.01 |
| 苯乙烯/(mg/L) | 0.02 |
| 苯并(a)芘/(mg/L) | 0.000 01 |
| 氯乙烯/(mg/L) | 0.005 |
| 氯苯/(mg/L) | 0.3 |
| 微囊藻毒素 - LR/(mg/L) | 0.001 |
| 3. 感官性状和一般化学指标 | |
| 氨氮(以 N 计)/(mg/L) | 0.5 |
| 硫化物/(mg/L) | 0.02 |
| 钠/(mg/L) | 200 |

表6 - 5　小型集中式供水和分散式供水部分水质指标及限值

| 指　　标 | 限　　值 |
|---|---|
| 1. 微生物指标 | |
| 菌落总数/(CFU/mL) | 500 |
| 2. 毒理指标 | |
| 砷/(mg/L) | 0.05 |
| 氟化物/(mg/L) | 1.2 |
| 硝酸盐(以 N 计)/(mg/L) | 20 |

| 指　　标 | 限　　值 |
|---|---|
| 3.感官性状和一般化学指标 | |
| 色度(铂钴色度单位) | 20 |
| 浑浊度(散射浑浊度单位)/NTU | 3<br>水源与净水技术条件限制时为5 |
| pH | 不小于6.5且不大于9.5 |
| 溶解性总固体/(mg/L) | 1 500 |
| 总硬度(以$CaCO_3$计)/(mg/L) | 550 |
| 耗氧量($COD_{Mn}$)/(mg/L) | 5 |
| 铁/(mg/L) | 0.5 |
| 锰/(mg/L) | 0.3 |
| 氯化物/(mg/L) | 300 |
| 硫酸盐/(mg/L) | 300 |

⑧当发生影响水质的突发性公共事件时,经市级以上人民政府批准,感官性状和一般化学指标可适当放宽。

下面对涉及的指标物来源、对人体健康的利弊、标准限值的依据说明如下:

(1)色

色度通常来自带色的有机物(主要是腐殖质)、金属(如铁和锰)或高色度的工业废水污染。沼泽水由于含腐殖质而呈黄色,低铁化合物使水呈淡绿色,高铁化合物及四价锰使水呈黄色,水中大量藻类存在时显亮绿色。色度大于15度时,多数人即可察觉,大于30度,所有人均可察觉并感到嫌恶。因此,标准限值为15度,标准规定"并不得呈现其他异色。"

(2)浑浊度

浑浊度是由于水中存在的泥砂、胶体物、有机物、微生物等造成的,它与河岸、河床的性质、水流速度、工业废水的污染有关,随气候、季节的变化而变化。浑浊度是衡量水质污染程度的重要指标。经净化处理的水,浑浊度的降低有利于杀灭细菌和病毒,因此低浊度水对限制水中有害物质、细菌和病毒有着积极的卫生学意义。浑浊度在10度时,使人普遍感到混浊,超过5度,引起人们的注意。因此,我国先后将标准限值定为5度、3度,现行标准限值为1度。标准规定"特殊条件限制时不超过3度"。

(3)臭和味

水臭的产生主要是有机物的存在,或生物活性增加的表现,或工业污染所致。饮用水正常味道的改变,可能是原水水质的改变,或者水处理不充分,也可能因受二次污染所致。饮用水中含有令人不愉快的臭和味,将导致消费者视为不安全的饮水。氯化消毒产生的余氯,消费者能明显感受到,但低氯量消毒,可以克服水味,却又可能危及水的微生物学安全。饮用水应无令人不快或令人嫌恶的臭和味,故标准规定"无异臭、异味"。

(4)肉眼可见物

这既是一项物理外观要求,又是一项生物要求,更是一项卫生学要求。有些活的有机体(细菌、病毒、原生动物)可能通过饮水使人发生严重的、甚至是致命的爆发性传播病;藻类和浮游生物过多,使人在饮用时产生不快之感,或使人根本不宜饮用;浮游生物死亡和腐烂时,可造成鱼类大量死亡,可使人中毒。因此,饮用水中不应含有沉淀物、肉眼可见的水生生物及令人嫌恶的物质,故标准规定"无"。

(5)pH值

水的pH值在6.5~9.5的范围内并不影响人的生活饮用和健康,天然水pH值一般在6.5~8.5。水在净化处理过程中,由于投加水处理剂、液氯等,可使pH值略有变化。pH对净化处理有重要的意义,碱性水有倾向沉淀的作用,但对氯化消毒杀菌的效果有所降低,酸性水有侵蚀作用,容易腐蚀管道,影响水质。根据我国各地多年来的供水实际情况,其上限很少超过8.5,故标准限值范围为6.5~8.5。

(6)总硬度

地下水的硬度往往比较高,地面水的硬度随地理、地质情况等因素而变动。水的硬度是由溶解于水中的多种金属离子产生的,主要是钙,其次是镁。人对水的硬度有一定的适应性,饮用不同硬度的水(特别高硬度的水)可引起胃肠功能的暂时性紊乱,但在短期内即能适应。据国内报道,饮用总硬度为707~935mg/L的水,第二天人们出现不同程度腹胀、腹泻和腹痛等肠道症状,持续一周开始好转,20天后恢复正常。我国各地饮用水的硬度大都未超过425mg/L,而且人们对该硬度水的反应不大。因此,标准限值为450mg/L(以$CaCO_3$计)。

(7)铝

天然水中的铝含量很低,饮用水中的铝多数来自含铝的水处理剂。有资料表明:铝与老年痴呆症有关,铝积蓄于人体脑组织集中神经细胞内,导致神经纤维缠结的病变。此外,铝可抑制胃液和胃酸的分泌,使胃蛋白酶活性下降,导致甲状旁腺功能的亢进,导致甲状旁腺过度增生,瘤性变甚至癌变。当有铁存在时,铝的存在能增加水的脱色。鉴于对人体的影响,此次作为新增项目,标准限值为0.2mg/L。

(8)铁

铁在自然界分布很广,在天然水中普遍存在,饮用水含铁量增高可能来自铁管道以及含铁的各种水处理剂。铁是人体必需微量营养元素,是许多酶的重要组成成分。铁对人体的生理功能主要是参与肌体内部氧的输送和组织呼吸过程。人体代谢每天需要1~2mg铁,但由于肌体对铁的吸收率低,每天需从食物中摄取60~110mg的铁才能满足需要。缺少铁,会引起缺铁性贫血。含铁量高的水在管道内易生长铁细菌,增加水的浑浊度,使水产生特殊的色、臭、味。含铁量达0.3mg/L时,色度约为20度;在0.5mg/L时,色度可大于30度;在1.0mg/L时可感到明显的金属味,使人不愿饮用,不宜煮饭、泡茶,易使洗涤的衣物和器皿染色,影响某些工业产品质量。由于含铁的水处理剂广泛用于水处理,作为折衷方案,将标准限值为0.3mg/L。

(9)锰

水中锰来自自然环境或工业废水污染。锰是人体内一种必需的微量元素。人从膳食中每天摄入10mg的锰。锰存在人体各个器官中,起着新陈代谢作用,促进维生素B的蓄积,合成维生素C,促进人体发育与骨的钙化,促进和加速细胞的氧化。锰在水中较难氧化,在净水处理过程中较铁难去除,水中有微量锰时,呈现黄褐色。锰的氧化物能在水管内壁上逐步沉积,在水压波动时可造成"黑水"现象。锰和铁对感官性状的影响类似,二者经常共存于天然水中。当浓度超过0.15mg/L时,能使衣物和设备染色,在较高浓度时使水产生不良味道。

为满足感官性状的要求,标准限值为 0.1mg/L。

（10）铜

水中铜多数来自工业废水污染,或用以控制水中藻类繁殖的铜盐。铜是人体必需的微量元素。成年人每日需铜 2mg,学龄前儿童约 1mg。人体内铜的作用是多方面的,其主要作用是在组织呼吸和造血过程中,铜是许多酶的无可代替的组成成分,在新陈代谢中参与细胞的生长、增殖和某些酶的活化过程。铜参与色素沉着过程,对治疗贫血也有很大的意义。铜和锌一样,能够加强性腺机能,提高性激素的生理活性。在糖尿病者的食物里增加少量的硫酸铜,可以改善病性。铜的毒性小,但过量的铜是有害的,如口服 100mg/L,则可引起恶心、腹痛、长期摄入可引起肝硬变和神经系统失常病状。资料表明:水中含铜量达 5mg/L 时,水显色并带有苦味;达 1.5mg/L 时,有明显的金属味;超过 1mg/L,可使衣物器皿染成绿色。为满足感官性状的要求,标准限值为 1.0mg/L。

（11）锌

天然水中含锌量很低,饮用水中含锌量增高可能来源于镀锌管道和电镀、冶金、颜料及化工部门排放的废水。锌是人体必需的微量元素。锌是酶的组成部分,参与新陈代谢,具有重要生理功能。学龄前儿童每天需要锌约 0.3mg,成年人每天摄取量为 4～10mg,人最需要锌的时期是青春发育期。锌是碳酸酐酶和酶蛋白的主要成分,是生物学活性的最重要方面之一,它又是参与碳水化合物和蛋白质代谢的酶的活化剂,具有催化作用,锌具有造血功能和活化胆碱的功能,与人体内含维生素 $B_1$ 成正比例关系,锌有抑癌作用,具有增强肌体的免疫功能和性功能作用。锌的毒性很低,但摄入过多则刺激胃肠道和产生恶心,口服 1g 的硫酸锌可引起严重中毒。国外调查表明:饮水中含锌 23.8～40.8mg/L 和泉水含锌 50mg/L 均未见明显有害作用。但也有报道,饮水中含锌 30mg/L 时,引起恶心和晕厥。水中含锌 10mg/L 时,呈现浑浊;5mg/L 时,呈乳白色,煮沸时形成油膜。为满足感官要求,标准限值为 1.0mg/L。

（12）挥发酚类

水中酚主要来自工业废水污染,特别是炼焦和石油工业废水,其中以苯酚为主要成分。酚类化合物毒性低,据报道,饮水中酚的浓度为 15～100mg/L 时,鼠类长期饮用无影响,浓度高于 7000mg/L 时,对消化、吸收和代谢产生阻碍或引起死胎。酚具有恶臭,对饮用水进行加氯消毒时,能形成比臭味更强烈的氯酚,引起饮用者的反感。根据感官性状要求,标准限值为不超过 0.002mg/L(以苯酚计)。

（13）阴离子合成洗涤剂

水中的阴离子合成洗涤剂主要来自生活污水和工业废水的污染。目前,合成的表面活性剂达几百种,其中,阴离子表面活性剂应用最广,其化学性质稳定,在污水处理时最难降解和消除。阴离子合成洗涤剂毒性极低,人体摄入少量未见有害影响,人每日口服 100mg 烷基苯磺酸盐 4 个月(相当于每日饮用含 50mg/L 的水 2L),未见明显不能耐受的迹象,但是,当水中浓度超过 0.5mg/L 时,能使水起泡沫和具有异味。根据味觉及形成泡沫的阈浓度,标准限值为 0.3mg/L。

（14）硫酸盐

天然水中普遍含有硫酸盐。硫酸盐过高,主要是矿区重金属的氧化或工业废水污染的结果。水处理中硫酸铝净水剂的使用可明显地增加硫酸盐浓度。硫酸盐过高,易使锅炉和热水器结垢,增加对金属的腐蚀,并引起不良的水味和具有轻泻作用,当硫酸盐与镁在一起时,这种影响会更为明显。含硫酸镁达 1000mg/L 水溶液,可作为成人泻药。一般而言,饮用水中硫酸盐浓度大于 750mg/L 时有轻泻作用,浓度为 300~400mg/L 时,开始察觉有味,200~300mg/L 时,无明显味作用。基于对水味的影响和轻泻作用,标准限值为 250mg/L。

（15）氯化物

地面水和地下水中都含有氯化物,它主要以钙、镁的盐类存在于水中。水中的氯化物来源于流过含氯化物的地层,海洋水、生活污水及工业废水的污染。自来水采用液氯消毒时,能增加氯化物的含量。氯化物含量过高或过低,可以间接推断水的洁净情况。特别是氮素化合物随氯化物的增多而同时出现时。氯化物是人体需要的元素,在人和动物盐类代谢中起着重大的作用。

（16）铅

天然水含铅量低微,很多种工业废水、粉尘、废渣中都含有铅及其化合物。铅可与体内的一系列蛋白质、酶和氨基酸内的官能团络合,干扰机体许多方面的生化和生理活动。我国先后将标准限值定为 0.1mg/L、0.05mg/L,此次修改为 0.01mg/L。

（17）汞

汞在自然界的分布极为分散,空气、水中仅有少量的汞,由于三废的污染,城市人口从空气、食品中吸入汞,经呼吸道进入体内。汞及其化合物为原浆毒,脂溶性。主要作用于神经系统、心脏、肝脏和胃肠道,汞可在体内蓄积,长期摄入可引起慢性中毒。地面的无机汞,在一定条件下可转化为有机汞,并可通过食物链在水生生物（如鱿、贝类等）体内富集,人食用这些鱼、贝类后,可引起慢性中毒,损害神经和肾脏,如日本所称的"水俣病"。基于其毒理性和蓄积作用,标准限值为 0.001mg/L。

（18）硒

水中硒除地质因素外,主要来源于工业废水污染。硒是人体必需元素。硒对人体中辅酶 Q 的生物合成很重要,而辅酶 Q 存在于心肌内,可防止血压的上升。还有学者发现,硒具有预防癌症的作用。硒的化合物对人和动物均有毒,有明显的蓄积作用,可引起急性和慢性中毒。硒的毒理作用主要是破坏一系列生物酶系统,对肝、肾、骨骼和中枢神经系统有破坏作用。地方性硒中毒多半由于土壤中含硒较高,致使农作物和禽体内积蓄硒过多。中毒临床表现为食欲不振,四肢无力、头皮搔痒、癫皮、斑齿、毛发和指甲脱落等。根据硒的生理作用及毒性,并考虑到食物中可能摄入量,标准限值为 0.01mg/L。

（19）四氯化碳

四氯化碳在饮用水中一般浓度为每升数微克水平。四氯化碳具有多种毒理效应,包括致癌性、对肝和肾的损害。急性中毒症状为呼吸困难、蛋白尿、红细胞尿、黄疸、肝肿大、神经性头痛、眩晕、恶心、呕吐、腹病和腹泻等。慢性中毒则表现为肝硬化和坏死、肾损害、血中酶的活性改变、血清胆红素增多等。基于上述原因,参照世界卫生组织《饮用水质量指南》的建议值,考虑到我国具体情况,标准限值为 0.002mg/L。

（20）游离余氯

余氯系指用氯消毒,当加氯接触一定时间后,水中剩余的氯量。标准规定"在与水接触30 分钟后应不低于 0.3mg/L,管网末梢水不应低于 0.05mg/L（适用于加氯消毒）"。

（21）总 α 放射性、总 β 放射性

水的放射性主要来自岩石、土壤及空气中的放射性物质。水中的放射性核素有几百种,浓度一般都很低。人类某些实践活动可能使环境中的天然辐射水平增高,特别是随着核能的发展和同位素新技术的应用,可能产生放射性物质对环境的污染问题。放射性的有害作用为:增加肿瘤发生率、死亡以及发育中的变态。基于上述资料,参考世界卫生组织推荐值,标准限值为:总 $\alpha$ 放射性不超过 0.5Bq/L;总 $\beta$ 放射性不超过 1Bq/L。这是基于假设每人每天摄入 2L 水时所摄入的放射性物质,按成年人的生物代谢参数估算出一年内产生的剂量确定的。

## 二、工业用水水质标准

工业用水种类繁多,水质要求各不相同。水质要求高的工艺用水,不仅要求去除水中悬浮杂质和胶体杂质,而且还需要不同程度地去除水中的溶解杂质。

食品、酿造及饮料工业的原料用水,水质要求应当高于生活饮用水的要求。

纺织、造纸工业用水,要求水质清澈,且对易于在产品上产生斑点从而影响印染质量或漂白度的杂质含量,加以严格限制。如铁和锰会使织物或纸张产生锈斑,水的硬度过高会使织物或纸张产生钙斑。

对锅炉补给水水质的基本要求是:凡能导致锅炉、给水系统及其他热力设备起垢作用、起泡作用和腐蚀作用等不良的化学作用的各种杂质,都应大部分或全部去除。锅炉压力和构造不同,水质要求也不同。锅炉压力越高,水质要求越高。低压锅炉,主要应限制给水中的钙、镁离子含量,含氧量及 pH。当水的硬度符合要求时,即可避免水垢的产生。

在电子工业中,零件的清洗及药液的配制等,都需要纯水。特别是半导体器件及大规模集成电路的生产,几乎每道工序均需"高纯水"进行清洗。高灵敏度的晶体管和微型电路所需的高纯水,总固体残渣应小于 1mg/L,电阻率(在 25℃左右)应大于 $10 \times 10^6 \Omega \cdot cm$。水中微粒尺寸即使在 1μm 左右,也会直接影响产品质量甚至造成次品。

此外,许多工业部门在生产过程中部需要大量冷却水,用以冷凝蒸气或设备降温。冷却水首先要求水温低,同时对水质也有要求,如水中存在悬浮物、藻类及微生物等,会使管道和设备堵塞;在循环冷却系统中,还应控制在管道和设备中由于水质所引起的结垢、腐蚀和微生物繁殖。

总之,工业用水的水质优劣,与工业生产的发展和产品质量的提高关系极大。各种工业用水对水质的要求由有关工业部门制订。

# 第三节 给水处理方法概述

取用天然水源水,进行处理达到生活和生产使用水质标准的处理过程称为给水处理。给水处理的任务是通过必要的处理方法去除水中杂质,使之符合生活饮用或工业使用所要求的水质。水处理方法应根据水源水质和用水对象对水质的要求确定。在给水处理中,有的处理方法除具有某一特定的处理效果外,往往也直接或间接地兼收其他处理效果。为了达到某一处理目的,往往几种方法结合使用。此外,水处理过程中所产生的污染物处理和处置也是水处理的内容之一。

## 一、澄清和消毒

这是以地表水为水源的生活饮用水的常用处理工艺。但工业用水也常需澄清工艺。

澄清工艺通常包括混凝、沉淀和过滤。处理对象主要是水中悬浮物和胶体杂质。原水投加电解质后,经混凝使水中不易沉淀的胶体和悬浮物形成易于沉淀的絮凝体,而后通过沉淀池进行重力分离。过滤是利用过滤介质(或)过滤设备截留水中杂质构筑物,常置于混凝和沉淀构筑物之后,用以进一步降低水的浑浊度。完善而有效的混凝、沉淀和过滤,不仅能有效地降低水的浊度,对水中某些有机物、细菌及病毒等的去除也是有一定效果的。根据原水水质不同,在上述澄清工艺系统中还可适当增加或减少某些处理构筑物。例如,处理高浊度原水时,往往需设置泥砂预沉池或沉砂池;原水浊度很低时,可以省去沉淀构筑物而进行原水加药后的直接过滤。但在生活饮用水处理中,过滤是必不可少的。大多数工业用水也往往采用澄清工艺作为预处理过程。如果工业用水对澄清要求不高,可以省去过滤而仅需混凝、沉淀即可。

消毒是灭活水中致病微生物,通常在过滤以后进行。主要消毒方法是在水中投加消毒剂以杀灭致病微生物。当前我国普遍采用的消毒剂是氯,也有采用漂白粉、二氧化氯及次氯酸钠等。臭氧消毒和紫外线消毒。"混凝—沉淀—过滤—消毒"可称之为生活饮用水的常规处理工艺。我国以地表水为水源的水厂主要采用这种工艺流程。如前所述,根据水源水质不同,尚可增加或减少某些处理构筑物。

经常采用的地面水常规处理工艺流程如图6-1:

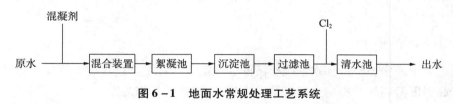

**图6-1　地面水常规处理工艺系统**

## 二、除臭、除味

这是饮用水净化中所需的特殊处理方法。当原水中臭和味严重而采用澄清和消毒工艺系统不能达到水质要求时采用。除臭、除味的方法取决于水中臭和味的来源。例如,对于水中有机物所产生的臭和味,可用活性炭吸附或臭氧等氧化剂氧化法去除;对于溶解性气体或挥发性有机物所产生的臭和味,可采用曝气法去除;因藻类繁殖而产生的臭和味,可采用微滤机或气浮法去除藻类,也可在水中投加除藻药剂;因溶解盐类所产生的臭和味,可采用适当的除盐措施等。

## 三、除铁、除锰和除氟

当地下水中的铁、锰的含量超过生活饮用水卫生标准时,需采用除铁、除锰措施。常用的除铁、除锰方法是自然氧化法和接触氧化法。前者通常设置曝气装置、氧化反应池和砂滤池;后者通常设置曝气装置和接触氧化滤池。工艺系统的选择应根据是否单纯除铁还是同时除铁、除锰,原水中铁、锰含量及其他有关水质特点确定。还可采用化学氧化、生物氧化法及离子交换法等。通过上述处理方法(离子交换法除外),使溶解性二价铁和锰分别转变成三价铁和四价锰沉淀物而去除。

当水中含氟量超1.0mg/L时,需要进行除氟处理。目前,饮用水常用的除氟方法中,应用最多的是吸附过滤法。作为吸附剂的滤料主要是活性氧化铝,其次是磷酸三钙和骨炭。其他方法还有混凝、电渗析、反渗透等方法。

## 四、软化

软化处理主要去除水中的部分硬度或者全部硬度。软化方法主要有:离子交换法和药剂软化法。前者使水中钙、镁离子与阳离子交换剂上的阳离子互相交换以达到去除目的;后者系在水中投入药剂,如石灰、苏打等使钙、镁离子生成沉淀物而从水中分离。

## 五、除盐

处理对象是水中各种溶解盐类,包括阴、阳离子。将高含盐量的水如海水及"苦咸水"处理到符合生活饮用或某些工业用水要求时的处理过程,一般称为咸水"淡化";制取纯水及高纯水的处理过程称为水的"除盐"。淡化和除盐主要方法有:蒸馏法、离子交换法、膜分离(电渗析法和反渗透)等。离子交换法需经过阳离子和阴离子交换剂两种交换过程;电渗析法系利用阴、阳离子交换膜能够分别透过阴、阳离子的特性,在外加直流电场作用下使水中阴、阳离子被分离出去;反渗透法系利用高于渗透压的压力施于含盐水以使水通过半渗透膜而盐类离子被阻留下来。电渗析法和反渗透法,通常用于高含盐量水的淡化或离子交换法的前处理工艺。

## 六、水的冷却

这是工业生产中循环冷却水系统所需的处理工艺。在生产过程中产生的热量往往会使设备或产品温度升高从而影响生产甚至发生事故,故常用水作为冷却介质对设备进行降温,因水的热容量大,是吸收和传递热量的良好介质且便于获得。作为冷却介质的水通过换热器等设备以后温度升高,必须经过冷却处理使水再恢复原先温度后,才能循环使用。水的冷却一般采用冷却塔。在条件和冷却要求许可下,也有采用喷水冷却池或水面冷却池。

## 七、水的腐蚀和结垢控制

在某些情况下,水在使用过程中会对金属管道或容器材质产生腐蚀和结垢作用,在循环冷却水系统中尤其突出。水的腐蚀,用腐蚀系数评价。锅垢根据离子浓度、悬浮物浓度、胶体色度等定量评价。因此,对这类用水的水质必须加以改善,并进行水质调理,以控制腐蚀和结垢的发生。水质调理往往是通过在水中投加化学药剂来完成。控制腐蚀的药剂称缓蚀剂,控制结垢的药剂称阻垢剂。有时也通过去除水中产生腐蚀和沉积物的成分来达到水质调理的目的。

## 八、生活饮用水预处理和深度处理

对于不受污染的天然地表水源而言,饮用水的处理对象主要是去除水中悬浮物、胶体和致病微生物;对此,常规处理工艺(即混凝、沉淀、过滤、消毒)是十分有效的。但对于受污染水源而言,水中溶解性的有毒有害物质,特别是具有致癌、致畸、致突变的有机污染物(简称"三致物质")或"三致"前体物(如腐植酸等)是常规处理方法难以解决的。于是,便在常规处理基础上增加预处理和深度处理。前者置于常规处理前,后者置于常规处理后,即:预处

理 + 常规处理或常规处理 + 深度处理。

预处理和深度处理的主要对象是水中有机污染物,适用于自来水厂。

预处理方法主要有:活性炭吸附法、化学氧化法、生物氧化法等。以上各种预处理法除了去除水中有机污染物外,同时也具有除味、除臭及除色去除重金属等作用。当然,不同方法在除污染能力上有所差别。同时,各种方法均各有优缺点。

深度处理主要有以下几种方法:粒状活性炭吸附法、臭氧—粒状活性炭联用法或生物活性炭法、化学氧化法、光化学氧化法及超声波—紫外线联用法等物理化学氧化法、膜滤法等。在以上几种方法中,活性炭吸附及臭氧—活性炭联用法已用于生产,欧洲国家应用较广泛,我国少数水厂也有应用。典型除污染给水处理流程见图 6 – 2:

图 6 – 2　典型除污染给水处理流程

经常采用活性碳吸附除污染的处理系统如图 6 – 3:

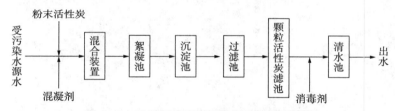

图 6 – 3　采用活性碳吸附除污染的处理系统

经常采用的臭氧 – 活性碳水处理系统如图 6 – 4:

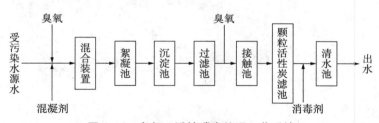

图 6 – 4　臭氧 – 活性碳水处理工艺系统

生产实践表明,采用臭氧 – 活性炭联用技术去除水中微量有机污染物十分有效,但基建投资和运行费用较高。对受污染的水源水,经常采用的高锰酸钾除污染系统如图 6 – 5:

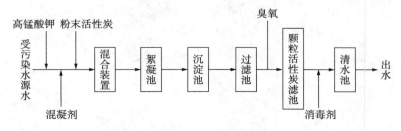

图 6 – 5　高锰酸钾除污染工艺系统

对受污染的水源水,经常采用的生物预处理除污染工艺系统如图6-6:

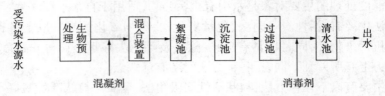

**图6-6　生物处理除污染工艺系统**

以上各种预处理及深度处理方法的基本作用原理概括起来,无非是吸附、氧化、生物降解、膜滤等4种作用,即:或者利用吸附剂的吸附能力去除水中有机物;或者利用氧化剂的强氧化能力分解有机物;或者利用生物氧化法降解有机物;或者以膜滤法滤除大分子有机物。有时两种作用可同时发挥作用,如臭氧-活性炭联用技术即发挥了氧化和吸附两种作用。

# 第七章 混 凝

## 第一节 混凝原理

在给水处理中,向原水中投加电解质,以破坏水中胶体颗粒的稳定状态,并通过机械或水力条件使胶体颗粒相互碰撞和聚集,从而形成易于从水中分离的絮状物质的过程,称为混凝。混凝是去除天然水中浊度和色度的主要方法。胶体物质是形成浊度的主要因素,原水中的胶体物质可以长期处于稳定状态,而很难用一般的沉淀等方法去除,但投加电解质可以使胶体的稳定状态破坏,从而可聚集成较大的絮粒而易于从水中分离。水中天然色度的主要来源为腐败的有机质,它的成分十分复杂,分子量比较大,投加电解质后可以使色度分子与铝离子或铁离子形成难溶的络合物,或通过电性中和作用而得以去除。此外,混凝过程还可以去除水中某些无机污染物、有机污染物,以及铁、锰形成的胶体络合物。同时也能去除一些放射性物质、浮游生物和藻类。

### 一、胶体稳定性

"胶体"是由英国科学家托马斯·格雷厄姆最先提出来的,它是指水分散系中尺寸范围在 $0.001 \sim 1\mu m$ 间的颗粒,胶体颗粒粒度微小,具有十分巨大的比表面值,因此,微粒相间面自由能也很大。根据这一界面特性理论,胶体颗粒应能互相聚集形成较大的颗粒,并从溶液中分离出来,而实际上胶体系统却可长期保持稳定,不产生相互聚集和沉淀,这种性质称为胶体的稳定性。

从水处理角度而言,对于亲水胶体和憎水胶体,引起胶体的稳定性的原因并不完全相同,主要分为动力学稳定性、带电稳定性及溶剂化作用稳定性。(1)动力学稳定性:由于胶体颗粒尺寸和质量都很小,布朗运动剧烈,布朗运动使其可以抵抗重力影响而不下沉,从而能长期悬浮于水中,这就是胶体的动力学稳定性。动力学稳定性与胶体颗粒尺寸有关,尺寸越小,动力学稳定性越高;(2)胶体的带电稳定性:根据库仑定律,两个带相同电荷的颗粒之间存在静电斥力,它的大小决定于胶体颗粒表面所带电荷的数目和相互间的距离,如果两个颗粒之间的静电斥力大于它们相互之间的范德华引力,胶体在水中则长期保持分散且稳定状态;(3)胶体的溶剂化作用稳定性:当胶体颗粒与水分子发生作用,胶体周围会形成有规律的水化膜,当两个胶体颗粒靠近时,水化膜中的水分子被挤压变形从而产生反弹力,阻碍两个颗粒间的进一步靠近,也会使胶体颗粒保持稳定状态。如果胶体粒子表面电荷或水化膜消除,便失去聚集稳定性,小颗粒便可相互聚集成大的颗粒,从而动力学稳定性也随之破坏,沉淀就会发生。

根据胶体化学的理论,在胶体形成过程中,其基本组成单元胶体分子聚合在一起形成胶体微粒的核心,称为胶核,这是胶体颗粒的最内层。胶核表面通过各种途径在其表面吸附某种离子使胶体表面产生电荷,所吸附的离子称为电位离子。胶核由于电位离子的存在而带有电荷。电位离子的静电作用把溶液中带相反电荷的离子(称为反粒子)吸引到胶核的周围,直到吸引离子的电荷总量与电位离子的电荷量相等为止。这样,在胶核与溶液的界面区域就形成了双电层,如图 7 - 1 所示,内层为胶核固相的电位离子层,外层为液相中的反离子层。电位离子同胶核结合紧密;而反离子则由于通过静电引力的作用而联系,因而结合较松散。胶体颗粒在溶液中不断运动时,除了电位离子随胶核一起运动外,紧靠胶核的一部分反离子也与胶核一起运动,这部分反离子层也称为吸附层。另一部分反离子并不随胶核一起运动,而不断由溶液中的其他反离子所取代,这一部分反离子层称为扩散层。胶核与吸附层合称胶粒,胶粒与扩散层合称胶团,胶核表面吸附的电位形成离子与通过静电吸引的反离子,形成双电层。

对于亲水胶体来说,其水化作用稳定性占主导地位,带电稳定性处于次要地位。对憎水胶体而言,带电稳定性起主要作用,带电稳定性主要决定于胶体颗粒表面的动电位即 $\zeta$ 电位。$\zeta$ 电位越高,同性电荷斥力越大。胶体滑动面上(或称胶粒表面)的电位即为 $\zeta$ 电位,$\phi$ 为总电位。胶体运动中表现出来的是 $\zeta$ 电位而非 $\phi$ 电位。带负电荷的胶核表面与扩散层溶液中的正电荷离子正好电性中和,构成双电层结构。天然水中的胶体杂质通常是负电荷胶体,根据 DLVO 理论,当两个胶粒相互接近以至双电层发生重叠时[见图 7 - 2(a)],便产生静电斥力。静电斥力与两胶粒表面间距 $x$ 有关,用排斥势能 $E_R$ 表示,则 $E_R$ 随 $x$ 增大而按指数关系减小,见图 7 - 2(b)。然而,相互接近的两胶粒之间除了静电斥力外,还存在范德华引力。此力同样与胶粒间距有关,用吸引势能 $E_A$ 表示。球形颗粒的 $E_A$ 与 $x$ 成反比。将排斥势能 $E_R$ 和吸引势能 $E_A$ 相加即为总势能。相互接近的两胶粒能否凝聚,决定于总势能 $E$。

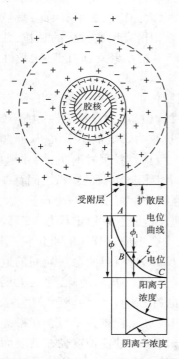

图 7 - 1　胶体双电层结构示意

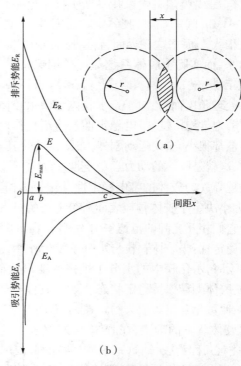

图 7 - 2　相互作用势能与颗粒间距离关系

天然水体中胶体颗粒是否稳定取决于各种稳定性的综合作用。在大多数情况下,给水水源系统中胶体都已处于相对稳定状态,为了去除水中的这些物质就必须要破坏胶体的稳定性。

## 二、胶体脱稳

为使胶体颗粒能通过碰撞互相聚集,就需要消除或降低胶体颗粒的稳定因素,这一过程称为脱稳。

给水处理中,胶体颗粒的脱稳分为两种情况:一种是通过混凝剂的作用,使胶体颗粒本身的双电层结构起了变化,ζ 电位降低或消失,胶体稳定性破坏;另一种是胶体颗粒的双电层结构未起多大变化,主要是通过混凝剂的媒介作用,使颗粒互相聚集。严格地说来,后一种情况不能称为脱稳,但从水处理的实际效果而言,两者都达到了使颗粒聚集的能力,因此习惯上称之为脱稳。

胶体的脱稳方式随着采用的混凝剂品种和投加量、胶体颗粒的性质以及介质环境等多种因素而变化,一般分为以下几种:

(1)压缩双电层:当向水中投加电解质盐类时,水中的离子浓度增加,这就使胶体颗粒能够较多地吸引水中反离子,其结果是扩散层的厚度减小,ζ 电位降低。如果胶体吸附的反离子在吸附层内已达到平衡,则 ζ 电位降为零。扩散层减小或 ζ 电位降低将使颗粒之间作用的斥力大大减小,这就有可能使颗粒聚集。按照这一机理,高价电解质离子将优于低价电解质离子。

(2)吸附架桥和电性中和:当采用铝盐和铁盐作为混凝剂时,水溶液的 pH 值的不同可以产生各种不同的水解产物。给水处理中原水的胶体颗粒多为带有负电荷的,因而带正电荷的铝或铁盐的水解产物可以对原水胶体颗粒的电荷起中和作用。由于水解产物形成的胶体与原水胶体带有不同的电荷,因而当它们接近时,总是互相吸引的,这就导致了颗粒的相互聚集,这种作用称为电性中和作用。

吸附架桥是指水中的胶体颗粒通过吸附有机或无机高分子物质架桥连接,凝集成大的聚集体而脱稳聚沉,此时胶体颗粒之间并不直接接触,高分子物质在两个胶体颗粒之间像一座桥一样将它们连接起来。不仅带异性电荷的高分子物质与胶粒具有强烈吸附作用,不带电甚至带有与胶粒同性电荷的高分子物质与胶粒也有吸附作用。拉曼(Lamer)等通过对高分子物质吸附架桥作用的研究认为:当高分子链的一端吸附了某一胶粒后,另一端又吸附另一胶粒,形成"胶粒－高分子－胶粒"的絮凝体。不言而喻,若高分子物质为阳离子型聚合电解质,它具有电性中和和吸附架桥双重作用;若为非离子型(不带电荷)或阴离子型(带负电荷)聚合电解质,只能起颗粒间架桥作用。

(3)网捕或卷扫:铝盐或铁盐混凝剂投量很大时,在水中形成大量的具有三维立体结构的氢氧化物沉淀,这些氢氧化物在沉淀过程中可以网捕、卷扫水中胶粒以致产生沉淀分离,称卷扫或网捕作用。这种作用基本上是一种机械作用,其混凝除浊效率不高,所需混凝剂量与原水杂质含量成反比,即原水中胶体杂质含量少时,所需混凝剂多,水中胶体杂质含量多时,所需混凝剂少。

## 三、混凝过程

根据通常的概念,"混凝"被理解为自原水中加入混凝剂后直至形成最终絮凝体(絮粒)

的整个过程。在这整个过程中,可以根据发生变化的作用原理或形成产物的情况分成若干阶段。在工程实践中,最常用的是把"混凝"分为"凝聚"和"絮凝"两个阶段。凝聚阶段包括使胶体脱稳,并在布朗运动的作用下使胶粒聚集成为可进一步增大的微絮粒为止,而把通过液体流动的能量消耗使微絮粒进一步增大的过程称为"絮凝"。这样的划分大致与水处理构筑物中的"混合"和"反应"相一致。

由于混凝是一个十分复杂的过程,这就产生了从不同角度出发,给同一术语赋予不同的含义或解释的可能。例如,对于"凝聚"和"絮凝",如以上文的解释为基础,则"凝聚"主要是由胶体及表面化学方面的因素起作用;而"絮凝"则主要以颗粒迁移的因素为主。从颗粒的变化来看,凝聚阶段只形成微絮粒,而絮凝阶段则由微絮粒形成最终可沉淀分离的"絮粒"。但要在这两个阶段之间划出明显的界限也是困难的。

另一种对"凝聚"和"絮凝"的理解,则以形成絮粒的结构来区分。根据絮粒中微粒的结合形式可以分为"凝结"、"凝聚"和"絮凝"三种状态。

此外,"絮凝"常根据作用动力的不同而被分为"异向絮凝"和"同向絮凝"两种。"异向絮凝"主要由水分子热运动的撞击下所作的布朗运动所造成;"同向絮凝"则主要有液体运动来达到。但是异向絮凝是与胶体脱稳并形成微絮粒密切联系的,其过程一般都在混合池中完成。因此,我们在划分阶段时,把异向絮凝的过程列入凝聚阶段,而不作为絮凝阶段。

为了便于对整个阶段的作用原理、颗粒变化以及相应的处理构筑物的称谓相互对照起来,对一般的混凝过程可以粗略的划分,具体见表 7 – 1。

表 7 – 1  混凝过程

| 阶 段 | 凝 聚 | | | 絮 凝 |
|---|---|---|---|---|
| 过 程 | 混 合 | 脱 稳 | 异向絮凝 | 同向絮凝 |
| 作 用 | 药剂扩散 | 混凝剂水解 / 杂质胶体脱稳 | 脱稳胶体聚集 | 微絮粒的进一步碰撞聚集 |
| 动 力 | 质量迁移 | 溶解平衡 / 各种脱稳机理 | 分子热运动(布朗扩散) | 液体流动的能量消耗 |
| 处理构筑物 | 混 合 池(器) | | | 反 应 池 |
| 胶体状态 | 原始胶体 | 脱稳胶体 | 微絮粒 | 絮粒 |
| 胶体粒径 | 0.1~0.001mm | | 5~10mm | 0.5~2mm |

## 四、影响混凝效果的主要因素

影响混凝效果的因素比较复杂,其中包括水温、水化学特性、水中杂质和浓度以及水力条件等。

(1)水温:水温对混凝效果有明显的影响。水温过高或过低都对混凝不利,最适宜的水温 20~30℃。水温低时,水中胶体颗粒的布朗运动减弱,水温过高时,混凝剂水解反应速度过快,形成的絮凝体水合作用增强、松散不易沉降。无机盐类混凝剂的水解是吸热反应,水温低时,水解困难。特别是硫酸铝,当水温低于 5℃时,水解速率非常缓慢,且水的黏度大,不利于脱稳胶粒相互絮凝,影响絮凝体的结大,进而影响后续的沉淀处理的效果。为提高低温水的混凝效果,通常采用增加混凝剂投加量或投加高分子助凝剂。

（2）pH 值：水的 pH 值对混凝效果的影响很大，一方面是水的 pH 值与水中胶体颗粒的表面电荷和电位有关，另一方面水的 pH 值对混凝的影响程度与投加混凝剂的种类相关。用硫酸铝去除水中浊度时，最佳 pH 范围在 6.5～7.5；用于除色时，pH 宜在 4.5～5。用三价铁盐时，适用的 pH 值范围较宽。如用硫酸亚铁，只有在 pH＞8.5 和水中有足够溶解氧时，才能迅速形成 $Fe^{3+}$，这就使设备和操作较复杂。

高分子混凝剂尤其是有机高分子混凝剂，混凝的效果受 pH 值的影响较小。从铝盐和铁盐的水解反应式可以看出，水解过程中不断产生 $H^+$，从而导致水的 pH 值下降，要使 pH 值保持在最佳的范围内，应有碱性物质与其中和。当原水中碱度充分时还不致影响混凝效果，但当原水中碱度不足或混凝剂投量较大时，水的 pH 值将大幅度下降，影响混凝继续水解。此时，应投加碱剂。

（3）水中杂质的成分性质和浓度：水中杂质的成分、性质和浓度都对混凝效果有明显的影响。例如，天然水中含粘土类杂质为主，需要投加的混凝剂的量较少；而污水中含有大量有机物时，需要投加较多的混凝剂才有混凝效果，其投量可达 $10～10^3$ mg/L。但影响的因素比较复杂，理论上只限于作些定性推断和估计。在生产和实用上，主要通过混凝试验选择合适的混凝剂品种和最佳投量。

（4）水力条件：混凝过程中的水力条件对絮凝体的形成影响极大。整个混凝过程可以分为两个阶段：混合和反应。水力条件的配合对这两个阶段非常重要。

混合阶段的要求是使药剂迅速均匀地扩散到水中以创造良好的水解和聚合条件，使胶体脱稳并借颗粒的布朗运动和紊动水流进行凝聚。在此阶段并不要求形成大的絮凝体。混合要求快速和剧烈搅拌，在几秒钟或一分钟内完成。对于高分子混凝剂，由于它们在水中的形态不像无机盐混凝剂那样受时间的影响，混合的作用主要是使药剂在水中均匀分散，混合反应可以在很短的时间内完成，而且不宜进行过分剧烈地搅拌。反应阶段的要求是使混凝剂的微粒通过絮凝形成大的具有良好沉淀性能的絮凝体。反应阶段的搅拌强度或水流速度应随着絮凝体的结大而逐渐降低，以免结大的絮凝体被打碎。如果在化学混凝以后不经沉淀处理而直接进行接触过滤或是进行气浮处理，反应阶段可以省略。

# 第二节　混凝剂和助凝剂

## 一、混凝剂

为了促使水中胶体颗粒脱稳以及悬浮颗粒相互聚结，常常投加一些化学药剂，这些药剂统称为混凝剂。混凝剂在混凝过程中起着重要的作用，为了提高絮凝效率，应根据实际工程的原水水质选择适当的混凝剂，一般可根据模拟试验和经验来确定。混凝剂的种类很多，但在工程中经常用的只有数十种。混凝剂的分类方法很多，按其在混凝过程中的作用可分为凝聚剂、絮凝剂和助凝剂，习惯上把凝聚剂、絮凝剂统称为混凝剂；按化学组成可以分为无机和有机两大类。无机混凝剂目前在工程中常用的主要有铁盐和铝盐及其聚合物。有机混凝剂品种很多，主要是有机高分子物质。

### （一）无机混凝剂

无机混凝凝种类较少，但在水处理工程中应用比较广泛，目前最常用的主要有三氯化铁、硫酸亚铁、聚合铁、聚合铝、硫酸铝等。

**1. 三氯化铁**

三氯化铁($FeCl_3 \cdot 6H_2O$)是一种黑褐色的有金属光泽的结晶体,有强烈吸水性,极易溶于水,其溶解度随温度上升而增加,形成的矾花沉淀性能好,处理低温水或低浊水效果比铝盐好。三氯化铁加入水后与天然水中碱度起反应,形成氢氧化铁胶体,当被处理水的碱度低或其投加量较大时,在水中应先加适量的石灰。三氯化铁的优点是形成的矾花比重大,易沉降,低温、低浊时仍有较好效果,适宜的 pH 范围也较宽,缺点是溶液腐蚀性较强,处理后的水的色度比用铝盐高。

固体三氯化铁,一般杂质含量少。市售无水三氯化铁产品中 $FeCl_3$ 含量达 92% 以上,不溶杂质小于 4% 。液体三氯化铁浓度一般在 30% 左右,价格较低,使用方便,但成分较复杂。

**2. 硫酸亚铁**

硫酸亚铁($FeSO_4 \cdot 7H_2O$)固体产品是半透明绿色结晶体,俗称绿矾,易溶于水,在水温 20℃时溶解度为 21% 。

硫酸亚铁离在水中离解出的 $Fe^{2+}$ 只能生成简单的单核络合物,因此,不具有 $Fe^{3+}$ 的优良混凝效果。残留于水中的 $Fe^{2+}$ 会使处理后的水带色,当水中色度较高时,$Fe^{2+}$ 与水中有色物质反应,将生成颜色更深的不易沉淀的物质(但可用三价铁盐除色)。根据以上所述,使用硫酸亚铁时应将二价铁先氧化为三价铁,然后再起混凝作用,常用的有氯化和曝气等方法,使二价铁 $Fe^{2+}$ 氧化成三价铁 $Fe^{3+}$ 。生产上常用的是氯化法,反应如下:

$$6FeSO_4 \cdot 7H_2O + 3Cl_2 = 2Fe_2(SO_4)_3 + 2FeCl_3 + 7H_2O$$

根据反应式,理论投氯量与硫酸亚铁($FeSO_4 \cdot 7H_2O$)量之比约为 1:8。为使氧化迅速而充分,实际投氯量应等于理论剂量再加适当余量(一般为 1.5 ~ 2.0mg/L)。

**3. 聚合铁**

聚合铁包括聚(合)硫酸铁(PFS)和聚(合)氯化铁(PFC),聚(合)硫酸铁是碱式硫酸铁的聚合物,化学式为 $[Fe_2(OH)_n(SO_4)_3 - 0.5n]m$,其中 $m$ 为聚合度,通常 $n < 2, m > 10$,是一种红褐色的黏性液体。

聚(合)硫酸铁在日本于 20 世纪 70 年代开始研究,目前已取得良好的应用效果。聚合硫酸铁的制备方法有好几种,但主要还是以硫酸亚铁为原料,采用不同的氧化法将硫酸亚铁氧化成硫酸铁,通过控制总硫酸根与总铁的摩尔比,使氧化过程中部分硫酸根被羟基所取代,从而形成碱式硫酸铁,再经过聚合形成聚(合)硫酸铁。聚(合)氯化铁目前尚在研究之中。

采用聚(合)硫酸铁作混凝剂时,其优点主要有:混凝剂用量少;絮凝体形成速度快、沉降速度也快;有效的 pH 范围宽;与三氯化铁相比腐蚀性大大降低;处理后水的色度和铁离子含量均降低。

**4. 硫酸铝**

硫酸铝含有不同数量的结晶水,$Al_2(SO_4)_3 \cdot nH_2O$,其中 $n = 6、10、14、16、18$ 和 27,常用的是 $Al_2(SO_4)_3 \cdot 18H_2O$ 其相对分子质量为 666.41,相对密度 1.61,外观为白色,光泽结晶。硫酸铝易溶于水,水溶液呈酸性,室温时溶解度大致是 50%,pH 在 2.5 以下。沸水中溶解度提高至 90% 以上。

硫酸铝在我国使用最为普遍,大都使用块状或粒状硫酸铝。根据其中不溶于水的物质的含量,可分为精制和粗制两种。

硫酸铝易溶于水,可干式或湿式投加。湿式投加时一般采用 10%～20% 的浓度(按商品固体重量计算)。硫酸铝使用时水的有效 pH 范围较窄,在 5.5～8,其有效 pH 随原水的硬度含量而异:对于软水,pH 在 5.7～6.6;中等硬度的水为 6.6～7.2;硬度较高的水则为 7.2～7.8。在控制硫酸铝剂量时应考虑上述特性。有时加入过量硫酸铝,会使水的 pH 降至铝盐混凝有效 pH 以下,既浪费了药剂,又使处理后的水质较差。

**5. 聚合铝**

聚合铝包括聚(合)氯化铝(PAC)和聚(合)硫酸铝(PAS)等。目前使用最多的是聚(合)氯化铝,我国也是研制聚(合)氯化铝较早的国家之一。

### (二)有机高分子混凝剂

有机高分子混凝剂分为天然和人工合成两类。高分子混凝剂一般都是线型高分子聚合物,它们的分子呈链状,并由很多链节组成,每一链节为一化学单体,各单体以共价键结合。聚合物的相对分子质量是各单体的相对分子质量的总和,单体的总数称聚合度。高分子混凝剂的聚合度即指链节数,为 1000～5000,低聚合度的相对分子质量从 1000 至几万,高聚合度的相对分子质量从几万至几百万,高分子混凝剂溶于水中,将生成大量的线型高分子。

高分子聚合物的单体含有可离解官能基团时,沿链状分子长度就具有大量可离解基团,常见的有 $—COOH$、$—SO_3H$、$—PO_3H_2$、$—NH_3OH$、$—NH_2OH$ 等。基团离解即形成高聚物离子。根据高分子在水中离解的情况,可分成阴离子型、阳离子型和非离子型。当单体上的基团在水中离解后,在单体上留下带负电的部位(如得到 $—SO_3^{2-}$ 或 $—COO^-$),此时整个分子成为带负电荷的大离子,这种聚合物称阴离子型聚合物;当在单体上留下带正电的部位(如得到 $—NH_3^+$、$—NH_2^+$)而整个分子成为一个很大的正离子时,称为阳离子型聚合物;不含离解基团的聚合物则称为非离子型聚合物。有时在单体上同时带有正电和负电的部位,这时就以正、负电的代数和代表高分子离子型的电荷。

高分子混凝剂的凝聚作用主要通过以下两方面进行:

①由于氢键结合、静电结合、范德华力等作用对胶粒有较强的吸附结合力;

②因为高聚合度的线型高分子在溶液中保持适当的伸展形状,从而发挥吸附架桥作用把许多细小颗粒吸附后,缠结在一起。

为了使高分子混凝剂能更好地发挥架桥和吸附作用,理论上应使高分子的链条延伸为最大长度并使可以电离的基团达到最大电离度,其目的是为了产生最多的带电部位,有利于吸附,使高分子链条延伸为最大长度,有利于架桥。

非离子型高分子混凝剂主要品种是聚丙烯酰胺(PAM)和聚氯化乙烯(PEO)。聚丙烯酰胺的产量占高分子混凝剂生产总量的 80%,是一种最重要的和使用最多的高分子混凝剂。据我国西北地区的使用经验,碱化后的聚丙烯酰胺的混凝效果比未碱化的提高几倍。但据有的研究表明:过多的酰胺基转化为羧酸基会带来不利因素,因羧酸基与胶粒的亲合力比酰胺基小并且羧酸基增多不利于与带负电的胶粒结合,因此在生产中要选取适当的加碱比(NaOH 与聚丙烯酰胺用量的重量比称加碱比),控制水解时间和条件,使水解度处于最佳范围内。

聚丙烯酰胺作为助凝剂常与其他混凝剂一起使用,产生良好的混凝效果。一般情况下,当原水浊度低时,宜先投加其他混凝剂,后投聚丙烯酰胺(相隔半分钟为宜),使杂质颗粒先行脱稳到一定程度为聚丙烯酰胺大离子的絮凝作用创造有利条件;如原水浊度较高时,宜先投聚丙烯酰胺,后投其他混凝剂,目的是让聚丙烯酰胺先在较高浊度水中充分发挥作用,吸附一部分胶粒,使浊度有所降低,其余胶粒由其他混凝剂脱稳,再由聚丙烯酰胺吸附,这样可降低其他混凝剂的药量。

有机高分子混凝剂的毒性是人们关注的问题。聚丙烯酰胺和阴离子型水解聚合物的毒性主要在于单体丙烯酰胺。故对水体中丙烯酰胺单体残留量有严格的控制标准,我国《生活饮用水卫生标准》GB5749—2006 规定:自来水中丙烯酰胺含量不得超过 0.0005mg/L。

## 二、助凝剂

当只用混凝剂不能取得良好效果时,常需要投加某些辅助药剂以提高混凝效果,这种辅助药剂称为助凝剂。助凝剂的作用在于:加速混凝过程,加大颗粒的密度和质量,使其更迅速沉淀;加强粘结和架桥作用,使凝絮颗粒粗大且有较大表面,可充分发挥吸附卷扫作用,提高澄清效果。例如当原水的碱度不足时可投加石灰或重碳酸钠等;当采用硫酸亚铁作混凝剂时可加氧气将 $Fe^{2+}$ 氧化成 $Fe^{3+}$ 等。助凝剂也可以改善絮凝体的结构,利用高分子助凝剂的强烈吸附架桥作用,使细小松散的絮凝体变得粗大而紧密。

根据以上内容出发,助凝剂可以按其投加目的划分为以下几类:(1)以吸附架桥改善已形成的絮体结构为目的的助凝剂;(2)以调节原水酸碱度来促进混凝剂水解为目的的助凝剂;(3)以破坏水中有机污染物对胶体颗粒的稳定作用来改善混凝效果的助凝剂;(4)以改变混凝剂化学形态来促进混凝效果的助凝剂。

# 第三节　混凝动力学

混凝动力学主要解决颗粒碰撞速率和混凝速率的问题,包括混合过程和絮凝过程中的动力学,由于混合时间比较短,因此主要讨论絮凝过程动力学。要让杂质颗粒之间或杂质与混凝剂之间发生絮凝,必须使它们之间发生碰撞。推动水中颗粒相互碰撞动力来自两方面:颗粒在水中的布朗运动;在水力或机械搅拌下所造成的水体运动。由布朗运动所引起的颗粒碰撞聚集称为"异向絮凝"。由水体运动所引起的颗粒碰撞聚集称为"同向絮凝"。

## 一、异向絮凝

"异向絮凝"指胶体的相碰撞是由于布朗运动引起的。因此异向絮凝也称布朗絮凝。由于布朗运动方向的不规律性,对某一个胶体颗粒来说,它可能同时受到来自各个方向的颗粒的碰撞,这就是称为"异向"的原因。当颗粒已完全脱稳后,一经碰撞就可能发生絮凝,从而使小颗粒聚集成大颗粒。因水中固体颗粒总质量不变,只是颗粒数量浓度(单位体积水中颗粒的个数)减少了,假定颗粒为均匀球体,根据费克(Fick)定律,可导出颗粒碰撞速率:

$$N_P = 8\pi d D_B n^2 \tag{7—1}$$

式中,$N_P$——单位体积中的颗粒在异向絮凝中碰撞速率,$1/cm^3 \cdot s$;

$n$——颗粒数量浓度,个$/cm^3$;

$d$——颗粒直径,cm;

$D_B$——布朗运动扩散系数，$cm^2/s$。

扩散系数 $D_B$ 可用斯托克斯（Stokes）–爱因斯坦（Einstein）公式表示：

$$D_B = \frac{kT}{3\pi d\nu\rho} \tag{7—2}$$

式中，$k$——玻耳兹曼（Boltzmann）常数，$1.38 \times 10^{-23} J/K$；

　　$T$——水的热力学温度，$K$；

　　$\nu$——水的运动黏度，$cm^2/s$；

　　$\rho$——水的密度，$g/cm^3$。

将式（7—2）代入式（7—1）得：

$$N_B = \frac{8}{3\nu\rho}kTn^2 \tag{7—3}$$

由式（7—3）可知，由布朗运动所造成的颗粒碰撞速率与水温成正比，与颗粒的数量浓度平方成正比，而与颗粒尺寸无关。在实际情况下，只有小颗粒才具有布朗运动。随着颗粒粒径增大，布朗运动将逐渐减弱。此时，就需要采用水力或机械搅拌推动水流运动来促使颗粒相互碰撞，即进行同向絮凝。

## 二、同向絮凝

当胶体颗粒增大时，布朗运动的速率减慢，从而导致异向絮凝的速度减慢，在实际水处理过程中必须通过水力或机械搅拌来增强胶体颗粒的同向絮凝以改善混凝效果。因此，同向絮凝在整个混凝过程中具有十分重要的地位。目前，同向絮凝动力学仍处于不断的完善之中。最初同向絮凝动力学公式，是假设水流处于层流状态下而推导出来的，处于层流状态下的胶体颗粒 $i$ 和 $j$ 均随水流前进。（如图所示 7 – 3），当 $i$ 颗粒的前进速度大于 $j$ 颗粒的前进速度，则在某一时刻，$i$ 颗粒必定追上 $j$ 颗粒并与之碰撞。假设水中颗粒为均匀球体，即粒半径 $r_i = r_j = r$，则以 $j$ 颗粒中心为圆心以 $R_{ij} = r_i + r_j$ 半径的范围内的所有 $i$ 颗粒和 $j$ 颗粒均会发生碰撞。碰撞速率 $N_0$ 为：

$$N_0 = \frac{4}{3}n^2 d^3 G \tag{7—4}$$

$$G = \frac{\Delta u}{\Delta z} \tag{7—5}$$

式中，$G$——速度梯度，$s^{-1}$；

　　$\Delta u$——相邻两流层的流速增量，$cm/s$；

　　$\Delta z$——垂直于水流方向的两流层之间距离，$cm$。

公式中，$n$ 和 $d$ 均属原水杂质特性，而 $G$ 是控制混凝效果的水力条件。在絮凝设计中，速度梯度 $G$ 值作为重要的控制参数之一。

上述公式是在层流状态下推导出来的，而在实际的絮凝过程中，水流总是处于紊流状态，流体内部存在大小不等的涡旋，除前进速度外，还存在纵向和横向脉动速度。因此上述公式不能准确的描述絮凝过程中颗粒碰撞的动因。基于这个原因，甘布（T. R. Camp）和斯泰因（P. C. Stein）通过一个瞬间受剪而扭转的单位体积水流所耗功率来计算 $G$ 值以替代 $G = \Delta u/\Delta z$。在被搅动的水流中，考虑一个瞬息受剪而扭转的隔离体 $\Delta x\Delta y\Delta z$，（如图 7 – 4），公式推导如下：

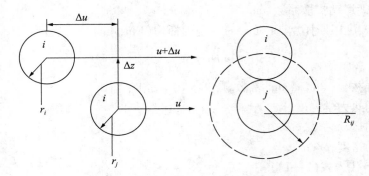

**图 7 − 3　层流状态下颗粒碰撞**

隔离体受剪而扭转过程中,剪力做了扭转功。设在 $\Delta t$ 时间内,隔离体扭转了 $\theta$ 角度,是角速度 $\Delta \omega$ 为:

$$\Delta \omega = \frac{\Delta \theta}{\Delta t} = \frac{\Delta l}{\Delta t} \cdot \frac{1}{\Delta z} = \frac{\Delta u}{\Delta z} = G \tag{7—6}$$

式中 $\Delta u$ 为扭转线速度,$G$ 为速度梯度。转矩 $\Delta J$:

$$\Delta J = (\tau \Delta x \Delta y) \Delta z \tag{7—7}$$

式中 $\tau$ 为剪应力。$\tau \Delta x \Delta y$ 为作用在隔离体上的剪力。隔离体扭转所耗功率等于转矩与角速度的乘积,于是,单位体积水流所耗功率 $p$ 为:

$$p = \frac{\Delta J \cdot \Delta \omega}{\Delta x \Delta y \Delta z} = \frac{G \cdot \tau \cdot \Delta x \cdot \Delta y \cdot \Delta z}{\Delta x \cdot \Delta y \cdot \Delta z} = \tau G \tag{7—8}$$

根据牛顿内摩擦定律,$\tau = \mu G$,代入上式得:

$$G = \sqrt{\frac{p}{\mu}} \tag{7—9}$$

式中,$\mu$——水的动力黏度,$Pa \cdot s$;

$\quad\quad p$——单位体积流体所消耗功率,$W/m^3$;

$\quad\quad G$——速度梯度,$s^{-1}$。

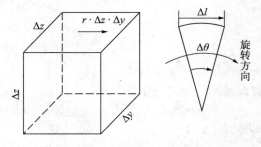

**图 7 − 4　速度梯度计算图示**

在实际絮凝过程中,当采用机械搅拌时,上式中的消耗功率由搅拌器提供;当采用水力絮凝时,上式中的消耗功率应为水流自身能量的消耗。

$$pV = \rho g Q h \tag{7—10}$$

$$V = QT \tag{7—11}$$

将式(7—10)和式(7—11)代入式(7—9)可得:

$$G = \sqrt{\frac{\rho g h}{\mu T}} = \sqrt{\frac{g h}{\nu T}} \text{ 或 } G = \sqrt{\frac{\gamma H}{\mu T}} \tag{7—12}$$

式中,$g$——重力加速度,9.8 m/s²;

$\quad h$——絮凝过程中的水头损失,m;

$\quad \nu$——水的运动粘度,m²/s;

$\quad T$——水流在混凝设施中的停留时间,s;

$\quad \rho$——水的密度,kg/m³;

$\quad \gamma$——水的重度,9800N/m³。

公式(7—9)和(7—12)就是著名的甘布公式。其中 $G$ 值反映了能量消耗概念,但仍使用"速度梯度"这一名词,且一直沿用至今。

近年来,许多学者已直接从紊流理论出发来探讨颗粒碰撞速率。列维奇(Levich)等根据科尔摩哥罗夫(Kolmogoroff)局部各向同性紊流理论来推导同向絮凝动力学方程。该理论认为,在各向同性紊流中,存在各种尺度不等的涡旋。外部设施(如搅拌器)施加的能量造成大涡旋的形成。一些大涡旋将能量传递给小涡旋,小涡旋又将一部分能量传递给更小的涡旋。随着小涡旋的产生和逐渐增多,水的黏性影响开始增强,从而产生能量损耗。在这些不同尺度的涡旋中,大尺度涡旋主要起两个作用:一是使流体各部分相互掺混,使颗粒均匀扩散于流体中;二是将从外界获得的能量传递给小涡旋。大涡旋往往使颗粒作整体移动而不会相互碰撞。尺度过小的涡旋其强度往往不足以推动颗粒碰撞,只有大小尺度与颗粒尺寸相近(或碰撞半径相近)的涡旋才能引起颗粒间相互碰撞。众多这样的小涡旋在水流中作无规则的脉动,造成颗粒相互碰撞。因此,可以导出各向同性紊流条件下颗粒碰撞速率 $N_0$:

$$N_0 = 8\pi d D n^2 \tag{7—13}$$

式中 $D$ 表示紊流扩散和布朗运动扩散系数之和,但由于紊流的布朗运动扩散远小于紊流扩散,可将 $D$ 近似作为紊流扩散系数。紊流扩散系数可用下式表示:

$$D = \lambda u_\lambda \tag{7—14}$$

式中 $\lambda$ 为涡旋尺度(或脉动尺度),$u_\lambda$ 为相应于 $\lambda$ 尺度的脉动速度。从流体力学知,在各向同性紊流中,脉动流速用下式表示:

$$u_\lambda = (\varepsilon/15\nu)^{1/2} \cdot \lambda \tag{7—15}$$

式中,$\varepsilon$——单位时间、单位体积流体的有效能耗;

$\quad \nu$——水的运动黏度;

$\quad \lambda$——涡旋尺度。

设涡旋尺度与颗粒直径相等,即 $\lambda = d$,将式(7—14)和式(7—15)代入式(7—13)得:

$$N_0 = 8\pi (\varepsilon/15\nu)^{1/2} \cdot d^3 \cdot n^2 \tag{7—16}$$

若将紊流颗粒碰撞速率公式(7—16)与层流颗粒碰撞速率公式(7—4)进行比较,可以看出,如果令 $G = (\varepsilon/\nu)^{1/2}$,两式仅是系数不同。

## 三、理想絮凝反应器

在絮凝过程中,水中颗粒数逐渐减少,颗粒总质量不变。若按照球型颗粒计算,设颗粒

直径为 $d$ 且粒径均匀,则每个颗粒的体积为 $(\pi/6)d^3$。单位体积水中颗粒总数为 $n$,则单位体积水中所含颗粒总体积,即体积浓度 $\varphi$ 为:

$$\varphi = (\pi/6)d^3 \cdot n \qquad (7\text{—}17)$$

将上式代入公式(7—4)得:

$$N_0 = 8G\varphi n/\pi \qquad (7\text{—}18)$$

由于[碰撞速率] $= -2$[絮凝速率],则絮凝速率为:

$$dn/dt = -N_0/2 = -4G\varphi n/\pi \qquad (7\text{—}19)$$

由上式可知,絮凝速率与颗粒数量浓度的一次方成正比,属于一级反应。令 $K = 4\varphi/\pi$,上式改写为:

$$dn/dt = -KGn \qquad (7\text{—}20)$$

对于特定的原水水质,式中 $K$ 为常数。

考虑到在实际水处理过程中,采用连续流反应器,如推流式反应器(PF)和完全混合连续式反应器(CSTR),可以对上式积分并得出不同类型反应器在达到一定处理水质时的停留时间 $t$。

采用 PF 型反应器时,稳态条件下絮凝时间为:

$$t = (KG)^{-1}\ln(n_0/n) \qquad (7\text{—}21)$$

采用 CSTR 型反应器(如机械搅拌絮凝池)时,稳态条件下絮凝时间为:

$$t = (KG)^{-1}(n_0 - n)/n \qquad (7\text{—}22)$$

采用 $m$ 个絮凝池串联时,单个絮凝池的平均絮凝时间为:

$$t = (KG)^{-1}\left[(n_0 - n)^{1/m} - 1\right] \qquad (7\text{—}23)$$

式中 $n_0$ 为原水颗粒数量浓度,$n$ 为第 $m$ 个絮凝池出水颗粒浓度,$t$ 为单个絮凝池平均絮凝时间。总絮凝时间 $T = mt$。

## 四、混凝过程的控制指标

如何利用混凝动力学理论,在实际给水处理工艺中控制某些动力学指标从而达到控制最佳混凝效果,一直是研究的重点问题。在混合阶段,通过机械或水力搅拌使药剂快速均匀地分散于水中以利于混凝剂快速水解、聚合及颗粒脱稳。混合过程时间很快,一般在 10～30s 至多不超过 2min 内完成。搅拌强度按速度梯度计,一般 $G$ 在 700～1000s$^{-1}$ 之内。在此阶段,水中杂质颗粒微小,同时存在一定程度的颗粒间异向絮凝。

在絮凝阶段,主要靠机械或水力搅拌,促使颗粒碰撞凝聚,此时以同向絮凝为主,同向絮凝效果,不仅与 $G$ 值有关,还与完成整个絮凝所需的时间 $T$ 有关。若絮凝反应器中的平均颗粒碰撞速率为 $N_0$,絮凝时间为 $T$,则 $TN_0$ 即为水中颗粒在絮凝反应器中碰撞的总次数。它可作为反映絮凝效果的一个参数。因 $N_0$ 与 $G$ 成正比,因此,在絮凝阶段,通常以 $G$ 值和 $GT$ 值作为控制指标。在絮凝过程中,絮凝体尺寸逐渐增大,变化幅度很大。由于大的絮凝体容易破碎,故自絮凝开始至絮凝结束,$G$ 值应渐次减小。采用机械搅拌时,搅拌强度应逐渐减小;采用水力絮凝池时,水流速度应逐渐减小。絮凝阶段,平均 $G$ 值控制在 20～70s$^{-1}$ 范围内,平均 $GT$ 值控制在 $1 \times 10^4$～$1 \times 10^5$ 范围内。这些都是沿用已久的数据,随着混凝理论的发展,必将出现更符合实际、更加科学的新参数。

在探讨更合理的絮凝控制指标过程中,还有一些学者将颗粒浓度及脱稳程度等因素考虑进去,提出以 GCT 或 αGCT 值作为絮凝控制指标。其中 C 表示水中颗粒体积浓度;α 表示有效碰撞系数。如果脱稳颗粒每次碰撞都可导致凝聚,则 α = 1,在实际絮凝过程中,总是 α < 1。从理论上而言,采用 GCT 或 αGCT 值控制絮凝效果自然更加合理,但具体数值至今无法确定,有待进一步的研究。

# 第四节 混凝剂的配制和投加

## 一、混凝剂的配制

混凝剂的配制需经过溶解和配成投加浓度两个过程。不只是固体混凝剂要先溶解,液体混凝剂有时也须先经溶解再稀释成所需浓度。药剂溶解须设置溶解池,溶解池大小规格决定于水厂生产规模和混凝剂种类,但设计和选用的一般原则是:溶药速度快效率高、溶药彻底残渣少、操作方便容易控制、坚固耐腐耗能低。

为了药剂的迅速、均匀溶解和溶液浓度的均匀,在药剂的溶解和溶液的稀释过程中,都需要进行搅拌、混合。一般大、中型水厂通常建造混凝土溶解池并配置搅拌装置,搅拌方式有水力搅拌、机械搅拌、压缩空气搅拌。

水力搅拌溶解可分为两种情况:一是利用水厂压力水直接对药剂进行冲溶和淋溶,优点是节省机电设备,缺点是效率低溶药不充分,仅适用于小型水厂和极易溶解的药剂;另一种水力搅拌溶解装置是专设水泵自溶解池抽水再从底部送回溶解池,形成循环水力搅拌,此种方式较前一种方式效率高,但是溶解速度仍不够快。

机械搅拌是使用较多的搅拌方式,适用于各种规模的水厂和各种药剂的溶解,通常以电动机驱动浆板或涡轮搅动溶液,溶解效率高。搅拌机在溶解池上的设置有旁入式和中心式两种,对于尺寸较小的溶解池可选用旁入式,对于大尺寸的溶解池则通常选用中心式。

压缩空气搅拌一般是在溶解池底部设置穿孔布气管,通入压缩空气对溶液进行搅拌。压缩空气搅拌的优点是没有与溶液直接接触的机械设备,使用维修方便,但与机械搅拌相比,动力消耗较大,溶解速度稍慢。

溶解池一般建于地面以下以便于操作,池顶一般高出地面约 0.2m 左右。溶解池容积 $W_1$ 按下式计算:

$$W_1 = (0.2 - 0.3)W_2 \qquad (7—24)$$

式中,$W_2$——溶液池容积。

在溶液池根据需要配制一定浓度溶液。通常用耐腐泵蚀或射流泵将溶解池内的浓药液送入溶液池,同时用自来水稀释到所需浓度以备投加。溶液池容积按下式计算:

$$W_2 = \frac{24 \times 100 aQ}{1000 \times 1000 cn} = \frac{aQ}{417 cn} \qquad (7—25)$$

式中,$a$——药剂最大剂量,mg/L;

$Q$——处理水量,m³/h;

$c$——溶液浓度,一般取 5% ~ 20%(按商品固体重量计,计算时,代入%前的数据);

$n$——每日配置溶液次数,一般不超过 3 次。

## 二、混凝剂投加

### (一)混凝剂的计量

药液投加到原水中之前必须有计量或定量设备,并且要能根据原水或处理后的水质变化情况实时调整投药量,确保稳定良好的混凝效果。计量设备多种多样,应根据具体情况来选用。常用的计量设备有:计量泵、转子流量计、电磁流量计、苗嘴等。其中苗嘴计量仅适用于人工控制,而计量泵、转子流量计和电磁流量计等易于实现自动控制,也可用于人工控制。为了保证混凝剂的投加准确并且易于实现自动控制,计量泵是首选的计量投加装置。

### (二)投加方式

常用的投加方式有:泵前投加、高位溶液池重力投加、水射器投加、泵投加。目前应用最多的是泵投加方式。

**1. 泵投加**

泵投加是利用泵将电能转变成动能将药液投加到原水中的一种方法,目前在工程中应用比较广泛。根据泵的类型不同泵投加又分两种形式:一是采用计量泵(柱塞泵或隔膜泵);二是采用耐腐蚀离心泵配上流量计。采用计量泵不必另配备计量设备,泵上有计量标志,可通过改变计量泵行程或变频调速改变药液投量,适合用于混凝剂自动控制系统。如图7-5为计量泵投加示意图。

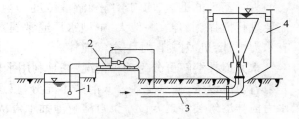

图7-5 计量泵压力投药

1—溶液池;2—计量泵;3—进水管;4—澄清池

**2. 泵前投加**

药液投加在取水泵的吸水管或吸水喇叭口处,通过取水泵叶轮的高速旋转来达到快速均匀混合的目的,这种投加方式安全可靠,一般适用于取水泵房距水厂较近的小型水厂。见图7-6和图7-7。

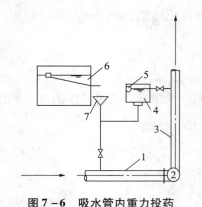

图7-6 吸水管内重力投药

1—水泵吸水管;2—水泵;3—出水管;4—水封箱;
5—浮球阀;6—溶液池;7—漏斗

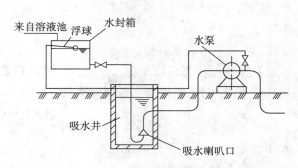

图7-7 吸水喇叭口处重力投药

### 3. 高位溶液池重力投加

利用混凝剂溶液的重力,从较高的溶液池自流并加注到原水中的一种投加方式,当取水泵房距水厂较远者,应建造高架溶液池利用重力将药液投入水泵压水管上,或者投加在混合池入口处。这种投加方虽然节省了动力,安全可靠,但溶液池位置较高,且很难实现自动化。如图7-8所示。

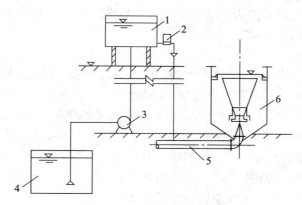

**图7-8  高架溶液池重力投加**
1—溶液箱;2—投药箱;3—提升泵;4—溶液池;
5—压水管;6—澄清池

### 4. 水射器投加

利用高压水通过水射器喷嘴和喉管之间真空抽吸作用将药液吸入,同时注入原水管中,见图7-9。这种投加方式设备简单,使用方便,溶液池高度不受太大限制,但水射器效率较低,且易磨损。

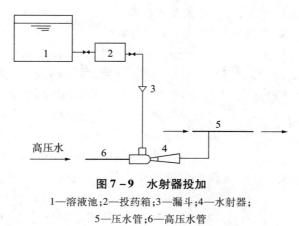

**图7-9  水射器投加**
1—溶液池;2—投药箱;3—漏斗;4—水射器;
5—压水管;6—高压水管

## (三)混凝剂投加量自动控制

混凝剂最佳投加量是指达到既定水质目标的最小混凝剂投量。混凝剂最佳投加量有两种含义:一种是指处理后水质达到最优时的混凝剂投加量,是某一理想状态值;另一种是指达到某一特定水质指标时的最小药剂投加量。由于影响混凝效果的因素较复杂,且水厂运行过程中水质、水量不断变化,故为达到最佳剂量且能即时调节、准确投加一直是水处理技术人员研究的目标。

我国大多数水厂一直是根据实验室混凝搅拌试验确定混凝剂最佳剂量,然后在生产实际中根据原水变化因素进行人工调节,往往实验结果和生产实际不一致,而且人工手动调节通常有滞后、误差大、水质波动大等缺点。随着对水处理后水质要求越来越高,为了提高混凝效果,节省耗药量,混凝工艺的自动控制技术逐步推广应用。归纳起来,混凝剂投加量自动控制的主要方法有以下几种:

**1. 数学模型法**

数学模型法是以原水水质参数(如浊度、水温、pH、碱度、氨氮、溶解氧、COD 等)和原水流量等影响混凝效果的主要参数最为前馈值,以处理后的数值参数(通常为沉淀后水浊度)作为后馈值,建立起相关的数学模型,编写出程序再通过控制单元和执行单元来实现自动调节混凝药剂投加量的一种自动控制加药方法。早期仅考虑原水水质和水量参数称为前馈法,目前则同时考虑原水参数和处理后水质参数形成闭环控制。建立数学模型需要前期大量可靠的生产运行数据,数学模型建立后往往只适用于特定原水条件,而且需要多种在线水质监测仪表,投资大,因此,数学模型法一直难以推广使用。

**2. 现场模拟试验法**

现场模拟法是在现场建造一套小型装置来模拟水处理工艺流程的实际运行情况,找出模拟装置出水与实际工艺出水之间的水质和加药量的关系,从而得出最佳投加量的方法。这种方法分为模拟沉淀法和模拟过滤法两种。

模拟沉淀法是在水厂絮凝池后设一个模拟小型沉淀池,这种方法的主要优点是解决了后馈信号滞后时间过长的问题,实用性较强。模拟过滤法是模拟水厂混凝沉淀过滤系统的一种方法,此方法的优点是把净水过程中的各个因素都考虑在内,比沉淀法更完善。但是这种方法所需要的装置比较复杂,运行技术要求较高。

**3. 流动电流检测(SCD)法**

流动电流系指胶体扩散层中反离子在外力作用下随着流体流动(胶粒固定不动)而产生的电流。SCD 法由在线的 SCD 检测仪连续检测加药后水的流动电流,通过控制器将测得值与基准值相比较,给出调节信号,从而控制加注设备自动调节加药量。流动电流监测法是通过检测电解质使胶体凝聚过程中电学特性参数的变化来实现混凝剂投加控制的。由于测定胶体 ζ 电位不仅复杂而且不能连续测定,因而难于用生产上的在线连续测控。流动电流法克服了这一缺点。

流动电流控制系统包括流动电流检测器、控制器和执行装置三部分,其核心部分是流动电流检测器,它是由检测水样的传感器和信号放大处理器组成,传感器是由圆筒形检测室、活塞及环形电极组成,如图 7 - 10 所示。活塞与圆筒之间为一环形空间。当被测水样进入环形空间后,水中胶粒附着于活塞表面和圆筒内壁,形成胶体颗粒膜。当活塞静止不动时,环形空间内的水也不动。胶体颗粒膜双电层不受扰动。当活塞在电机驱动下作往复

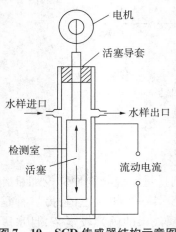

电机
活塞导套
水样进口
水样出口
检测室
活塞
流动电流

**图 7 - 10　SCD 传感器结构示意图**

运动时,环形空间内的水也随之作相应运动,胶体颗粒膜双电层受到扰动,其双电层中反离子也一起运动,从而在活塞与圆筒之间的环形空间的壁表面上产生交变电流,由检测室两端的环形电极收集送给信号放大器。信号经放大处理后传输给控制器(微电脑或单片机)。控制器将检测值与给定值比较后发出改变投药量的信号给执行装置(如计量泵),最后由执行装置调节投药量。给定值往往是根据沉淀池出水浊度要求设定的。即当沉淀池出水浊度达到预期要求时,相对应的流动电流检测值便作为控制系统的给定值。当原水水质发生变化时,自控系统就围绕给定值进行调控,使沉淀池出水浊度始终保持在预定要求范围。流动电流自控投药技术的优点是控制因子单一、投资较低、操作简便,对于以压缩双电层和吸附电中和为主的混凝过程,控制精度较高。

**4. 透光率脉动检测法**

透光率脉动法是利用光电原理检测水中絮凝颗粒变化(包括颗粒尺寸和数量),从而达到混凝在线连续控制的一种新技术。当一束光线透过流动的浊水并照射到光电检测器时、便产生电流成为输出信号。透光率与水中悬浮颗粒浓度有关,从而由光电检测器输出的电流也与水中悬浮颗粒浓度有关。如果光线照射的水样体积很小,水中悬浮颗粒数也很少,则水中颗粒数的随机变化便表现得明显,从而引起透光率的波动,此时输出电流值可看成由两部分组成:一部分为平均值;另一部分为脉动值。絮凝前,进入光照体积的水中颗粒数量多而小,其脉动值很小。絮凝后,颗粒尺寸增大而数量减少,脉动值增大。将输出的脉动值与平均值之比称相对脉动值,则相对脉动值的大小便反映了颗粒絮凝程度。絮凝越充分,相对脉动值越大。由此,可根据投药混凝后水相对脉动值的变化与沉淀池出水浊度之间的关系,确定一个可使沉淀池出水浊度达到要求的相对脉动值作为控制过程的设定值,如果在线检测的相对脉动值偏离设定值,则控制器发出改变投药量的信号给执行装置(如计量泵),最后由执行装置调节混凝剂投加量,使检测值向设定值接近,从而使沉淀池出水浊度始终保持在预定要求范围。透光率脉动检测自控方法的优点是控制因子单一、操作简便,不受原水水质限制,适用于给水处理和污水处理;不受混凝作用机制,适用于压缩双电层、吸附–电中和机理以及吸附架桥机理的混凝过程;不受混凝剂品种限制,适用于无机混凝剂和有机高分子混凝剂。

# 第五节　混凝设备

## 一、混合设备

混合设备主要是完成凝聚过程,必须满足下列要求:(1)保证药剂快速均匀的扩散到水体的每一个细部;(2)混合时间不宜过长;(3)能使水体产生强烈的扰动。为了达到快速均匀的混合效果,可以利用水力或机械动力。利用水力产生的混合条件,一般较为简单,但其搅拌强度常随水力条件的改变而改变;利用机械搅拌虽然设计比较复杂,但其搅拌强度可不受水力条件的影响。目前工程中常用的混合设备种类较多,但总体归纳起来有主要有两大类:水力混合和机械混合。前者简单,但不能适应流量的变化;机械混合可进行调节,适合各种规模的水厂,但增加了水厂的运行成本和机械维修量。

### (一)机械搅拌混合

机械混合池可以采用圆形或方形,以方形水池居多,一般池深与池宽之比为1:1~3:1,

机械搅拌混合可以采用单格,也可以采用多格串联,为了避免短流,一般应不小于 2 格进行串联。

机械搅拌混合是在池内安装搅拌装置,通过电动机驱动搅拌器使水和药剂达到快速均匀的混合。搅拌器形状可以采用桨板式、螺旋桨式或透平式。桨板式适合于在容积小于 $2m^3$ 的混合池,容积大于 $2m^3$ 的混合池可采用螺旋桨式或透平式。搅拌功率按产生的速度梯度为 $700 \sim 1000s^{-1}$ 计算确定。混合时间控制在 $10 \sim 30s$,最长不超过 $2min$。机械混合池在设计中应避免水流同步旋转而降低混合效果。机械混合效果好,且不受水量变化影响,在实际运行过程中可以通过调节电动机的搅拌功率来达到我们所需要的 $G$ 值,因此它适合于各种规模的水厂。但由于机械混合是通过电动机驱动搅拌器来进行工作,因此它增加了水厂的日常运行成本,并相应地增加了机械维修工作。

机械混合池设计计算方法与机械絮凝池相同,具体见机械絮凝池的计算。

## (二)水力混合

水力混合的形式很多,目前较常采用的主要有水泵混合、管式静态混合器、扩散混合器。

### 1. 水泵混合

水泵混合是利用进水泵叶轮中水流产生的局部涡流而达到混合的一种方式。由于没有专用的混合设施或构筑物,因而设备最为简单,混合所需的动能利用水泵本身的机械能损耗,无需另行增加能量来源,因而运行费用较低。由于水流在水泵中的流速很高,混合较均匀,混合效果也较好。

水泵混合的药剂加注点,一般置于水泵吸入口前,也有加在水泵吸水管的进水喇叭口附近,或者直接加在吸水井内。从药剂加入后能迅速达到均匀分布的要求来看,以加在水泵吸入口前较好。一般水泵吸入口都有 $2 \sim 3m/s$ 的流速,因而药剂可迅速得到扩散,但应注意不使空气从药剂加注管进入水泵,以免产生气蚀。同样也应考虑到水泵进水水位较高时,药剂加注所需要的压力水头,并避免原水从加药系统溢水。药剂加在吸水井内不是好的方法,因为药剂的大部分虽可随水流带入水泵,但仍不免有一部分扩散滞留于井内。

当水泵与混凝沉淀池相距较远时,一般不宜采用水泵混合,因为此时原水输水管内将进行不完善的絮凝反应。这不仅有可能使絮粒在管内沉积,同时也对进一步絮凝不一定有利,因为输水管内所形成的絮粒很不均匀,其中一部分将在絮凝池内被破碎,反而增加絮凝反应的困难。

采用水泵混合的输水管道长度一般考虑不宜超过 $150m$,个别也有大于这一距离的,例如上海浦东水厂取水口到沉淀池的距离为 $280m$,认为混合效果仍能符合生产要求。

水泵混合,由于药剂能迅速得到扩散,因而对水泵的腐蚀不会带来明显影响。但当采用三氯化铁等腐蚀较严重的混凝剂时,也应考虑对水泵叶轮的腐蚀影响。由于水泵混合是一种较简单的混合形式,因而在水泵和絮凝池相距较近时应优先选用。

### 2. 管式静态混合器

管式静态混合器是在管道内设置多节固定叶片,水流和药剂通过混合器时将被成对分流,同时产生涡旋反向旋转及交叉流动,达到快速混合的目的。这种混合器的总分流数按单体的数量成几何级数增加,且单体具有特殊的孔穴,构造简单,无活动部件,安装方便,混合快速而均匀。管式静态混合器的口径与输水管道相同,一般通过混合器两端的法兰与进出水管路相连接,目前最大口径已达 DN2000。这种混合器水头损失稍大,但因混合效果好,从总体经济效益而言还是具有优势的。主要的缺点混合效果受流量的变化影响较大。结构示意图见图 7 – 11 所示。

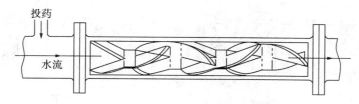

**图 7 – 11 管式静态混合器**

### 3. 扩散混合器

扩散混合器是在孔板混合器前加上锥形配药帽,锥形帽夹角 90°。水流和药剂对冲锥形帽而后扩散形成剧烈紊流,使药剂和水达到快速混合。在设计过程中,锥形帽顺水流方向的投影面积为进水管总截面积的 1/4。孔板的开孔面积为进水管截面积的 3/4。孔板流速一般采用 1.0 ~ 1.5m/s。混合时间 2 ~ 3s。混合器节管长度不小于 500mm。水流通过混合器的水头损失 0.3 ~ 0.4m。混合器直径在 DN200 ~ DN1200 范围内。其构造如图 7 – 12 所示。

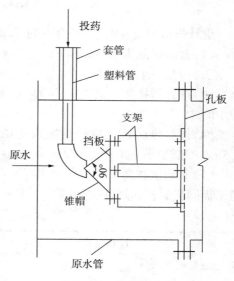

**图 7 – 12 扩散混合器**

## 二、絮凝设备

絮凝设备主要分成两大类:机械絮凝设备和水力絮凝设备。机械絮凝是指通过电机或其他动力带动叶片进行搅拌,使水流产生一定的速度梯度,并将能量传递给絮凝体,从而增加颗粒的碰撞次数。水力絮凝反应设备是改变不同的絮凝构筑物结构,利用水流自身能量,通过流动过程中的阻力将能量传递给絮凝体,使其增加颗粒接触碰撞和吸附机会,在反应后期形成具有一定尺度和密实度的矾花,从而有利于在后续处理构筑物内进行沉淀分离。我国在新型絮凝池研究上水平较高,特别是水力絮凝池方面。目前工程中常用的水力絮凝设备主要有隔板絮凝池、折板絮凝池、网格絮凝池。

### (一)机械絮凝池

机械絮凝是通过电动机变速驱动搅拌器使水中絮凝体由于存在不同速度梯度而产生同向絮凝的构筑物,故水流的能量消耗来源于搅拌机的功率输入。机械絮凝的主要优点是可以适应水量变化及水头损失小,如配上无级变速传动装置,则更易使絮凝达到最佳状态。根据搅拌轴在絮凝池的安装位置,又分水平轴和垂直轴两种形式,见图 7 – 13。水平轴式通常用于大型水厂。垂直轴式一般用于中、小型水厂。为适应絮凝过程中 G 值变化的要求,机械絮凝池宜采用分格串联。分格越多,越接近 PF 型反应器,絮凝效果越好,但分格过多,造价增高且增加维修工作量。每格均安装一台搅拌机。为适应絮凝体形成规律,第一格内搅拌强度最大,而后逐格减小,从而速度梯度 $G$ 值也相应由大到小。搅拌强度决定于搅拌器转速和桨板面积,由计算决定。

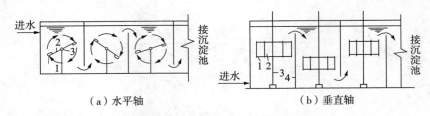

（a）水平轴　　　　　　　　　　　　　（b）垂直轴

**图 7-13　机械絮凝池剖面示意**

1—桨板;2—叶轮;3—旋转轴;4—隔墙

设计机械絮凝池时,宜符合下列要求:

（1）絮凝时间为 15~20min;

（2）池数一般不少于 2 个;

（3）搅拌器排数一般为 3~4 排,水平搅拌轴应设于池中水深 1/2 处,垂直搅拌轴则设于池中间;

（4）搅拌机的转速应根据桨板边缘处的线速度通过计算确定,线速度宜自第一挡的 0.5m/s 逐渐变小至末挡的 0.2m/s;

（5）每台搅拌器上桨板总面积宜为水流截面积的 10%~20%,不宜超过 25%,以免池水随桨板同步旋转,降低搅拌效果。桨板长度不大于叶轮直径 75%,宽度宜取 10~30cm。

**表 7-2　机械絮凝池计算公式**

| 计算公式 | 设计数据及符号说明 |
|---|---|
| 1. 每池容积 $W/m^3$ :<br><br>$$W = \frac{QT}{60n}$$<br><br>2. 水平轴式池子长度 $L/m$ :<br><br>$$L \geq aZH$$<br><br>3. 水平轴式池子宽度 $B/m$ :<br><br>$$B = \frac{W}{LH}$$<br><br>4. 搅拌器转数 $n_0/(r/min)$ :<br><br>$$n_0 = \frac{60v}{\pi D_0}$$<br><br>5. 每个叶轮旋转时克服水的阻力所消耗的功率 $N_0/kW$ :<br><br>$$N_0 = \frac{\gamma k l \omega^3}{408}(r_2^{\ 4} - r_1^{\ 4})$$<br><br>$$\omega = 0.1 n_0$$<br><br>$$k = \frac{\psi \rho}{2g}$$<br><br>6. 转动每个叶轮所需电动机功率 $N/kW$ :<br><br>$$N = \frac{N_0}{\eta_1 \eta_2}$$ | $Q$—设计水量,$m^3/h$ ;<br>$T$—絮凝时间,一般为 15~20min;<br>$n$—池数,个;<br>$a$—系数,一般采用 1.0~1.5;<br>$Z$—搅拌轴排数,3~4 排;<br>$H$—平均水深,m;<br>$v$—叶轮桨板中心点线速度,m/s;<br>$D_0$—叶轮桨板中心点旋转直径;<br>$y$—每个叶轮上桨板的数目,个;<br>$l$—桨板长度,m;<br>$r_2$—叶轮半径,m;<br>$r_1$—叶轮半径与桨板宽度之差;<br>$\omega$—叶轮旋转的角速度;<br>$k$—系数;<br>$\rho$—水的密度,1000kg/m$^3$ ;<br>$\psi$—阻力系数,根据桨板宽度与长度之比 $(\frac{b}{l})$ 确定;<br>$\eta_1$—搅拌器机械总效率采用 0.75;<br>$\eta_2$—传动效率采用 0.6~0.95。 |

计算示例

【例】垂直轴式机械絮凝池计算。

已知:设计流量(包括自耗水量)$Q = 12000\text{m}^3/\text{d} = 500\text{m}^3/\text{h}$。采用两个池子,每池设计流量 $6000\text{m}^3/\text{d} = 250\text{m}^3/\text{h}$

【解】(1)絮凝池尺寸:

絮凝时间取 20min,絮凝池有效容积:

$$W = \frac{QT}{60} = \frac{250 \times 20}{60} = 83\text{m}^2$$

为配合沉淀池尺寸,絮凝池分成三格,每格尺寸不一样。絮凝池水深:

$$H = \frac{W}{A} = \frac{83}{3 \times 2.5 \times 2.5} = 4.4\text{m}$$

絮凝池超高取 0.3m,总高度为 4.7m。

絮凝池分格隔墙上过水孔道上下交错布置,每格设一台搅拌设备。为加强搅拌效果,于池子周壁设四块固定挡板。

搅拌设备

叶轮直径取池宽的 80%,采用 2.0m

叶轮浆板中心点线速度采用:$v_1 = 0.5\text{m/s}, v_2 = 0.35\text{m/s}, v_3 = 0.2\text{m/s}$,

浆板长度取 $l = 1.4\text{m}$(浆板长度于叶轮直径之比 $l/D = 1.4/2 = 0.7$)

浆板宽度取 $b = 0.12\text{m}$

每根轴上浆板数 8 块,内、外侧各 4 块。旋转浆板面积于絮凝池过水断面积之比为

$$\frac{8 \times 0.12 \times 1.4}{2.5 \times 4.4} = 12.2\%$$

四块固定挡板宽×高为 $0.2 \times 1.2\text{m}$。其面积于絮凝池过水断面积之比为

$$\frac{4 \times 0.2 \times 1.2}{2.5 \times 4.4} = 8.7\%$$

浆板总面积占过水断面积为 $12.2\% + 8.7\% = 20.9\%$,小于 25% 的要求。

叶轮浆板中心点旋转直径 $D_0$ 为

$$D_0 = [(1000 - 440) \div 2 + 440] \times 2 = 1440 = 1.44\text{m}$$

叶轮转速分别为

$$n_1 = \frac{60v_1}{\pi D_0} = \frac{60 \times 0.5}{3.14 \times 1.44} = 6.63\text{r/min}$$
$$w_1 = 0.663\text{rad/s}$$

$$n_2 = \frac{60v_2}{\pi D_0} = \frac{60 \times 0.35}{3.14 \times 1.44} = 4.64\text{r/min}$$
$$w_2 = 0.464\text{rad/s}$$

$$n_3 = \frac{60v_3}{\pi D_0} = \frac{60 \times 0.2}{3.14 \times 1.44} = 2.65\text{r/min}$$
$$w_3 = 0.265\text{rad/s}$$

浆板宽长比 $b/l = 0.12/1.4 < 1$,查表得 $\psi = 1.10$

$$k = \frac{\psi\rho}{2g} = \frac{1.10 \times 1000}{2 \times 9.81} = 56$$

浆板旋转时克服水的阻力所消耗功率：

第一格外侧浆板：

$$N'_{01} = \frac{yklw^3}{408}(r_2^4 - r_1^4) = \frac{4 \times 56 \times 1.4 \times 0.663^3}{408}(1^4 - 0.88^4) = 0.090 \text{kW}$$

第一格内侧浆板：

$$N''_{01} = \frac{4 \times 56 \times 1.4 \times 0.96^3}{408}(0.56^4 - 0.44^4) = 0.014 \text{kW}$$

第一格搅拌轴功率：

$$N_{01} = N'_{01} + N''_{01} = 0.090 + 0.014 = 0.104 \text{kW}$$

以同样的方法，可求得第二、三格搅拌轴功率分别为 0.036kW、0.007kW

设三台搅拌设备合用一台电动机，则絮凝池所耗总功率为

$$\Sigma N_0 = 0.104 + 0.036 + 0.007 = 0.147 \text{ kW}$$

电动机功率（取 $\eta_1 = 0.75$，$\eta_2 = 0.7$）：

$$N = \frac{0.147}{0.75 \times 0.7} = 0.28 \text{kW}$$

核算平均速度梯度 $G$ 值及 $GT$ 值（按水温20℃计，$\mu = 102 \times 10^{-6} \text{kg} \cdot \text{s/m}^2$）：

第一格：

$$G_1 = \sqrt{\frac{102 N_{01}}{\mu W_1}} = \sqrt{\frac{102 \times 0.104}{102 \times 27.5} \times 10^6} = 62 \text{s}^{-1}$$

第二格：

$$G_2 = \sqrt{\frac{102 \times 0.036}{102 \times 27.5} \times 10^6} = 36 \text{s}^{-1}$$

第三格：

$$G_3 = \sqrt{\frac{102 \times 0.007}{102 \times 27.5} \times 10^6} = 16 \text{s}^{-1}$$

絮凝池平均速度梯度：

$$G = \sqrt{\frac{102 N_{01}}{\mu W_1}} = \sqrt{\frac{102 \times 0.147}{102 \times 82.5} \times 10^6} = 42 \text{s}^{-1}$$

$$GT = 42 \times 20 \times 60 = 50.4 \times 10^4$$

经核算，$G$ 值和 $GT$ 值均较合适。

## （二）隔板絮凝池

水流以一定的流速在隔板之间通过而完成整个絮凝过程的反应池称为隔板絮凝池，根据水流在隔板絮凝池内流向的不同又分为往复式和回转式两种，如图7-14所示。后者是在前者的基础上加以改进而成。在往复式隔板絮凝池内，水流沿隔板在池内往复式向前流动，廊道内的流速则由大逐渐变小，在廊道的末端，水流作180°转弯，虽然它可提供较多的颗粒碰撞机会，但局部水头损失较大，在絮凝后期有可能因为180°的急剧转弯会使已经长大到一定尺度的絮凝体发生破碎。为了减小能量的损失，提高絮凝效果，在往复式絮凝池的基础上，研发了回转式隔板絮凝池，与往复式絮凝池相比，水流在池内作90°转弯，能量消耗较小，

因而有利于避免絮凝体的破碎,提高了絮凝效果。

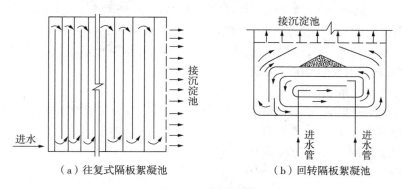

（a）往复式隔板絮凝池　　　（b）回转隔板絮凝池

图 7 − 14　隔板絮凝池

在实际工程中,如果设计流量太小时,隔板间距过狭不便施工和维修,因此隔板絮凝池适用于大、中型水厂。隔板絮凝池构造简单,管理方便,但受流量变化影响较大,絮凝效果不稳定,因水流条件不甚理想,能量消耗中的无效部分比例较大,因此絮凝时间较长,占地面积较大。

在设计过程中,为避免絮凝体破碎,廊道内的流速及水流转弯处的流速应沿程逐渐减小,从而 G 值也沿程逐渐减小。隔板絮凝池的 G 值按公式(7—12)计算。式中 h 为水流在絮凝池内的水头损失。水头损失按各廊道流速不同,分成数段分别计算。总水头损失为各段水头损失之和(包括沿程和局部损失)。

表 7 − 3　隔板絮凝池的计算公式及数据如下表所示:

| 计算公式 | 设计数据及符号说明 |
| --- | --- |
| 1. 总容积:<br>$$W = \dfrac{QT}{60}$$<br>2. 每池平面面积:<br>$$F = \dfrac{W}{nH_1} + f$$<br>3. 池子长度:<br>$$L = \dfrac{F}{B}$$<br>4. 隔板间距:<br>$$a_n = \dfrac{Q}{3600 n v_n H_1}$$<br>5. 各段水头损失:<br>$$h_n = \xi S_n \dfrac{v_0^{\,2}}{2g} + \dfrac{v_n^{\,2}}{C_n^{\,2} R_n} l_n$$<br>6. 池子总水头损失:<br>$$h = \sum h_n$$<br>7. 平均速度梯度:<br>$$G = \sqrt{\dfrac{\gamma h}{60 \mu T}}$$ | $W$—总容积,$m^3$;<br>$Q$—设计水量,$m^3/h$;<br>$T$—总容积,$m^3$;<br>$F$—总容积,$m^3$;<br>$H_1$—总容积,$m^3$;<br>$n$—池数,个;<br>$f$—每池隔板所占面积,$m^2$;<br>$L$—池子长度,$m$;<br>$B$—池子宽度,一般采用与沉淀池等宽,$m$;<br>$a_n$—隔板间距,$m$;<br>$v_n$—该段廊道内流速,$m/s$;<br>$S_n$—该段廊道内水流转弯次数;<br>$R_n$—廊道断面的水力半径,$m$;<br>$C_n$—流速系数,根据 $R_n$ 及池底、池壁的粗糙系数 $n$ 等因素确定;<br>$\xi$—隔板转弯处的局部阻力系数,往复隔板为 3.0,回转隔板为 1.0;<br>$l_n$—该段廊道的长度之和;<br>$h$—反应池的总水头损失,$m$;<br>按各廊道内的不同流速,分成数段分别进行计算后求和;<br>$G$—速度梯度,$s^{-1}$;<br>$\gamma$—水的密度为,1000kg/$m^3$;<br>$\mu$—水的动力黏度,$Pa \cdot s$。 |

隔板絮凝池主要设计要点：

①池数一般不少于 2 个，絮凝时间一般取 20 ~ 30min，低浊度水可取高值；

②廊道内流速：起端一般为 0.5 ~ 0.6m/s，末端一般为 0.2 ~ 0.3m/s；

③为减少水流转弯处水头损失，转弯处过水断面积应为廊道过水断面积的 1.2 ~ 1.5 倍。同时，水流转弯处尽量做成圆弧形；

④絮凝池超高一般采用 0.3m；

⑤隔板间净距一般宜大厂 0.5m，以便施工和检修。为便于排泥，池底应有 0.02 ~ 0.03 坡度并设直径不小 150mm 的排泥管。

【例题】往复式隔板絮凝池计算

已知条件：

设计水量（包括自耗水量）$Q = 120000m^3/d = 5000m^3/h$

廊道内流速采用 6 档：$v_1 = 0.5m/s$，$v_2 = 0.4m/s$，$v_3 = 0.35m/s$，$v_4 = 0.3m/s$，$v_5 = 0.25m/s$，$v_6 = 0.2m/s$

絮凝时间：$T = 20min$

池内平均水深：$H_1 = 2.4m$

超高：$H_2 = 0.3m$

池数：$n = 2$

【解】计算总容积：

$$W = \frac{QT}{60} = \frac{5000 \times 20}{60} = 1667m^2$$

分为两池，每池净平面面积：

$$F' = \frac{W}{nH_1} = \frac{1667}{2 \times 2.4} = 348m^2$$

池子宽度 $B$：按沉淀池宽采用 20.4m

池子长度（隔板间净距之和）：

$$L' = \frac{348}{20.4} = 17.1m$$

隔板间距按廊道内流速不同分成 6 档：

$$a_1 = \frac{Q}{3600nv_1H_1} = \frac{5000}{3600 \times 2 \times 0.5 \times 2.4} = 0.58m$$

取 $a_1 = 0.6m$，则实际流速 $v_1 = 0.482m/s$，

$$a_2 = \frac{Q}{3600nv_2H_1} = \frac{5000}{3600 \times 2 \times 0.4 \times 2.4} = 0.58m$$

取 $a_2 = 0.7m$，则实际流速 $v_2 = 0.413m/s$，按上法计算得：

$$a_3 = 0.8m, v_3 = 0.362m/s$$

$$a_4 = 1.0m, v_4 = 0.29m/s$$

$$a_5 = 1.15m, v_5 = 0.25m/s$$

$$a_6 = 1.45m, v_6 = 0.20m/s$$

每一种间隔采取 3 条，则廊道总数为 18 条，水流转弯次数为 17 次。则池子长度（隔板间净距之和）：

$$L = 3(a_1 + a_2 + a_3 + a_4 + a_5 + a_6) = 3 \times (0.6 + 0.7 + 0.8 + 1.0 + 1.15 + 1.45) = 17.1\text{m}$$

隔板厚按 0.2m 计,则池子的总长:$L = 17.1 + 0.2 \times (18 - 1) = 20.5\text{m}$

### (三)折板絮凝池

折板絮凝池可布置成竖流式或平流式,目前多采用竖流式。竖流式折板絮凝池通常在竖井中放置不同形式的折板,利用池中的折板增加水中颗粒的碰撞机会,使能量损失得到充分利用,折板絮凝池停留时间较短,絮凝效果好。折板絮凝的形式很多,常用的有多通道和单通道的平波折板、波形板等。

根据折板的角度和安装方式的不同,平折板又可分为相对折板、平行折板及平行直板。其构造示意图见图 7-15 和图 7-16。相对折板指波峰相对安装;平行折板是指波峰对波谷平行安装;平行直板指的是在池中放置的是没有角度的平板。根据水流通过折板间隙数,又分为"单通道"和"多通道"。多通道系指,将絮凝池分成若干格子,每一格内安装若干折板,水流沿着格子依次上、下流动。在每一个格子内,水流平行通过若干个由折板组成的并联通道。在实际工程应用过程中,应根据具体设计条件和要求,相对折板、平行折板及平行直板可组合应用,这样组合有利于絮凝体逐步成长面不易破碎,提高絮凝效果。工程实践证明,相对折板、平行折板絮凝效果差别不大,但平行直板效果较差,故只能放置在絮凝池末端起补充作用。

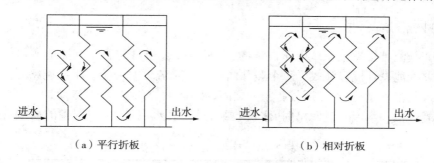

（a）平行折板　　　　　　　　（b）相对折板

**图 7-15　单通道折板絮凝池剖面示意**

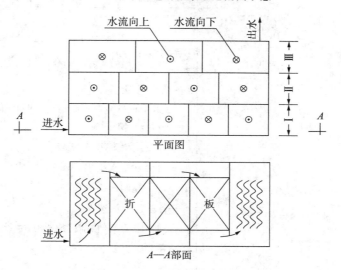

**图 7-16　多通道折板絮凝池示意图**

折板絮凝池中的折板也可采用波形板,在各絮凝室中等间距地平行装设波形板,形成几何尺寸完全相同、相互并联的水流通道,因此各通道的水流阻力完全相同,使流量在各通道间均匀分配,在同一絮凝室中各通道的能量分布相同。这种能量分布的均匀性使能量得到充分利用,为水中胶体颗粒的相互碰撞提供了适宜的水力条件。

折板絮凝池通过在池内安装不同形式的折板,在折板的每一个转角处,水流通过折板后形成许多的小涡旋,从而提高了颗粒碰撞絮凝效果。与隔板絮凝池相比,水流条件大大改善,有效能量消耗比例提高,故絮凝效果好,完成整个絮凝过程所需的反应时间缩短,池体占地面积减小,相应降低了工程的基建投资费用。

折板絮凝主要设计参数:

①絮凝时间在 12 ~ 20min。

②折板折板之间的流速根据实际情况分段设计。分段数一般为 3 段。各段流速可分别为:

第一段:0.25 ~ 0.35m/s;

第二段:0.15 ~ 0.25m/s;

第三段:0.10 ~ 0.15m/s。

③折板夹角采用 90 ~ 120°,折波高一般采用 0.25 ~ 0.40m。

## (四)网格絮凝池

网格絮凝池是根据紊流理论而设计的,由于池高适当可与平流沉淀池或斜管沉淀池合建。网格絮凝池设计成竖井式。每个竖井内垂直于水流方向安装若干层网格。原水与药剂混合后进入网格絮凝池,水流通过各竖井之间的隔墙上的孔洞,交错流动,上下翻腾,直至完成整个絮凝过程。水流通过网格时,水流收缩,过网后水流扩大,在网条的后侧方产生很多

表7 - 4　网格絮凝池计算公式

| 项 目 | 公 式 | 说 明 |
|---|---|---|
| 1. 池体积 | $V = \dfrac{QT}{60}(\text{m}^3)$ | $Q$—流量,m³/h; |
| 2. 池面积 | $A = \dfrac{V}{H'}(\text{m}^2)$ | $T$—絮凝时间,min; |
| 3. 池高 | $H = H' + 0.3(\text{m})$ | $H$—有效水深,m,与平流沉淀池配套时,池高可采用 3.0 ~ 3.4m;与斜管沉淀池配套时可采用4.2m 左右; |
| 4. 分格面积 | $f = \dfrac{Q}{v_0}(\text{m}^2)$ | $v_0$—竖井流速,m/s; |
| 5. 分格数 | $n = \dfrac{A}{f}$ | $v_2$—各段孔洞流速,m/s; |
| 6. 竖井之间孔洞尺寸 | $A_2 = \dfrac{Q}{v_2}(\text{m}^2)$ | $h_1$—每层网格水头损失,m;<br>$h_2$—每个孔洞水头损失,m;<br>$v_1$—各段过网流速,m/s; |
| 7. 总水头损失 | $h = \sum h_1 + \sum h_2 (\text{m})$<br>$h_1 = \xi_1 \dfrac{v_1^2}{2g} l_n (\text{m})$<br>$h_2 = \xi_2 \dfrac{v_2^2}{2g} l_n (\text{m})$ | $\xi_1$—网格阻力系数,前段取 1.0,中段取 0.9;<br>$\xi_2$—孔洞阻力系数,可取 3.0。 |

小涡旋,这些小涡旋又会产生很多诱导涡旋,由于些涡旋的离心惯性作用可以将涡旋所携带的矾花沿切线方向抛出,为颗粒碰撞创造了有利条件。另一方面由于过网水流的揉动作用,使通过网格后的矾花变得更加密实,更有利于在沉淀池内沉淀。因此絮凝效果好,絮凝时间短,水头损失小。

设计要点:

①絮凝时间一般为 12~20min。絮凝池的分格数按絮凝时间确定;

②根据竖井流速一般分为三段,其中前段和中段平均流速 0.14~0.12m/s,末段 0.14~0.10m/s;

③每个竖井网格数自进水端至出水端逐渐减少,一般分 3 段控制。前段为密网,中段为疏网,末段不安装或者安装数量较少的网格。

【例】网格絮凝池计算:

已知:设计规模为 60000m³/d,絮凝池分 2 组,可分组单独工作。

【解】设水厂自用水量为 5%,则设计流量为:

$$Q = 60000 \times 1.05 = 63000 \text{m}^3/\text{d} = 0.73 \text{m}^3/\text{s}$$

因分成 2 池,所以每池流量为 0.365m³/s

$$V = 0.365 \times 10 \times 60 = 219.0 \text{m}^3$$

设平均水深为 3.0m,得池的面积为

$$A = \frac{219.0}{3.0} = 73.0 \text{m}^2$$

竖井流速取 0.12m/s,得单格面积为

$$f = \frac{0.365}{0.12} = 3.0 \text{m}^2$$

设每格为方形,边长采用 1.73m,因此每格面积为 3.0m²,由此得分格数为

$$n = \frac{73.0}{3.0} = 24.3$$

为配合沉淀池尺寸,采用 25 格

实际絮凝时间为

$$t = \frac{1.73 \times 1.73 \times 3.0 \times 25}{0.365} = 615 \text{s} = 10.3 \text{min}$$

池的平均有效水深为 3.0m,取超高 0.45m,泥斗深度 0.65m,得池子的总高度为

$$H = 3.0 + 0.45 + 0.65 = 4.10 \text{m}$$

过水洞流速按进口 0.3m/s 递减到出口 0.1m/s 计算,得各过水孔洞的尺寸见表 7-5

表 7-5　各过水孔洞的尺寸

| 分格编号 | 1 | 2 | 3 | 4 | 5 | 6 |
|---|---|---|---|---|---|---|
| 孔洞高×宽(m) | 0.71×1.73 | 0.71×1.73 | 0.78×1.73 | 0.85×1.73 | 0.91×1.73 | 0.99×1.73 |
| 分格编号 | 7 | 8 | 9 | 10 | 11 | 12 |
| 孔洞高×宽(m) | 1.10×1.73 | 1.10×1.73 | 1.10×1.73 | 1.15×1.73 | 1.15×1.73 | 1.22×1.73 |

| 分格编号 | 13 | 14 | 15 | 16 | 17 | 18 |
|---|---|---|---|---|---|---|
| 孔洞高×宽(m) | 1.22×1.73 | 1.29×1.73 | 1.37×1.73 | 1.46×1.73 | 1.5×1.73 | 1.5×1.73 |

| 分格编号 | 19 | 20 | 21 | 22 |
|---|---|---|---|---|
| 孔洞高×宽(m) | 1.56×1.73 | 1.68×1.73 | 1.05×1.73 | 0.49×3.70 |

# 第八章　沉淀和澄清

## 第一节　沉淀的基本理论

水的沉淀处理,是借助于水中悬浮物的自重下沉而进行分离的处理工艺。在给水处理中,常可遇到两种不同类型的悬浮物,形成两种沉淀过程。

自由沉淀:悬浮颗粒在静水中沉淀时,只受到颗粒本身在水中的重量和水的阻力的作用。

拥挤沉淀:悬浮颗粒在静水中沉淀时,除了受到颗粒本身在水中的重量与水的阻力作用外,器壁和其他悬浮物颗粒对它的沉淀也有影响。

悬浮物沉淀时,其颗粒大小、重量、形状都保持不变的称为团聚稳定的悬浮物。反之称为团聚不稳定的悬浮物。对于团聚不稳定的悬浮物的沉淀情形比较复杂,这一类沉淀问题尚只能凭经验和实验方法来解决。

### 一、自由沉淀

低浓度的离散性颗粒在水中沉淀,开始时将加速下沉,水流阻力不断增加,短时间后达到与重力平衡,此时颗粒开始以均速下沉。

颗粒在静水中的沉淀速度取决于颗粒在水中的重力和颗粒下沉时所受水的阻力。颗粒在静水中的自由沉降速度公式推导如下。下沉速度为 $u$ 的颗粒,其理想化为球形后的直径为 $d$。为了便于理解,假设颗粒是不动的,而包围它的水是向上流动的,水的流速恰好是 $u$。由此得出:颗粒在水中的重量 $F_1$ 恰好和水流所产生的阻力 $F_2$ 相等,即

$$F_1 = F_2$$

颗粒在静水中所受的重力 $F_1$ 为

$$F_1 = \frac{1}{6}\pi d^3(\rho_s - \rho)g \tag{8—1}$$

式中,$\rho_s$、$\rho$——颗粒及水的密度,kg/m$^3$;

$\quad\quad g$——重力加速度,m/s$^2$。

颗粒所受水的阻力 $F_2$ 与颗粒的糙度、大小、形状和沉淀速度 $u$ 有关,也与水的密度和黏度有关,其关系式为

$$F_2 = C_D\rho_1\frac{u^2}{2}\cdot\frac{\pi d^2}{4} \tag{8—2}$$

式中,$C_D$——绕流阻力系数,与颗粒的形状、水流雷诺数 $Re$ 有关,同时与颗粒表面粗糙程度有关;

$\quad\quad u$——球形颗粒沉速,m/s;

$\dfrac{\pi d^2}{4}$——球形颗粒在垂直方向的投影面积。

故：

$$\frac{1}{6}\pi d^3(\rho_s-\rho)g=C_D\rho\frac{u^2}{2}\cdot\frac{\pi d^2}{4} \tag{8—3}$$

将上式加以整理，即得到颗粒均匀下沉沉速公式为：

$$u=\sqrt{\frac{4g}{3C_D}\Big(\frac{\rho_s-\rho}{\rho}\Big)d} \tag{8—4}$$

当颗粒大小 $d$ 及密度 $\rho_p$ 已知时，只要再知道 $C_D$ 就可以算出下沉速度 $u$。阻力系数 $C_D$ 与管道阻力系数 $\lambda$ 类似，也是水流雷诺数的一个函数，可以写成

$$C_D=f(Re)$$

$$Re=\frac{ud}{v}=\frac{\rho ud}{\mu} \tag{8—5}$$

式中，$Re$——水流雷诺数；

$v$——水的运动黏度系数，$cm^2/s$。

根据以上分析，可以做一系列的试验：得出 $u$、$d$、$\rho_s$、$\rho$ 及 $v$ 等数据，分别由式（8—4）及式（8—5）计算出 $C_D$ 及 $Re$ 值，在对数坐标纸上，绘成 $C_D=f(Re)$ 的曲线，如图 8-1 所示。这条曲线和管道的阻力系数曲线类似，也可分为三个区，即层流区、过渡区和紊流区。

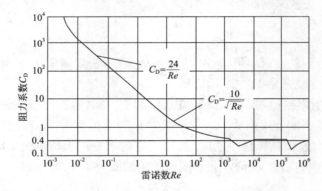

图 8-1　球形颗粒 $C_D$ 与 $Re$ 的关系

（1）层流区：在 $Re<1$ 的范围内，呈层流状态，$C_D=24/Re$，代入式（8—4），得斯托克斯公式：

$$u=\frac{1}{18}\frac{\rho_s-\rho}{\mu}gd^2 \tag{8—6}$$

（2）过渡区：在 $1<Re<1000$ 的范围内，属于过渡区，$C_D=10/\sqrt{Re}$，代入式（8—4），得阿兰（Allen）公式：

$$u=\Big[\Big(\frac{4}{225}\Big)\frac{(\rho_s-\rho)^2g^2}{\mu\rho}\Big]^{\frac{1}{3}}d \tag{8—7}$$

（3）紊流区：在 $1000<Re<25000$ 范围内，呈紊流状态，$C_D$ 约为 0.4，代入式（8—4），得到牛顿公式：

$$u = 1.83 \sqrt{\frac{\rho_s - \rho}{\rho} dg} \qquad (8—8)$$

通常,应用斯托克斯公式帮助理解影响沉降速度的诸因素。

(1)颗粒沉速 $u$ 的决定因素是 $\rho_s - \rho$。$\rho_s < \rho$ 时,$u$ 呈负值,颗粒上浮;$\rho_s > \rho$ 时,$u$ 呈正值,颗粒下沉;$\rho_s = \rho$ 时,$u = 0$,颗粒在水中随机,不沉不浮。

(2)沉速与颗粒直径 $d$ 的平方成正比,增大颗粒直径 $d$,可大大提高沉降效果。

(3)$u$ 与 $\mu$ 成反比,$\mu$ 决定于水质与水温。在水质相同条件下,水温高则 $\mu$ 值小,有利于颗粒下沉;水温低则 $\mu$ 值大,不利于颗粒下沉所以低温水难处理。

在低 $Re$ 的范围内,由于颗粒很小,测定粒径很困难,但是测定颗粒沉速往往较容易,故常以测定的沉速用斯托克斯公式反算颗粒粒径。不过此粒径只是相应于球形颗粒的直径,并非实际粒径。在实际工程中常用沉速代表某一特定颗粒而不追究颗粒粒径。

## 二、拥挤沉淀

在沉降过程中,各颗粒之间能互相黏结,其尺寸、大小、质量会随着深度的增大而逐渐变大,沉速亦随深度而增加。在混凝沉淀池以及初次沉淀池的后期和二次沉淀池中期的沉降即属于此种类型。

在混凝过程中悬浮固体颗粒的沉降,并非是单个颗粒的沉降问题,而是浓度很高的悬浮颗粒的沉降。因此在沉降的过程中,颗粒与颗粒之间或颗粒与容器壁之间就存在干扰,这时就不能看作是自由沉降,而应看作是拥挤沉降了。拥挤沉降的特点是在沉降过程中出现一个清水与浑水的交界面,沉降过程就是交界面的下降过程,交界面的下降速度就是颗粒的平均沉降速度。如果在澄清设备的悬浮泥渣层中取一量筒水样,让其自然沉降,就可观察到这种拥挤沉降现象。沉降不久,就在量筒最上面出现一层清水,清水与浑水之间形成一个交界面,又称浑液面。如果研究某一时刻沉降高度中悬浮物浓度的变化,可以把整个高度分成四个区域,如图8－2所示。上层浓度最小,为清水区 $A$;浑液面以下有较长一段高度浓度是均匀的,为等浓度 $B$;在量筒底部有一段颗粒逐渐压实的区域,它的浓度比等浓度区大,称为浓缩区 $D$;在等浓度区和浓缩区之间有一个过渡区 $C$;随着沉淀时间的增长,浑液面往上移动,一直到等浓度区和过渡区完全消失,只剩下清水区和浓缩区。此后,浓缩区也逐渐减小,直到最后压实为止,得到最后压实浓度。这样研究固体颗粒在静水中的沉降规律就归结为研

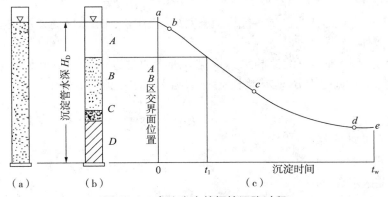

图 8－2　高浊度水的拥挤沉降过程

究浑液面随时间的下降规律了。

以浑液面的高度为纵坐标,以沉淀时间为横坐标,就可得到浑液面的下降曲线,如图8－2所示在沉降开始后不久,在b点就可以出现浑液面,ab段就是浑液面形成的过程,因为有凝聚现象,所以下降速度是逐渐增大的,因此ab段是向下凹的曲线。bc段是一条直线,与曲线ab在b点相切,浑液面等速下降一直到c点。cd段是一向上凹的曲线,表示浑液面下降速度逐渐减小。此时,等浓度区已消失,所以c点是沉降临界点。相应于c点以下的浓度都大于等浓度区的浓度。cd段表示等浓度区,是过渡区和压缩区重合的沉淀物的压实过程。随着沉降时间增长,最后压实到某一高度$h_0$。

拥挤沉降的速度一般可用式(8—9)表示为

$$v_C = \beta v_0 \tag{8—9}$$

式中,$v_c$——颗粒浓度为c时的沉降速度;

$v_0$——颗粒自由沉降速度;

$\beta$——干扰系数。

$\beta$主要为颗粒浓度的函数,可用式(8—10)表示为

$$\beta = f(c) \tag{8—10}$$

除了颗粒浓度影响沉降速度以外,颗粒密度、形状、水力条件等也会影响拥挤沉降的速度,因此很难用一个表达式表示$\beta$值,必须通过试验确定。试验条件不同,得出的$\beta$值表达式也不同,其中最简单的表达式为:

$$\beta = 10^{-kc} \tag{8—11}$$

$$v_c = 10^{-kc} v_0 \tag{8—12}$$

式中,$c$——悬浮颗粒体积浓度;

$k$——反应悬浮物特性的常数。

## 三、理想沉淀池的沉淀原理

所谓理想沉淀池指的是池中水流流速变化、沉淀颗粒分布状态符合以下三个基本假定:

(1)颗粒处于自由沉淀状态。即在沉淀过程中,颗粒间互不干扰,颗粒的大小、形状和密度不变。因此,颗粒的沉速始终不变;

(2)水流沿着水平方向等速流动。在过水断面上,各点流速相同,并在流动过程中流速始终不变;

(3)颗粒沉到池底即认为已被去除,不再返回水流中。到出水区尚未沉到池底的颗粒全部由出水带出池外。

图8－3表示平流理想沉淀池的水力情况。进水通过进口区沿整个断面均匀分配。设流量为Q、水深为H、宽度为B、池有效长度为L,则平均水平流速v等于

$$v = \frac{Q}{HB} \tag{8—13}$$

式中,$v$——水平流速,m/s;

$Q$——流量,$m^3/s$;

$H$——沉淀区水深,m;

$B$——断面的宽度,m。

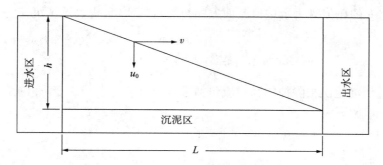

图 8－3　平流理想沉淀池示意图

水在沉淀池中的停留时间为

$$t = \frac{L}{v} \tag{8—14}$$

今若有一颗粒在随着水流运动的同时，以 $u_0$ 的速度下沉，当到达水平距离 $L$ 时，刚好下沉到池底。此时，颗粒的下沉速度等于

$$u_0 = \frac{H}{t} \tag{8—15}$$

由式（8—14）和式（8—15）得出

$$\frac{L}{v} = \frac{H}{u_0} \tag{8—16}$$

代入式（8—13）得

$$u_0 = \frac{Q}{LB} = \frac{Q}{A} \tag{8—17}$$

式中，$LB$ 为沉淀池的表面积，以 $A$ 表示。比值 $Q/A$ 称为沉淀池的表面负荷或溢流率，其单位一般为 $\mathrm{m^3/(m^2 \cdot d)}$。可见，表面负荷在数值上等于颗粒的沉降速度，亦即沉淀池的颗粒截留速度。实际上它反映了沉淀池所能全都去除的颗粒中的最小颗粒沉速。因为凡是沉速等于或大于沉降速度 $u_0$ 的颗粒都能全部被去除掉，而小于沉降速度 $u_0$ 的颗粒只能够去除一部分，这从图 8－4 中沉速为 $u$ 的颗粒沉降过程可以看出。由于假定颗粒在进口断面上是均匀分布的，沉速为 $u$ 的颗粒分布在 $h'$ 以上，由于来不及下沉到池底，不能被去除，而分布在 $h'$ 以下的颗粒则能被去除掉。

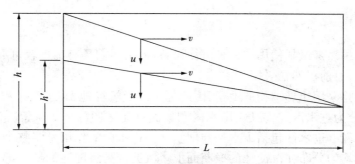

图 8－4　沉淀池中颗粒沉降过程

因此,$h'$ 与 $h$ 的比值既表示进口断面上颗粒数目的比值,也表示了沉速为 $u$ 的颗粒被去除的百分率 $e$,即

$$e = \frac{h'}{h} = \frac{ut}{u_0 t} = \frac{u}{u_0} \qquad (8—18)$$

由此可知,沉淀池所去除掉的颗粒应包括进水中沉速等于或大于 $u_0$ 的全部颗粒以及一部分沉速小于 $u_0$ 的颗粒。

以式(8—18)代入式(8—17),得到下式:

$$e = \frac{u}{Q/A} \qquad (8—19)$$

公式(8—19)反映了下列三问题:

(1)悬浮颗粒在理想沉淀池中的去除率只与沉淀池的表面负荷有关,而与其他因素如水深、池长、水平流速和沉淀时间均无关。这一理论早在1904年已由哈真(Hazen)提出。它对沉淀技术的发展起了不小的作用;

(2)当去除率一定时,颗粒沉速 $u$ 越大则表面负荷也越高,亦即产水量越大;或者当产水量和表面积不变时,$u$ 越大则去除率 $e$ 越高。颗粒沉速 $u$ 的大小与凝聚效果有关,所以生产上一般均重视混凝工艺;

(3)颗粒沉速 $u$ 一定时,增加沉淀池表面积可以提高去除率。当沉淀池容积一定时,池身浅些则表面积大些,可以在一定程度上提高去除率,此即"浅池理论"。斜板、斜管沉淀池的发展即基于此理论。

# 第二节  沉淀池

沉淀池的作用是使悬浮物颗粒从水中沉淀出来并排出池外,因此在沉淀池的前面必须设置混凝剂与水进行混合的混合设备和反应设备,完成胶体颗粒的脱稳、长大过程后,再进入沉淀池。沉淀池的池型也比较多,最常见的有两种:一种是平流式沉淀池,它是发展最早的一种沉淀设备;另一种是斜板斜管式沉淀池,它是在平流式沉淀池的基础上发展起来的一种新的池型。

## 一、平流式沉淀池

### (一)综述

平流沉淀池虽然是最早使用的一种沉淀设备,但由于它具有工作较可靠,适应水质变化能力较强等优点,目前仍然在采用。

平流沉淀池是采用矩形结构的池子,因此也称矩形沉淀池,其工作过程的模型见图8-5。整个池子可分为进水区、沉淀区、出水区和集泥排泥区四部分。从絮凝池来的水先进入沉淀池的进水区。进水区包括配水渠和配水孔。进水区的作用是将整个沉淀池的流量和其中所含颗粒物均匀分布在沉淀池的横断面上。沉淀区是沉淀池的核心部分。在整个沉淀区内假定下列条件成立:(1)水平流速皆为 $v$;(2)悬浮颗粒以它的沉速 $u$ 和 $v$ 的合成速度向下沉淀。在图8-5中已表示出在沉淀区起点的水面处,沉速为 $u_0$ 的颗粒下沉到底的轨迹。

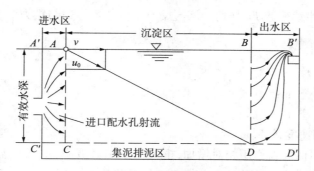

**图8-5 平流沉淀池工作模型**

这个 $u_0$ 直接决定了沉淀区长度与深度间的关系,也就间接决定了沉淀池的长度和深度,因为其他各区的尺寸变化不大。出水区指收集沉淀后清水的区域。沉淀水一般经集水堰进入集水渠后流到池外。由于整个沉淀区深度的水须向集水堰口收缩集中,所以需要一定长度,如图(8-5)中所示。沉泥区是为了收集从沉淀区沉下来的絮凝体而设的,这一区的深度和底部的构造根据沉淀池的排泥方法而定,排泥区的底也就是沉淀池的底。

用于混凝沉淀的平流沉淀池,其沉淀效率主要决定于前面的良好混凝过程和池子本身有利于沉淀的实际水流条件,这涉及许多因素。因此,要把沉淀池尺寸定得很精确,在理论上既难定义,在实际上也无必要。

对颗粒沉降过程产生不利条件的因素有:(1)断面流速偏离图8-5所示的沉淀池模型均匀分布;(2)水流流型不稳定,因而沉淀效率不稳定;(3)由于进水与池内水的温差或者悬浮固体浓度差所产生的异重流;(4)由于紊动以及池内机械设备的运动所产生的混合作用。

断面流速的分布以及紊动的程度与水流的雷诺数有关。

平流沉淀池的水流雷诺数可用下式计算:

$$Re = \frac{vR}{\nu} \tag{8—20}$$

式中,$v$——水平流速,m/s;

$R$——水力半径,m;

$\nu$——水的运动黏度,$m^2/s$。

在明渠流中,$Re < 500$ 时,水流即处于层流状态,$Re > 2000$ 时,水流处于紊流状态。平流沉淀池中水流的 $Re$ 一般为 $4000 \sim 20000$,属紊流状态。此时水流除水平流速外,尚有上、下、左、右的脉动分速,且伴有小的涡流体,这些情况都不利于颗粒的沉淀。但在一定程度上可使密度不同的水流能较好的混合,减弱分层流动现象。不过,在沉淀池中,通常要求降低雷诺数以利于颗粒的沉降。

水流对沉淀过程所产生的最大损害可能是异重流。当进入沉淀池的水温低于池内的水温时,由于其密度较大,便会沉到池子的下部流动,原来池子中的温度较高的水便浮在池子上部。这个现象称为异重流。反之,当进水的温度高时,则出现进水浮在池子上部的异重流。同样,由于池子进水和池内水由于所含悬浮固体浓度不同所产生的密度差,也会出现异重流。若池内水流流速相当高,异重流将和池中水流汇合,影响流态甚微。这样的沉淀池具有稳定的流态。若异重流在整个池内保持着,则具有不稳定的流态。

水流稳定性以弗劳德数 $Fr$ 判别。该值反应水流的惯性力与重力两者之间的对比：

$$Fr = \frac{v^2}{Rg} \qquad (8—21)$$

式中，$Fr$——弗劳德数；

$R$——水力半径，m；

$v$——水平流速，m/s；

$g$——重力加速度，$9.81m/s^2$。

$Fr$ 数增大，表明惯性力作用相对增加，重力作用相对减小，水流对温差、密度差异重流、风浪等影响的抵抗能力强，使沉淀池中的流态保持稳定。一般认为，平流沉淀池的 $Fr$ 数宜大于 $10^{-5}$。

在平流式沉淀池中，降低 $Re$ 和提高 $Fr$ 数的有效措施是减小水力半径 $R$ 值。池中纵向分格及斜板、斜管沉淀池都能达到上述目的。

在沉淀池中，增大水平流速，一方面提高 $Re$ 数而不利于沉淀，但另一方面却提高了 $Fr$ 数而加强了水的稳定性，从而提高沉淀效果。水平流速可以在很宽的范围里选用而不致对沉淀效果有明显的影响。沉淀池的水平流速宜为 10～25mm/s。

## （二）平流沉淀池的构造

平流沉淀池构造见图 8－6，由进水区、出水区、沉淀区、缓冲层、污泥区及排泥装置等组成。

进水区的作用是使水流均匀地分布在整个进水断面上，并尽量减少扰动。与絮凝池合建的沉淀池，一般设置穿孔花墙，水流通过穿孔墙，直接从絮凝池流入沉淀池，均布于整个断面上，见图 8－7。为防止絮凝体破碎，孔口流速不宜大于 0.1～0.2m/s；为保证穿孔墙的强度，洞口总面积也不易过大，穿孔墙的开孔率一般为断面面积的 6%～8%。配水孔末端顺水流方向一般做成喇叭孔。最上一排孔须经常淹没在水面下 12～15cm，以适应水位变动；最下一排孔应在沉淀池积泥高度以上 0.3～0.5m，以免冲起积泥。

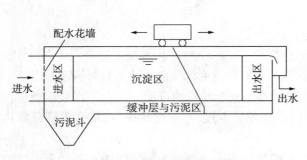

图 8－6　平流沉淀池构造示意图

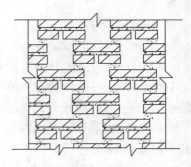

图 8－7　穿孔花墙

沉淀区的高度一般在 3.0～3.5m，并应尽可能的与前后相关净水构筑物相匹配，长度取决于水平流速和停留时间。沉淀区宽度取决于流量、池深和水平流速。停留时间一般取1.5～3.0h，长深比不小于 10，长宽比不小于 4。单格宽度或导流墙间距一般取 3～9m，最大为 15m。

平流沉淀池的出口应尽量达到以下要求:(1)尽可能收集上层清液;(2)在池宽方向上均匀集水;(3)减少因集水而造成的出水无效沉淀区的范围。

常用的平流式沉淀池的出水布置有:堰流式、锯齿堰式及孔口式等,见图8-8。

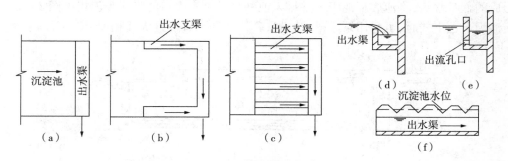

图8-8　平流沉淀池出水堰形式

为使堰流能达到均匀出水,要求堰顶以上的水深沿池宽保持一致。由于出水堰上的水深很小,而堰的出流量与堰上水深的1.5次方成正比,因而堰顶水平稍有差别,即会影响出水的均匀性,这就要求施工时保持足够的精度。

为了改进因堰负荷率过高而使出水挟带较多细小絮粒的情况,采用指形集水槽是较理想的布置。采用指型集水槽有以下两个优点:(1)指形渠增加了出水堰长度,降低了堰负荷率,从而减少了无效沉淀区的体积;(2)由于指形渠在一定的沉淀距离后即开始集水,此时一方面取得了池面已澄清的水,同时又使其后池内的水平流速降低,相应延长了部分水体的停留时间。

泥区的作用是贮存、浓缩和排除污泥。

排泥方法一般有净水压力排泥和机械排泥。

静水压力排泥是利用池内静水压力,将污泥排出池外。排泥装置由排泥管和集泥斗组成,见图8-9。为减少池深,也可采用多斗重力排泥,见图8-10。

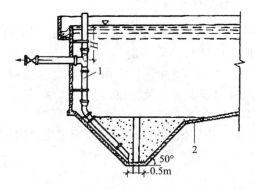

图8-9　沉淀池静水压力排泥
1—排泥管;2—集泥斗

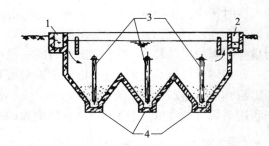

图8-10　多斗式平流沉淀池
1—进水槽;2—出水槽;3—排泥管;4—集泥斗

机械排泥装置有链带式刮泥车、桁车式刮泥车和吸泥机等。链带式刮泥机见图8-11。链带上装有刮板,沿池底缓慢移动,速度约为 1m/min,把沉泥缓缓推入泥斗中,当链带刮板转到水面时,又可将浮渣推向流出挡板处的浮渣槽。桁车式刮泥车小车沿池壁顶的轨道往复行走,使刮泥板将池底的沉泥刮入池末端的泥斗,通过静水压力或泵排出池外。吸泥机分为虹吸式吸泥机和泵吸式吸泥机。当沉淀池为地上式时,多用虹吸式吸泥机,利用沉淀池水位形成的虹吸水头,将池底积泥吸出并排入池外排泥渠。多口虹吸式吸泥机见图 8 – 12。当沉淀池为半地下式时,可采用泵吸排泥装置,其构造和布置与虹吸式相似,但用泥泵抽吸。

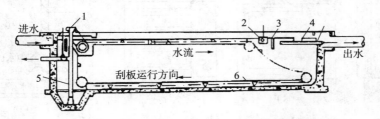

**图 8 – 11　设有链带式刮泥机的平流沉淀池**
1—集渣器驱动;2—浮渣槽;3—挡板;4—出水堰;5—排泥管;6—刮板

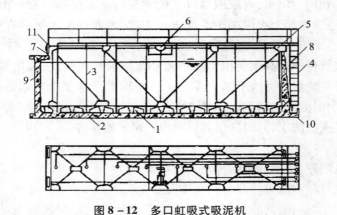

**图 8 – 12　多口虹吸式吸泥机**
1—刮泥板;2—吸口;3—吸泥管;4—排泥管;5—桁架;6—电机和传动机构;
7—轨道;8—梯子;9—池壁;10—排泥沟;11—滚轮

　　平流式沉淀池的主要设计指标为沉淀时间和表面负荷。当混凝沉淀时,平流式沉淀池的沉淀时间应根据原水水质、水温等,参照相似条件下的运行经验确定,一般为 $1.0 \sim 3.0h$。从理论上,表面负荷为决定理想沉淀池沉淀效果的唯一指标,实际设计中由于以沉淀时间作为指标积累的经验较多,多采用沉淀时间来设计,但要以表面负荷做校核,同时兼顾两者。

　　在具体设计沉淀池时,应考虑以下因素:(1)当原水水温较低时,絮凝效果和颗粒沉速受到影响,应选用较长的沉淀时间;(2)当因布置困难而选用较低水平流速时,由于沉淀池的体积利用系数可能降低,因而应当适宜的增加沉淀时间。

### (三)平流式沉淀池设计计算

①按截留速度计算沉淀尺寸

沉淀池面积 $A$:

$$A = \frac{Q}{3.6u_o} \tag{8—22}$$

式中,$A$——沉淀池面积,$m^2$;

$u_。$——截留速度,$mm/s$;

$Q$——设计水景,$m^3/h$。

沉淀池长度 $L$:

$$L = 3.6vT \tag{8—23}$$

式中,$L$——沉淀池长度,$m$;

$v$——水平流速,$mm/s$;

$T$——水流停留时间,$h$。

沉淀宽度 $B$:

$$B = \frac{A}{L} \tag{8—24}$$

沉淀池深度 $H$:

$$H = \frac{QT}{A} \tag{8—25}$$

式中,$H$——沉淀池有效水深,$m$;

其余符号同上。

②按停留时间 $T$ 计算沉淀池尺寸

沉淀池容积 $V$:

$$V = QT \tag{8—26}$$

式中,$V$——沉淀池容积,$m^3$;

$Q$——设计水量,$m^3/h$;

$T$——水流停留时间,$h$。

沉淀池面积 $A$:

$$A = \frac{V}{H} \tag{8—27}$$

式中,$A$——沉淀池面积,$m^2$;

$H$——沉淀池有效水深,一般取 $3.0 \sim 3.5m$。

沉淀池长度 $L$:

$$L = 3.6vT \tag{8—28}$$

沉淀池每格宽度(或导流墙间距)宜为 $3 \sim 8m$。用下式计算:

$$B = \frac{V}{LH} \tag{8—29}$$

③校核弗劳德数 $Fr$

控制 $Fr = 1 \times 10^{-4} \sim 1 \times 10^5$

④出水集水槽和放空管尺寸

出水通常采用指形槽集水,两边进水,槽宽 $0.2 \sim 0.4m$,间距 $1.2 \sim 1.8m$。

指形集水槽集水流入出水渠。集水槽、出水渠大多采用矩形断面,当集水槽底、出水渠底为平底时,其起端水深 $h$ 按下式计算:

$$h = \sqrt{3} \cdot \sqrt[3]{\frac{q^2}{gB^2}} \tag{8—30}$$

式中,$q$——集水槽、出水渠流量,$m^3/s$;

    $B$——槽(渠)宽度,m;

    $g$——重力加速度,$9.81m/s^2$。

沉淀池放空时间 $T$ 按变水头非恒定流盛水容器放空公式计算,并取外圆柱形管嘴流量系数 $\mu = 0.82$,按下式求出排泥、放空管管径 $d$:

$$d \approx \sqrt{\frac{0.7BLH^{0.5}}{T'}} \qquad (8-31)$$

式中,$T'$——沉淀池放空时间,s;

    其余符号同前。

## 二、斜板、斜管沉淀池

### (一)斜板、斜管沉淀池的特点

根据哈真浅池理论,在沉淀池有效体积一定的条件下,增加沉淀面积,可使颗粒去除率提高。根据这一理论,发展而形成的斜板斜管沉淀池,近年来已在水处理中得到广泛的应用。

按照斜板中泥水流动的方向,可分为上向流、同向流、侧向流三种形式。上向流斜板(管)沉淀池,因水流向上流动,污泥下滑,方向各异而得名。图 8-13 为上向流斜管沉淀池。

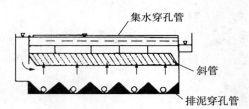

图 8-13 斜管沉淀池示意图

斜板(管)沉淀池倾角一般为 60°,最大可以做到 66°,长度通常采用 1~1.2m,板间距一般为一般为 50~150mm,目前也出现了间距为 15~25mm 的高效沉淀池,在一定程度上提高了沉淀效率及出水水质。斜管管径一般为 $\phi35~50mm$。板(管)材要求质轻、坚固、无毒、价廉。目前较多采用聚乙烯或聚丙烯材质。斜板(管)的水流断面国内常用的有正六边形、方形、矩形、平行板、波纹网眼型等,如图 8-14。

从改善沉淀池水力条件的角度来分析,由于斜板沉淀池水力半径大大减小,从而使雷诺数 $Re$ 大为降低,而弗劳德数 $Fr$ 则大为提高。斜管沉淀池的水力半径更小。一般讲,斜板沉淀池中的水流基本上属层流状态,而斜管沉淀池的 $Re$ 多在 200 以下,甚至低于 100。斜板沉淀池的 $Fr$ 数一般为 $10^{-3}~10^{-4}$。斜管的 $Fr$ 数将更大。因此,斜板斜管沉淀池满足了水流的稳定性和层流的要求。

斜板(管)沉淀池的基本设计理论与一般沉淀池设计理论并无大的差别,但其主要特点表现在:

(1)斜板、斜管沉淀池的沉降距离远小于平流沉淀池,因而获得同样效果所需沉淀时间也远小于平流沉淀池;

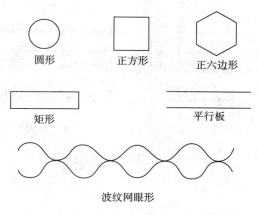

圆形　正方形　正六边形

矩形　平行板

波纹网眼形

图 8 – 14　斜板(管)断面形式

（2）单位池面的投影底板面积远高于平流式沉淀池,因而表面负荷率有较大提高;

（3）管内或板间水流的雷诺数一般均在临界雷诺数以下,因而水流属于层流,没有紊流的混合扩散影响。

## （二）斜板(管)沉淀池的设计

斜板(管)沉淀池设计要点:

（1）斜板(管)断面一般采用蜂窝六角形,其内径或边距 $d$ 一般采用 35 ~ 50mm,斜板间距一般采用 25 ~ 35mm;

（2）斜管长度一般为 800 ~ 1000mm,斜板一般为 1000 ~ 1200mm;

（3）斜板(管)的水平倾角 $\theta$ 常采用 60°;

（4）斜板(管)上部的清水区高度,不宜小于 1.0m,较高的清水区有助于出水均匀和减少日照影响及藻类繁殖;

（5）斜板(管)下部的布水区高度不宜小于 1.5m;

（6）积泥区高度应根据沉泥量、沉泥浓缩程度和排泥方式确定;

（7）斜板(管)沉淀池的出水系统应使池子的出水均匀,可采用穿孔管或穿孔集水槽等集水;

斜板(管)沉淀池的表面负荷 $q$ 是一个重要的技术经济参数,可表示为:

$$q = \frac{Q}{A} \tag{8—32}$$

式中,$Q$——流量,$\text{m}^3/\text{h}$;

　　$A$——沉淀池清水区表面积,$\text{m}^2$。

规范规定侧向流斜板沉淀池的液面负荷为 6 ~ 12$\text{m}^3/(\text{m}^2 \cdot \text{h})$,低温低浊水宜采用下限值。

计算示例:斜管沉淀池示例见图 8 – 15。

（1）已知条件:

①进水量:$Q = 15000\text{m}^3/\text{d} = 650\text{m}^3/\text{h} = 0.18\text{m}^3/\text{s}$

②颗粒沉降速度:$\mu = 0.35\text{mm/s}$

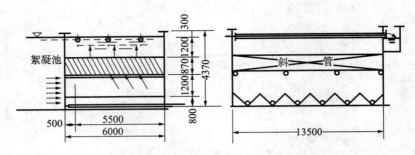

图 8 - 15 斜管沉淀沉淀池示意

（2）设计采用数据：

清水区上升流速：$v = 2.5 \text{mm/s}$

（3）清水区面积：$A = \dfrac{Q}{v} = \dfrac{0.18}{0.0025} = 72 \text{m}^2$

管内流速：$v_0 = \dfrac{v}{\sin\theta} = \dfrac{2.5}{\sin 60°} = 2.89 \text{mm/s}$

（4）池子高度

超高：0.30m

清水区：1.20m

布水区：1.20m

排泥斗高度：0.80m

斜管高度：0.87m

池子总高：$H = 0.3 + 1.2 + 1.2 + 0.8 + 0.87 = 4.37 \text{m}$

（5）管内雷诺数及沉淀时间复核

$$Re = \dfrac{Rv_0}{\nu}$$

水力半径：$R = \dfrac{d}{4} = \dfrac{30}{4} = 7.5 \text{mm}$

管内流速：$v_0 = 0.289 \text{cm/s}$

运动黏度：$\nu = 0.01 \text{cm}^2/\text{s}$（当 $t = 20℃$ 时），

$$Re = \dfrac{0.75 \times 0.289}{0.01} 21.68$$

沉淀时间：$T = \dfrac{l}{v_0} = \dfrac{1000}{2.89} = 346s = 5.77 \text{min}$

## 三、高密度沉淀池

DENSADEG 高密度沉淀池是一种新型的沉淀池，由混合絮凝区、推流区、沉淀区和污泥浓缩区及泥渣回流及排放系统组成。

高密度沉淀池的主要特点是：

（1）特殊的絮凝反应器设计；

（2）从絮凝区至沉淀区采用推流过渡；

（3）从沉淀区至絮凝区采用可控的外部泥渣回流；

（4）应用有机高分子絮凝剂；

（5）采用斜管沉淀布置。

高密度沉淀池的主要优点是采用污泥回流和投加高分子絮凝剂,使絮凝形成的絮体均匀和密集,因而具有较高的沉降速度。此外,沉淀池下部设置较大的浓缩区,使排放污泥的含固率可达 3% ~ 14%,减少了水厂自用水率,并有利于污泥的处理。

在给水处理中,高密度沉淀池可用于澄清和软化。当用作澄清时,斜管区的上升流速采用 20 ~ 30m/h。

# 第三节　澄清池

## 一、澄清池的工作原理

澄清池是利用在池中形成的泥渣层与原水中的杂质颗粒相互接触、吸附,以达到清水较快分离的净水构筑物。它是将絮凝和沉淀过程综合于一个构筑物中完成:一是完成水和药剂的混合、反应和絮凝体的成长过程;二是完成絮凝体的沉淀分离和排泥过程。因此澄清池同时起到以下几种作用:水的引入、药剂的加入、水和药剂的快速均匀混合、絮凝体生成与沉降、清水的均匀引出和排泥。

澄清池形式很多,但都有一个共同特点,就是利用接触絮凝的原理去除水中的胶体颗粒。一般来讲,原水中的悬浮颗粒浓度越高,颗粒料径的尺度相差越大,混凝的效果越好。

澄清池主要是靠在运行过程中形成的悬浮泥渣层达到澄清目的。悬浮泥渣层是指投加混凝剂的原水通过搅拌或配水方式生成微絮凝体,这些微絮凝体在上升水流的作用下处于悬浮状态,随着水流的不断通过,处于动态平衡的絮凝体逐渐增多,当达到一定量时,就形成一个悬浮泥渣层,当水中的杂质颗粒随水流与泥渣层接触时,便被泥渣层截留下来,清水在澄清池上通过集水槽进入后续处理构筑物。

悬浮泥渣层在运行过程中主要起到对水中胶体颗粒的吸附作用和晶核(悬浮泥渣层的颗粒可做为结晶的核心)等作用。一般情况下,悬浮泥渣层中的颗粒浓度越大,颗粒之间的水流速度越大,混凝效果就越好,悬浮泥渣层对保证出水水质起到了决定性的作用,另外澄清池通过排泥,能不断排除多余的陈旧泥渣,其排泥量相当于新形成的活性泥渣量,故泥渣层始终处于新陈代谢状态中,泥渣层始终保持接触絮凝的活性。

## 二、澄清池的分类

澄清池一般按照接触絮凝絮粒形成的方式可分为泥渣循环型和泥渣悬浮型两种形式。泥渣循环型澄清池中,投加了混凝剂的原水在第一反应室中由异向絮凝所产生的新微絮凝颗粒并不是泥渣循环中的主要方面,而是主要研究新生的微絮凝颗粒和在第二反应室呈悬浮状态的高浓度的原有大絮体颗粒之间的接触吸附机会的大小。泥渣悬浮型澄清池中,投加混凝剂的原水通过混合后生成微絮凝体,然后随着上升水流自下而上地通过悬浮泥渣层而吸附、结合,迅速生成粗絮凝颗粒,由于悬浮泥渣层是处于近似静止的悬浮状态,从整体而言,和滤层所起的作用类似,因此也叫泥渣过滤型澄清池。泥渣循环可根据抽升的方式不同又分为机械搅拌澄清池和水力循环澄清池。泥渣悬浮型澄清池常用的有悬浮澄清池和脉冲澄清池两种。

## (一)机械搅拌澄清池

械搅拌澄清池主要是利用机械搅拌的提升作用来完成泥渣回流和接触反应,由第一反应室、第二反应室和分离室三部分组成,并布置有进出水系统、排泥系统、搅拌及调流系统以及其他辅助设备,如加药管、取样管等。结构示意图如8－16所示,原水经加药混合后由进水管进入三角形配水槽,经槽孔流入第一反应室内,与几倍于原水的循环泥渣通过搅拌桨板进行混合。然后经过搅拌机叶轮的搅拌和提升,混合后的水进入第二反应室,在此反应室内形成较大的絮凝颗粒。在分离室内流速降低,泥渣与水很快地分离,清水进入集水系统,泥渣回流至第一反应室继续参与反应。

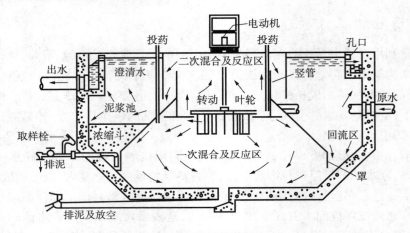

图 8－16　机械搅拌澄清池

由于运行一段时间后,池中的泥渣浓度逐渐增加,因此必须排出多余的泥渣,多余的泥渣由污泥浓缩室及池底排泥管组成的排泥系统排出池外。泥渣的循环和搅拌由搅拌机带动,桨板起到了搅拌作用,上部的叶轮则起到了提升的作用。在设计过程中,为了提高机械搅拌澄清池对原水水质和水量的适应能力,搅拌设备宜采用无线变速电动机驱动,以调整搅拌桨板的转速和泥渣的循环量。

在机械搅拌澄清池中由于有大量高浓度的回流泥渣与原水中杂质颗粒相接触,增加了碰撞机会,因此絮凝效果好。而且泥渣回流量还可根据实际情况进行调整,所以机械搅拌澄清池对原水的水量、水质和水温的变化适应性较强,不足的是需要一套机械设备并增加了维修工作。

主要设计参数如下:

(1)水在澄清池内的总停留时间一般为 1.2～1.5h,第一反应室和第二反应室的停留时间一般控制在 20～30min;

(2)清水区上升流速一般采用 0.8～1.1mm/s,当处理低温低浊水时可采用 0.7～0.9mm/s;

(3)二反应室的计算流量一般为出水量的 3～5 倍;

(4)清水区的高度为 1.5～2.0m;

（5）原水进水管的管中流速一般在 1m/s 左右。进水管进入环形配水槽后向两侧环流配水，故三角配水槽的断面应按设计流量的一半确定。配水槽和缝隙的流速均采用 0.4m/s 左右；

（6）泥渣浓缩室的容积大小影响排出泥渣的浓度和排泥间隔的时间。根据澄清池的大小，可设浓缩室 1～4 个、其容积约为澄清池容积的 1%～4%。当原水浊度较高时，应选用较大容积。

### （二）水力循环澄清池

水力循环澄清池的工作原理和机械搅拌澄清池基本相同，不同的主要是不用机械而是利用水力在水射器的作用下进行混合达到泥渣循环回流的目的。水力循环澄清池通过水力提升器的喷嘴造成高速射流在喷嘴外围形成负压而将数倍于进水量的活性泥渣吸入喉管，使原水、混凝剂和活性泥渣在水力提升器的喷管中，进行充分快速均匀地混合，并增加悬浮颗粒间的碰撞机会，有效提高了接触效果。分离后的清水经集水系统流出，多余的泥渣经污泥斗浓缩后排出池外，以保持泥中最佳泥渣浓度。水力循环澄清池的结构简图如图 8－17 所示。

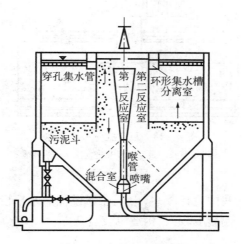

图 8－17　水力循环澄清池

水力循环澄清池依靠水力提升，不需要机械设备，结构简单，但泥渣回流量难以控制，且因絮凝室容积较小，絮凝时间较短，回流泥渣接触絮凝作用的发挥受到影响。故水力循环澄清池处理效果较机械加速澄清池差，耗药量较大，对原水水量、水质和水温的变化适应性较差。且因池子直径和高度有一定比例，直径越大，高度也越大，故水力循环澄清池一般适用于中、小型水厂。

设计要点：

（1）总停留时间为 1～1.5h。第一反应室为 15～30s，第二反应室为 80～100s；

（2）设计回流水量一般为进水量的 2～4 倍；

（3）清水区上升流速一般采用 0.7～1.0mm/s；

（4）进水悬浮物含量一般小于 1000mg/L，短时间内允许 2000mg/L。

## (三)脉冲澄清池

脉冲澄清池主要是利用脉冲发生器,将进入池子的原水,脉动地放入池底配水系统,在配水管的孔口以高速喷出,并激烈地撞在人字稳流板上,使原水与混凝剂在配水管与稳流板之间的狭窄空间中,以极短的时间进行充分地混合和初步反应而形成絮凝体颗粒。然后通过稳流板缝隙整流后,以缓慢速度垂直上升,在上升过程中絮粒则进一步凝聚,逐渐变大变重而趋于下沉,但因上升水流的作用而被托住,形成了悬浮泥渣层。当上升流速小时,泥渣悬浮层收缩、浓度增大而使颗粒排列紧密;当上升流速大时,泥渣悬浮层膨胀。悬浮层不断产生周期性的收缩和膨胀不仅有利于微絮凝颗粒与活性泥渣进行接触絮凝,还可以使悬浮层的浓度分布在全池内趋于均匀并防止颗粒在池底沉积。原水上升通过悬浮泥渣层时胶体颗粒被泥渣层吸附,清水则向上汇集于集水系统而出流,过剩的泥渣则经浓缩室浓缩后排出池外。脉冲澄清池结构如图8-18所示。

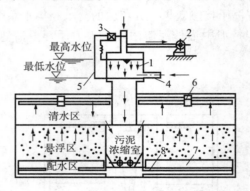

**图8-18 真空式脉冲澄清池**
1—进水室;2—真空泵;3—进气阀;4—进水管;
5—水位电极;6—集水槽;7—稳流板;8—配水管

脉冲澄清池在70年代我国设计较多,但现在新设计的水厂已经用得不多,主要原因是处理效果受水量、水质和水温影响较大,构造也较复杂。

设计要点:

(1)清水区的液面负荷,可采用2.5~3.2$m^3/(m^2 \cdot h)$;

(2)脉冲澄清池进水悬浮物含量一般小于1000mg/L;

(3)池中总停留时间一般为1.0~1.3h;

(4)清水区的平均上升流速一般采用0.7~1.0mm/s;

(5)脉冲澄清池总高度一般为4~5m,悬浮层高度1.5~2.0m,清水区高度1.5~2.0m;

(6)脉冲周期可采用30~40s,充放时间比为3:1~4:1。

## (四)悬浮澄清池

在悬浮澄清池运行过程中,加药后的原水首先经过空气分离器分离出水中空气,再通过底部穿孔配水管进入悬浮泥渣层,水中的杂质颗粒和池内的悬浮泥渣层中的泥渣进行接触絮凝,使细小的絮体颗粒相互碰撞聚集,清水能过集水系统流入后续处理构筑物,多余的泥渣经排泥孔进入浓缩室,经底部的穿排泥管排出池外。悬浮澄清池如图8-19所示。

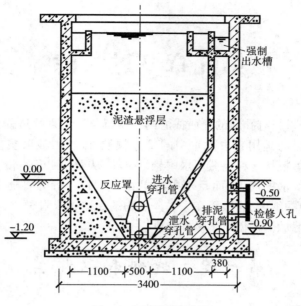

图 8 – 19　悬浮澄清池

　　悬浮澄清池一般用于小型水厂。由于处理效果受水质、水量等变化影响较大,目前在工程中应用很少。

# 第九章 过 滤

水中悬浮颗粒经过具有孔隙的介质或滤网被截留分离出来的过程称为过滤。在常规水处理过程中,过滤的目的是用来去除水中的悬浮颗粒,以获得浊度更低的水。在给水处理中,一般是以石英砂等粒状滤料层截留水中悬浮颗粒,从而使水获得澄清的工艺过程。过滤的功效,不仅在于降低水的浊度,而且水中有机物、细菌、病毒等将随水的浊度降低而被去除。残留于滤后水中的细菌、病毒等在失去浑浊物的保护或依附时,在滤后消毒过程中也将容易被杀灭,这就为滤后消毒创造了良好条件。

## 第一节 滤料和承托层

### 一、滤料

给水处理所用的颗粒状滤料,应满足以下基本要求:

(1)具有足够的机械强度,以防反冲洗时滤料的相互碰撞磨擦而产生滤料的磨损和破碎现象,增加滤料的损耗;

(2)具有较好的化学稳定性。滤料应不增加水中杂质含量,不与水产生化学反应而恶化水质污染;

(3)具有一定的颗粒级配和适当的孔隙率;

(4)就地取材,货源充沛,价格便宜。

在生产中使用的颗粒状滤料有石英砂、无烟煤、石榴石、大理石、磁铁矿、陶粒和聚苯乙烯等。其中,石英砂因货源充足、价廉、具有足够的机械强度,是使用最广泛的滤料。无烟煤、石榴石、磁铁矿等经常用在双层和多层滤料中。聚苯乙烯及陶粒属于轻质滤料。

滤料粒径级配是指滤料粒径大小不同的各种粒径颗粒所占的重量比例。颗粒级配和粗细程度,常用筛分的方法进行测定。粒径是指正好可通过某一筛孔的孔径。粒径级配一般采用以下两种表示方法:

①有效粒径和不均匀系数法:以滤料有效粒径 $d_{10}$ 和不均匀系数 $K_{80}$ 表示滤料粒径级配。

$$K_{80} = \frac{d_{80}}{d_{10}} \tag{9—1}$$

式中,$d_{10}$——通过滤料重量 10% 的筛孔孔径,mm;

$d_{80}$——通过滤料重量 80% 的筛孔孔径,mm。

其中 $d_{10}$ 反映滤料中细颗粒尺寸;$d_{80}$ 反映滤料中粗颗粒尺寸。$K_{80}$ 越大,表示粗细颗粒尺寸相差越大,颗粒越不均匀,这对过滤相冲洗不利。因为 $K_{80}$ 较大时,过滤时滤层含污能力减小;反冲洗时,为满足粗颗粒膨胀要求,细颗粒可能被冲出滤池,若为满足细颗粒膨胀要求,粗颗粒将得不到很好清洗。如果 $K_{80}$ 越接近于1,滤料越均匀,过滤和反冲洗效果越好,但滤料价格提高。

②最大粒径、最小粒径和不均匀系数法：采用最大粒径 $d_{max}$、最小粒径 $d_{min}$ 和不均匀系数 $K_{80}$ 来控制滤料粒径分布。

滤料筛选方法采用有效粒径法筛选滤料，可作筛分析实验。对滤料的筛分试验方法如下：

①称取天然河砂若干，放在烘箱中于 $(105 \pm 5)℃$ 下烘干至恒量，待冷却至室温后称取 100g；

②将 100g 干砂倒入按孔径大小从上到下组合的套筛上，置套筛于摇筛机上筛 10min，取下后逐个用手筛，筛至每分钟通过量小于试样总量的 0.1% 为止。通过的颗粒并入下一号筛中，顺序过筛，直至各号筛全部筛完；

③最后称出留在各个筛子上的砂量，填入表 9-1，并据表绘成图 9-1 的曲线。从筛分曲线上，求得 $d_{10} = 0.4mm$，$d_{80} = 1.34$，因此 $K_{80} = 1.34/0.4 = 3.37$。

表 9-1 筛分试验记录

| 筛孔/mm | 留在筛上的砂量 | | 通过该号筛的砂量 | |
|---|---|---|---|---|
| | 质量/g | 砂量/% | 质量/g | 砂量/% |
| 2.362 | 0.1 | 0.1 | 99.9 | 99.9 |
| 1.651 | 9.3 | 9.3 | 90.6 | 90.6 |
| 0.991 | 21.7 | 21.7 | 68.9 | 68.9 |
| 0.589 | 46.6 | 46.6 | 22.3 | 22.3 |
| 0.246 | 20.6 | 20.6 | 1.7 | 1.7 |
| 0.208 | 1.5 | 1.5 | 0.2 | 0.2 |
| 筛底盘 | 0.2 | 0.2 | — | — |
| 合 计 | 100.0 | 100.0% | | |

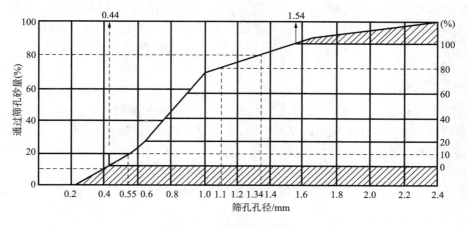

图 9-1 滤料筛分典型线

上述河砂不均匀系数较大。设根据设计要求：$d_{10} = 0.55mm$，$K_{80} = 2.0$，则 $d_{80} = 2 \times 0.55$

=1.1mm。按此要求筛选滤料,方法如下:

自横坐标0.55mm和1.1mm两点,分别作垂线与筛分曲线相交。自两交点作平行线与右边纵坐标轴相交,并以此交点作为10%和80%,在10%和80%之间分成7等分,则每等分为10%的砂量,以此向上下两端延伸,即得0和100%之点,如图9-1右侧纵坐标所示,以此作为新坐标。再自新坐标原点和100%作平行线与筛分曲线相交,在此两点以内即为所选滤料,余下部分应全部筛除。由图知,大粒径($d > 1.54$mm)颗粒约筛除13%,小粒径($d < 0.44$mm)颗粒约筛除13%,共筛除26%左右。

滤料孔隙率的测定方法:取一定量的滤料,在105℃下烘干称重,并用比重瓶测出密度。然后放入过滤筒中,用清水过滤一段时间后,量出滤层体积,按下式可求山滤料孔隙率$m$:

$$m = 1 - \frac{G}{\rho V} \tag{9—2}$$

式中,$G$——烘干的砂重,g;

$\rho$——烘干的砂重,g/cm$^3$;

$V$——滤层体积,cm$^3$。

滤料层孔隙率与滤料颗粒形状、均匀程度以及压实程度等有关。均匀粒径和不规则形状的滤料,孔隙率大。一般所用石英砂滤料孔隙率在0.42左右。

在选择双层或多层滤料级配时,应考虑两个问题:一是如何预示不同种类滤料的相互混杂程度;二是滤料混杂对过滤有何影响。

以煤-砂双层滤料为例。铺设滤料时,粒径小、密度大的砂粒位于滤层下部;粒径大、密度小的煤粒位于滤层上部。但在反冲洗以后,就有可能出现3种情况:一是分层正常,即上层为煤,下层为砂;二是煤砂相互混杂,可能部分混杂(在煤-砂交界面上),也可能完全混杂;三是煤、砂分层颠倒,即上层为砂、下层为煤。这3种情况的出现,主要决定于煤、砂的密度差、粒径差及煤和砂的粒径级配、滤料形状、水温及反冲洗强度等因素。

滤料混杂对过滤的影响存在不同的观点,一种意见认为,煤-砂交界面上适度混杂、可避免交界面上积聚过多杂质而使水头损失增加较快,故适度混杂是有益的;另一种意见认为煤-砂交界面不应有混杂现象。因为煤层起截留大量杂质作用,砂层则起精滤作用,而界面分层清晰,起始水头损失将较小。但在实际工程中,煤-砂交界面上不同程度的混杂是很难避免的。

## 二、承托层

承托层的作用,主要是防止滤料从配水系统中流失,同时对均布冲洗水也有一定作用。单层或双层滤料滤池采用大阻力配水系统时,承托层采用天然卵石或砾石。三层滤料滤池,由于下层滤料粒径小而重度大,承托层必须与之相适应,上层应采用重质矿石。

# 第二节　普通快滤池

最早出现的用于水处理的过滤设备是慢滤池,能有效地去除水的色、臭和味。但由于慢滤池占地面积大、操作麻烦、寒冷季节时其表层容易冰冻,在城镇水厂中使用的慢滤池逐渐被快滤池所代替。

## 一、普通快滤池的主要构造

普通快滤池的设施组成见图 9－2,主要由以下几个部分组成:

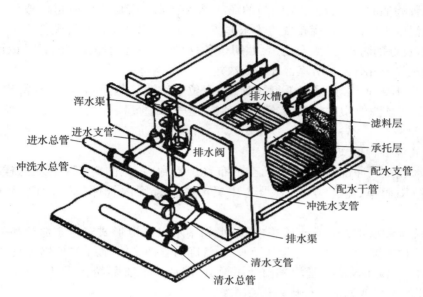

图 9－2 普通快滤料滤池构造

(1)滤池本体,它主要包括进水管渠、排水槽、过滤介质(滤料层),过滤介质承托层(垫料层)和配(排)水系统;

(2)管廊,它主要设置有五种管(渠),即浑水进水管、清水出水管、冲洗进水管、冲洗排水管及初滤排水管,以及阀门、一次监测表设施等;

(3)冲洗设施,它包括冲洗水泵、水塔及辅助冲洗设施等;

(4)控制室,它是值班人员进行操作管理和巡视的工作现场,室内设有控制台、取样器及二次监测指示仪表等。

## 二、普通快速滤池的设计要点和主要参数

(1)滤池数量的布置不得少于 2 个,滤池个数少于 5 个时宜采用单行排列,反之可用双行排列,单个滤池面积大于 $50m^2$ 时,管廊中可设置中央集水渠。

(2)单个滤池的面积一般不大于 $100m^2$,长宽比大多数在 $1.25:1 \sim 1.5:1$,小于 $30m^2$ 时可用 $1:1$,当采用旋转式表面冲洗时可采用 $1:1$、$2:1$、$3:1$。

(3)滤池的设计工作周期一般在 $12 \sim 24h$,单层、双层滤料滤池冲洗前的水头损失一般为 $2.0 \sim 2.5m$;三层滤料滤池冲洗前水头损失一般为 $2.0 \sim 3.0m$。

(4)对于单层石英砂滤料滤池,饮用水的设计滤速一般采用 $7 \sim 9m/h$,煤砂双层滤层的设计滤速在 $9 \sim 12m/h$。

(5)滤层表面以上的水深,一般为 $1.5 \sim 2.0m$,滤池的超高一般采用 $0.3m$。

(6)单层滤料过滤的冲洗强度一般采用 $12 \sim 15L/(m^2 \cdot s)$,双层滤料过滤冲洗强度在 $13 \sim 16L/(m^2 \cdot s)$。

（7）单层滤料过滤的冲洗时间在 7～5min，双层滤料过滤冲洗时间在 8～6min。

### 三、管廊布置

集中布置滤池的管渠、配件及阀门的场所称为管廊。管廊中的管道一般用金属材料。也可用钢筋混凝土渠道。管廊布置应力求紧凑、简捷；要留有设备及管配件安装、维修的必要空间；要有良好的防水、排水及通风、照明设备；要便于与滤池操作室联系。设计中，往往根据具体情况提出几种布置方案经比较后决定。

滤池数少于 5 个者，宜采用单行排列，管廊位于滤池一例。超过 5 个者，宜用双行排列，管廊位于两排滤池中间。后者布置较紧凑，但管廊通风、采光不如前者，检修也不太方便。

管廊布置有多种形式：

（1）进水、清水、冲洗水和排水渠，全部布置于管廊内，见图 9－3（a）。这样布置的优点是，渠道结构简单，施工方便，管渠集中紧凑。但管廊内管件较多，通行和检修不太方便；

（2）冲洗水和清水渠布置于管廊内，进水和排水以渠道形式布置于滤池另一侧，见图 9－3（b）。这种布置，可节省金属管件及阀门；管廊内管件简单；施工和检修方便；造价稍高；

（3）进水、冲洗水及清水管均采用金属管道，排水渠单独设置，见图 9－3（c）。这种布置，通常用于小水厂或滤池单行排列；

（4）对于较大型滤池，为节约阀门，可以虹吸管代替排水和进水支管；冲洗水管和清水管仍用阀门，见图 9－3（d）。虹吸管通水或断水以真空系统控制。

### 四、管渠设计流速

快滤池管渠断面应按下列流速确定。若考虑到今后发展，流速宜取低限。

| | |
|---|---|
| 进水管（渠） | 0.8～1.2m/s |
| 清水管（渠） | 1.0～1.5m/s |
| 冲洗水管（渠） | 2.0～2.5m/s |
| 排水管（渠） | 1.0～1.5m/s |

### 五、普通快速滤池在建造设计中注意的问题

普通快滤池在建造设计中应注意的问题如下：

（1）配水系统干管末端应装有排气管；

（2）滤池底部应设有排空管；

（3）滤池闸阀的起闭一般采用水力或电力，但当池数少时且阀门直径等于小于 300mm 时，也可采用手动；

（4）每个池应装上水头损失计和取样设备；

（5）池内与滤料接触的壁面应拉毛，以避免短流造成出水水质不好；

（6）池底坡度约为 0.005，坡向排空；

（7）各种密封渠道上应设人孔，以便检修；

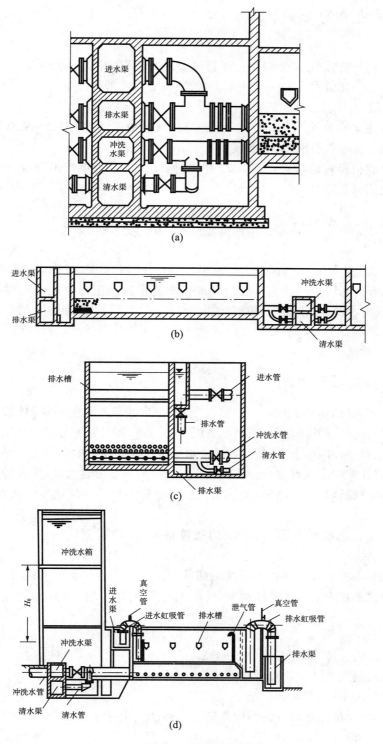

图 9-3 普通快滤池管廊布置

### 六、普通快速滤池的优缺点

**1. 单层滤料**

优点:(1)运行管理可靠,有成熟的运行经验;(2)池深较浅。

缺点:(1)阀门比较多;(2)一般大阻力冲洗,需要设有冲洗设备。

**2. 双层滤料**

优点:(1)滤速比单层的高;(2)含污能力较大(为单层滤料的 1.5 ~ 2.0 倍),工作周期较长;(3)无烟煤做滤料易取得,成本低。

缺点:(1)滤料径粒选择较严格;(2)冲洗时要求高,常因煤粒不符合规格发生跑煤现象;(3)煤砂之间易积泥。

# 第三节 滤层的反冲洗

滤层反冲洗是为恢复滤池正常工作所采用的操作过程。滤池工作一段时间后,由于被截留的污染物穿透滤层,使水质急剧变坏,或由于滤层过滤阻力增大至超过最大允许的阻力,需要利用反向水流(自上而下)对过滤层进行冲洗,从而使滤层再生,滤池重新开始正常工作。快滤池冲洗方法有以下几种:(1)高速水流反冲洗;(2)气、水反冲洗;(3)表面辅助冲洗、高速水流反冲洗。

## 一、高速水流反冲洗

利用流速较大(过滤、滤速的 4 ~ 5 倍以上)的反向水流冲洗滤料层,使整个滤层达到流态化状态,且具有一定的膨胀度。截留于滤层中的污物,在水流剪力和滤料颗粒碰撞摩擦双重作用下,从滤料表面脱落下来,然后被冲洗水带出滤池。冲洗效果决定于冲洗流速。冲洗流速过小,滤层孔隙中水流剪力小;冲洗流速过大,滤层膨胀度过大,滤层孔隙中水流剪力也会降低,且由于滤料颗粒过于离散,碰撞摩擦机率也减小。故冲洗流速过大或过小,冲洗效果均会降低。

高速反冲洗方法操作方便,池子结构和设备简单,是当前我国广泛采用的一种冲洗方法。

(1)反冲洗强度、滤层膨胀度和冲洗时间

经滤层单位面积上流过的反冲洗水量,称为反冲洗强度,用下式表示:

$$q = \frac{Q}{A} \tag{9—3}$$

式中,$q$——滤层的反冲洗强度,L/(m$^2$·s);

$\quad Q$——滤层的反冲洗水流量,L/s;

$\quad A$——滤层的平面面积,m$^2$。

反冲洗时,滤层膨胀后增加的厚度与膨胀前厚度之比,称滤层膨胀率,用公式表示:

$$e = \frac{L - L_0}{L_0} \times 100\% \tag{9—4}$$

式中,$e$——滤层膨胀率,%;

$L_0$——滤层膨胀前厚度,cm 或 m;

$L$——滤层膨胀后厚度,cm 或 m。

当冲洗强度或滤层膨胀度符合要求但若冲洗时间不足时,也不能充分地清洗掉包裹在滤料表面上的污泥,同时,冲洗废水也排除不尽而导致污泥重返滤层。如此长期下去,滤层表面将形成泥膜。因此,必要的冲洗时间应当保证。

(2)反冲洗强度的确定和非均匀滤料膨胀度的计算

反冲洗强度的确定

对于非均匀滤料,在一定冲洗流速下,粒径小的滤料膨胀度大,粒径大的滤料膨胀度小。因此,要同时满足粗、细滤料膨胀度要求是不可能的。鉴于上层滤料截留污物较多,宜尽量满足上层滤料膨胀度要求,即膨胀度不宜过大。实践证明,下层粒径最大的滤料,也必须达到最小流态化程度,即刚刚开始膨胀,才能获得较好的冲洗效果。因此,设计或操作中,可以最粗滤料刚开始膨胀作为确定冲洗强度的依据。如果由此而导致上层细滤料膨胀度过大甚至引起滤料流失,滤料级配应加以调整。

考虑到其他影响因素,设计冲洗强度可按下式确定:

$$q = 10kv_{mf} \tag{9—5}$$

式中,$q$——冲洗强度,$L/(m^2 \cdot s)$;

$v_{mf}$——最大粒径滤料的最小流态化流速,cm/s;

$k$——安全系数。

式中 $k$ 值主要决定于滤料粒径均匀程度,一般取 $k = 1.1 \sim 1.3$。滤料粒径不均匀程度较大者,$k$ 值宜取低限,否则冲洗强度过大引起上层细滤料膨胀度过大甚至被冲出滤池;反之则取高限。

## 二、气、水反冲洗

高速水流反冲洗虽然操作方便,池子和设备较简单,但冲洗耗水量大,冲洗结束后,滤料上细下粗分层明显。采用气、水反冲洗方法既提高冲洗效果,又节省冲洗水量。同时,冲洗时滤层不一定需要膨胀或仅有轻微膨胀,冲洗结束后,滤层不产生或不明显产生上细下粗分层现象,即保持原来滤层结构,从而提高滤层含污能力。但气、水反冲洗需增加气冲设备(鼓风机或空气压缩机和储气罐),池子结构及冲洗操作也较复杂。

气、水反冲效果在于:利用上升空气气泡的振动可有效地将附着于滤料表面污物擦洗下来使之悬浮于水中,然后再用水反冲把污物排出池外。因为气泡能有效地使滤料表面污物破碎、脱落,故水冲强度可降低,即可采用所谓"低速反冲"。气、水反冲操作方式有以下几种:

(1)先用空气高速冲洗,然后再用水中速冲洗;

(2)先用气–水同时反冲,然后再用水反冲;

(3)先用空气反冲,然后用气–水同时反冲,最后再用水反冲(或漂洗)。

## 三、配水系统

配水系统的作用在于使冲洗水在整个滤池面积上均匀分布。配水均匀性对冲洗效果影响很大。配水不均匀,部分滤层膨胀不足,而部分滤层膨胀过甚,甚至会导致局部承托层发生移动,造成漏砂现象。

配水系统有"大阻力配水系统"和"小阻力配水系统"两种基本形式,还有中阻力配水系统。

(1)大阻力配水系统

快滤池中常用的是"穿孔管大阻力配水系统",见图9-4。中间是一根干管或干渠,干管两侧接出若干根相互平行的支管。支管下方开两排小孔,与中心线成45°角交错排列,见图9-5。冲洗时,水流自干管起端进入后,流入各支管,由支管孔口流出,再经承托层和滤料层流入排水槽。

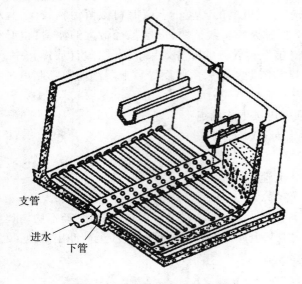
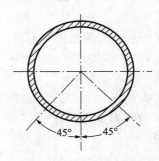

图9-4　穿孔管大阻力配水系统　　　　图9-5　穿孔支管孔口位置

大阻力配水系统设计要求如下:

①配水干管(渠)进口处的流速取1.0~1.5m/s,配水支管进口处的流速取1.5~2.0m/s、配水支管孔眼出口流速取6m/s。

②孔口总面积与滤池面积之比称"开孔比",其值按下式计算:

$$\alpha = \frac{f}{F} \times 100\% = \frac{Q/v}{Q/q} \times \frac{1}{1000} \times 100\% = \frac{q}{1000} \times 100\% \tag{9—6}$$

式中,$\alpha$——配水系统开孔比,%;

$Q$——冲洗流量,$m^3/s$;

$q$——滤池的反冲洗强度,$L/(m^2 \cdot s)$;

$v$——孔口流速,$m/s$。

对普通快滤池,若取$v = 5 \sim 6m/s$,$q = 12 \sim 15L/(m^2 \cdot s)$,则$\alpha = 0.2\% \sim 0.25\%$。

③支管中心间距约0.2~0.3m,支管长度与直径之比一般不大于60;

④孔口直径取9~12mm。当干管直径大于300mm时,干管顶部也应开孔布水,孔口上方设置挡板。

(2)小阻力配水系统

大阻力配水系统的优点是配水均匀性较好。但结构较复杂;孔口水头损失大,冲洗时动力消耗大;管道易结垢,增加检修困难。此外,对冲洗水头有限的虹吸滤池和无阀滤池,大阻力配水系统不能采用。小阻力配水系统可克服上述缺点。

小阻力和中阻力配水系统不采用穿孔管系,而是采用穿孔滤板、滤砖和滤头等。

钢筋混凝土穿孔滤板　在钢筋混凝土板上开圆孔或条式缝隙。板上铺设一层或两层尼龙网。板上开孔比和尼龙孔网眼尺寸不尽一致、视滤料粒径、滤池面积等具体情况决定。这种配水系统造价较低,孔口不易堵塞,配水均匀性较好,强度高,耐腐蚀。但必须注意尼龙网接缝应搭接好,且沿滤池四周应压牢,以免尼龙网被拉开。尼龙网上可适当铺设一些卵石。

穿孔滤砖　滤砖构造分上下2层连成整体,铺设时,各砖的下层相互连通。起到配水渠的作用;上层各砖单独配水,用板分隔互不相通。实际上是将滤池分成象一块滤砖大小的许多小格。上层配水孔均匀布置,水流阻力基本接近,这样保证了滤池的均匀冲洗。穿孔滤砖的上下层为整体,反冲池水的上托力能自行平衡,不致使滤砖浮起,因此所需的承托层厚度不大,只需防止滤料落入配水孔即可,从而降低了滤池的高度。二次配水穿孔滤砖配水均匀性较好,但价格较高。

滤头　滤头由具有缝隙的滤帽和滤柄(具有外螺纹的直管)组成。短柄滤头用于单独水冲滤池,长柄滤头用于气水反冲洗滤池。

## 四、冲洗废水的排除

滤池冲洗废水由冲洗排水槽和废水渠排出。在过滤时,它们往往也是分布待滤水的设备。

冲洗时,废水由冲洗排水槽两侧溢入槽内,各条槽内的废水汇集到废水渠,再由废水渠末端排水竖管排入下水道。

(1)冲洗排水槽

为达到及时均匀地排出废水,冲洗排水槽设计必须符合以下要求:

①冲洗废水应自由跌落入冲洗排水槽。槽内水面以上一般要有7cm左右的保护高,以免槽内水面和滤池水面连成一片,使冲洗均匀性受到影响。

②冲洗排水槽内的废水,应自由跌落进入废水渠,以免废水渠干扰冲洗排水槽出流,引起壅水现象。为此,废水渠水面应较排水槽为低。

③每单位槽长的溢入流量应相等。故施工时冲洗排水槽口应力求水平,误差限制在2mm以内。

④冲洗排水槽在水平面上的总面积一般不大于滤池面积的25%。否则,冲洗时,槽与槽之间水流上升速度会过分增大,以致上升水流均匀性受到影响。

⑤槽与槽中心间距一般为1.5~2.0m。间距过大,从离开槽口最远一点和最近一点流入排水槽的流线相差过远,也会影响排水均匀性。

⑥冲洗排水槽高度要适当。槽口太高,废水排除不净;槽口太低,会使滤料流失。冲洗时,由于两槽之间水流断面缩小,流速增高,为避免冲走滤料,滤层膨胀面应在槽底以下。为施工方便,冲洗排水槽底可以水平,即起端和末端断面相同;也可使起端深度等于末端深度的一半,即槽底具有一定坡度。

(2)排水渠

排水渠的布置形式视滤池面积大小而定。一般情况下沿池壁一边布置,当滤池面积很大时,排水渠也可布置在滤池中间以使排水均匀。

## 五、冲洗水的供给

供给冲洗水的方式有两种:冲洗水泵和冲洗水塔或冲洗水箱。前者投资省,但操作较麻烦,在冲洗的短时间内耗电量大,往往会使厂区内供电网负荷陡然骤增;后者造价较高,但操作简单,允许在较长时间内向水塔或水箱输水,专用水泵小,耗电较均匀。如有地形或其他条件可利用时,建造冲洗水塔较好。

(1)冲洗水塔或冲洗水箱

冲洗水塔与滤池分建。冲洗水箱与滤池合建,通常置于滤池操作室屋顶上,水塔或水箱中的水深不宜超过 3m,以免冲洗初期和末期的冲洗强度有一定差别,所以水箱(塔)水深越浅,冲洗越均匀。水塔或水箱应在冲洗间歇时间内充满,容积按单个滤池冲洗水量的 1.5 倍计算。

(2)水泵冲洗

水泵流量按冲洗强度和滤池面积计其。水泵扬程为:

$$H = H_0 + h_1 + h_2 + h_3 + h_4 + h_5 \tag{9—7}$$

式中,$H_0$——排水槽顶与清水池最低水位之差,m;

$h_1$——从清水池至滤池的冲洗管道中总水头损失,m;

$h_2$——滤池配水系统水头损失,m;

$h_3$——承托层水头损失,m;

$h_4$——滤料层水头损失,m;

$h_5$——备用水头,一般取 $1.5 \sim 2.0$m。

# 第四节 几种常见的滤池

## 一、无阀滤池

无阀滤池是一种不设阀门、水力控制运行的等速过滤滤池。

图 9-6 是无阀滤池的示意图。当无阀滤池过滤时,水由流量分配堰 1 流入进水箱 2,再通过进水管 3,到达滤池顶部;水流经挡水板 4 均匀地分配到滤层 5 上,进行自上而下的过滤,水中的浊质便被截留在滤层中;滤后水经承托层 6 和小阻力配水系统 7,进入底部空间 8,再经过连通管 9 向上流至冲洗水箱 10 中;当冲洗水箱的水位高出滤后水管 11 的溢流口时,水便流入清水池。

随着过滤时间的延续,滤层中截留下来的杂质越来越多,水流通过滤层的水头损失便逐渐增加,虹吸上升管 12 中水位相应运渐升高。管内原存空气受到压缩,一部分空气将从虹吸下降管出口端穿过水封进入大气。当水位上升到虹吸辅助管 13 的管口时,水从辅助管流下,依靠下降水流在管中形成的真空和水流的挟气作用,抽气管 14 不断将虹吸管中空气抽出,使虹吸管中真空度逐渐增大。其结果,一方面虹吸上升管中水位升高。另一方面,虹吸下降管 15 将排水水封井中的水吸上至一定高度。当上升管中的水越过虹吸管顶端而下落时,管中真空度急剧增加,达到一定程度时,下落水流与下降管中上升水柱汇成一股冲出管

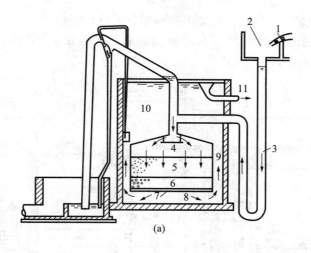

(a)

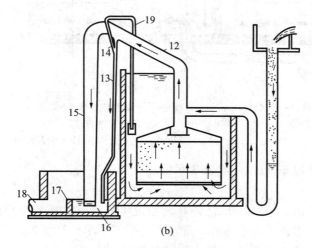

(b)

**图 9-6 重力式无阀滤池工作原理**

1—流量分配堰;2—进水箱;3—进水;4—挡水板;5—滤层;6—承托层;
7—小阻力配水系统;8—底部空间;9—连通管;10—冲洗水箱;11—滤后水管;
12—虹吸上升管;13—虹吸辅助管;14—抽气管;15—虹吸下降管;
16—排水井;17—水封堰;18—污水管;19—虹吸破坏管

口,把管中残留空气全部带走,形成连续虹吸水流,于是虹吸真正形成。这时,由于滤层上部压力骤降,促使冲洗水箱内的水经连通管自下而上冲洗滤层。反冲洗一直进行到冲洗水箱的水位下降至虹吸破坏管 19 的管口以下,这时大量空气经破坏管进入虹吸管,于是虹吸被破坏,滤池冲洗停止。虹吸管内的气压恢复到与外界相同的大气压,滤池的进水也同时恢复了向下过滤的方向,滤后水又重新向上流入冲洗水箱。

## 二、虹吸滤池

虹吸滤池是一种用虹吸管代替进水、反冲洗排水阀门,并以真空系统控制滤池工作状态的重力式过滤的滤池,一座虹吸滤池一般是由 6~8 格滤池组成一个整体。根据水量大小,水厂可建一组滤池或多组滤池。一组滤池平面形状可以是圆形、矩形或多边形,而以矩形为多。图9-7为由6格滤池组成的、平面形状为圆形的一组滤池剖面图,中心部分为冲洗废水排水井,6格滤池构成外环。

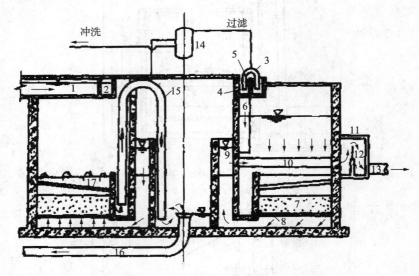

**图9-7 虹吸滤池的构造**

1—进水槽;2—配水槽;3—进水虹吸管;4—单格滤池进水槽;5—进水堰;6—布水管;
7—滤层;8—配水系统;9—集水槽;10—出水管;11—出水井;12—出水堰;13—清水管;
14—真空系统;15—冲洗虹吸管;16—冲洗排水管;17—冲洗排水槽

图的右半部表示过滤情况,左半部表示反冲洗情况。

过滤过程:

待滤水通过进水槽1进入环形配水槽2,经进水虹吸管3流入单格滤池进水槽4,再从进水堰5溢流进入布水管6进入滤池。进水堰5起调节单格滤池流量作用。进入滤池的水顺次通过滤层7、配水系统8进入环形集水槽9,再由出水管10流到出水井11,最后经出水堰12、清水管13流入清水池。

随着过滤水头损失逐渐增大,由于各格滤池进、出水量不变,滤池内水位将不断上升。当某格滤池水位上升到最高设计水位时,便需停止过滤,进行反冲洗。滤池内最高水位与出水堰12堰顶高差,即为最大过滤水头,亦即期终允许水头损失值(一般采用1.5~2.0m)。

反冲洗过程:

反冲洗时,先破坏该格滤池进水虹吸管3的真空使该格滤池停止进水,滤池水位逐渐下降,滤速逐渐降低。当滤池内水位下降速度显著变慢时,利用真空罐14抽出冲洗虹吸管15的空气使之形成虹吸。开始阶段,滤池内的剩余水通过冲洗虹吸管15抽入池中心下部,再由冲洗排水管16排出。当滤池水位低于集水槽9的水位时,反冲洗开始。当滤池内水面降至冲洗排水槽17顶端时,反冲洗强度达到最大值。此时,其他5格滤池的全部过滤水量,都通过集水槽9源源不断地供给被冲洗滤格。当滤料冲洗干净后,破坏冲洗虹吸管15的真空,冲洗停止,然后再用真空系统使进水虹吸管3恢复工作,过滤重新开始。6格滤池将轮流进行反冲洗。运行中应避免2格以上滤池同时冲洗。

## 三、移动罩滤池

移动罩滤池是由许多滤格为一组构成的减速过滤滤池,利用可移动冲洗罩轮流对各滤格进行冲洗。某滤格的冲洗水来自本组其他滤格的滤后水,这方面吸取了虹吸滤池的优点。移动冲洗罩的作用与无阀滤池伞形顶盖相同,冲洗时,使滤格处于封闭状态。因此,移动罩滤池具有虹吸滤池和无阀滤池的某些特点。图9-8为一座由24格组成、双行排列的虹吸式移动罩滤池示意图。为检修需要,水厂内的滤池座数不得少于2。滤料层上部相互连通,滤池底部配水区也相互连通。故一座滤池仅有一个进口和出口。

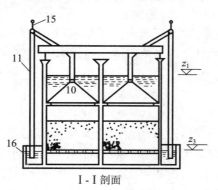

I-I剖面

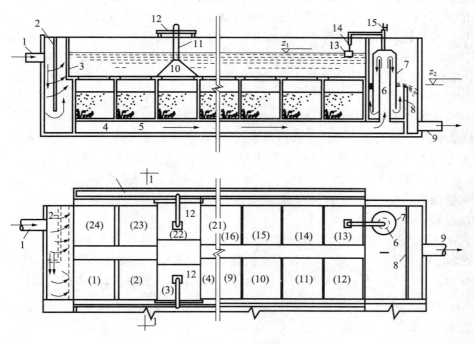

**图9-8 移动罩滤池**

1—进水管;2—穿孔配水墙;3—消力栅;4—小阻力配水系统的配水孔;5—配水系统的配水室;
6—出水虹吸中心管;7—出水虹吸管钟罩;8—出水堰;9—出水管;10—冲洗罩;11—排水虹吸管;
12—桁车;13—浮筒;14—针形阀;15—抽气管;16—排水渠

过滤过程：

过滤时，待滤水由进水管 1 经穿孔配水墙 2 及消力栅 3 进入滤池，通过滤层过滤后由底部配水室 5 流入钟罩式虹吸管的中心管 6。当虹吸中心管内水位上升到管顶且溢流时，带走虹吸管钟罩 7 和中心管间的空气，达到一定真空度时，虹吸形成，滤后水便从钟罩 7 和中心管间的空间流出，经出水堰 8 流入清水池。

冲洗过程：

当某一格滤池需要冲洗时，冲洗罩 10 由桁车 12 带动移至该滤格上面就位，并封住滤格顶部，同时用抽气设备抽出排水虹吸管 11 中的空气。当排水虹吸管真空度达到一定值时，虹吸形成，冲洗开始。冲洗水由其余滤格滤后水经小阻力配水系统的配水室 5 配水孔 4 进入滤池，通过承托层和滤料层后，冲洗废水由排水虹吸管 11 排入排水渠 16。当滤格数较多时，在一格滤池冲洗期间，滤池组仍可继续向清水池供水。冲洗完毕，冲洗罩移至下一滤格，再准备对下一滤格进行冲洗。

## 四、V 型 滤 池

V 型滤池因两侧（或一侧也可）进水槽设计成 V 字而得名，是一种滤料粒径较为均匀的重力式快滤型滤池。由于截污量大，过滤周期长，而采用了气水反冲洗方式。近年来，在我国应用广泛，适用于大、中型水厂。图 9 - 9 为一座 V 型滤池构造简图。通常一组滤池由数只滤池组成。每只滤池中间为双层中央渠道，将滤池分成左、右两格。渠道上层是排水渠 7 供冲洗排污用；下层是气、水分配渠 8，过滤时汇集滤后清水，冲洗时分配气和水。渠 8 上部设有一排配气小孔 10，下部设有一排配水方孔 9。V 型槽底设有一排小孔 6，既可作过滤时进水用，冲洗时又可供横向扫洗布水用，这是 V 型滤池的一个特点。滤板上均匀布置长柄滤头，每平方米布置 50～60 个。滤板下部是空间 11。

过滤过程：

待滤水由进水总渠经进水气动隔膜阀 1 和方孔 2 后，溢过堰口 3 再经侧孔 4 进入 V 型槽 5。待滤水通过 V 型槽底小孔 6 和槽顶溢流，均匀进入滤池，而后通过砂滤层和长柄滤头流入底部空间 11，再经方孔 9 汇入中央气水分配渠 8 内，最后由管廊中的水封井 12、出水堰 13、清水渠 14 流入清水池。滤速可在 7～20m/h 范围内选用，视原水水质、滤料组成等决定。滤速可根据滤池水位变化自动调节出心蝶阀开启度来实现等速过滤。

冲洗过程：

首先关闭进水阀 1，但两侧方孔 2 常开，故仍有一部分水继续进入 V 型槽并经槽底小孔 6 进入滤池。而后开启排水阀 15 将池面水从排水渠中排出直至滤池水面与 V 型槽顶相平。冲洗操作可采用"气冲→气 - 水同时反冲→水冲"3 步；也可采用"气 - 水同时反冲→水冲"2 步。

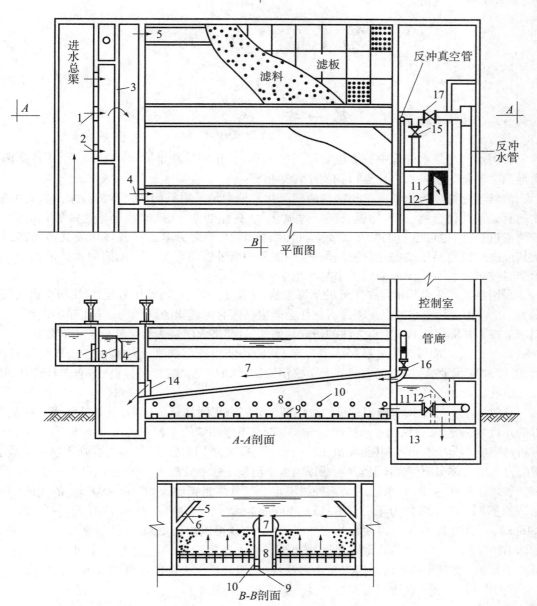

**图 9-9　V 型滤池构造图**

1—进水气动隔膜阀；2—方孔；3—堰口；4—侧孔；5—V 型槽；6—小孔；7—排水渠；
8—气水分配渠；9—配水方孔；10—配气小孔；11—水封井；12—出水堰；
13—清水渠；14—排水阀；15—清水阀；16—进气阀；17—冲洗水阀

# 第十章 消 毒

## 第一节 概 述

饮用水消毒是水处理中一道重要的工艺流程,其作用旨在消除水中致病微生物(病菌、病毒原生动物胞囊等),以防通过饮用水传播疾病。

消毒过程可分为化学消毒与物理消毒。化学消毒是采用氧化剂消毒的技术。常见的氧化剂有氯及其化合物、二氧化氯、臭氧、过氧化氢、高锰酸盐、高铁酸盐等。这些氧化剂除用于消毒过程外,也可以与水中有机或无机污染物作用,使之分解破坏或转化成其他形态,降低其危害性或更易于被去除。物理消毒,例如采用紫外线消毒等。目前国内水体消毒中,化学消毒技术已经更广泛地应用于水的净化中。

采用氯及其化合物消毒是主流的消毒方法,氯消毒经济有效,使用方便,应用历史最久,也最为广泛。但受污染水原经氯消毒后往往会产生一些有害健康的副产物,例如三卤甲烷等,人们便重视了其他消毒剂或消毒方法的研究。例如,近年来人们对二氧化氯消毒日益重视。

二氧化氯($ClO_2$)是一种良好的消毒剂,其消毒能力比氯高几十倍。由于二氧化氯对压力、温度和光线敏感,只能现场制备。主要消毒副产物是亚氯酸根,对红血球有破坏作用,因而二氧化氯投加量不宜过大。

臭氧($O_3$)是水处理中应用较早的氧化剂。臭氧有很强的杀菌作用,其杀菌能力约是氯消毒的几百倍。此外,臭氧能够选择性地与水中带有不饱和键的多种有机污染物作用,使大分子有机物变成小分子有机物,甚至无机化。但臭氧也需要现场制备,而且其主要副产物溴酸盐与甲醛也会对人体健康带来不利影响,所以当水中溴离子含量较高时,臭氧投加量不宜过大。

物理消毒技术中,常采用的是紫外线消毒。紫外线是指波长为 200～400nm 的光线。根据波长不同,又可细分为紫外 A(315～400nm)、紫外 B(280～315nm)和紫外 C(200～280nm)。其中,紫外 A 可以使人的皮肤变黑,紫外 B 可以灼伤皮肤,而能够高效率地毁坏生物体 DNA 结构,达到杀菌消毒效果的则是紫外 C。与现有水消毒技术相比,紫外消毒技术具有杀菌能力更强、不残留任何有害物质的特点,但该技术设备以及维护成本往往较高。

表 10-1 给出了氧化剂类消毒剂及其标准氧化还原电位。

表 10-1 氧化剂类消毒剂及其标准(25℃)氧化还原电位($E°$)

| 半反应(还原式) | $E°$/V | 半反应(还原式) | $E°$/V |
|---|---|---|---|
| $O_3 + 2H^+ + 2e^- \longrightarrow O_2 + H_2O$ | 2.07 | $HOI + H^+ + 2e^- \longrightarrow I^- + H_2O$ | 0.99 |
| $HOCl + H^+ + 2e^- \longrightarrow Cl^- + H_2O$ | 1.49 | $ClO_2(aq) + e^- \longrightarrow ClO_2^-$ | 0.95 |
| $Cl_2 + 2e^- \longrightarrow 2Cl^-$ | 1.36 | $OCl^- + H_2O + 2e^- \longrightarrow Cl^- + 2OH^-$ | 0.90 |
| $HOBr + H^+ + 2e^- \longrightarrow Br^- + H_2O$ | 1.33 | $OBr^- + H_2O + 2e^- \longrightarrow Br^- + OH^-$ | 0.70 |
| $O_3 + H_2O + 2e^- \longrightarrow O_2 + 2OH^-$ | 1.24 | $I_2 + 2e^- \longrightarrow 2I^-$ | 0.54 |
| $ClO_2 + e^- \longrightarrow ClO_2^-$ | 1.15 | $I_3^- + 2e^- \longrightarrow 3I^-$ | 0.53 |

总体看来,虽然应用含氯消毒剂会生成消毒副产物,但一方面对于不受有机物污染的水源或在消毒前通过预处理把形成氯消毒副产物的前期物(如腐殖酸和富里酸等)预先去除,就能有效减少含氯消毒副产物的生成量;另一方面,除氯以外其他各种消毒剂的副产物以及残留于水中的消毒剂本身对人体健康的影响,仍需全面、深入的研究。因此,就目前情况而言,氯消毒仍是应用最广泛的一种消毒方法。

# 第二节 氯消毒

## 一、氯消毒原理

氯气容易溶解于水,在20℃和98kPa时,溶解度为7160mg/L。

当氯溶解在水中时,很快会发生下列两个反应。

$$Cl_2 + H_2O \rightleftharpoons HClO + HCl \tag{10—1}$$

$$HClO \rightleftharpoons H^+ + ClO^- \tag{10—2}$$

通常认为,起消毒作用的主要是 HClO。反应式(10—1)、式(10—2)会受到温度和 pH 的影响,其平衡常数为:

$$K_i = \frac{[H^+][ClO^-]}{[HClO]} \tag{10—3}$$

表 10-2 列出了不同温度下次氯酸离解平衡常数。

**表 10-2 不同温度下次氯酸离解平衡常数**

| 温 度/℃ | 0 | 5 | 10 | 15 | 20 | 25 |
|---|---|---|---|---|---|---|
| $K_i \times 10^{-8}$/(mol·L) | 2.0 | 2.3 | 2.6 | 3.0 | 3.3 | 3.7 |

[例题] 计算在 20℃,pH 为 7 时,纯水中次氯酸 HClO 自由性氯(HClO 与 ClO$^-$)中的比例。

[解] 根据式(10—3),可得

$$\frac{[ClO^-]}{[HClO]} = \frac{K_i}{[H^+]}$$

$K_i$ 可查表 10-1,在 20℃时,$K_i = 3.3 \times 10^{-8}$

$$\frac{[HClO] \times 100}{[HClO] + [ClO^-]} = \frac{100}{1 + \frac{[ClO^-]}{[HClO]}} = \frac{100}{1 + \frac{K_i}{H^+}} = \frac{100}{1 + \frac{3.3 \times 10^{-8}}{10^{-7}}} = 75.2\%$$

由图 10-1 可见,HClO 与 ClO$^-$ 的相对比例取决于温度和 pH。图 10-1 表示在 0℃ 和 20℃时,不同 pH 时的 HClO 和 ClO$^-$ 的比例、pH 高时,ClO$^-$ 较多,当 pH > 9 时,ClO$^-$ 接近 100%;pH 低时,HClO 较多,当 pH < 6 时,HClO 接近 100%。当 pH = 7.54 时,HClO 和 ClO$^-$ 大致相等。

氯消毒作用的机理,一般认为,氯消毒过程中主要通过次氯酸 HClO 起消毒作用。当 HClO 分子到达细菌内部时,与细菌的酶系统发生氧化作用而使细菌死亡。ClO$^-$ 虽然也具有氧化性,但由于静电斥力难于接近带负电的细菌,因而在消毒过程中作用有限。生产实践表明,pH 越低则消毒作用越强,从而证明了 HClO 是起消毒作用的主要成分。

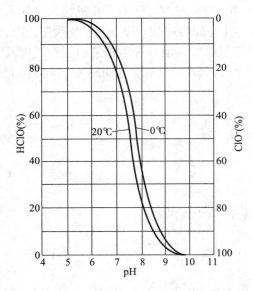

**图 10 - 1　HClO 含量与 pH 的关系**

实际上,很多地表水源中,由于有机污染而含有一定的氨。氯加入这种水中,产生如下的反应:

$$Cl_2 + H_2O \Longleftrightarrow HClO + HCl \quad (10—4)$$
$$NH_3 + HClO \Longleftrightarrow NH_2Cl + H_2O \quad (10—5)$$
$$NH_2Cl + HClO \Longleftrightarrow NHCl_2 + H_2O$$
$$(10—6)$$
$$NHCl_2 + HClO \Longleftrightarrow NCl_3 + H_2O \quad (10—7)$$

从上述反应可见,次氯酸 HClO,一氯胺 $NH_2Cl$、二氯胺 $NHCl_2$ 和三氯胺 $NCl_3$ 都存在,它们在平衡状态下的含量比例决定于氯、氨的相对浓度、pH 和温度。一般讲,当 pH 大于 9 时,一氯胺占优势;当 pH 为 7.0 时,一氯胺和二氯胺同时存在,近似等量,当 pH 小于 6.5 时,主要是二氯胺;而三氯胺只有在 pH 低于 4.5 时才存在。

在各组分占不同比例的混合物中,其消毒效果有不同的表现。简单地说,主要的消毒作用来自于次氯酸,氯胺的消毒作用来自于上述反应中维持平衡所不断释放出来的次氯酸。因此,氯胺的消毒效果慢而持续。有实验证明,用氯消毒,5min 内可杀灭细菌达 99% 以上;而用氯胺时,相同条件下,5min 内仅达 60%,需要将水与氯胺的接触时间延长到十几小时,才能达到 99% 以上的灭菌效果。

比较 3 种氯胺的消毒效果,$NHCl_2$ 要胜过 $NH_2Cl$,但前者具有臭味。当 pH 低时,$NHCl_2$ 所占比例大,消毒效果较好。三氯胺 $NCl_3$ 消毒作用极差,且具有恶臭味(到 0.05mg/L 含量时,已不能忍受)。一般自来水中不太可能产生三氯胺,而且它在水中溶解度很低,不稳定而易气化,所以三氯胺的恶臭味并不引起严重问题。

当水中所含的氯以氯胺形式存在时,称为化合性氯。为此,可以将氯消毒分为两大类:自由性氯消毒(即 $Cl_2$、HOCl 与 $OCl^-$)和化合性氯消毒。自由性氯的消毒效果比化合性氯高得多,但是自由性氯消毒的持续性不如化合性氯。化合性氯的持续消毒效果好,但是却会产生臭味,因为二氯胺和三氯胺会产生臭味。三种氯胺中以二氯胺的消毒效果最好。

## 二、加氯量

水中加氯量,可以分为两部分,即需氯量和余氯。需氯量指用于灭活水中微生物、氧化有机物和还原性物质等所消耗的部分。为了抑制水中残余病原微生物的再度繁殖、管网中尚需维持少量剩余氯。我国《生活饮用水标准卫生规定》出厂水游离性余氯与水接触 30min 后不应低于 0.3mg/L,管网末梢不应低于 0.05mg/L。以下分析不同情况下加氯量与剩余氯量之间的关系:

(1)理想状况下,水中不存在消耗氯的微生物、有机物和还原性物质时,这时所有加入水中的氯都不被消耗,即加氯量等于剩余氯量。如图 10 - 2 中所示的虚线①。

(2)天然水中存在着微生物、有机物以及还原性无机物质。投氯后,有一部分氯被消耗(即需氯量)。氯的投加量减去消耗量即得到余氯。如图 10 - 2 中的实线②。这条曲线与横

坐标交角小于 45°,其原因为:

①水中有机物与氯作用的速度有快慢。在测定余氯时,有一部分有机物尚在继续与氯作用中。

②水中余氯有一部分会自行分解,如次氯酸由于受水中某些杂质或光线的作用,产生如下的催化分解:

$$2HClO \longrightarrow 2HCl + O_2 \qquad (10—8)$$

(3)当水中的有机物主要是氨和氮化合物时,情况比较复杂。当起始的需氯量 $OA$ 满足以后(图 10-3),加氯量增加,剩余氯也增加(曲线 $AH$ 段)。但后者增长得慢一些。超过 $H$ 点加氯量后,虽然加氯量增加,余氯量反而下降,如 $HB$ 段,$H$ 点称为峰点。此后随着加氯量的增加,剩余氯又上升,如 $BC$ 段,$B$ 点称为折点。

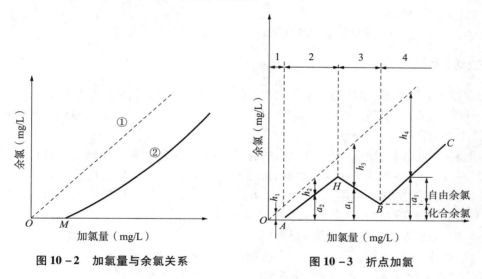

图 10-2 加氯量与余氯关系

图 10-3 折点加氯

图 10-3 中,曲线 $AHBC$ 与斜虚线间的纵坐标值 $b$ 表示需氯量;曲线 $AHBC$ 的纵坐标值 $a$ 表示余氯量。曲线可分 4 区,分述如下:

在第 1 区,即 $OA$ 段,表示水中杂质把氯消耗光,余氯量为零,需氯量为 $b_1$,这时消毒效果不可靠。

在第 2 区,即 $AH$ 段,加氯后,氯与氨发生反应,有余氯存在,所以有一定消毒效果,但余氯为化合性氯,其主要成分是一氯胺。

在第 3 区,即 $HB$ 段,仍然产生化合性余氯,加氯量继续增加,开始下列化学反应:

$$2NH_2Cl + HClO \longrightarrow N_2 \uparrow + 3HCl + H_2O \qquad (10—9)$$

反应结果使氯胺被氧化成一些不起消毒作用的化合物,余氯反而逐渐减少,最终到达折点 $B$。

第 4 区,即 $BC$ 段,至此,消耗氯的物质已经基本反应完全,余氯基本为游离性余氯。该区消毒效果最好。

从整个曲线看,到达峰点 $H$ 时,余氯最高,但这是化合性余氯而非自由性余氯。到达折点时,余氯最低。如继续加氯,余氯增加,此时所增加的是自由性余氯。加氯量超过折点需要量时称为折点氯化。

上述曲线的测定,应结合生产实际进行。加氯实践表明:当原水游离氨在 0.3mg/L 以下时,通常加氯量控制在折点后;原水游离氨在 0.5mg/L 以上时,峰点以前的化合性余氯量已够消毒,加氯量可控制在峰点前以节约加氯量;原水游离氨在 0.3 ~ 0.5mg/L 范围内,加氯量难以掌握,如控制在峰点前,往往化合性余氯减少,有时达不到要求;控制在折点后则不经济。

缺乏试验资料时,一般的地面水经混凝、沉淀和过滤后或清洁的地下水,加氯量可采用 1.0 ~ 1.5mg/L;一般的地面水经混凝、沉淀而未经过滤时可采用 1.5 ~ 2.5mg/L。

当原水受到严重污染,采用普通的混凝沉淀和过滤加上一般加氯量的消毒方法都不能解决问题时,折点加氯法可取得明显效果,它能降低水的色度,去除恶臭,降低水中有机物含量;还能提高混凝效果。折点加氯法过去常常应用,但自从发现水中有机污染物能与氯生成三卤甲烷(THMs)后,采用折点加氯来处理受污染水源已引起人们担心,因而寻求去除有机污染物的预处理或深度处理方法和其他消毒法。

## 三、加氯点

通常意义上的消毒,往往是在滤后出水加氯。由于消耗氯的物质已经大部分被去除,所以加氯量很少,效果也很好,是饮用水处理的最后一步。加氯点是设在滤池到清水池的管道上,或清水池的进口处,以保证充分混合。

在加混凝剂时同时加氯,可氧化水中的有机物,提高混凝效果。用硫酸亚铁作为混凝剂时,可以同时加氯,将亚铁氧化成三价铁,促进硫酸亚铁的凝聚作用。这些氯化法称为滤前氯化或预氯化。预氯化还能防止水厂内各类构筑物中滋生青苔和延长氯胺消毒的接触时间,使加氯量维持在图 10 - 3 中的 AH 段,以节省加氯量。对于受污染水源,为避免氯消毒的副产物产生,滤前加氯或预氯化应尽量取消。

当城市管网延伸很长,管网末梢的余氯难以保证时,需要在管网中途补充加氯。这样既能保证管网末梢的余氯,又不致使水厂附近管网中的余氯过高管网中途加氯的位置一般都设在加压泵站或水库泵站内。

## 四、加氯设备

近年来,自来水厂的加氯自动化发展很快,因此,加氯设备除了加氯机(自动)和氯瓶外,还相应设置了自动检测(如余氯自动连续检测)和自动控制装置。加氯机是安全、准确地将来自氯瓶的氯输送到加氯点的设备。加氯机形式很多,可根据加氯量大小、操作要求等选用。氯瓶是一种储氯的钢制压力容器。干燥氯气或液态氯对钢瓶无腐蚀作用,但遇水或受潮则会严重腐蚀金属,故必须严格防止水或潮湿空气进入氯瓶。氯瓶内保持一定的余压也是为了防止潮气进入氯瓶。

但是,实际运行中发现,正压加氯会出现多处漏氯和加氯不稳定问题,致使加氯机运转不正常,严重影响余氯合格率,且设备腐蚀较快,经常跑氯,既污染环境,又威胁人身安全。目前,国内外普遍采用真空加氯机,真空加氯可以保证系统不产生正压,从而减轻漏氯和加氯不稳定问题。除加氯机漏氯外,氯气气源间也有可能发生漏氯。为了解决气源间因氯气泄漏造成对环境的污染和对人体的危害问题,可在气源间设置氯气吸收装置。氯气吸收系统是将泄漏至厂房的氯气,用风机送入吸收系统,经化学物质吸收而转化为其他物质。碱性吸收剂有 NaOH、Na$_2$CO$_3$、Ca(OH)$_2$ 等,但经常选用的吸收剂为碱性强、吸收率高的 NaOH。氯气吸收需要备有足够量的氢氧化钠,避免氯气过量而逸出到空气中。氯气吸收系统可分为正压氯吸收系统和负压氯吸收系统两种,具体见图 10-4 和图 10-5。

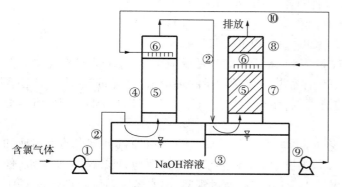

图 10-4 正压氯气吸收装置

1—离心空气泵;2—气体管道;3—碱液槽;4—一级吸收塔;

5—填料;6—喷淋装置;7—二级吸收塔;8—除雾装置;

9—碱液泵;10—碱液管道

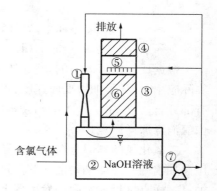

图 10-5 负压氯气吸收装置

1—文丘里管;2—碱液槽;3—吸收塔;

4—除雾器;5—喷淋装置;

6—填料;7—碱液泵

加氯间是安置加氯设备的操作间。氯库是储备氯瓶的仓库。加氯间和氯库可以合建,也可分建。由于氯气是有毒气体,故加氯间和氯库位置除了靠近加氯点外,还应位于主导风向下方,且需与经常有人值班的工作间隔开。加氯间和氯库在建筑上的通风、照明、防火、保温等应特别注意,还应设置一系列安全报警、事故处理设施等。

加氯间和氯库必须注意通风,应设有每小时 8~12 次的通风系统。设置高位新鲜空气进口和低位室内空气排至室外高处的排放口。

# 第三节 其他消毒法

## 一、二氧化氯消毒

二氧化氯是一种良好的消毒剂,其消毒能力比氯高几十倍。但二氧化氯需要现场制备,其主要消毒副产物是亚氯酸根,对红血球有破坏作用,因而二氧化氯投加量不宜过大。

二氧化氯(ClO$_2$)在常温常压下是一种黄绿色或橘红色气体,具有与氯相似的刺激性气味,比氯更刺激,毒性更大。沸点 11℃,凝固点 -59℃,相对密度 2.4。ClO$_2$ 易溶于水,其溶解度约为氯的 5 倍,ClO$_2$ 水溶液的颜色随浓度增加而由黄绿色转为橙色。ClO$_2$ 在水中以溶解气体存在,不发生水解反应,ClO$_2$ 水溶液在较高温度与光照下会生成 ClO$_2^-$ 与 ClO$_3^-$,在水处理中 ClO$_2$ 参与氧化还原反应也会生成 ClO$_2^-$。气态和液态 ClO$_2$ 均易爆炸,当空气中的 ClO$_2$ 浓度大于 10% 或水溶液中 ClO$_2$ 浓度大于 30% 时都将发生爆炸,所以工业上常使用空气或惰性气体稀释二氧化氯,使其浓度小于 8%~10%。由于它具有易挥发、易爆炸等特性,故不易贮存,必须以水溶液形式现场制取,即时使用。二氧化氯溶液须置于阴凉避光处,严格密封,在微酸化条件下可抑制它的歧化,从而提高其稳定性。ClO$_2$ 溶液浓度在 10g/L 以下时没有爆炸危险,水处理中 $ClO_2$ 浓度远低于 $10g/L$。

制取 $ClO_2$ 的方法主要有两种:

(1)用亚氯酸钠($NaClO_2$)和氯($Cl_2$)制取,反应如下:

$$Cl_2 + H_2O \longrightarrow HOCl + HCl$$

$$\underline{HOCl + HCl + 2NaClO_2 \longrightarrow 2ClO_2 + 2NaCl + H_2O}$$

$$Cl_2 + 2NaClO_2 \longrightarrow 2ClO_2 + 2NaCl \qquad (10\text{—}10)$$

根据反应式(10—10),理论上 $1mol$ 氯和 $2mol$ 亚氯酸钠反应可生成 $2mol$ 二氧化氯。但实际应用时,为了加快反应速度,投氯量往往超过化学计量的理论值,这样,产品中就往往含有部分自由氯 $Cl_2$。作为受污染水的消毒剂,多余的自由氯就存在产生 THMs 之虑,但不会像氯消毒那样严重。

二氧化氯的制取是在 1 个内填瓷环的圆柱形发生器中进行。由加氯机出来的氯溶液和用泵抽出的亚氯酸钠稀溶液共同进入 $ClO_2$ 发生器,经过约 $1min$ 的反应,便得 $ClO_2$ 水溶液,像加氯一样直接投入水中。发生器上设置 1 个透明管,通过观察,出水若呈黄绿色即表明 $ClO_2$ 生成。反应时应控制混合液的 pH 值和浓度。

(2)用酸与亚氯酸钠反应制取,反应如下:

$$5NaClO_2 + 4HCl \longrightarrow 4ClO_2 + 5NaCl + 2H_2O \qquad (10\text{—}11)$$

$$10NaClO_2 + 5H_2SO_4 \longrightarrow 8ClO_2 + 5Na_2SO_4 + 4H_2O \qquad (10\text{—}12)$$

在用硫酸制备时,需注意硫酸不能与固态 $NaClO_2$ 接触,否则会发生爆炸。此外,尚需注意两种反应物($NaClO_2$ 和 HCl 或 $H_2SO_4$)的浓度控制,浓度过高,化合时也会发生爆炸。这种制取方法不会存在自由氯,故投入水中不存在产生 THMs 之虑。制取方法也是在 1 个圆柱形 $ClO_2$ 发生器中进行。先在 2 个溶液槽中分别配制一定浓度(注意浓度不可过高,一般 HCl 浓度 8.5%,亚氯酸钠浓度 7%)的 HCl 和 $NaClO_2$ 溶液,分别用泵打入 $ClO_2$ 发生器,经过约 $20min$ 反应后便形成 $ClO_2$ 溶液。酸用量一般超过化学计量 $3 \sim 4$ 倍。

以上两种 $ClO_2$ 制取方法各有优缺点。采用强酸与亚氯酸钠制取 $ClO_2$,方法简便,产品中无自由氯,但 $NaClO_2$ 转化成 $ClO_2$ 的理论转化率仅为 80%,即 $5mol$ 的 $NaClO_2$ 产生 $4mol$ 的 $ClO_2$。采用氯与亚氯酸钠制取 $ClO_2$,$1mol$ 的 $NaClO_2$ 可产生 $1mol$ 的 $ClO_2$,理论转化率 100%。由于 $NaClO_2$ 价格高,采用氯制取 $ClO_2$ 在经济上应占有优势。当然,在选用生产设备时,还应考虑其他各种因素,如设备的性能、价格等。

二氧化氯是很好的消毒剂,具有广谱杀菌性,一般认为二氧化氯在与微生物接触时通过一系列过程起到消毒作用:首先附着在细胞壁上,然后穿过细胞壁与含巯基的酶反应而使细菌死亡。$ClO_2$ 的最大优点是它几乎不与水中的有机物作用而生成有害的卤代有机物,有机副产物主要包括低分子量的乙醛和羧酸,含量大大低于臭氧氧化过程,并且二氧化氯消毒的成本虽高于氯但却低于臭氧。这些优点使得二氧化氯成为最值得考虑的消毒剂之一。此外,$ClO_2$ 消毒还有以下优点:消毒能力比氯强,故在相同条件下,投加量比 $Cl_2$ 少;$ClO_2$ 余量能在管网中保持很长时间,即衰减速度比 $Cl_2$ 慢;由于 $ClO_2$ 不水解,故消毒效果受水的 pH 影响极小。

二氧化氯也是很强的氧化剂。二氧化氯在水中通常不发生水解,也不以二聚或多聚形态存在,这使得 $ClO_2$ 在水中的扩散速率比氯快,渗透能力比氯强,特别是在低浓度时更为突出。$ClO_2$ 能有效地去除或降低水的色、臭、味及铁、锰、酚等物质,它与酚起氧化反应,不会生成氯酚。二氧化氯可将致癌物苯并芘氧化成无致癌活性的醌式结构,还能氧化降解水中的黄霉素、腐殖酸等物质。

不过,采用 $ClO_2$ 消毒或作为氧化剂还存在以下值得注意的问题:二氧化氯与水中还原性成分作用也会产生一系列副产物(亚氯酸盐和氯酸盐),毒理试验结果表明,二氧化氯本身和亚氯酸根能破坏血细胞,引起溶血性贫血,有报导认为,还对人的神经系统及生殖系统有损害。

## 二、氯胺消毒

在本章第一节中提到,氯胺消毒作用缓慢,杀菌能力比自由氯弱。但氯胺消毒的优点是:当水中含有有机物和酚时,氯胺消毒不会产生氯臭和氯酚臭,同时大大减少 THMs 的产生;能保持水中余氯较久,控制管网中细菌的再次繁殖,适用于供水管网较长的情况。不过,因杀菌力弱,单独采用氯胺消毒的水厂很少,通常作为辅助消毒剂,与其他消毒方法联合使用。

人工投加的氨可以是液氨、硫酸铵 $(NH_4)_2SO_4$ 或氯化铵 $NH_4Cl$,水中原有的氨也可利用。硫酸铵或氯化铵应先配成溶液,然后再投加到水中。液氨投加方法与液氯相似,化学反应见反应式(10—4)~式(10—6)。

氯和氨的投加量视水质不同而有不同比例。一般采用氯:氨 = 3:1 ~ 6:1。当以防止氯臭为主要的目的时,氯和氨之比小些;当以杀菌和维持余氯为主要目的时,氯和氨之比应大些。

采用氯胺消毒时,一般先加氨,待其与水充分混合后再加氯,这样可减少氯臭,特别在降低原水酚污染影响的作用更为有效,这种投加顺序可避免产生氯酚恶臭。但当管网较长,主要目的是为了维持余氯较为持久,可先加氯后加氨。有的以地下水为水源的水厂,可采用进厂水加氯消毒,出厂水加氨减臭并稳定余氯。氯和氨也可同时投加,在管网中混合达到一定比例,长时间稳定接触,可减少有害副产物(如三卤甲烷、卤乙酸等)的生成。

氯胺消毒总体上降低了 DBPs 的浓度,但是可以导致 CNCl 和亚硝酸盐的生成。氯胺的稳定性问题是其不利因素,低浓度的氯胺对一系列的水生生物有毒。因此,蓄水与水生生物用水,采用氯胺消毒必须考虑到此问题。

## 三、漂白粉消毒

漂白粉由氯气和石灰加工而成,分子式可简单表示为 $CaOCl_2$,有效氯 25% ~ 30%。漂白精分子式为 $Ca(ClO)_2$,有效氯达 60% ~ 70%。两者均为白色粉末,有氯的气味,易受光、热和潮气作用而分解使有效氯降低,故必须放在阴凉干燥和通风良好的地方。漂白粉加入水中反应如下:

$$2CaClO_2 + 2H_2O \Longleftrightarrow 2HClO + Ca(OH)_2 + CaCl_2 \qquad (10—13)$$

反应后生成 HClO,因此消毒原理与氯气相同。

漂白粉需配成溶液加注,溶解时先调成糊状物,然后再加水配成 1.0% ~ 2.0%(以有效氯计)浓度的溶液。当投加在滤后水中时,溶液必须经过 4 ~ 24h 澄清、以免杂质带进清水中;若水混浊,会影响杀菌效果,对混浊水应先沉淀或过滤后再消毒。水温高,杀菌效果好,如水温太低,可适当增加漂白粉用量。

漂白粉消毒一般用于小水厂、临时性给水或农村家庭中对直接饮用的水源水进行消毒。

## 四、次氯酸钠消毒

次氯酸钠(NaOCl)是用发生器的钛阳极电解食盐水而制得,反应如下:

$$NaCl + H_2O \longrightarrow NaClO + H_2 \uparrow \tag{10—14}$$

次氯酸钠也是强氧化剂和消毒剂,但消毒效果不如氯强。次氯酸钠消毒作用仍依靠HClO,因此消毒原理与氯气相同。反应如下:

$$NaClO + H_2O \Longleftrightarrow HClO + NaOH \tag{10—15}$$

次氯酸钠发生器有成品出售。由于次氯酸钠易分解,故通常采用次氯酸钠发生器现场制取,就地投加,不宜贮运。制作成本就是食盐和电耗费用。次氯酸钠消毒通常用于小型水厂。

## 五、臭氧消毒

臭氧($O_3$)是氧($O_2$)的同素异形体,由3个氧原子组成。纯净的臭氧在常温常压下是具有淡蓝色的强烈刺激性气体,液态呈深蓝色。密度为 $2.144kg/m^3$($0℃$,760mmHg),是空气密度的1.7倍。臭氧易溶于水,在标准压力和温度下,臭氧在水中的溶解度比氧气大10倍,比空气大25倍。臭氧极不稳定,常温常压下会缓慢地自行分解成 $O_2$,同时放出大量的热量。浓度很低时有清新气味,浓度高时则有强烈的漂白粉味,有毒且有腐蚀性,空气中臭氧浓度达到 $1000mg/L$ 时对人即有致命危险,故在水处理中散发出来的臭氧尾气必须处理。

臭氧是在现场用空气或纯氧通过臭氧发生器高压放电、原子能射线、等离子体或紫外线产生的。臭氧发生器是臭氧生产系统的核心设备。如果以空气作气源,必须经过净化,除去空气中的杂质和水分,臭氧生产系统应包括空气净化和干燥装置以及鼓风机或空气压缩机,所产生的臭氧化空气中臭氧含量一般在 2% ~ 3%(重量比);如果以纯氧作为气源,臭氧生产系统应包括纯氧制取设备、所生产的是纯氧/臭氧混合气体,其中臭氧含量约达 6%(重量比)。由臭氧发生器出来的臭氧化空气(或纯氧)进入接触池,通过一定方式扩散到待处理的水中,并与待处理的水全面接触和完成预期反应。为获得最大传质效率、臭氧化空气(或纯氧)应通过微孔扩散器形成微小气泡均匀分散于水中。

臭氧有很强的消毒剂,其杀菌能力约是氯消毒的几百倍。因为臭氧具有很高的氧化电位,容易通过微生物细胞膜扩散,并能通过氧化微生物细胞的有机物或破坏有机体链状结构而导致细胞死亡。经臭氧消毒的水中病毒可在瞬间失去活性,细菌和病原菌也会被消灭,游动的壳体幼虫在很短时间内也会被彻底消除。作为消毒剂,由于臭氧在水中不稳定,易消失,故在臭氧消毒后,往往仍需投加少量氯、二氧化氯或氯胺以维持水中剩余消毒剂。臭氧作为唯一消毒剂的情况极少。

臭氧既是消毒剂,又是氧化能力很强的氧化剂。当前,臭氧作为氧化剂以去除水中有机污染物更为广泛。臭氧的氧化作用分直接作用和间接作用两种。臭氧直接与水中物质反应称直接作用。直接氧化作用有选择性且反应较慢。间接作用是指臭氧在水中可分解产生二级氧化剂—氢氧自由基·OH(表示 OH 带有一未配对电子,故活性极大)。·OH 是一种非选择性的强氧化剂($E^0 = 3.06V$),可以使许多有机物彻底降解矿化,且反应速度很快。不过,仅由臭氧产生的氢氧自由基量很少,除非与其他物理化学方程配合方可产生较多·OH。据有关专家认为,水中 OH¯及某些有机物是臭氧分解的引发剂或促进剂。臭氧消毒机理实际上仍是氧化作用,臭氧化可迅速杀灭细菌、病毒等。

臭氧作为消毒剂或氧化剂,其杀菌和氧化能力均比氯强。主要优点是剂量小、作用快,使消毒后水的致突变活性降低,并不会产生三氯甲烷等有害物质,但近年来有关臭氧化的副作用也引起人们关注。有的认为,水中有机物经臭氧化后,有可能将大分子有机物分解成分子较小的中间产物,提高了水中有机物的可生化性,增加了出水中的 AOC 和 BDOC 含量等,导致管网细菌的二次繁殖;当水中含有溴离子(Br¯)时,臭氧在降低了一部分 THM 的同时,会生成溴酸盐,它被国际癌症研究机构(IRAC)列为可能的致癌化合物,动物试验确认其有致癌性,微生物试验发现其有致突变性。因此,一般认为单独使用臭氧是不适宜的,通常把臭氧与粒状活性炭联用,一方面可避免上述副作用产生,同时也改善了活性炭吸附条件。

臭氧生产设备较复杂,投资较大,电耗也较高,目前我国应用很少,欧洲一些国家(特别是法国)应用最多。随着臭氧发生系统在技术上的不断改进,现在设备投资及生产臭氧的电耗均有所降低,加之人们对饮用水水质要求提高,臭氧在我国水处理中的应用也逐渐增多。

# 第十一章　水厂设计

## 第一节　设计步骤和设计原则

### 一、设计步骤

水厂设计一般分两阶段进行:扩大初步设计(简称扩初设计)和施工图设计。

对于大型的或复杂的工程,在扩初设计之前,往往还需要进行工程可行性研究或所需特定的试验研究。简单的小型工程,可行性研究比较简单,甚至可直接进行扩初设计。在扩初设计阶段,首先要进一步分析调查和核实已有资料。所需主要资料包括:地形、地质、水文、水质、地震、气象,编制工程概算所需资料、设备、管配件的价格和施工定额,材料、设备供应状况,供电状况,交通运输状况,水厂排污问题等。需要时,还应参观了解类似水厂的设计、施工和运行经验。最后确定水厂位置、工艺流程、处理构筑物型式和初步尺寸以及其他生产和辅助设施等,并初步确定水厂总平面布置和高程布置。

扩初设计经审批后,方可进行施工图设计,设计全部完成后,应向施工单位作施工交底,介绍设计意图和提出施工要求。在施工过程中如需作某些修改,应由设计者负责修改。施工完毕并通过验收后,设计者可配合建设单位有关人员进行水厂调试。

### 二、设计原则

有关水厂设计原则,这里仅重点提出以下几点:

(1)水处理构筑物的生产能力,根据最高日供水量加水厂自用水量进行设计,并以原水水质的不利情况进行校核;

(2)水厂应兼顾近期使用和远期发展。根据使用要求和技术经济合理性等因素,对近期工程亦可作分期建造的安排。对于扩建、改建工程,应从实际出发,充分发挥原有设施的效能,并应考虑与原有构筑物的合理配合;

(3)水厂设计中应考虑各构筑物或设备进行检修、清洗及部分停止工作时,仍能满足用水要求;

(4)水厂自动化程度,应本着提高供水水质和供水可靠性,降低能耗、药耗,提高科学管理水平和增加经济效益的原则,根据实际生产要求,技术经济合理性和设备供应情况,妥善确定;

(5)设计中必须遵守设计规范的规定。如果采用现行规范中尚未列入的新技术、新工艺、新设备和新材料,则必须通过科学论证,确证行之有效,方可付诸工程实际。

# 第二节　厂址选择

水厂厂址选择是城市规划、给水专项规划中的内容,应结合城市建设,在整个给水系统设计方案中进行全面规划,综合考虑,通过技术经济比较确定。在选择厂址时,一般应考虑以下几个问题:

(1)水厂应设置在城市河流上游,不易受洪水威胁的地方。自来水厂的防洪标准与城市防洪标准相同,或高于城市防洪标准,且设计洪水重现期不低于 100 年。

(2)厂址应选择在工程地质条件较好的地方。一般选在地下水位低、承载力较大、湿陷性等级不高、岩石较少的地层,以降低工程造价和便于施工;

(3)水厂应少占良田,并留有适当的发展余地,要考虑周围环境卫生条件和《生活饮用水水质标准》中规定的卫生防护要求;

(4)水厂应尽量设置在交通方便、靠近电源的地方,以利于施工管理和降低输电线路的造价,并考虑沉淀池排泥及滤池冲洗水排除方便;

(5)当取水地点距离用水区较近时,水厂一般设置在取水构筑物附近,通常与取水构筑物建在一起;当取水地点距离用水区较远时,水厂设置也可设置在离用水区较近的地方。具体设置方案应综合考虑各种因素并结合其他具体情况,通过技术经济比较确定。

# 第三节　水厂工艺流程与构筑物的选择

## 一、水厂工艺流程选择

给水处理工艺流程的选择,应根据原水水质及设计生产能力等因素,通过调查研究、必要的试验并参考相似条件下处理构筑物的运行经验,经技术经济比较后确定。

由于水源不同,水质各异,饮用水处理系统的组成和工艺流程多种多样。以地表水作为水源时,处理工艺流程中通常包括混合、絮凝、沉淀或澄清、过滤及消毒。其中混凝沉淀(或澄清)及过滤构筑物为水厂中主体构筑物。工艺流程见图 11 - 1。

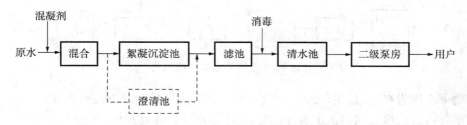

**图 11 - 1　地表水常规处理工艺流程**

当原水浊度较低(一般在 50NTU 以下)、不受工业废水污染且水质变化不大者,可省略混凝沉淀(或澄清)构筑物,原水采用双层滤料或多层滤料滤池直接过滤,也可在过滤前设一个微絮凝池,称微絮凝过滤。工艺流程见图 11 - 2。

当原水浊度高,含沙量大时,应增设预沉池或沉砂池,预沉池的作用为达到预期的混凝

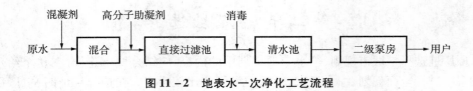

**图 11 - 2　地表水一次净化工艺流程**

沉淀效果,减少凝聚剂用量。工艺流程见图 11 - 3。

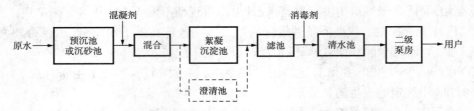

**图 11 - 3　高浊度水处理工艺流程**

若水源受到较严重的污染,可进行预处理(见图 11 - 4)或增设深度处理工艺(见图 11 - 5)。

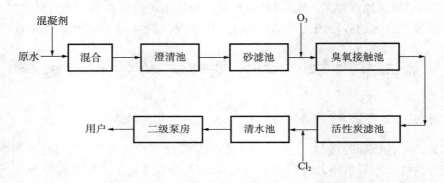

**图 11 - 4　受污染水源处理工艺**

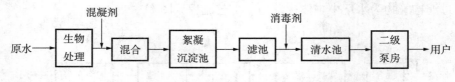

**图 11 - 5　受污染水源处理工艺**

以地下水作为水源时,由于水质较好,通常不需任何处理,仅经消毒即可。工艺简单。当地下水含铁锰量超过饮用水水质标准时,则应采取除铁除锰措施,见图 11 - 6。

**图 11 - 6　地下水除铁除锰工艺**

## 二、水处理构筑物类型选择

水处理构筑物类型的选择,应根据原水水质,处理后水质要求、水厂规模、水厂用地面积和地形条件等,通过技术经济比较确定。通常根据设计运转经验确定几种构筑物组合方案进行比较。

在选定处理构筑物型式组合以后,各单项构筑物(常规处理主要指:絮凝池、沉淀池、澄清池、滤池)处理效率或设计标准也有一个优化设计问题。因为设计规范中每种构筑物的设计参数均有一定的可变幅度。某一构筑物处理效率或设计标准往往与后续处理构筑物的处理效率密切相关。

以上只是简单介绍一下处理构筑物选型的分析比较方法,而且经验占有相当重要地位。

# 第四节　水厂平面设计

水厂的基本组成分为两部分:(1)生产构筑物:包括处理构筑物、清水池、二级泵站、药剂间等;(2)辅助建筑物:又分生产辅助建筑物和生活辅助建筑物两种,前者包括变配电室、化验室、机修间、仓库及值班室等,后者包括办公楼、食堂、职工宿舍等。

生产构筑物平面尺寸由设计计算确定。生活辅助建筑面积按水厂管理体制、人员编制和当地建筑标准确定。生产辅助建筑物面积根据水厂规模、工艺流程和当地情况确定。

当各构筑物和建筑物的个数和面积确定之后,应进行平面布置。水厂平面布置主要内容有:各种构筑物和建筑物的平面定位;各种管道、阀门及管道配件的布置;排水管(渠)及管井布置;道路、围墙、绿化及供电线路的布置等。水厂平面布置一般均需提出几个方案进行比较,以便确定在技术经济上较为合理的方案。水厂平面布置时,应考虑下述几点要求:

(1)分散露天布置,北方寒冷地区需有采暖设备的,可采用室内集中布置;

(2)布置紧凑、以减少水厂占地面积和连接管(渠)的长度,并便于操作管理,但各构筑物之间应留出必要的施工和检修间距和管(渠)道位置;

(3)充分利用地形,考虑由于构筑物设置引起的挖土方量和施工费用。例如构筑物中较浅的沉淀、澄清构筑物尽量布置在地势较高处,构筑物埋设最深的清水池尽量布置在地势较低处;

(4)各构筑物之间连接管(渠)应简单、短捷,尽量避免立体交叉,并考虑施工、检修方便。此外,有时也需设置必要的超越管道,以便某一构筑物停产检修时,减少对水厂供水的影响;

(5)建筑物布置应注意朝向和风向。如加氯间和氯库应尽量设置在水厂主导风向的下风向;泵房及其他建筑物尽量布置成南北向;

(6)有条件时(尤其大水厂)最好把生产区和生活区分开,这样考虑可使与生产无关人员不进入生产区,避免对生产造成干扰;

(7)对分期建造的工程,既要考虑近期的完整性,又要考虑远期工程建成后整体布局的合理性,还应考虑分期施工方便。

关于水厂内道路、绿化、堆场等设计要求见《室外给水设计规范》。

# 第五节　水厂高程设计

在处理工艺流程中,各构筑物之间水流以重力流为宜。两构筑物之间水面高差即为流程中的水头损失,包括构筑物本身,连接管道、计量设备等水头损失在内。水头损失应通过计算确定,并留有余地。各构筑物中的水头损失,一般按表11-1采用。

表11-1　处理构筑物中水头损失值

| 构筑物名称 | 水头损失/m | 构筑物名称 | 水头损失/m |
|---|---|---|---|
| 进水井格栅 | 0.15~0.30 | V型滤池 | 2.00~2.50 |
| 水力絮凝池 | 0.40~0.50 | 直接过滤滤池 | 2.50~3.00 |
| 机械絮凝池 | 0.05~0.10 | 无阀滤池 | 1.50~2.00 |
| 沉淀池 | 0.20~0.30 | 虹吸滤池 | 1.50~2.00 |
| 澄清池 | 0.60~0.80 | 活性炭滤池 | 0.60~1.50 |
| 普通快滤池 | 2.50~3.00 | 清水池 | 0.20~0.30 |

各构筑物之间的连接管(渠)断面尺寸由流速决定,其值一般按表11-2采用。当地形有适当坡度可以利用时,可选用较大流速;当地形平坦时,宜采用较小流速。在选定管(渠)道流速时,应适当留有水量发展的余地。

表11-2　连接管中设计流速及水头损失估算值

| 接连管段 | 允许流速/(m/s) | 水头损失/m | 附　注 |
|---|---|---|---|
| 一级泵站至絮凝池 | 1.00~1.20 | 按水力计算确定 | |
| 絮凝池至沉淀池 | 0.10~0.15 | 0.1 | 应防止絮凝体破碎 |
| 沉淀池或澄清池至滤池 | 0.60~1.00 | 0.30~0.50 | |
| 滤池至清水池 | 0.80~1.20 | 0.30~0.50 | |
| 快滤池反冲洗进水管 | 2.00~2.50 | 按短管水力计算 | 流速宜取下限留有余地 |
| 快滤池反冲洗排水管 | 1.00~1.20 | 按满管流短管水力计算 | |

当各项水头损失确定之后,便可进行构筑物高程布置。构筑物高程布置与厂区地形、地质条件及所采用的构筑物型式有关。当地形有自然坡度时,有利于高程布置;当地形平坦时,高程布置中既要避免清水池埋入地下过深,又应避免絮凝沉淀池或澄清池在地面上抬高而增加造价,尤其当地质条件差、地下水位高时。

# 第六节　水厂生产过程检测和控制

水厂生产过程中各工艺参数的连续检测,有利于生产监视和合理调度,有利于各种运行数据的积累分析、更为水厂自动化创造条件。水厂生产过程自动控制不仅是为了节省人力,更主要的是加强各自生产过程的合理运行,保证出水水质、水量和水压及生产安全,节省能耗和药耗,实行科学管理。

水厂自动化设计由电气自动化专业人员承担,这里仅就水厂运行检测要求和控制要求作一个简要介绍。

## 一、水厂内检测仪表的设置

水厂所用仪表,有一次仪表和二次仪表。一次仪表包括感受器和变送器,前者测定运行参数,后者把感受到的参数值变为电流或电压,传送到检阅中心或控制中心;二次仪表把测得的参数再显示出来。二次仪表把参数值显示在盘面上或显示屏上。水厂所用的仪表一部分是通用仪表,如压力、真空、差压、液位、流量、温度、电导率等仪表;一部分是水厂专用仪表,如浊度、余氯、pH、溶解氧、氨氮等仪表。水厂仪表的设置标准,也反映了水厂操作管理的科学化水平和自动化程度。有的水厂运行自动化程度较高;有的仅设若干简单仪表,基本上还是手动操作。根据我国目前情况,检测仪表设置大体如下:(1)出水流量指示、记录和积算;(2)出水压力指示、记录;(3)清水池水位指示、记录,并带有上、下限报警;(4)原水、沉淀水和滤后水浊度指示、记录、滤后水余氯汁;(5)滤池水头损失指示、记录并带上限报警;(6)冲洗水塔(箱)水位指示,记录并带有上下限报警;(7)原水水温及水位记录;(8)根据原水水质情况,安装水质检测仪表,如pH计、盐度计、溶解氧计、氨氮计、耗氧量计等;(9)根据需要,设置管网水压遥测装置。

以上检测仪表均安装在各有关生产部位。水厂设置中心控制室,集中安装全厂所有检测参数的二次仪表,并设巡回检测装置,定时打印所有检测参数。随着检测仪表产品不断改进和更新,自动化程度逐步提高,检测仪表设计标准也将不断提高相完善。

## 二、水厂自动化设计要求

水厂自动化程度可分成二级:第一级,水厂单项构筑物(如泵房、沉淀、澄清池、滤池等)自动控制;第二级,全厂自动控制。我国水厂自动化起步较晚,但近年发展较快,已有不少水厂实现了单项构筑物或生产工艺的自动控制,如自动加氯,泵房自动控制等。有的水厂(特别是新建大中型水厂)已实现了自源水取集直至二级泵站出水的连续监测和自动控制。

自动控制系统包括计算机和可编程控制器(PLC)以及相应的检测仪表等。目前一般采用集中监测,分散控制方式:中央控制室可以显示和监测全厂设备和构筑物的运行状态、运行参数和故障报警等;自动化程度高的则采用集中监测、集中控制方式:中央控制室可对各设备和构筑物进行遥控。

水厂内各工艺过程自动控制内容如下:

(1)取水泵房　取水泵房目前大都根据清水池水位调节水泵机组的运行台数及电动阀的启闭,包括真空泵自动引水及泵房内排水泵的自动开、停;

(2)二级泵房　二级泵房根据出水压力和流量来调节水泵运行台数和阀门的开启度。运行的水泵发生故障时,备用水泵能自动启动投入运行。泵房内的真空泵和排水泵自动开、停;

(3)投药自动控制　投氯量主要根据滤后水中余氯量来自动控制。也可以流量为比例作前馈控制,以出厂水余氯设定值为后馈调节,实行闭环控制;

(4)沉淀池和澄清池　目前澄清池和沉淀池的自动控制内容是排泥。可以定时自动排

泥,也可根据池中泥位自动排泥;

(5)滤池  目前主要是根据滤层水头损失或规定冲洗周期来控制滤池冲洗。如果是气水反冲洗,冲洗顺序和强度也可根据设定值进行自动控制。

以上各工艺过程均可用PLC进行控制。若设备发生故障,均会报警,有的会自动停止运行或采用安全措施。例如,若清水池水位过低或出水压力过大,二级泵房除发出警报外,水泵还会自动停运。

# 第三篇　污水处理

# 第十二章　污水的水质及水污染控制

## 第一节　污　水

### 污水的概念

污水是人类在自己的生活、生产活动中用过的,并为生活废料或生产废料所污染的水。污水是生活污水、工业废水、被污染的雨水的总称。生活污水是人类在日常生活中使用过的,并被生活废料所污染的水。工业废水可分为生产污水与生产废水两类,是在工厂企业生产活动中用过的水。生产污水是指在生产过程中形成,被有机或无机性的生产原料、半成品或成品等废料所污染,也包括热污染(生产过程中产生的高温水,水温超过60℃);生产废水是指在生产过程中形成,但未直接参与生产工艺,在生产中只起辅助作用,未被生产原料、半成品或成品污染或污染很轻,只是温度稍有上升的水(冷却水)。前一种废水是需要处理的,后者则不需要处理或只需要进行简单的处理。

初期雨水将被污染,由于初期雨水冲刷了地表的各种污物,污染程度很高,故宜作净化处理。

生活污水与工业废水(或经工矿企业局部处理后的生产污水)的混合污水称为城市污水。城市污水中生活污水和工业废水所占比例,则因城市不同而异。

污水的最终出路有三:一是排放水体;二是工农业利用;三是处理后回用。

排放水体是污水的自然归宿,水体对污水有一定的稀释和净化能力,排放水体也称为污水的稀释处理法。这是目前最常用的方式,也正如此,造成了水体普遍遭到污染的情况。

灌溉农田是污水利用的一种方式,也是污水处理的一种方法,也称为污水的土地处理法。

重复使用是一种合理的污水处置方式,有广阔的前途。重复使用的方式有:污水的直接复用或间接复用。污水的直接复用方式有循序使用和循环使用。采用循序使用和循环使用污水的企业比较广泛,工业企业的一个工序所产生的污水用于另一个工序叫作循序使用,而污水经回收并经处理后仍供原生产过程使用则是循环使用。

城市污水直接充作城市给水水源地实例目前较少,污水的间接地复用方式最常见。如一条河流既作为给水水源,也接受沿海城市和工业所排放的污水。A城市的污水经适当处理后排入河流中,然后又为下游城市B所取用。因此,地面水源中的水,在其最后排入海洋前已经被多次重复使用过了。

# 第二节 污染物形态及其指标

## 一、污染物形态

按物理性质,污水中的污染物质可以分为悬浮性物质、胶体物质和溶解性物质。悬浮性物质主要是指泥砂类无机物质和动植物生存过程中产生的物质或死亡后的腐败产物等有机物。胶体物质主要是指细小的泥砂、矿物质等无机物和腐殖质等有机物。溶解性质主要是指呈真溶液状态的离子和分子,如 $Ca^{2+}$、$Mg^{2+}$ 等。悬浮性物质(直径大于 1000nm)、胶体物质(直径介于 1~100nm)、溶解性物质(直径小于 1nm)。

悬浮性物质(简称悬浮物)是废水的一项重要水质指标。悬浮物的主要危害是造成沟渠管道和抽水设备的堵塞、淤积和磨损;造成接纳水体的淤积和土壤空隙的堵塞;造成水生生物的呼吸困难;造成给水水源的浑浊;干扰废水处理和回收设备的工作。由于绝大多数污水中都含有数量不同的悬浮物,因此去除悬浮物就成为废水处理的一项基本任务。溶解固体(DS)中的胶体是造成废水浑浊和色度的主要原因。少数污水含有很高的溶质(主要为无机盐类),对农业和渔业有不良影响。

## 二、污染物质特征及的污染指标

### (一) 可生物降解的有机污染物——耗氧有机污染物

耗氧有机污染物包括碳水化合物、蛋白质、脂肪等自然生成的有机物。可以在有氧或无氧的情况下,通过微生物的代谢作用降解成为无机物。耗氧有机污染物是生活污水中的主要杂质,是污水处理中优先考虑去除的污染物,通常用 BOD、COD、TOD、TOC 来表征该类物质在水中的含量。

**1. 生化需氧量(BOD)**

水中有机污染物被好氧微生物分解时所需的氧量称为生化需氧量(以 mg/L 为单位)。它反映了在有氧的条件下,水中可生物降解的有机物的量。生化需氧量愈高,表示水中需氧有机污染物越多。有机污染物被好氧微生物氧化分解的过程,一般可分为两个阶段:第一阶段主要是有机物被转化成二氧化碳、水和氨;第二阶段主要是氨被转化为亚硝酸盐和硝酸盐。污水的生化需氧量通常只指第一阶段有机物生物氧化所需的氧量。微生物的活动与温度有关,测定生化需氧量时一般以 20℃ 作为测定的标准温度。一般生活污水中的有机物需 20 天左右才能基本上完成第一阶段的分解氧化过程,即测定第一阶段的生化需氧量至少需 20 天时间,这在实际工作中有困难。目前以 5 天作为测定生化需氧量的标准时间,简称 5 日生化需氧量(用 $BOD_5$ 表示)。据实验研究,一般有机物的 5 日生化需氧量约为第一阶段生化需氧量的 70%,对其他工业废水来说,它们的 5 日生化需氧量与第一阶段生化需氧量之差,可以较大或比较接近,不能一概而论。

**2. 化学需氧量(COD)**

化学需氧量是用化学氧化剂氧化水中有机污染物时所消耗的氧化剂量,用氧量(mg/L)表示。化学需氧量越高,也表示水中有机污染物越多。常用的氧化剂主要是重铬酸钾和高锰酸钾。以高锰酸钾作氧化剂时,测得的值称 $COD_{Mn}$ 或简称 OC。以重铬酸钾作氧化剂时,测得的值称 $COD_{Cr}$,或简称 COD。如果污水中有机物的组成相对稳定,则化学需氧量和生化需氧量之间应有一定的比例关系。一般说,重铬酸钾化学需氧量与第一阶段生化需氧量之差,可以粗略地表示不能被需氧微生物分解的有机物量。

**3. 总有机碳(TOC)与总需氧量(TOD)**

目前应用的 5 日生化需氧量($BOD_5$)测试时间长,不能快速反映水体被有机质污染的程度。有时进行总有机碳和总需氧量的试验,以寻求它们与 $BOD_5$ 的关系,实现自动快速测定。

总有机碳(TOC)包括水样中所有有机污染物质的含碳量,也是评价水样中有机污染质的一个综合参数。有机物中除含有碳外,还含有氢、氮、硫等元素,当有机物全都被氧化时,碳被氧化为二氧化碳,氢、氮及硫则被氧化为水、一氧化氮、二氧化硫等,此时需氧量称为总需氧量(TOD)。

TOC 和 TOD 都是燃烧化学氧化反应,前者测定结果以碳表示,后者则以氧表示。TOC、TOD 的耗氧过程与 BOD 的耗氧过程有本质不同,而且由于各种水样中有机物质的成分不同,生化过程差别也较大。各种水质之间 TOC 或 TOD 与 BOD 不存在固定的相关关系。在水质条件基本相同的条件下,BOD 与 TOC 或 TOD 之间存在一定的相关关系。

### (二)难生物降解的有机污染物

这类物质化学性质稳定,不易被微生物降解,主要包括一些人工合成化合物及纤维素、木质素等植物残体。如农药 DDT、酚类化合物、高分子合成聚合物等。酚有蓄积作用,对人和鱼类危害很大,它使细胞蛋白质变性和沉淀,刺激中枢神经系统,降低血压和体温,麻痹呼吸中枢。苯并(α)芘是众所周知的致癌物。多氯联苯能引起面部肿瘤、骨节肿胀、全身性皮疹、肝损伤等,并有致癌作用。有机农药(杀虫剂、除草剂、选种剂)分有机氯、有机磷和有机汞三大类。有机氯(DDT、六六六、艾氏剂、狄氏剂等)的毒性大、稳定性高。DDT 能蓄积于鱼脂中,可高达 12500 倍,使卵不能孵化。

### (三)无直接毒害作用的无机污染物

这一类物质,大致可分为三类:一类是地面覆盖物,如泥砂、矿渣等颗粒状无机物质;一类是酸、碱及无机盐类;一类是氮、磷等营养杂质。

**1. 颗粒状无机杂质**

泥砂、矿渣等属于颗粒状无机杂质,虽无毒害作用,但影响水体的透明度、流态等物理性质。它们和有机颗粒状杂质统称为悬浮固体或悬浮物。悬浮固体在水中的状态有三种:比重小于水的悬浮物浮于水面,形成浮渣;比重大于水的悬浮物沉于水底,称为可沉固体,以有机污染物为主要成分的可沉固体称为污泥,以无机污染物为主要成分的可沉固体称为沉渣;比重接近或小于水的悬浮物,在水中呈悬浮状态。

**2. 酸、碱度**

一般用 pH 表示酸碱度。pH 对环境保护、给水与污水处理的影响很大。当 pH 超过 6 ~ 9 的范围,对人、畜,特别是对水生生物会造成危害作用。对给水与污水的物理化学及生物处理也会产生影响。尤其是 pH 低于 6 的酸性污水,对水下管渠、污水处理构筑物与设备(如水泵)有腐蚀作用。

**3. 氮、磷等营养杂质**

污水中的氮、磷主要来源于人体及动物的排泄物及化肥等,是导致湖泊、水库、海湾等水体富营养化的主要物质。水体的富营养化是指富含磷酸盐和某些形式的氮素的水,在光照和其他环境条件适宜的情况下,水中所含的这些营养物质足以使水体中的藻类过量生长,在随后的藻类死亡和随之而来的异养微生物代谢活动中,水体中的溶解氧很可能被耗尽,造成水体质量恶化和水生态环境结构破坏的现象。水体的富营养化危害很大,对人类健康、水体功能等都有损害。

**4. 热污染**

废水温度过高的危害,叫做热污染,其危害表现在:融化和破坏管道接头;破坏生物处理过程;危害水生物和农作物;加速水体的富营养化过程。反映热污染的水质指标为"温度"。

**5. 感官污染物**

废水中的异色、浑浊、泡沫、恶臭等现象能引起人们感官上的极度不快。对于供游览和文体活动的水体而言,其危害更为严重。各类水质标准中,对色度、臭味、浊度、漂浮物等水质指标作了相应的规定。

### (四)有直接毒害作用的无机污染物

无机化学毒物分为金属和非金属两类。金属毒物主要为重金属(相对密度大于 4~5)。废水中的重金属主要是汞、铬、镉、铅、锌、镍、铜、钴、锰、钛、钒、钼、锑、铋等,特别是前几种危害更大。在轻金属中,铍是一种重要的毒物。

甲基汞能大量积累于大脑中,引起乏力、末梢麻木、动作失调、精神混乱、疯狂痉挛。六价铬中毒时能使鼻膈穿孔,皮肤及呼吸系统溃疡,引起脑膜炎和肺癌。铬中毒时引起全身疼痛、腰关节受损、骨节变形,有时还会引起心血管病。铅中毒时引起贫血、肠胃绞疼、知觉异常、四肢麻痹。镍中毒时引起皮炎、头疼、呕吐、肺出血、虚脱、肺癌和鼻癌。锌中毒时能损伤胃肠等内脏,抑制中枢神经,引起麻痹。铜中毒时引起脑病、血尿和意识不清。铍中毒能引起急性刺激,招致结膜炎、溃疡、肿瘤和肺部肉芽肿大(铍肺病)。

作为毒物,重金属具有以下特点:(1)其毒性以离子状态存在时最为严重,故通常称重金属离子毒物;(2)不能被生物降解,有时还可被生物转化为更毒的物质(如无机汞被转化为烷基汞);(3)能被生物富集于体内,既危害生物,又能通过食物链危害人体。

重要的非金属毒物有砷、硒、氰、氟、硫($S^{2-}$)、亚硝酸根离子($NO^{2-}$)等。砷中毒时能引起中枢神经紊乱,诱发皮肤癌等。硒中毒时能引起皮炎、嗅觉失灵、婴儿畸变、肿瘤。氰中毒时能引起细胞窒息、组织缺氧、脑部受损等,最终可因呼吸中枢麻痹而导致死亡。氟中毒时能腐蚀牙齿,引起骨骼变脆或骨折;氟对植物的危害很大,能使之枯死。硫中毒时,引起呼吸麻痹和昏迷,最终导致死亡。亚硝酸盐能使幼儿产生变性血红蛋白,造成人体缺氧;亚硝酸盐在人体内还能与仲胺生成亚硝胺,具有强烈的致癌作用。

必须指出的是许多毒物元素,往往是生物体所必须的微量元素,只是在超过水质标准时,才会致毒。

# 第三节　水体污染

## 一、水体污染的概念

人类的活动使得大量污染物质排入水体。这些污染物质使水体的物理、化学性质或生物群落组成发生变化，从而降低了水体的使用价值，这种现象称为水体污染。由于工业化的兴起和发展，人类在生物圈中的活动日益加剧，水体污染的现象也日趋严重。因此，产生了许多公害事件，如日本的水俣事件和富山事件都是因水体污染造成的危害。水体污染的严重后果不仅在于危及人类身体健康，同时也对工农业生产造成危害。

造成水体污染的因素是多方面的，向水体排放未经妥善处理的城市污水和工业废水（点源污染）；施用的化肥、农药以及城市地面的污染物，被雨水冲刷，随地面径流而进入水体（面源污染）；随大气扩散的有毒物质通过重力沉降或降水过程而进入水体等。从污染的性质划分，可分为物理性污染、化学性污染和生物性污染。物理性污染是指水的浑浊度、温度和颜色发生改变，水面的漂浮油膜、泡沫以及水中含有的放射性物质增加等；化学性污染包括有机化合物和无机化合物的污染，如水中溶解氧减少，溶解盐类增加，水的硬度变大，酸碱度发生变化或水中含有某种有毒化学物质等；生物性污染是指水体中进入了细菌和污水微生物等。

## 二、水体污染源和污染物

水污染主要由人类活动产生的污染物而造成的，它包括工业污染源、生活污染源和农业污染源三大部分。

### （一）工业污染源

各种工业生产中所产生的废水排入水体就造成了工业污染源。不同的工业所产生的工业废水中所含污染物的成分有很大差异，这是由于各种工业加工的原料不同、工艺过程不同造成的。冶金工艺所产生的废水主要有冷却水、洗涤水和冲洗水等。冷却水中的直接冷却水由于与产品接触，其中含有油、铁的氧化物、悬浮物等；洗涤水为除尘和净化煤气、烟气用水，其中含有酚、氰、硫化氰酸盐、硫化物、钾盐、焦油、悬浮物、氧化铁、石灰、氟化物、硫酸等；冲洗水中含有酸、碱、油脂、悬浮物和锌、锡、镍、铬等。在上述废水中，以含氰、含酚废水危害最大。有色冶金工业所排出的废水，多含汞、砷、锡、铬等元素，是水体中重金属污染物质的来源。此外，有色冶金遗留的大量矿渣，经雨水冲洗，流入地表和地下水中成为水体中污染物质。轻工业所加工的原料多为农副产品，因此工业废水主要含有机质，有时还常含有大量的悬浮物质、硫化物和重金属，如汞、镉、砷等。化学工业的产品很多，因此化学工业废水的成分也很复杂，在废水中常含有多种有害、有毒，甚至剧毒物质，如氰、酚、砷、汞等。有的物质难以降解，但却能通过食物链在生物体内富集，造成危害，如 DDT、多氯联苯等。此外，化工废水中有的具有较强的酸度，有的则显较强的碱性，pH 不稳定，这些废水对人体的生态环境，水体中的建筑设施和农作物都有危害，一些废水中含氮、磷均很高，易造成水体富营养化。有的污染物即使含量甚微，但通过食物链的物质循环富集，会造成水生动物和人中毒。

总之，工业污染源向水体制排放的废水具有量大、面广、充分复杂的特点，是重点解决的污染源。

## （二）城市生活污水

城市居民聚集地区所产生的生活污水。多为洗涤水和冲刷器物所产生的污水,因此,主要由一些无毒有机物,如糖类、淀粉、纤维素、油脂、蛋白质、尿素等组成。其中含氮、磷、硫较高。此外,还伴有各种洗涤剂,这是另一类污染源,它们对人体有一定危害。在生活污水中还含有相当数量的微生物,其中一些病原体,如病菌、病毒、寄生虫等,都对人的健康有较大危害。

## （三）农村污水和灌溉水

农村污水和灌溉水是水体污染的主要来源。由于农田施用化学农药和化肥,灌溉后或经雨水将农药和化肥带入水体造成农药污染或富营养化。在污水灌溉区,河流、水库、地下水都会出现污染,同时也就出现土壤污染、食品污染。

此外,船舶在水域中航行时,会对水域造成污染,其主要污染物是油,其次还有因洗刷船舶带来的污水以及向水中倾倒废物等。在海上,原油泄露也会造成严重的污染。

## 三、水污染的危害

水体污染影响工业生产、增大设备腐蚀、影响产品质量,甚至使生产不能进行下去。水的污染,又影响人民生活,破坏生态,直接危害人的健康,损害很大。

### （一）危害人的健康

水污染后,通过饮水或食物链,污染物进入人体,使人急性或慢性中毒。砷、铬、铵类、苯并（α）芘等,还可诱发癌症。被寄生虫、病毒或其他致病菌污染的水,会引起多种传染病和寄生虫病。重金属污染的水,对人的健康均有危害。被镉污染的水、食物,人饮食后,会造成肾、骨骼病变,摄入硫酸镉 20mg,就会造成死亡。铅造成的中毒,会引起贫血,神经错乱。六价铬有很大毒性,引起皮肤溃疡,还有致癌作用。饮用含砷的水,会发生急性或慢性中毒。砷使许多酶受到抑制或失去活性,造成机体代谢障碍,皮肤角质化,引发皮肤癌。有机磷农药会造成神经中毒,有机氯农药会在脂肪中蓄积,对人和动物的内分泌、免疫功能、生殖机能均造成危害。稠环芳烃多数具有致癌作用。氰化物也是剧毒物质,进入血液后,与细胞的色素氧化酶结合,使呼吸中断,造成呼吸衰竭窒息死亡。世界卫生组织调查发现世界上 80% 的疾病与水有关。伤寒、霍乱、胃肠炎、痢疾、传染性肝类是人类五大疾病,均由水的不洁引起。

### （二）对工农业生产的危害

水质污染后,工业用水必须投入更多的处理费用,造成资源、能源的浪费,食品工业用水要求更为严格,水质不合格,会使生产停顿。这也是工业企业效益不高,质量不好的因素。农业使用污水,使作物减产,品质降低,甚至使人畜受害,大片农田遭受污染,降低土壤质量。海洋污染的后果也十分严重,如石油污染,造成海鸟和海洋生物死亡。

### （三）水的富营养化的危害

在正常情况下,氧在水中有一定溶解度。溶解氧不仅是水生生物得以生存的条件,而且氧参加水中的各种氧化－还原反应,促进污染物转化降解,是天然水体具有自净能力的重要原因。含有大量氮、磷、钾的生活污水的排放,大量有机物在水中降解放出营养元素,促进水中藻类丛生,植物疯长,使水体通气不良,溶解氧下降,甚至出现无氧层。以致使水生植物大量死亡,水面发黑,水体发臭形成"死湖"、"死河"、"死海",进而变成沼泽。富营养化的水臭味大、颜色深、细菌多,水中的鱼大量死亡,这种水的水质差,不能直接利用。

# 第四节　水体的自净作用

## 一、水体的自净作用

污水排入水体后,一方面对水体产生污染,另一方面水体本身有一定的净化污水的能力,即经过水体的物理、化学与生物的作用,使污水中污染物的浓度得以降低,经过一段时间后,水体往往能恢复到受污染前的状态,污染物并在微生物的作用下进行分解,从而使水体由不洁恢复为清洁,这一过程称为水体的自净过程。

水体的自净是一个比较复杂的过程,按照净化机理可分为3类:物理净化作用、化学净化作用、生物化学净化。

### (一)物理净化作用

污染物质由于稀释、扩散、混合和沉淀等过程而降低浓度。污水进入水体后,可沉性固体在水流紊动较弱的地方逐渐沉入水底,形成污泥。悬浮体、胶体和溶解性污染物因混合、稀释,浓度逐渐降低。污水稀释的程度用稀释比表示。对河流来说,用参与混合的河水流量与污水流量之比表示。污水排入河流经相当长的距离才能达到完全混合。因此这一比值是变化的。达到完全混合的距离受许多因素的影响。主要有:稀释比、河流水文情势、河道弯曲程度、污水排放口的位置和型式等。在湖泊、水库和海洋中影响污水稀释的因素还有水流方向、风向和风力、水温和潮汐等。

### (二)化学净化作用

污染物质由于氧化还原、酸碱反应、分解化合和吸附凝聚等化学或物理化学作用而降低浓度。流动的水体从水面上大气溶入氧气,使污染物中铁、锰等重金属离子氧化,生成难溶物质析出沉降。某些元素在一定酸性环境中形成易溶性化合物,随水漂移而稀释;在中性或碱性条件下,某些元素形成难溶化合物而沉降。天然水中的胶体和悬浮物质微粒,吸附和凝聚水中污染物,随水流运移或逐渐沉降。

### (三)生物化学净化作用

这是地面水自净作用中最重要和最活跃的过程。在河流、湖泊、水库等水体中生活着的细菌、真菌、藻类、水草、原生动物、贝类、昆虫幼虫、鱼类等生物,通过它们的代谢作用可使水体中污染物数量减少,直至消失,这就是生物净化过程。淡水生态系统中的生物净化以细菌为主,需氧微生物在溶解氧足够时,可将悬浮和溶解在水中的有机物分解成简单、稳定的无机物,如二氧化碳、水、硝酸盐和磷酸盐等,使水体得到自净。

由于其本身的物理、化学性质和生物的作用,可使水体在一定时间内及一定的条件下逐渐恢复到原来的状态。以一条河流来说,当污染物质排入河流后,首先被河水混合、稀释和扩散,比水重的粒子即沉降堆积在河床上。接着可氧化的物质则被水中的氧气所氧化。而有机物质通过水中的微生物的作用,进行生物氧化分解,还原成液体或气体的无机物。另外,阳光还可以杀死某些病原菌。与此同时,河流的表面又不断地从大气中获得氧气,使氧化过程和微生物所消耗的氧气得到补充。在这种情况下,经过一段时间,河水流到一定距离时,就恢复到原来清洁的状态。这一过程,按河流的水流方向大体分为四段:第一为污染段,由于大量污染物混入,河流水质恶化,水中溶解氧极少,除了细菌外,其他生物很少,特别是几乎不存在自养型生物;第二为分解段,分解有机物的生物逐渐繁殖,生物分解活动激烈,大量消耗溶解氧,鱼类难以生存,出现藻类和需氧较低的原生动物等,而在生化需氧量逐渐降低后,水中溶解氧又逐渐增加;第三为恢复段,藻类、鱼类和其他大型生物重新又活跃起来,水质逐渐变清;第四为清水段,溶解氧接近饱和,水质清洁,自净过程到此完成。水的自净能力与水体的水量和流速等因素有关。

## 二、河流氧垂曲线

有机物质排入河流后,可被水中微生物氧化分解,同时消耗水中的溶解氧(DO)。所以,受有机污染物污染的河流,水中溶解氧的含量受有机物染污物的降解过程控制。溶解氧含量是河流生态系统保持平衡的主要因素之一。溶解氧的急剧降低甚至消失,会影响水体生态系统平衡和渔业资源,当 DO < 1mg/L 时,大多数鱼类便窒息而死,因此研究 DO 的变化规律具有重要的实际意义。

水体受到污染后,水体中溶解氧逐渐被消耗,到临界点后又逐步回升的变化过程,称氧垂曲线。如图 12-1 所示河流中的 $BOD_5$ 与 DO 的变化曲线

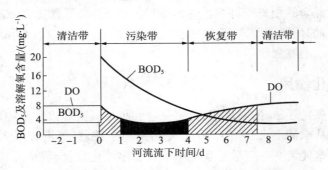

**图 12-1 河流中的 $BOD_5$ 与 DO 的变化曲线**

横坐标从左至右表示河流的流向和距离(流经的距离以公里计,流经的时间以日计)。纵坐标表示溶解氧和生化需氧量的浓度,将污水排入河流处定为基点 O,向上游去的距离取负值,向下游去的距离取正值。

由 BOD 曲线可以看出:在上游未受污染的区域,BOD 很低,在 O 点有污水注入后,BOD 急剧上升。由此向下,随着分解作用的进行,BOD 逐渐降低,慢慢恢复到污水注入前的水平。

由溶解氧曲线可以看出:溶解氧与 BOD 有非常密切的关系。在污水未注入前,河水中溶解氧很高,污水注入后因分解作用耗氧,溶解从 O 点开始向下游逐渐降低,从 O 点流下

2.5 日,降至最低点。以后又回升,最后恢复到近于污水注入前的状态。在污染河流中溶解氧曲线呈下垂状,称为溶解氧下垂曲线。

在污染河段两组作用影响着水中溶解氧的含量:一组作用使水中溶解氧含量降低,即有机污染物分解作用耗氧和有机体呼吸作用耗氧,这一组作用简称耗氧作用;另一组作用使水中富集氧,如空气中的氧溶于水,水生植物的光合作用放出氧等。空气氧溶于水的作用简称为曝气作用(复氧作用)。

## 第五节　水污染控制方式

水体污染控制和水环境保护要从两方面着手:一方面制订水体的环境质量标准,保证水体质量和水域使用目的;另一方面要制订污水排放标准,对必须排放的工业废水和生活污水进行必要而适当的处理。

水环境污染的区域性综合防治,要一靠管理,二靠技术。就管理而言,不仅应建立高效率的环境管理机构,还应有科学的管理体制和相应的污染预防制度。就技术而言,应从我国和当地的具体情况出发,有分析、有选择有针对性地学习和借鉴国内外现有的水污染控制技术,制定正确的技术路线,选用或者开发既经济又有效的技术和设施,以实现水污染的优化控制。总的原则是:加强管理,以防为主,综合防治;保护并开发利用自然资源,维护生态的良性循环;依靠技术进步和科学管理,采取符合我国国情和不同地区环境特点的先进适用技术。

### 一、污水排放标准

为了保护环境不受污染的危害,排放的废水必须符合国家颁布的《污水综合排放标准(GB 8978—88)》。就其危害性质而言可分为两大类:第一类污染物能在环境或动植物体内积蓄,对人类的健康产生长远的不良影响。含此类污染物的废水一律在车间或车间处理设施排放口处取样分析,并要求其含量必须符合表 12－1 的规定;第二类污染物的影响小于第一类污染物,规定的取样地点为排污单位的排放口,其最高允许排放浓度要按地面水使用功能的要求和污水排放去向,分别执行表 12－2 中的一、二、三级标准。

表 12－1　第一类污染物最高允许排放浓度

| 序号 | 污染物 | 最高允许排放浓度/(mg/L) |
|---|---|---|
| 1 | 总汞 | 0.05 |
| 2 | 烷基汞 | 不得检出 |
| 3 | 总镉 | 0.1 |
| 4 | 总铬 | 1.5 |
| 5 | 六价铬 | 0.5 |
| 6 | 总砷 | 0.5 |
| 7 | 总铅 | 1.0 |
| 8 | 总镍 | 1.0 |
| 9 | 苯并(α)芘 | 0.00003 |

| 序号 | 污染物 | 最高允许排放浓度/（mg/L） |
|---|---|---|
| 10 | 总铍 | 0.005 |
| 11 | 总银 | 0.5 |
| 12 | 总 α 放射性 | 1Bq/L |
| 13 | 总 β 放射性 | 10Bq/L |

表 12-2　第二类污染物最高允许排放浓度（mg/L）

| 序号 | 污染物 | 适用范围 | 一级标准 | 二级标准 | 三级标准 |
|---|---|---|---|---|---|
| 1 | pH | 一切排污单位 | 6~9 | 6~9 | 6~9 |
| 2 | 色度（稀释倍数） | 染料工业 | 50 | 180 | —— |
| | | 其他排污单位 | 50 | 80 | —— |
| | | 采矿、选矿、选煤工业 | 100 | 300 | —— |
| | | 脉金选矿 | 100 | 500 | —— |
| 3 | 悬浮物（SS） | 边远地区砂金选矿 | 100 | 800 | —— |
| | | 城镇二级污水处理厂 | 20 | 30 | —— |
| | | 其他排污单位 | 70 | 200 | 400 |
| | | 甘蔗制糖、苎麻脱胶、湿法纤维板工业 | 30 | 100 | 600 |
| 4 | 五日生化需氧量（BOD₅） | 甜菜制糖、酒精、味精、皮革、化纤浆粕工业 | 30 | 150 | 600 |
| | | 城镇二级污水处理厂 | 20 | 30 | —— |
| | | 其他排污单位 | 30 | 60 | 300 |
| | | 甜菜制糖、焦化、合成脂肪酸、湿法纤维板、染料、洗毛、有机磷农药工业 | 100 | 200 | 1000 |
| | | 味精、酒精、医药原料药、生物制药、苎麻脱胶、皮革、化纤浆粕工业 | 100 | 300 | 1000 |
| | | 石油化工工业（包括石油炼制） | 100 | 150 | 500 |
| 5 | 化学需氧量（COD） | 城镇二级污水处理厂 | 60 | 120 | —— |
| | | 其他排污单位 | 100 | 150 | 500 |
| 6 | 石油类 | 一切排污单位 | 10 | 10 | 30 |
| 7 | 动植物油 | 一切排污单位 | 20 | 20 | 100 |
| 8 | 挥发酚 | 一切排污单位 | 0.5 | 0.5 | 2.0 |
| 9 | 总氰化合物 | 电影洗片（铁氰化合物） | 0.5 | 5.0 | 5.0 |
| | | 其他排污单位 | 0.5 | 0.5 | 1.0 |
| 10 | 硫化物 | 一切排污单位 | 1.0 | 1.0 | 2.0 |

| 序号 | 污染物 | 适用范围 | 一级标准 | 二级标准 | 三级标准 |
|---|---|---|---|---|---|
| 11 | 氨氮 | 医药原料药、染料、石油化工工业 | 15 | 50 | —— |
| | | 其他排污单位 | 15 | 25 | —— |
| | | 黄磷工业 | 10 | 20 | 20 |
| 12 | 氟化物 | 低氟地区（水体含氟量＜0.5mg/L） | 10 | 20 | 30 |
| | | 其他排污单位 | 10 | 10 | 20 |
| 13 | 磷酸盐（以P计） | 一切排污单位 | 0.5 | 1.0 | |
| 14 | 甲醛 | 一切排污单位 | 1.0 | 2.0 | 5.0 |
| 15 | 苯胺类 | 一切排污单位 | 1.0 | 2.0 | 5.0 |
| 16 | 硝基苯类 | 一切排污单位 | 2.0 | 3.0 | 5.0 |
| 17 | 阴离子表面活性剂（LAS） | 合成洗涤剂工业 | 5.0 | 15 | 20 |
| | | 其他排污单位 | 5.0 | 10 | 20 |
| 18 | 总铜 | 一切排污单位 | 0.5 | 1.0 | 2.0 |
| 19 | 总锌 | 一切排污单位 | 2.0 | 5.0 | 5.0 |
| 20 | 总锰 | 合成脂肪酸工业 | 2.0 | 5.0 | 5.0 |
| | | 其他排污单位 | 2.0 | 2.0 | 5.0 |
| 21 | 彩色显影剂 | 电影洗片 | 2.0 | 3.0 | 5.0 |
| 22 | 显影剂及氧化物总量 | 电影洗片 | 3.0 | 6.0 | 6.0 |
| 23 | 元素磷 | 一切排污单位 | 0.1 | 0.3 | 0.3 |
| 24 | 有机磷农药（以P计） | 一切排污单位 | 不得检出 | 0.5 | 0.5 |
| 25 | 粪大肠菌群数 | 医院*、兽医院及医疗机构含病原体污水 | 500 个/L | 1000 个/L | 5000 个/L |
| | | 传染病、结核病医院污水 | 100 个/L | 500 个/L | 1000 个/L |
| 26 | 总余氯（采用氯化消毒的医院污水） | 医院*、兽医院及医疗机构含病原体污水 | ＜0.5** | ＞3（接触时间≥1h） | ＞2（接触时间≥1h） |
| | | 传染病、结核病医院污水 | ＜0.5** | ＞6.5（接触时间≥1.5h） | ＞5（接触时间≥1.5h） |

注：＊指50个床位以上的医院；

＊＊加氯消毒后须进行脱氯处理，达到本标准。

## 二、水污染区域性防治的管理

### （一）建立完整的水环境保护法律体系

我国现已颁布了《中华人民共和国环境保护法》，以及与其相适应的单项环境污染控制法规，如《水污染防治法》、《中华人民共和国水法》、《地面水环境质量标控》、《海水水质标准》、《生活饮用水卫生标准》、《渔业水质标准》、《污水综合排放标准》等;同时,还制定了一些地方性的法规和区域性环境管理的有关规定、条例等。我国已基本形成了较为完整的水环境保护法律体系。

### (二)建立和健全综合防治管理机构

对任何一个流域或区域的水资源,必须统一考虑其水量和水质。水资源合理利用与水污染防治有着不可分割的关系。过去,我国城市水资源往往由供水、用水、管水、治水等部门分散管理,缺乏一个统一的权威管理机构,政出各门,效果不佳。为了搞好区域性污染综合防治,应该建立和健全相应的统一管理的组织机构。

### (三)实施排污许可证制度

建立在总量控制基础之上的排污许可证制度,是实施水环境区域性综合防治方案的可靠保证。排污单位首先应填报《排放水污染物许可证申请表》,目的在于明了污染性质和排放现状,准确、全面地研究污染源的可控制性。管理部门则根据区域水环境的环境容量,在污染者之间进行合理分配。分配时不仅要以各污染源排污量大小为依据,而且应根据经济发展的需要来合理安排。对那些污染大,经济效益差的污染者应相应减少其允许排放量,促使其治理。近年来试行的结果表明,根据水域的环境容量确定污染物的排放总量并进行优化分配,不仅有利于环境质量的控制,而且能推动企业加强环境管理和采取有效的技术措施。对于一些小型污染源,可以参与临近污染源的集中控制,不必自搞一套。

### (四)建立水污染综合防治投资制度

对水污染综合防治的投资管理来说,目前最迫切的是建立合理的资金来源渠道,资金使用和资金检查制度。

排污收费制度开辟了两条可靠的污染治理资金渠道,但单靠这部分资金显然不够。企业每年应拿出一定数量的资金用于污染治理,此外,国家每年也应拨出一定数量的资金用作环保经费贷款,在资金的使用上,要严格执行《污染源治理专项资金有偿使用暂行办法》等有关规定,使有限的资金做到合理使用,发挥最大的经济效益、社会效益和环境效益。

## 三、水环境区域性综合防治的工程技术措施

### (一)严格控制污染源减少排污

采用生产工艺无害化、闭路化和工业用水循环化等措施,可以做到少排污甚至不排污。对那些因生产工艺落后致使耗水量较大或生产原料、中间产品选择不佳,附带形成的污染较重的企业,进行技术改造,是防治污染最根本的一条。对因管理不当而造成严重污染的企业,则可通过加强科学管理来减少污染物的排放量,如健全企业内部供排水定量化管理制度;实现清浊分流;杜绝跑、冒、滴、漏等。

### (二)修建有效的废水处理设施

对于城市污水及与其性质相近的废水,在修建处理厂时,应向区域化、大型化发展。与

中、小型废水处理厂相比,大型废水处理厂较经济,管理效率高,处理效果好。

### (三)充分利用水体自净能力

充分利用和增加河流的自净稀释能力是治理污染河流的较为经济有效的措施之一。不少国家通过修筑大坝水库、开辟贮水湖、增加枯水期流量、引水冲污,疏通河道和河内人工克氧等途径来增加可以利用的稀释水量和河水中的溶解氧,以此加强河流的自净能力、增大水环境容量、减少治理费用。还可通过修建贮存塘或贮存－调节塘,在水系的枯水期即其自净容量最小时,贮存或调节废水量,减少向自然水体的排污量,使之保持较好的水质状态。

## 第六节　污水处理的基本方法与工艺流程

污水处理的基本方法,就是采用各种技术与手段,依据污水的水质、水量,将污水中所含的污染物质分离去除,回收其中有用物质,或将其转化为无害物质,使水得到净化。同时根据排放水体的具体要求,确定处理方法。

污水处理技术,按原理可分物理处理方法,化学处理方法和生化处理方法 3 类。

物理处理方法:利用物理作用分离污水中主要呈悬浮固体状态的污染物质。方法有:筛滤法、气浮法、沉淀法、反渗透法、蒸发法、离心分离法等。

化学处理方法:化学处理方法多用于处理生产污水。利用化学反应作用来分离、回收污水中处于各种形态的污染物质,或使其转化为无害物质。方法有:中和、混凝、电解、氧化还原、萃取、吸附、离子交换、电渗析等。

生化处理方法:可分为两大类,即好氧生物处理方法(广泛用于处理城市污水和有机性生产污水,包括活性污泥法和生物膜法)和厌氧生物处理方法(用于处理高浓度有机污水与污泥)。利用微生物的新陈代谢功能,使污水中呈溶解和胶体状态的有机污染物质转化为稳定的无害物质。

城市污水与生产污水中的污染物是多种多样的,往往需要将几种单元处理操作联合成一个有机整体,并合理配置其主次关系和前后次序,才能去除不同性质的污染物与污泥,达到净化的目的与排放标准。才能最经济有效地完成处理任务。这种由单元处理设备合理配置的整体,叫做废水处理系统,有时也叫废水处理流程。

现代污水处理技术,根据处理任务的不同,可将废水处理系统归纳为以下的三级处理:

一级处理,主要去除污水中呈悬浮状态的固体污染物质。经过一级处理的污水,BOD 只能去除30%左右,一般达不到排放要求,必须进行二级处理。一级处理常采用物理处理方法,基本可以满足处理要求,一级处理可以看作二级处理的预处理。

二级处理,主要是大幅度地去除污水中呈胶体和溶解状态的有机污染物,BOD 去除率可达90%以上。经过二级处理的污水,基本可达到排放标准要求。二级处理常采用生物处理方法。

三级处理,在一级、二级处理之后,进一步去除污水中难降解的有机污染物及氮、磷等能导致水体富营养化的可溶性无机物等。三级处理方法有:生物脱氮除磷法、混凝沉淀法、砂滤法、活性炭吸附法、离子交换法和电渗析法等。

深度处理和三级处理是同义词,但二者又不完全相同。三级处理常设在二级处理之后,用于污水的进一步处理;而深度处理是设在一级、二级处理后增加的处理工艺,多以污水回收、再用为目的。污水经深度处理后可作为工业用水重复利用或补给水源及生活用水等。深度处理常用方法:活性炭过滤、反渗透、电渗析等。

污泥是污水处理过程中的产物。污泥中含有大量的有机物,可作为农肥使用,但其中也含有多种细菌和寄生虫卵及重金属离子等,因此,在使用前应进行稳定及无害化处理。污泥处理的主要方法有:减量处理(如浓缩、脱水等)、稳定处理(如厌氧消化、好氧消化等)、综合利用(如消化气利用、农业利用等)以及污泥的最终处置(如干燥焚烧、填地投海、建筑材料等)。

对于某种污水,采用哪几种处理方法组成系统,要根据污水的水质、水量,回收其中有用物质的可能性、经济性、受纳水体的具体条件,并结合调查研究与经济技术比较后决定。

城市污水主要来源时城市居民生活污水,主要的去除对象是有机污染物,一般用 $BOD_5$ 和 COD 为指标。一般城市污水中的污染物易于生物降解,所以主要采用生物处理方法。图 12－2 典型的城市污水一级处理工艺流程:

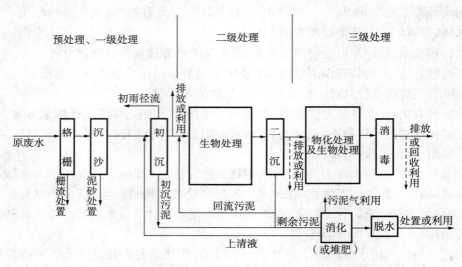

图 12－2　城市污水处理示意图

# 第十三章 污水的物理处理

生活污水和工业废水中都含有大量的漂浮物与悬浮物,其进入水处理构筑物会沉入水底或浮于水面,对设备的正常运行带来影响,使其难以发挥应有的功效,必须予以去除。

物理处理的去除对象主要是漂浮物、悬浮物。物理处理方法:筛滤截留、重力分离、离心分离等。

筛滤利用筛网、格栅去除漂浮物、纤维状物质和大块悬浮物;利用滤池、微滤机去除中细颗粒悬浮物。

重力分离利用沉砂池、沉淀池去除不同密度、不同粒径悬浮物、利用隔油池与气浮池去除密度小于1或接近1的悬浮物。

离心分离利用离心机、旋流分离器去除比重大、刚性颗粒。

本章主要就城市生活污水处理中使用的格栅、沉砂池、沉淀池进行介绍。

## 第一节 格 栅

格栅由一组(或多组)相平行的金属栅条与框架组成,栅条的形状有圆形、矩形、方形。圆形栅条的水力条件较方形好,但刚度较差。目前多采用断面形状为矩形的栅条。

格栅安装在污水沟渠、泵房集水井进口、污水处理厂进水口及沉砂池前。根据栅条间距,截留不同粒径的悬浮物和漂浮物,以减轻后续构筑物的处理负荷,保证设备的正常运行。选用栅条间距的原则:不堵塞水泵和水处理厂、站的处理设备。被截留的污染物称为栅渣,栅渣数量与地区的情况、污水沟道系统的类型、污水流量以及栅条的间距等因素有关。

### 一、格栅分类

按形状分为:平面格栅与曲面格栅两种。平面格栅由栅条与框架组成,基本形式有 A 型和 B 型,A 型栅条布置在框架外侧,适用于人工清渣或机械清渣;B 型栅条布置在框架的内侧,在栅条的顶部设有起吊架,可起将格栅吊起,进行人工清渣。如图 13 – 1。

按格栅栅条的净间距可分 粗格栅(50~100mm)、中格栅(15~40mm)、细格栅(3~10mm)3 种。平面格栅与曲面格栅都可做成粗、中、细 3 种。由于格栅是物理处理的重要构筑物,污水厂可采用粗、中 2 道格栅,甚至采用粗、中、细 3 道格栅。

平面格栅的基本参数与尺寸包括宽度宽度 $B$、长度 $L$、栅条间距 $e$、栅条至外框距离 $b$。可根据污水渠道、泵房集水井进口管大小选用不同数值。格栅的基本参数与尺寸见表 13 – 1。

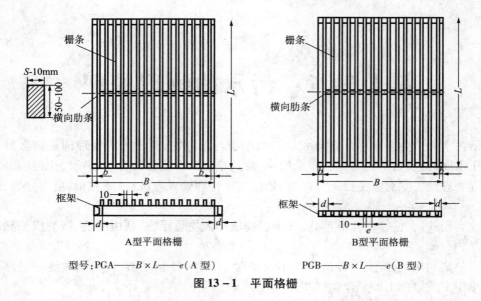

型号：PGA——$B \times L$——$e$（A 型）　　　　PGB——$B \times L$——$e$（B 型）

**图 13 – 1　平面格栅**

表 13 – 1　平面格栅的基本参数及尺寸（mm）

| 名称 | 数值 | | |
|---|---|---|---|
| 格栅宽度 $B$ | 600,800,1000,1200,1400,1600,1800,2000,2200,2400,2600,2800,3000,3200,3400,3600,3800,4000,用移动除渣机时，$B > 4000$ | | |
| 格栅长度 $L$ | 600,800,1000,1200,…,以 200 为一级增长，上限值决定于水深 | | |
| 栅条间距 $e$ | 10,15,20,25,30,40,50,60,80,100 | | |
| 栅条至外边框距离 $b$ | $b$ 值按下式计算：<br>$b = \dfrac{B - 10n - (n-1)e}{2}; b \leqslant d$ | 式中，$B$——格栅宽度；<br>$n$——栅条根数；<br>$e$——栅条间距；<br>$d$——框架周边宽度。 | |

　　曲面格栅又可分为固定曲面格栅与旋转鼓筒式格栅两种。图 13 – 2（a）固定曲面格栅，利用渠道水流速度推动除渣浆板。图 13 – 2（b）为旋转鼓筒式格栅，污水从鼓筒内向鼓筒外流动，被格除的栅渣，由冲洗水管 2 冲入渣槽内排出。

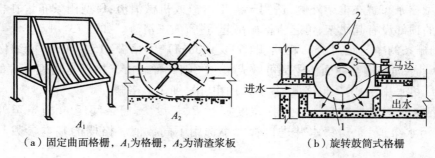

（a）固定曲面格栅，$A_1$ 为格栅，$A_2$ 为清渣浆板　　　　（b）旋转鼓筒式格栅

**图 13 – 2　曲面格栅**

1—鼓筒；2—冲洗水管；3—渣槽

按清渣方式分为人工清渣和机械清渣两种。

人工清渣格栅适用于小型污水处理厂。为了使工人易于清渣作业,避免清渣过程中的栅渣掉回水中,格栅安装角度以30°~40°为宜。

机械清渣格栅——栅渣量大于0.2m³/d时,为改善劳动与卫生条件都应采用机械清渣。常见的清渣机械见图13-3和图13-4。

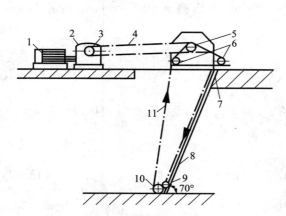

图13-3　链条式机械格栅

1—电动机;2—减速器;3—主动链轮;4—传动链条;

5—从动链轮;6—张紧轮;7—导向轮;8—格栅;

9—齿耙;10—导向轮;11—除垢链条

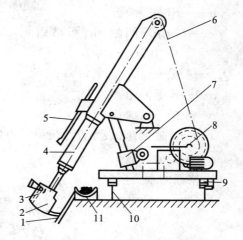

图13-4　移动伸缩式机械格栅

1—格栅;2—耙斗;3—卸泥板;4—伸缩臂;

5—卸污调整杆;6—钢丝绳;7—臂角调整机构;

8—卷扬机;9—行走轮;10—轨道;11—皮带运输机

## 二、格栅的设计计算

格栅的设计包括栅槽断面、水力计算、栅渣量计算及清渣机械的选用。图13-5为格栅计算图。

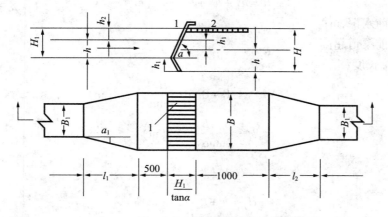

图13-5　格栅计算图

1—栅条;2—工作台

(1)栅槽宽度:已知$B$或水深$h$、流速$v$,则栅条间隙数$n$:

$$B = en + s(n - 1) \tag{13—1}$$

$$n = \frac{Q_{\max} \sqrt{\sin\alpha}}{ehv}$$

式中,$B$——栅槽宽度,m;

$s$——栅条宽度宽带,m;

$n$——栅条间隙数;

$e$——栅条净间隙,m,粗格栅 $e = 50 \sim 100\text{mm}$,中格栅 $e = 10 \sim 40\text{mm}$,细格栅 $e = 3 \sim 10\text{mm}$;

$Q_{\max}$——最大设计流量,$\text{m}^3/\text{s}$;

$\alpha$——格栅倾角,°;

$h$——栅前水深,m;

$v$——过栅流速,最大设计流量时为 $0.8 \sim 1.0\text{m/s}$,平均设计流量时为 $0.3\text{m/s}$;

$\sqrt{\sin\alpha}$——经验系数。

(2)格栅的水头损失:

$$h_1 = kh_0 \quad (\text{m}) \tag{13—2}$$

$$h_0 = \xi \frac{v^2}{2g} \sin\alpha \quad (\text{m})$$

式中,$k$——系数,格栅受污物堵塞后,水头损失增大的倍数,一般取 3;

$\xi$——为阻力系数,与栅条断面形状有关,$\xi = \beta \left( \dfrac{s}{e} \right)^{4/3}$,当为圆形断面时,$\beta = 1.79$,矩形断面 $\beta = 2.42$,迎面半圆 $= 1.83$,迎背面半圆 $\beta = 1.67$;

$h_1$——过栅水头损失,m;

$g$——重力加速度,$\text{m/s}^2$,$g = 9.81\text{m/s}^2$。

(3)栅槽总高度:

$$H = h_1 + h_2 + h, \quad (\text{m}) \tag{13—3}$$

式中,$h$——栅前水深,m;

$h_2$——栅前渠道超高,m。

(4)栅槽总长度:

$$L = l_1 + l_2 + 1.0 + 0.5 + \frac{H_1}{\tan\alpha}, \quad (\text{m}) \tag{13—4}$$

$$l_1 = \frac{B - B_1}{2\tan\alpha_1} \quad (\text{m})$$

$$l_2 = \frac{l_1}{2} \quad (\text{m})$$

$$H_1 = h + h_2 \quad (\text{m})$$

式中,$l_1$——进水渠渐宽部分长度,m;

$l_2$——渠出水渐窄处长度,m;

$\alpha_1$——渠道展开角,一般 20°;

$B_1$——进水渠宽度;0.5 与 1.0 为格栅前后的过渡段长度。

（5）每日栅渣量：

$$W = \frac{Q_{max} \cdot W_1 \times 86400}{K_{总} \times 1000} \quad (m^3/d) \quad\quad (13-5)$$

式中，$W_1$——栅渣量（$m^3/10^3 m^3$污水），一般取 0.01～0.1。粗格栅取小值，中格栅取中值，细格栅取大值；

　　　$K_{总}$——生活污水变化系数，见表 13-2。

表 13-2　生活污水量总变化系数 $K_{总}$

| 平均日流量(L/s) | 4 | 6 | 10 | 15 | 25 | 40 | 70 | 120 | 200 | 400 | 750 | 1600 |
|---|---|---|---|---|---|---|---|---|---|---|---|---|
| $K_{总}$ | 2.3 | 2.2 | 2.1 | 2.0 | 1.89 | 1.80 | 1.69 | 1.59 | 1.51 | 1.40 | 1.30 | 1.20 |

# 第二节　沉淀理论

沉淀是水中的固体物质（主要是可沉固体），在重力的作用下下沉，从而与水分离的这一过程。沉砂池、初次沉淀池、二次沉淀池、污泥浓缩池利用沉淀处理工艺来完成的。

## 一、沉淀分类

沉淀是实现固液分离或泥水分离的重要环节，由于沉淀的对象和空间不同，其沉淀形式也各异，根据固体颗粒在沉淀过程中出现的不同物理现象将沉淀过程分为 4 类：

第一类是自由沉淀，自由沉降也称为离散沉降。这是一种非絮凝性或弱絮凝性固体颗粒在稀悬浮液中的沉降。污水中的悬浮固体浓度不高，沉淀过程中颗粒间互不碰撞、呈单颗粒状态，各自独立地完成沉淀过程，如沉砂池和初沉池中的沉淀。

第二类是絮凝沉淀，这是一种絮凝性固体颗粒在稀悬浮液中的沉降。虽然悬浮固体浓度也不高，但颗粒在沉降过程中接触碰撞时能互相聚集为较大的絮体，因而颗粒粒径和沉降速度随沉降时间的延续而增大。颗粒在初次沉降池内的后期沉降及生化处理中污泥在二次沉淀池内的初期沉降，就属于这种类型。

第三类是区域沉淀，区域沉降也称成层沉降或拥挤沉降。因污水中的悬浮固体浓度过大，沉淀过程中相邻颗粒间互相妨碍、干扰，沉速大的颗粒也无法超越沉速小的颗粒，各自保持相对位置不变，颗粒群以整体向下速度沉降，并与上清液形成清晰的固液界面。生化处理中污泥在二次沉淀池内的后期沉降和在浓缩池内的初期沉降就属于这种类型。

第四类是压缩沉淀，这时浓度很高，固体颗粒间相互接触，互相支撑，上层颗粒在重力作用下挤压下层颗粒间的间隙水，使污泥得到浓缩。典型的例子是活性污泥在二沉池泥斗和浓缩池中的浓缩过程。

活性污泥在二沉池泥斗和浓缩池中的浓缩过程，实际上都依次存在着第一、第二、第三、第四类型的沉淀过程，只是产生各类沉淀的时间长短不同。如图 13-6 所示的沉淀曲线，即为活性污泥在二沉池中的沉淀过程。

## 二、对个体自由沉淀规律的分析

当固体颗粒静止处于水中时，要受到两个力的作用：一是它本身的重力，向下；一是水对

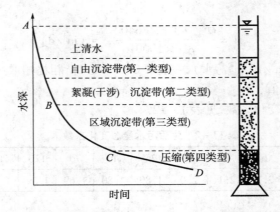

**图 13－6　活性污泥在二沉池中的沉淀过程**

它的阻力,向上。如果固体颗粒密度比水的密度大,那么它所受的重力将比水的阻力大,由于这一外力的推动,颗粒就会自然的向下运动,开始沉淀时,颗粒加速下沉,但颗粒一经开始运动,它就会受到与运动方向相反的阻力作用,该阻力由运动速度产生,且与运动速度正相反,即速度增加,阻力增大,当颗粒下沉速度加速到某一值,使颗粒所受阻力与重力相等时,颗粒便会以此时的下沉速度匀速下沉,直到完成整个自由沉淀过程。

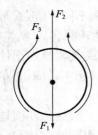

**图 13－7　自由沉淀过程**

颗粒在静水中的自由沉淀速度

为研究颗粒在静水中的自由沉淀速度,需要做出如下规定:

(1)颗粒形状为球形,见图 13－7;(2)颗粒处于无限液体中,即其他颗粒和容器壁对其下沉不产生影响;(3)自由沉淀速度是指匀速时的最终沉淀速度。

由牛顿第二定律得:$F_1 = F_2 + F_3$

$F_1$ 为重力:　　　　　　　　$F_1 = V_g \rho_g$

$F_2$ 为浮力:　　　　　　　　$F_2 = V_g \rho_y$

$F_3$ 为下沉摩擦阻力:

$$F_3 = CA\rho_y \frac{u^2}{2}$$

$m\mathrm{d}u/\mathrm{d}t = F_1 - F_2 - F_3$ 代入整理即斯托克斯公式。

$$u = \frac{\rho_g - \rho_y}{18\mu} g d^2 \tag{13—6}$$

式中,$u$——颗粒沉速,m/s;

　　$m$——颗粒质量;

　　$t$——沉淀时间,s;

　　$C$——阻力系数,是球形颗粒周围液体绕流雷诺数的函数,由于污水中颗粒直径较小,

　　　　　沉速不大,绕流处于层流状态,可用层流阻力系数公式 $C = \dfrac{24}{Re}$;

　　$Re$——雷诺数,$Re = \dfrac{\mathrm{d}u\rho_y}{\mu}$;

　　$A$——颗粒在垂直面上的投影面积;

$\mu$——液体的黏滞系数；

$\rho_g$——颗粒的密度；

$\rho_y$——液体的密度。

公式(13—6)是表示球体颗粒在水中的沉速与一些因素关系的数学式,长期以来都作为固体颗粒在水中沉速的基础公式。但是,它有着不可克服的局限性,如对颗粒的一系列假定。污水中含有的固体颗粒是在大小、形状、密度等方面都不相同的颗粒群,公式(13—6)推导的边界条件和污水的实际情况相差很大,因此,不能用于污水处理的实际。我们对此加以讨论的目的,在于明确各项因素对颗粒沉速的影响,了解它的规律,有助于我们对沉淀原理的理解和掌握。

公式(13—6)表明,颗粒沉速 $u$ 的决定因素是 $\rho_g - \rho_y$。这是颗粒在静水中能够从静止状态变为运动状态的原始推动力。$\rho_g$ 大于 $\rho_y$,$u$ 大于 0,颗粒下沉;$\rho_g$ 小于 $\rho_y$,$u$ 小于 0,颗粒上浮;$\rho_g = \rho_y$,颗粒随机,不沉不浮。

其次,沉速 $u$ 与颗粒本身直径的平方成正比,因此,在颗粒沉淀过程中进行适当搅拌或投加絮凝剂,促使颗粒互相碰撞,絮凝而使粒径增大,可获得事半功倍的效果。

沉速 $u$ 反比于液体的动力黏滞度 $\mu$,所以同一颗粒在不同水质和水温条件下有不同的值,如水温升高,$\mu$ 下降,$u$ 会增大。

在推导上述公式(13—6)时,均假定颗粒为球形,直径为 $d$,但实际上废水中的悬浮固体不可能是球形,一般地说,非球形颗粒比同体积球形颗粒表面积大,因此在沉降过程中将受到大的阻力,使沉降速度比球形颗粒小。

## 三、理想沉淀池原理

沉淀理论与实际沉淀池的运动规律有所差距,为便于说明沉淀池的工作原理以及分析水中悬浮颗粒在沉淀池内运动规律,为合理表征实际沉淀状态 Haen 和 Camp 提出了理想沉淀池这一概念。理想沉淀池划分为四个区域,即进口区域、沉淀区域、出口区域及污泥区域,并作下述假定:

(1)沉淀区过水断面上各点的水流速度均相同,水平流速为 $v$;

(2)悬浮颗粒在沉淀区等速下沉,下沉速度为 $u$;

(3)在沉淀池的进口区域,水流中的悬浮颗粒均匀分布在整个过水断面上;

(4)颗粒一经沉到池底,即认为已被去除。

根据上述的假定,悬浮颗粒自由沉降的迹线可用图(13 – 8)表示。

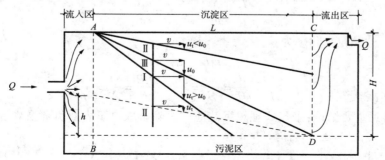

图 13 – 8　理想平流式沉淀池示意图

从图中可以看出,必存在一种从 $A$ 点进入、以流速为 $u_0$ 的颗粒,最后刚好在出水口 $D$ 点沉入池底污泥区。根据几何相似原理,则

$$\frac{u_0}{v} = \frac{H}{L} \qquad u_0 = v\frac{H}{L} \tag{13—7}$$

式中,$u_0$——颗粒沉速;

$\quad v$——污水的水平流速,即颗粒的水平分速;

$\quad H$——沉淀区水深;

$\quad L$——沉淀区长度。

从图可知:$u_t$ 大于 $u_0$ 的颗粒,都可在 $D$ 点前沉入池底(代表 I 轨迹的颗粒);$u_t$ 小于 $u_0$、且视其在流入区的位置而定,若处在靠近水面处,在对角线 $AD$ 以上的颗粒,不能被去除(代表 II 轨迹的颗粒);$u_t$ 小于 $u_0$、若处在靠近水面处,也就是在对角线 $AD$ 以下的颗粒仍可以被去除(代表虚线 II 轨迹的颗粒)。

设沉速 $u_t < u_0$ 的颗粒质量为 $\mathrm{d}P$,则可被沉淀去除的量为 $u_t/u_0\mathrm{d}P$,故总去除率 $\eta = (1 - P_0) + 1/u_0\int u_t\mathrm{d}P$,用百分数表示为 $\eta\% = (100 - P_0) + 100/u_0\int u_t\mathrm{d}P$,与前者分析推导结果相同,说明理论上是可行的。

(1)将实际数据 $Q$、$L$、$B$、$H$ 带入,则颗粒在池内最长沉淀时间为:

$$t = \frac{L}{v} = \frac{H}{u_0} \tag{13—8}$$

沉淀池容积

$$V = Qt = HLB \tag{13—9}$$

$$Q = \frac{HLB}{t} = \frac{HA}{t} = Au_0 \tag{13—10}$$

所以

$$\frac{Q}{A} = u_0 = q \tag{13—11}$$

$\frac{Q}{A}$ 的物理意义:在单位时间内通过沉淀池单位表面积的流量,即表面负荷率或溢流率,用 $q$ 表示[$\mathrm{m^3/(m^2 s)}$ 或 $\mathrm{m^3/(m^2 h)}$]。表面负荷的数值等于颗粒沉速 $u_0$。

(2)沉速 $u_t$ 的颗粒去除率

由

$$\frac{L}{v} = \frac{h}{u_t}, \qquad h = \frac{u_t L}{v} \tag{13—12}$$

则沉速 $u_t$ 的颗粒去除率为:

$$\eta = \frac{h}{H} = \frac{u_t L}{vH} = \frac{\frac{u_t L}{v}}{H} = \frac{u_t}{vH} = \frac{u_t}{\frac{vHB}{L}} = \frac{u_t}{\frac{Q}{LB}} = \frac{u_t}{\frac{Q}{A}} = \frac{u_t}{q} \tag{13—13}$$

由上式得到重要结论:平流式理想沉淀池的去除率取决于表面负荷及颗粒沉速 $u_t$,而与沉淀 $t$ 无关。

<h2 style="text-align:center">第三节　沉砂池</h2>

沉沙池一般设置在泵站或沉淀池之前,沉砂池的功能是去除比重比较大的无机颗粒,如泥砂、煤渣等($\rho \geqslant 2.65, d \geqslant 0.21mm$),使水泵和管道免受磨损和阻塞,降低或减轻构筑物(沉淀池)的负荷。而且还能使无机颗粒和有机颗粒分别分离,使污泥具有良好的流动性,便于排放输送。

按照池内水流方向的不同,沉砂池可分为平流式和竖流式两种,其中以平流式应用最为广泛。近年来,曝气沉砂池也得到了推广应用。

在工程设计中,可参考下列设计原则与主要参数:

(1)城市污水厂一般均应设置沉砂池,工业污水是否要设置沉砂池,应根据水质情况而定。城市污水厂的沉砂池的只数或分格数应不少于2,一备一用;并按并联运行原则考虑。

(2)设计流量的规定:当污水自流入池时,应按最大设计流量设计;当污水由水泵提升入池,按工作水泵最大组合流量设计;合流制系统,按降雨时的设计流量设计。

(3)设计流量时的水平流速:最大流速为0.3m/s,最小流速为0.15m/s。这样的流速范围可基本保证无机颗粒能沉淀掉,而有机物不能下沉。

(4)设计有效水深$h \leqslant 1.2m$,一般采用0.25~1.0m;每格宽度$\geqslant 0.6m$。

(5)最大流量时污水在池内的停留时间不少于30s,一般30~60s。

(6)沉砂量的确定:生活污水按每人每天0.01~0.02L计,城市污水按每十万立方米污水的含砂量为3m³,沉砂含水率约为60%,容量1.5t/m³,砂斗容积按2日沉砂量计,斗壁与水平面倾角55°~60°。

(7)沉砂池超高不宜小于0.3m。

(8)排砂方式:重力排砂,排砂管 d$\geqslant 200mm$。对大中型污水处理厂,一般采用机械排砂。

## 一、平流沉砂池

### (一)平流沉淀池的构造

平流沉砂池是常用的一种沉砂池,它的构造简单、处理效果好,但重力排砂时构筑物需高架。

图13-9所示就是平流式沉砂池的一种,它由入流渠、出流渠、闸板、砂斗组成。

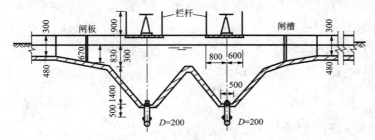

图13-9　平流沉淀池工艺图

池的上部,实际是一个加宽了的明渠,两端设有闸门(图上只表示出池壁上的闸槽)以控制水流。在池的底部设置 $1 \sim 2$ 个贮砂斗,下接排砂管。

平流沉砂池的设计参数,是按去除相对密度为 2.65,粒径大于 0.2mm 的沙粒确定的。主要参数有:

设计流量时的水平流速:最大流速 $v_{max} \leqslant 0.3m/s$,最小流速 $v_{min} \leqslant 0.15m/s$。

进水头部应采取消能和整流措施。

池底底坡一般为 $0.01 \sim 0.02$,并可根据除砂设备的要求考虑池底形状。

## (二)计算公式

(1)沉砂池水流部分的长度

沉砂池两闸板之间的长度为水流部分长度

$$L = vt \qquad (m) \qquad (13—14)$$

式中,$v$——最大流速,m/s;

$t$——最大设计流量时的停留时间,s。

(2)水流断面面积 $A$

$$A = \frac{Q_{max}}{v} \qquad (m^2) \qquad (13—15)$$

(3)池总宽度 $B$

$$B = \frac{A}{h_2} \qquad (13—16)$$

式中,$h_2$——设计有效水深,m。

(4)沉砂斗容积

$$V = \frac{Q_{max}tx_1 \cdot 86400}{K' \cdot 10^5} \qquad 或$$

$$V = Nx_2t' \qquad (13—17)$$

式中,$x_1$——城市污水沉砂量,取 $3m^3/10^5m^3$ 污水;

$x_2$——生活污水沉砂量,L/(人·d);

$t'$——清除沉砂的时间间隔,d;

$K'$——流量总变化系数;

$N$——沉砂池服务人数。

(5)沉砂池总高度 $H$

$$H = h_1 + h_2 + h_3 \qquad (13—18)$$

式中,$h_1$——超高,取 0.3m;

$h_3$——砂斗高度,m。

(6)检验:最小流量时,验算池内的流速

$$v_{min} = \frac{Q_{min}}{n\omega} \qquad (m/s) \qquad (13—19)$$

式中,$v_{min} > 0.15m/s$,则设计合格;

$\omega$——工作沉砂池的过水断面面积,$m^2$。

## 二、曝气沉砂池

普通沉砂池因池内水流分布不均,流速多变,致使对无机颗粒的选择性截流效率不高,沉砂容易厌氧分解而腐败发臭。曝气沉砂池集曝气和除砂于一身,不但可使沉砂中的有机物降低至5%以下,而且还有预曝气、除臭、除油等多种功能。图13-10为曝气沉砂池的断面图,池表面为矩形,池底一侧有 $i=0.1\sim0.5$ 的坡度,坡向另一侧的集砂槽;曝气器设在集砂槽侧面且安装高度距池底0.6~0.9m,使池内水流作旋流运动,无机颗粒之间的互相碰撞与摩擦机会增加,把表面附着的有机物除去。此外,由于旋流产生的离心力,把相对密度较大的无机物颗粒甩向外层而下沉,相对密度较轻有机物旋至水流的中心部位随水带走。可使沉砂池中的有机物含量低于10%,称为清洁沉砂。

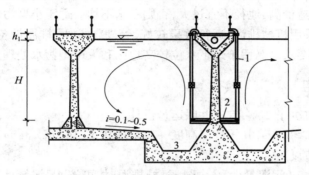

**图13-10  曝气沉砂池剖面图**
1—压缩空气管;2—空气扩散板;3—集砂槽

曝气沉砂池的设计参数有:

污水在在过水断面周边的最大旋转速度为0.25~0.3m/s,在池内的前进速度为0.06~0.12m/s。

污水在最大设计流量时的停留时间为为1~3min。

池的有效水深为2~3m;池宽与池深比1~1.5,池长宽比可达5。

曝气装置用穿孔管,孔径2.5~6.0mm,曝气量为0.1~0.2m³空气/m³污水或3~5m³空气/m²h。

延长污水的停留时间,可使曝气沉砂池起到预曝气的作用。池的结构形式勿需改变,只要延长池的长度,将污水的停留时间延长到10~20min即可。使用曝气沉砂池,能够改善污水水质,有利于后继处理。

# 第四节  沉淀池

## 一、概述

### (一)分类

根据工艺布置分为初沉池和二沉池。初沉池是一级污水处理的主体构筑物,或作为二级处理的预处理,可去除40%~55%的SS、20%~30%的BOD,降低后续构筑物负荷。二沉池是生物处理装置后,用于泥水分离,它是生物处理的重要组成部分。经生物处理与二沉池沉淀后,一般可去除70%~90%的SS和65%~95%的BOD。

根据池内水流方向沉淀池分为平流式、辐流式和竖流式三种。

### (二)优缺点和适用条件

平流式沉淀池沉淀效果好,耐冲击负荷与温度变化,施工简单,造价较低。但配水不易均匀,采用多个泥斗排泥时每个泥斗需单独设排泥管,操作量大;采用链式刮泥设备,因长期浸泡水中而生锈。适用于大中型污水处理厂和地下水位高、地质条件差的地区。

竖流式沉淀池排泥方便,管理简单,占地面积少。但池深大,施工困难,对冲击负荷与温度变化适应能力差,造价高,池径不宜过大,否则布水不均。适于小型污水处理厂。

辐流式沉淀池采用机械排泥,运行效果较好,管理较方便,排泥设备已定型。但排泥设备复杂,对施工质量要求高。适于地下水位较高地区和大中型污水处理厂。

### (三)一般规定

沉淀池数目不应少于2座,宜按并联运行设计。

沉淀池的超高 $h \geq 0.3m$,其缓冲层高度一般采用 $0.3~0.5m$。

初沉池应设撇渣设施。

污泥区容积按 $\leq 2d$ 污泥量计算。采用机械排泥时,可按4h泥量计算;人工排泥应按每天排泥量计算。

初沉池排泥静水头 $\geq 1.5m$;二沉池排泥静水头为:活性污泥法 $\geq 0.9m$。

污泥斗斜壁与水平面倾角:方斗 $\geq 60°$,圆斗 $\geq 55°$。

排泥管 $d \geq 200mm$,采用多泥斗时应设单独闸阀和排泥管。

沉淀池入口和出口均采取整流措施,入流口设调节闸门,以调节流量;出口堰也如此。

重力排泥时,污泥斗的排泥管一般采用铸铁管,其下端伸入斗内,顶端敞口,伸出水面,以便与大气连通;在水下 $0.9~1.5m$ 处接水平排泥管,污泥借静水压力排出。

## 二、平流式沉淀池

### (一)平流式沉淀池的构造

平流式沉淀池工艺图13-11,按功能,沉淀池可分为进水、沉淀、缓冲、污泥、出水五区以及设有排泥装置。

进水区由侧向配水槽、挡流板组成,起均匀布水的作用。挡板入水深度 $\geq 0.25m$,高处水面 $0.15~0.2m$,距流入槽 $0.5~1.0m$。

出水区由出水槽和挡板组成。流出槽为自由溢流堰见图(13-12),其要求水平,以保证出流均匀,控制沉淀池水位。堰口采用锯齿形,最大负荷 $\geq 2.9L/(m·s)$(初沉池)、$1.7L/(m·s)$(二沉池)。为改善出水水质,可设多出水槽,以降低出水负荷。

沉淀区则是工作区,是可沉颗粒与污水分离的区域。

缓冲层则是分隔沉淀区和污泥区的水层,避免已沉淀污泥被水流搅起。污泥区是贮存、

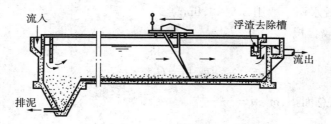

图 13 - 11 平流式沉淀池

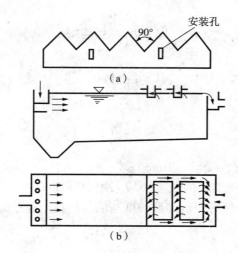

（a）

（b）

图 13 - 12 溢流堰及多槽出流装置图

浓缩和排泥的区域。

排泥装置与方法：利用进水压力。底坡 $i = 0.01 \sim 0.02$；机械刮渣速度 1m/min（初沉池）。如二沉池采用平流式沉淀池，因污泥絮体含水率为 99%，密度接近 1，不宜刮起，而只能采用泵抽吸，目前少用。

## （二）设计参数

长宽比以 3~5 为宜，对大型沉淀池宜设导流墙；$L/H = 8 \sim 12$，$L$ 一般 30~50m。

采用机械排泥时，池宽应根据排泥设备确定，此时底坡一般 0.01~0.02；刮泥机行进速度 $\leqslant 1.2$m/min，一般 0.6~0.9m/min。

最大水平流速，初沉池 3mm/s，二沉池 5mm/s。

## （三）设计计算

当无沉淀试验资料时，按沉淀时间和水平流速或表面负荷计算。

（1）沉淀区有效水深 $h_2$

$$h_2 = q \cdot t \tag{13—20}$$

式中，$q$——表面负荷，初沉池，二沉池 1~2.0m$^3$/(m$^2 \cdot$ h)；

$t$——污水沉淀时间，初沉池 $t = 1 \sim 2$h，二沉池 1.5~2.5h；

沉淀区的有效水深一般用 $2.0 \sim 4.0 m$。

（2）沉淀区有效容积 $V_1$

$$V_1 = A h_2 \tag{13—21}$$

$$\text{或} \quad V_1 = Q_{max} \cdot t \tag{13—22}$$

式中，$A$——沉淀区总面积，$m^2$，$A = \dfrac{Q_{max}}{q}$；

$Q_{max}$——最大设计流量，$m^3/h$。

（3）沉淀区长度 $L$

$$L = 3.6 vt \tag{13—23}$$

式中，$v$ 为最大设计流量时的水平流速，一般小于 $5 mm/s$。

（4）沉淀区总宽度 $B$

$$B = \frac{A}{L} \tag{13—24}$$

（5）沉淀池座数 $n$

$$n = \frac{B}{b} \tag{13—25}$$

式中，$b$——每座或每格宽度，一般 $5 \sim 10 m$。

为了使水流均匀分布，沉淀区的长度一般采用 $30 \sim 50 m$，长宽比不小于 $4:1$，长深比为 $(8 \sim 12):1$。沉淀池的总长度等于沉淀区长度与前后挡板至池壁的距离和。

### （四）污泥区计算

按每日污泥量和排泥时间间隔设计：

$$W = \frac{SNt}{1000} \tag{13—26}$$

式中，$S$——每人每天产泥量，取 $0.3 \sim 0.8 L/(\text{人} \cdot d)$；

$N$——设计人口数；

$t$——两二次清泥时间间隔，$d$。

按进出水悬浮物 SS 浓度计算

$$W = \frac{Q_{max} \cdot 24 (C_0 - C_1) 100}{\gamma (100 - p_0)} \cdot t \tag{13—27}$$

式中 $C_0$，$C_1$ 分别是原污水与沉淀污水的悬浮物浓度，$kg/m^3$，如有浓缩池消化池及污泥脱水机的上清夜回流至初次沉淀池，则式中的 $C_0$ 应取 $1.3 C_0$，$C_1$ 应取 $1.3 C_0$ 的 $50\% \sim 60\%$；

$\gamma$——污泥容重，$kg/m^3$，因污泥的主要成分是有机物，含水率在 $95\%$ 以上，故 $\gamma$ 可取为 $1000 kg/m^3$；

$t$——两次排泥的时间间隔，初次沉淀池按 $2d$ 考虑，二次沉淀池按 $2h$ 考虑。

沉淀池的总高度 $H$

$$H = h_1 + h_2 + h_3 + h_4 \tag{13—28}$$

式中，$h_1$——超高，取 $0.3 m$；

$h_2$——沉淀区高度，$m$；

$h_3$——缓冲层高度，无刮泥机时取 $0.5 m$，有则取 $0.3 m$；

$h_4$——泥斗区高度，m；根据污泥量，池底坡度、污泥斗几何高度及是否采用刮泥机决定。

## 三、辐流式沉淀池

### （一）构造

辐流式沉淀池是一种大型沉淀池，一般为圆形或正方形，池径可达 100m，池周水深 1.5～3.0m。有中心进水与周边进水两种型式可分为中心进水周边出水、周边进水周边出水二种。辐流式沉淀池可用作初次沉淀池或二次沉淀池。工艺构造见图 13－13。辐流式沉淀池由进水、沉淀、缓冲、污泥、出水五区以及排泥装置组成。流入区设穿孔整流板，穿孔率为 10%～20%。流出区设出水堰，堰前设挡板，拦截浮渣。

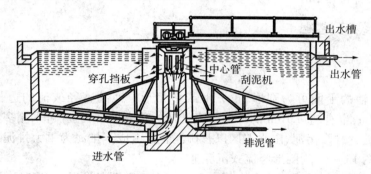

**图 13－13　辐流式沉淀池工艺图**

### （二）设计参数

$D/H$ 一般取 6～12，$D \geqslant 16m$。

池底底坡 0.05～0.1。

采用机械刮泥时，若 $D \leqslant 20m$，一般采用单臂中心传动刮泥机；反之采用周边传动刮泥机。刮泥机转速 1～3 周/h，或外周线速度 $\leqslant 3.0m/min$，一般 1.5m/min。

周边进水的沉淀效率高，其设计表面负荷可提高 1 倍左右，即 3～4m³/（m²·h）。

若为静水压力排泥，要求排泥槽泥面低于沉淀池水面 0.3m。

### （三）辐流式沉淀池设计计算

**1. 每座沉淀池表面积和池径**

$$A_1 = \frac{Q_{max}}{nq_0} \quad （m） \tag{13—29}$$

$$D = \sqrt{\frac{4A_1}{\pi}} \quad （m） \tag{13—30}$$

式中，$n$——池数；

$q_0$——表面负荷，m³/（m²·h），初次沉淀池采用 2～4m³/（m²·h），二次沉淀池采用 1.5～3.0m³/（m²·h）。

**2. 沉淀池有效水深**

$$h_2 = q_0 \cdot t \qquad (\text{m})$$ 　　　　(13—31)

式中,$t$——沉淀时间,一般用 $1.0 \sim 2.0\text{h}$。

池径与水深比易用 $6 \sim 12$。

**3. 沉淀池总高度**

$$H = h_1 + h_2 + h_3 + h_4 + h_5$$ 　　　　(13—32)

式中,$h_1$——保护高,取 $0.3\text{m}$;

　　　$h_2$——有效水深,$\text{m}$;

　　　$h_3$——缓冲层高,$\text{m}$,与刮泥机有关,可采用 $0.5\text{m}$;

　　　$h_4$——沉淀池底坡落差,$\text{m}$;

　　　$h_5$——污泥斗高度,$\text{m}$。

## 四、竖流式沉淀池

### (一) 构造

竖流式沉淀池的平面可为圆形、正方形或多角形。池的直径或池的边长一般不大于 $8\text{m}$,通常为 $4 \sim 7\text{m}$,也有超过 $10\text{m}$ 的。为了降低池的总高度,污泥区可采用多只污泥斗的方式。由进水、沉淀、缓冲、污泥、出水五区以及排泥装置组成。排泥为重力排泥,锥体角度陡,$\alpha = 55° \sim 60°$。图 $13 - 14$ 为圆形竖流式沉淀池。

水流经中心管流入,经反射板布水折向上流。中心管下口设喇叭口和反射板。

沉淀区颗粒沉速受向上水流流速和向下重力沉速二者之和的影响,即 $u \geqslant v$ 时,颗粒能被去除,但颗粒在上升过程中碰撞次数增加,颗粒变大,沉速随之增大,又提高了颗粒的去除率。

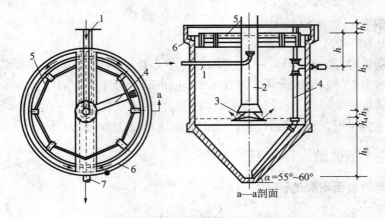

**图 13 – 14　圆形竖流式沉淀池**

1—进水管;2—中心管;3—反射板;4—排泥管;5—挡板;6—流出槽;7—出水管

### (二) 设计参数

$D/H \leqslant 3$,一般 $4 \sim 7\text{m}$,不宜大于 $8\text{m}$,最大 $< 10\text{m}$。

中心管内流速 $< 30\text{mm/s}$。

反射板距泥面距离至少 0.3m,喇叭口直径及高度为中心管直径的 1.35 倍。反射板直径为喇叭口直径的 1.30 倍;其反射板水平夹角为 17°,中心管下端至反射板表面间的间隙高 0.25 ~ 0.5m,缝隙中污水流速在初沉池中一般不大于 30mm/s,在二沉池中不大于 20mm/s。图 13 - 15 为中心管及反射板的结构尺寸。

当 $D > 7m$ 时,采用周边出水。

排泥管为 200mm,其在初沉池中排泥三通管口的水下深度 $h \geqslant 1.5m$;对活性污泥法 $h \geqslant 0.9m$（即与污泥性质有关）;排泥管下端距池底距离小于 0.2m,管上端超出水面距离大于 0.4m。

## (三)计算

(1)中心管面积与直径

$$f_1 = \frac{q_{max}}{v_0} \qquad (m^2)$$

$$d_0 = \sqrt{\frac{4f_1}{\pi}} \qquad (m) \qquad (13—33)$$

式中,$q_{max}$——每个池设计流量,$m^3/s$;

$\quad v_0$——中心管内流速,$m/s$;

(2)沉淀池的有效沉淀高度,即中心管的高度

$$h_2 = vt \times 3600 \qquad (m) \qquad (13—34)$$

式中,$v$——污水在沉淀区的上升流速,如有沉淀试验资料,$v$ 等于拟去除的最小颗粒的沉速 $u$,如无沉淀试验资料则 $v$ 用 0.5 ~ 1.0mm/s;

$\quad t$——沉淀时间,一般采用 1.0 ~ 1.5h。

(3)喇叭口距反射板之间的缝隙高度

$$h_3 = \frac{q_{max}}{v_1 \pi d_1} \qquad (m) \qquad (13—35)$$

式中,$v_1$——出流速度,$v_1 \leqslant 40mm/s$;

$\quad d_1$——喇叭口直径,m,见图 13 - 15。

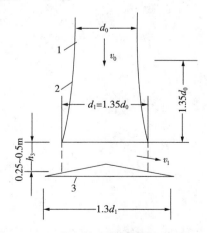

**图 13 - 15 中心管及反射板的结构尺寸**

1—竖流式沉淀池的中心管;2—喇叭口;3—反射板

(4)沉淀池的总面积 $A$ 和池径 $D$

$$沉淀区面积 \qquad f_2 = \frac{q_{\max}}{v} \ (\text{m}^2)$$

沉淀池面积(含中心管): $A = f_1 + f_2$

$$沉淀池直径 \qquad D = \sqrt{\frac{4A}{\pi}} \qquad (\text{m}) \tag{13—36}$$

(5)缓冲层高度 $h_4$ 采用 0.3m

(6)污泥斗及污泥斗高度,m,计算参见平流式沉淀池

(7)沉淀池总高度

$$H = h_1 + h_2 + h_3 + h_4 + h_5 \tag{13—37}$$

式中, $h_1$ ——保护高,取 0.3m;

$h_2$ ——有效水深,m;

$h_3$ ——缝隙高度,m;

$h_4$ ——缓冲层高度,m;

$h_5$ ——污泥斗高度,m。

# 第十四章　污水的生物处理——活性污泥法

在自然界,存在着大量依靠有机物生活的微生物,微生物通过本身的新陈代谢氧化分解环境中的有机物并将其转化为稳定的无机物。生物处理法就是利用微生物的这一生理功能并采取一定的人工技术措施,创造有利于微生物生长、繁殖的良好环境,使水中有机性污染物质得以降解去除的水处理技术。

生物处理的主要作用者是微生物,特别是其中的细菌。根据生化反应中氧气的需求与否,可把细菌分为好氧菌、兼性厌氧菌和厌氧菌。主要依赖好氧菌和兼性厌氧菌的生化作用来完成处理过程的工艺,称为好氧生物处理法;主要依赖厌氧菌和兼性厌氧菌的生化作用来完成处理过程的工艺,称为厌氧生物处理法。好氧法生物处理效率高,广泛应用于城市污水处理领域,成为生物处理法的主流。厌氧法主要用于处理高浓度的有机废水。好氧处理法又分为活性污泥法和生物膜法两种。活性污泥法是水体自净(包括氧化塘)的人工强化,是使微生物群体在曝气池内呈悬浮状态,并与污水广泛接触,使污水净化的方法;生物膜法则是土壤自净人工强化,是使微生物群体附着在其他物体表面上呈膜状,并让它和污水接触而使之净化的方法。生物处理法主要用来去除水中呈溶解状态和胶体状态的有机性污染物。

## 第一节　活性污泥法的基本原理

1912 年英国人 Clark and Cage 发现对废水进行长时间曝气会产生污泥并使水质明显改善,其后 Arden and Lackett 进一步研究,发现由于实验容器洗不干净,瓶壁留下残渣反而使处理效果提高,从而发现活性微生物菌胶团,定名为活性污泥。活性污泥法已有 90 多年的历史,随着在实际生产上的广泛应用和技术上的不断革新改进,特别是近几十年来,在对其生物反应和净化机理进行广泛深入研究的基础上,活性污泥法得到了很大的发展,出现了多种能够适用各种条件的工艺流程,目前,活性污泥法是应用最为广泛的技术,已成为有机性污水生物处理的主体技术。

### 一、活性污泥基本概念与流程

向生活污水中注入空气并进行曝气,持续一段时间后,污水中形成的一种絮凝体。这种絮凝体主要是由大量繁殖的微生物群体所构成,易于沉淀分离,并使污水得到澄清,这就是"活性污泥"。活性污泥处理系统的生物反应器是曝气池。此外,系统的主要组成还有二次沉淀池、污泥回流系统。图 14-1 是活性污泥处理系统的基本流程。需处理的污水与回流的活性污泥同时进入曝气池,成为混合液,沿着曝气池注入压缩空气进行曝气,使污水与活性污泥充分接触,并供给混合液以足够的溶解氧,在好养氧状态下,污水中的有机物被活性污泥中的微生物群体分解而得到稳定,然后混合液流入二次沉淀池,在这里进行固液分离,澄清水则溢流排放。活性污泥与澄清水分离后一部分不断回流到曝气池,作为接种污泥与进入的污水混合,多余的一部分则作为剩余污泥排出系统。

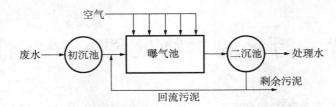

**图 14－1 普通活性污泥法处理系统**

活性污泥反应进行的结果,污水中有机污染物得到降解而去除,活性污泥本身得以繁衍增长,污水得以净化处理。

活性污泥法处理系统,实质上是自然界水体自净的人工模拟,并且是经过人工强化的模拟。

## 二、活性污泥的形态特征及评价指标

### (一)活性污泥形态与组成

活性污泥是活性污泥处理系统中的主要物质。在活性污泥上栖息着具用强大生命力的微生物群体。在微生物群体新陈代谢的作用下,将有机污染物转化为稳定的无机物质的能力。

正常的活性污泥在外观上呈黄褐色的絮绒颗粒状,又称之为"生物絮凝体",易于沉淀分离,活性污泥具有较大的比表面积 $20 \sim 100 \mathrm{cm}^2$,粒状尺寸 $0.02 \sim 0.2 \mathrm{mm}$,含水率 99% 以上,其相对密度在 $1.002 \sim 1.006$。

活性污泥的组成:由具有活性的微生物体(Ma)、微生物自身氧化的残留物(Me)、吸附在污泥上不能为生物降解的有机物(Mi)、原污水挟入的无机物(Mii)组成。活性污泥中的固体物质仅占 1% 以下,这 1% 的固体物质是由有机与无机两部分所组成,其组成比例则因原污水性质不同而不同。

### (二)微生物组成及其作用

微生物是活性污泥的主要组成部分。活性污泥微生物是细菌、真菌、原生动物、后生动物等多种微生物群体所组成的一个稳定的小生态系。

细菌是微生物最主要组成部分,活性污泥组成和净化功能的中心。以异养型原核细菌为主,1mL 正常污泥中含细菌 $10^7 \sim 10^8$ 个,细菌种属与污水中有机成分有关,是有机污染物的分解者,在环境条件适宜时其世代时间仅为 $20 \sim 30 \mathrm{min}$。含蛋白质的污水有利于产碱杆菌的生长繁殖,含糖类和烃类的污水有利于假单孢菌属。大部分细菌构成了活性污泥的絮凝体,形成了菌胶团,由各种细菌及细菌所分泌的粘性物质组成的絮凝体状团粒。菌胶团具用良好的自身凝聚和沉降功能,菌胶团在活性污泥中具有十分重要的作用。

真菌的种类繁多且细胞构造较为复杂,活性污泥中较多出现的真菌为腐生或寄生的丝状菌,这些真菌具有分解碳水化合物、脂肪、蛋白质及其他含氮化合物的功能。但若大量异常的增殖会引发污泥膨胀现象。

原生动物在活性污泥中有肉足虫、鞭毛虫、纤毛虫三类。原生动物主要摄食对象是细菌,是活性污泥系统中的指示性生物。出现的顺序反映了处理水质的好坏(这里的好坏是指有机物的去除),最初是肉足虫,继之鞭毛虫和游泳型纤毛虫;当处理水质良好时,出现固着型纤毛虫,如钟虫、等枝虫、独缩虫、聚缩虫、盖纤虫等。

通过显微镜的镜检,能够观察到出现在活性污泥中的原生动物,并辨别认定其种属,据此能够判断处理水质的优劣,因此,将原生动物称之为活性污泥系统中的指示性生物。

后生动物(主要指轮虫),捕食菌胶团和原生动物,是水质稳定的标志。仅在完全氧化型活性污泥系统中出现,如延时曝气活性污泥系统中出现,因此,轮虫出现是水质非常稳定的标志。

在活性污泥系统中,净化污水的主要承担者是细菌,而摄食处理水中游离细菌,使污水进一步净化的原生动物是污水净化的第二承担着。原生动物是细菌的首次捕食者,后生动物又是细菌的第二次捕食者。图 14 - 2 所示是活性污泥微生物(主要是原生动物)增长与递变的模式关系。

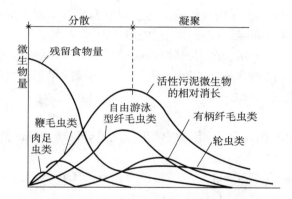

图 14 - 2　活性污泥微生物(原生动物)增长与递变的模式关系

通过显微镜镜检,观察菌胶团形成状况,活性污泥原生动物的生物相,是对活性污泥质量评价的重要手段。

## (三) 活性污泥的评价指标

评价活性污泥,除进行生物相的观察,还使用以下指标:

### 1. 混合液悬浮固体浓度(MLSS)

混合液悬浮固体是指曝气池中的污水和活性污泥混合后的混合液悬浮固体数量,单位为 mg/L,也称混合液污泥浓度。它是计量曝气池中活性污泥数量多少的指标,其由 Ma + Me + Mi + Mii 组成。

由于测定方法简单,在工程上往往用本项指标表示活性污泥微生物数量的相对值。

### 2. 混合液挥发性悬浮固体浓度(MLVSS)

混合液挥发性悬浮固体是指混合液悬浮固体中的有机物重量,由 MLVSS = Ma + Me + Mi 组成。

本项指标能够比较准确地表示活性污泥活性部分的数量。但是,其中还包括 Me、Mi 等 2 项非活性的难降解的有机物质。也不能说是表示活性污泥微生物数量的最理想指标,它表示的仍为活性污泥数量的相对数值。

在一般情况下,MLVSS/MLSS 的数字比较固定,对于生活污水,为 0.75 左右。过高过低能反映其好氧程度,但不同工艺有所差异。如吸附再生工艺 0.7 ~ 0.75,而 A/O 工艺 0.67 ~ 0.70。

**3. 活性污泥的沉降与浓缩性能及其评定指标**

良好的沉降与浓缩性能是发育正常的活性污泥所应具有的特征之一。

发育良好,并有一定浓度的活性污泥,其沉降要经历絮凝沉淀、成层沉淀和压缩等全部过程,最后能够形成浓度很高的浓缩污泥层。

正常的活性污泥在 30min 内即可完成絮凝沉淀、成层沉淀过程,并进入压缩。压缩的过程比较缓慢,需时较长,达到完全浓缩需时更长。

根据活性污泥在沉降——浓缩方面所具有的上述特性,建立了以活性污泥静置沉淀 30min 为基础的两项指标以表示其沉降——浓缩性能。

(1)污泥沉降比 SV(%)

混合液在量筒内静置 30min 后所形成沉淀污泥的容积占原混合液容积的百分比。由于正常的活性污泥在静沉 30min 后,一般接近它的最大密度,故污泥沉降比可以反映曝气池正常运行时的污泥量,可用于控制剩余污泥的排放。它还能及时反映出污泥膨胀等异常情况,便于及早查明原因,采取措施。总之,污泥沉降比测定比较简单,并能说明一定问题,因此它成为评定活性污泥的重要指标之一。

(2)污泥指数(SVI)

污泥指数全称污泥容积指数,是指曝气池出口处混合液经 30min 静沉后,1g 干污泥所占的容积,以 mL 计,即,

$$SVI = \frac{混合液\ 30min\ 静沉厚污泥容积(mL/L)}{污泥干重(g/L)} = \frac{SV(\%) \times 10}{MLSS(g/L)}$$

SVI 值能反映出活性污泥的松散程度(活性)和凝聚、沉降性能。

对于生活污水处理厂,一般介于 70 ~ 100。当 SVI 值过低时,说明絮体细小,无机质含量高,缺乏活性;反之污泥沉降性能不好,并且已有产生膨胀现象的可能。为使曝气池混合液污泥浓度和 SVI 保持在一定范围,需要控制污泥的回流比。此外,活性污泥法 SVI 值还与 BOD 污泥负荷有关。当 BOD 污泥负荷处于 0.5 ~ 1.5kg/[kg(MSS)·d]时,污泥 SVI 值过高,沉降性能不好,此时应注意避免。

## 三、活性污泥的增殖规律及其应用

活性污泥中微生物的增殖是活性污泥在曝气池内发生反应、有机物被降解的必然结果,而微生物增殖的结果则是活性污泥的增长。

### (一)活性污泥的增殖曲线

在污水处理系统或曝气池内微生物的增殖规律与纯菌种的增殖规律相同,即适应期(停滞期)、对数增长期、减速增殖期(静止期)和衰亡期(内源呼吸期)。在每个阶段,有机物(BOD)的去除率、去除速率、氧的利用速率及活性污泥特征等都各不相同。活性污泥的能量含量,亦即营养物或有机底物量(F)与微生物量(M)的比值(F∶M),是活性污泥微生物增殖

速率、有机物降解速率、氧的利用速率及活性污泥的凝聚、吸附性能的重要影响因素。

图 14-3 所示即为活性污泥微生物模式增殖曲线(实线)。曲线是底物一次投加、间歇培养所绘制成的。

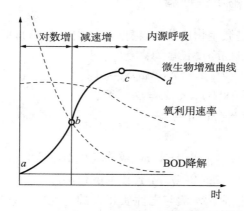

图 14-3　活性污泥微生物模式增殖曲线和有机底物

降解、氧的利用之间的关系(底物一次投加、间歇培养):

**1. 适应期**

适应期是活性污泥微生物对于新的环境条件、污水中有机物污染物的种类等的一个短暂的适应过程;经过适应期后,微生物从数量上可能没有增殖,但发生了一些质的变化:(1)菌体体积有所增大;(2)酶系统也已做了相应调整;(3)产生了一些适应新环境的变异等。BOD$_5$、COD 等各项污染指标可能并无较大变化。

**2. 对数增长期**

$F/M$ 值高$\{>2.2kg(BOD)/[kg(VSS)\cdot d]/kgVSS\cdot d\}$,所以有机底物非常丰富,营养物质不是微生物增殖的控制因素;微生物的增长速率与基质浓度无关,呈零级反应,它仅由微生物本身所特有的最小世代时间所控制,即只受微生物自身的生理机能的限制;微生物以最高速率对有机物进行摄取,也以最高速率增殖,而合成新细胞;此时的活性污泥具有很高的能量水平,其中的微生物活动能力很强,导致污泥质地松散,不能形成较好的絮凝体,污泥的沉淀性能不佳;活性污泥的代谢速率极高,需氧量大;一般不采用此阶段作为运行工况,但也有采用的,如高负荷活性污泥法。

**3. 减速增殖期**

$F/M$ 值下降到一定水平后,有机底物的浓度成为微生物增殖的控制因素;微生物的增殖速率与残存的有机底物呈正比,为一级反应;有机底物的降解速率也开始下降;微生物的增殖速率在逐渐下降,直至在本期的最后阶段下降为零,但微生物的量还在增长;活性污泥的能量水平已下降,絮凝体开始形成,活性污泥的凝聚、吸附以及沉淀性能均较好;由于残存的有机物浓度较低,出水水质有较大改善,并且整个系统运行稳定;一般来说,大多数活性污泥处理厂是将曝气池的运行工况控制在这一范围内的。

**4. 内源呼吸期**

内源呼吸的速率在本期之初首次超过了合成速率,因此从整体上来说,活性污泥的量在减少,最终所有的活细胞将消亡,而仅残留下内源呼吸的残留物,而这些物质多是难于降解的细胞壁等;污泥的无机化程度较高,沉降性能良好,但凝聚性较差;有机物基本消耗殆尽,处理水质良好;一般不用这一阶段作为运行工况,但也有采用,如延时曝气法。

## (二)有机物降解与微生物增殖

活性污泥微生物增殖是微生物增殖和自身氧化(内源呼吸)两项作用的综合结果,活性污泥微生物在曝气池内每日的净增长量为:

$$\Delta x = aQS_r - bVX_v \tag{14—1}$$

式中,$\Delta x$ = 每日污泥增长量(VSS),kg/d; = $Q_w \cdot X_r$;

    $Q$——每日处理废水量($m^3$/d);

    $S_r = S_i - S_e$;

    $S_i$——进水 $BOD_5$ 浓度[kg($BOD_5$)/$m^3$ 或 mg($BOD_5$)/L];

    $S_e$——出水 $BOD_5$ 浓度[kg($BOD_5$)/$m^3$ 或 mg($BOD_5$)/L];

    $a,b$——经验值:对于生活污水活与之性质相近的工业废水,$a = 0.5 \sim 0.65$,$b = 0.05 \sim 0.1$;或试验值(通过试验获得)。

## (三)有机物降解与需氧量

活性污泥中的微生物在进行代谢活动时需要氧的供应,氧的主要作用有:

(1)将一部分有机物氧化分解;

(2)对自身细胞的一部分物质进行自身氧化。

因此,活性污泥法中的需氧量:

$$O_2 = a'Q \cdot S_r + b'V \cdot X_v \tag{14—2}$$

式中,$O_2$——曝气池混合液的需氧量,kg($O_2$)/d;

    $a'$——代谢每 $kgBOD_5$ 所需的氧量,kg($O_2$)/[kg($BOD_5$) · d];

    $b'$——每 kgVSS 每天进行自身氧化所需的氧量,kg($O_2$)/[kg(VSS) · d]。

    二者的取值同样可以根据经验或试验来获得。

## (四)活性污泥净化反应的机理

在活性污泥处理系统中,有机底物从废水中被去除的实质就是有机底物作为营养物质被活性污泥微生物摄取、代谢与利用的过程,是物理、化学、生物化学作用的综合,这一过程的结果是污水得到了净化,微生物获得了能量而合成新的细胞,活性污泥得到了增长。其机理如下:一般将这整个净化反应过程分为三个阶段:初期吸附;微生物的代射;活性污泥的凝聚、沉淀与浓缩。

### 1. 初期吸附去除

在活性污泥系统中,污水与活性污泥接触 5~10min,由于活性污泥具有很大的表面积因而具有很强的吸附能力,污水中大部分有机物(70%以上的 BOD,75%以上 COD)迅速被去除。此时的去除并非降解,而是被污泥吸附,粘着在生物絮体的表面,这种由物理吸附和生物吸附交织在一起的初期高速去除现象叫初期吸附。随着时间的推移,混合液的 $BOD_5$ 值会回升(由于胞外水解酶将吸附的非溶解状态的有机物水解成为溶解性小分子后,部分有机物又进入污水中使 BOD 值上升。此时,活性污泥微生物进入营养过剩的对数增殖期,能量水平很高,微生物处于分散状态,污水中存活着大量的游离细菌,也进一步促使 BOD 值上升)。再之后,$BOD_5$ 值才会逐渐下降(活性污泥微生物进入减速增殖期和内源呼吸),见图 14−4。

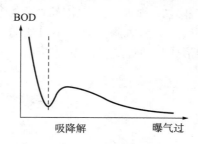

图 14−4　污水与活性污泥混合曝气后 $BOD_5$ 值的变化动态

活性污泥吸附作用的大小与很多因素有关:

(1)废水的性质、特性:对于含有较高浓度呈悬浮或胶体状态的有机污染物的废水,具有较好的效果;

(2)活性污泥的状态:在吸附饱和后应给以充分的再生曝气,使其吸附功能得到恢复和增强。

**2. 微生物的代射的作用**

活性污泥微生物以污水中各有机物作为营养,在有氧的条件下,将其中一部分有机物合成新的细胞物质(原生质);对另一部分有机物则进行分解代谢,即氧化分解以获得合成新细胞所需要的能量,并最终形成 $CO_2$ 和 $H_2O$ 等稳定物质。应该指出,在新细胞合成与微生物增长的过程中,除氧化一部分有机物以获得能量外,还有一部分微生物细胞物质也在进行氧化分解,并供应能量。这种细胞物质的氧化称为自身氧化或内源呼吸。当有机物充足时,细胞物质大量合成,内源呼吸并不明显。但当有机物近乎耗尽时,内源呼吸就成为供应能量的主要方式,是微生物生活所需要的主要能源。与分解代谢一样,内源呼吸也要消耗氧。在合成代谢过程中所产生而未被内源呼吸所氧化的细胞物质,是作为净增微生物(剩余污泥)而被排除。从污水处理的角度来看,不论是氧化还是合成,都能从污水中去除有机物,只是合成的新细胞应便于从污水中分离出来。

图 14−5 为上述微生物代谢关系的模式图,从图中可以看出,活性污泥微生物从污水中去除有机物的代谢过程,主要是由微生物细胞物质的合成(活性污泥增长),有机物(包括一部分细胞物质)的氧化分解和氧的消耗所组成。当氧供应充足时,活性污泥的增长与有机物的去除是并行的,污泥增长的旺盛时期,也就是有机物去除的快速时期。

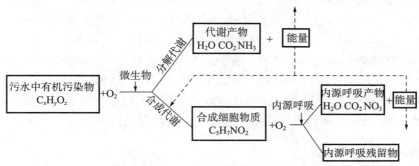

图 14−5　上述微生物代谢关系的模式

**3. 絮凝体的形成与凝聚沉降**

如果形成菌体的有机物不从污水中分离出去,这样的净化不能算结束。为了使菌体从水中分离出来,现多采用重力沉降法。如果每个菌体都处于松散状态,由于其大小与胶体颗粒大体相同,它们将保持稳定悬浮状态,沉降分离是不可能的。为此,必须使菌体凝聚成为易于沉降的絮凝体。絮凝体的形成是通过丝状细菌来实现的。

## 四、活性污泥净化反应影响因素

### (一)污泥负荷

在活性污泥法中,一般将有机物(BOD$_5$)与活性污泥(MLSS)的重量比值(food to biomass, $F$:$M$),称为污泥负荷,一般用 $N$ 表示。污泥负荷又分为重量负荷和容积负荷。重量负荷(organic loading rate, NS)即单位重量活性污泥在单位时间内所承受的 BOD$_5$ 量,单位为 kg BOD$_5$/[kg(MLSS)·d]。$F$:$M$ 是设计运行重要参数。

污泥负荷的计算公式:

$$\frac{F}{M} = N_s = \frac{QS_0}{VX} \tag{14—3}$$

式中,$S_0$——曝气池入流废水的 BOD$_5$ 浓度,kg/m$^3$;

  $V$——曝气区容积,m$^3$;

  $X$——曝气池 MLSS 浓度,kg/m$^3$;

  $Q$——废水流量,m$^3$/d。

在 $F/M$ 大于等于 2.2 时,活性污泥微生物处于对数增长期,有机物能以最大的速率去除。

$F/M$ 约为 0.5 时,微生物处在增殖衰减,细菌活力小,污泥处成熟期,易形成絮体。

$F/M$ 小于 0.2 时,微生物进入内源呼吸期,活性低,形成絮凝体的速率剧增,溶解氧浓度增大,出现原生动物,水质好转。

为了表示有机物的去除情况,也采用去除负荷 $N_r$,即单位重量活性污泥在单位时间所去除的有机物重量。

$$N_r = \frac{Q(S_0 - S_e)}{VX} \tag{14—4}$$

式中,$N_r$——去除负荷;

  $S_e$——出水 BOD 浓度。

实践表明,在一定的活性污泥法系统中,污泥的 SVI 值与污泥负荷之间有复杂的变化关系。图 14-6 所示是城市污水活性污泥系统处理的 BOD 负荷率与 SVI 值得关系曲线。SVI 与污泥负荷 BOD 曲线是具有多峰的波形曲线,在 0.5kg(BOD)/[kg(MLSS)·d]以下的低负荷率区和 1.5kg(BOD)/[kg(MLSS)·d]以上高负荷率区,SVI 值都在 150 以下,都不会出现污泥膨胀。而负荷率 0.5~1.5kg(BOD)/[kg(MLSS)·d]的中间负荷率区,SVI 值很高,属污泥膨胀区。在设计与运行上应当避免采用这个区段的负荷率值。

### (二)污泥龄($t_s$ 或 $\theta_C$)

污泥龄(sludge age)是曝气池中工作着的活性污泥总量与每日排放的污泥量之比,单位

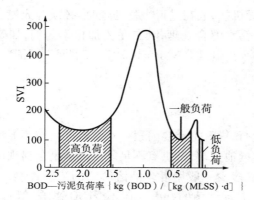

图 14-6　城市污水活性污泥系统的 BOD

是 d。即活性污泥在曝气池内的平均停留时间——生物固体平均停留时间。

系统中每日增长的活性污泥量应等于每日排出的剩余污泥量（ΔX）

$$\Delta X = Q_w X_r + (Q - Q_w) X_e \qquad (14—5)$$

式中，$X_r$——排放的剩余污泥浓度；

$Q_w$——排放的剩余污泥量。

$\theta_C$ 的定义式

$$\theta_C = \frac{VX}{\Delta X}(d) \qquad (14—6)$$

式中，$VX$——曝气池内活性污泥总量；

$\Delta X$——每日排放污泥量。

污泥龄是活性污泥处理系统设计与运行管理的重要参数，它能够直接影响曝气池内活性污泥的性能和其功能。$\theta_C$ 长，吸附的有机物被氧化掉的多，需氧量就大，增加的污泥量就少；反之，吸附的有机物被氧化的量就少，一部分来不及氧化的有机物就作为剩余污泥排除系统，需要的氧量相应就少些。延时曝气法的 $\theta_C$ 长，增加污泥量少，需氧量比普通法大一倍左右。

## （三）营养物组分

各种微生物体内含的元素和需要的营养元素大体一致。细菌的化学组成实验式为 $C_5H_7O_2N$，霉菌为 $C_{10}H_{17}O_6$，原生动物为 $C_7H_{14}O_3N$，所以在培养微生物时，可按菌体的主要成分比例供给营养。微生物赖以生活的主要外界营养为碳和氮，此外，还需要微量的钾、镁、铁、维生素等。

碳源——异氧菌利用有机碳源，自氧菌利用无机碳源。

氮源——无机氮（$NH_3$ 及 $NH_4^+$）和有机氮（尿素、氨基酸、蛋白质等）。

一般认为对氮、磷的需要应满足以下比例关系：BOD：N：P = 100：5：1。

一般地说，废水中的 $BOD_5$ 最少应不低于 100mg/L。但 $BOD_5$ 浓度也不应太高，否则，氧化分解时会消耗过多的溶解氧，一旦耗氧速度超过溶氧速度，就会出现厌氧状态，使好氧过程破坏。好氧生物处理中 $BOD_5$ 最大为 500～1000mg/L，具体视充氧能力而定。

生活污水与之性质相近的有机工业废水中，含有上述各种营养物质，但许多工业废水中往往缺乏氮源和磷、钾等无机盐,故在进行生物处理时,必须补充氮、磷、钾。投加方法有二:其一是与营养丰富的生活污水混合处理;其二是投加化学药剂,如硫酸铵、硝酸铵、尿素,磷酸氢二钠等。投加比例多采用 $BOD_5 : N : P = 100 : 5 : 1$,根据不同情况,氮变化于 $4 \sim 7$,磷变化于 $0.5 \sim 2$。

### (四)溶解氧

要使生化处理正常运行,供氧是重要因素。对于传统活性污泥法,氧的最大需要出现在污泥与污水开始混合的曝气池首端,常供氧不足。供氧不足会出现厌氧状态,妨碍正常的代谢过程,滋长丝状菌。供氧多少一般用混合液溶解氧的浓度控制。据研究当溶解氧 DO 高于 $0.1 \sim 0.3 mg/L$ 时,单个悬浮细菌的好氧代谢不受 DO 影响,但对成千上万个细菌黏结而成的絮体,要使其内部 DO 达到 $0.1 \sim 0.3 mg/L$ 时,其混合液中 DO 浓度应保持不低于 $2mg/L$。

### (五)pH

对于好氧生物处理,pH 在 $6.5 \sim 7.5$ 适宜,pH 低于 6.5,真菌即开始与细菌竞争,降低到 4.5 时,真菌则将完全占优势,而原生动物将全部消失,严重影响沉淀分离和出水水质;pH 超过 9.0 时,代谢速度受到影响。

### (六)水温($t$)

水温是影响微生物生长活动的重要因素。城市污水在夏季易于进行生物处理,而在冬季净化效果则降低,水温的下降是其主要原因。在微生物酶系统不受变性影响的温度范围内,水温上升就会使微生物活动旺盛,就会提高反应速度。此外,水温上升还有利于混合、搅拌、沉淀等物理过程,但不利于氧的转移。对于生化过程,以 $20 \sim 30℃$ 为宜,超过 35℃ 或低于 10℃ 时,处理效果下降。故宜控制在 $15 \sim 35℃$,对北方温度低,应考虑将曝气池建于室内。

### (七)有毒物质

对生物处理有毒害作用的物质很多,主要毒物有重金属离子(如锌、铜、镍、铅、铬等)和一些非金属化合物(如酚、醛、氰化物、硫化物等)。这些物质会破坏细菌细胞某些必要的物理结构。重金属、酚、氰等对微生物有抑制作用,Na、Al 盐,氨等含量超过一定浓度也会有抑制作用。毒物的毒害作用还与 pH、水温、溶解氧、有无其他毒物及微生物的数量和是否驯化等有很大关系。

### (八)污泥回流比

污泥回流比是指回流污泥的流量与曝气池进水流量的比值,一般用百分数表示,符号为 R。污泥回流量的大小直接影响曝气池污泥的浓度和二次沉淀池的沉降状况,所以应适当选择,一般在 $20\% \sim 50\%$,有时也高达 $150\%$。

## 第二节　活性污泥法的工艺流程和运行方式

迄今为止,在活性污泥法工程领域,应用着多种各具特色的运行方式。经过长期的研究和实践,在以下几方面得到了改进和发展:(1)曝气池的混合反应型式;(2)进水点的位置;(3)污泥负荷率;(4)曝气技术。根据这些改进,出现了许多新的类型,本节加以阐述。

### 一、曝气池混合反应型式

曝气池混合型式有推流式和完全混合式两大类型。

推流式为长方形的曝气池,废水从一端流入,以旋流式推进经与气体混合并流经整个曝气池后,至池末端流出。它有如下特点:(1)沿曝气池的长度方向上微生物的生活环境不断发生变化,亦即废水在流经曝气池的过程中,由于有机营养物被微生物所摄取,因而不断减少,甚至在池尾达到微生物内源呼吸的营养水平;(2)在曝气池废水入流端,氧的利用速率很高,而流出端氧的利用速率很低;(3)由于高负荷集中在废水入流端,因而对水质、水量、浓度等变化适应性较弱;(4)水质、水量等比较稳定时,可获得质量较好的处理水。

完全混合式(简称全混式)是废水与回流污泥一起进入曝气池后,就立即与曝气池其他混合液均匀混合,使有机物浓度因稀释而立即降低。它具有以下特点:(1)整个曝气池的环境条件一定,可有效地进行处理;(2)整个曝气池氧利用速度一定,供入氧气得到有效的溶解和利用;(3)对入流水质、水量、浓度等变化有较强的缓冲能力,所以对 BOD 浓度较高的废水,也能获得稳定的处理效果;(4)和推流式比较,发生短流的可能性大;(5)受曝气池型式和曝气方法的限制,池子不能太大。

### 二、各种活性污泥法系统

#### (一)传统活性污泥法

传统活性污泥法,又称普通活性污泥法,它的工艺流程是:经过初次沉淀池去除粗大悬浮物的废水,在曝气池与污泥混合,呈推流方式从池首向池尾流动,活性污泥微生物在此过程中连续完成吸附和代谢过程。曝气池混合液在二沉池去除活性污泥混合固体后,澄清液作为净化液出流。沉淀的污泥一部分以回流的形式返回曝气池,再起到净化作用,一部分作为剩余污泥排出。图 14 - 7 所示则为其需氧率的变化。

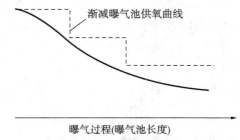

图 14 - 7　传统活性污泥法系统曝气池内需氧率的变化

几十年来,对传统活性污泥工艺的理论研究已经非常深入,同时积累了丰富的实践经验,有了完善的设计和运行方法。随着污水处理要求的提高和研究的深入,在传统活性污泥法基础上已开发出多种新的工艺,出现了多种活性污泥法工艺流程和运行方式,如普通曝气法、阶段曝气法、生物吸附 - 降解法等。

本工艺特征:

活性污泥几乎经历了起端的吸附和不断的代谢过程,BOD 去除率可达 90% 以上,处理效果很高,特别适用于处理要求高而水质较稳定的污水。因为其流型呈推流式,有机底物浓度沿池长逐渐降低。因此,在池首端和前段混合液中的溶解氧浓度较低,甚至可能不足,沿池长逐渐增高,在池末端溶解氧含量就已经很充足了,一般能够达到规定的要求了。

活性污泥法在运行过程中存在着以下问题:

曝气池首端有机负荷大,需氧量大,为了避免缺氧形成厌氧状态,进水有机负荷率不宜过高,因此,曝气池的容积大,占地多,基建费用高;耗氧速率与供氧速率难于沿池长吻合一致,在池前段可能出现耗氧速率高于供氧速率的现象,池后段又可能出现相反的情况。对水质水量变化的适应能力较低,运行效果受水质、水量变化的影响。

当实际供氧难于满足此要求(平均供氧),空气的供应往往是均匀分布,使首端供氧不足,末端供氧出现富裕,需采用渐减式供氧。

## (二)阶段曝气法(分阶段进水或多阶段进水)

阶段曝气法工艺流程如图 14 - 8 及图 14 - 9。

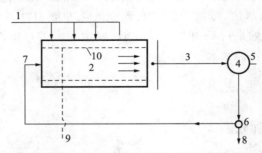

**图 14 - 8　阶段曝气活性污泥法系统**

1—经预处理的污水;2—活性污泥反应器—曝气池;3—从曝气池中流出的混合液;

4—二次沉淀池;5—处理后污水;6—污泥泵站;7—回流污泥系统;8—剩余污泥;

9—来自空压机站的空气;10—曝气系统与空气扩散装置

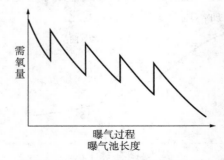

**图 14 - 9　阶段曝气活性污泥法系统**

针对普通活性污泥法的 BOD 负荷在池首过高的缺点,将废水沿曝气池长分数处注入,即形成阶段曝气法,它与渐减曝气法类似,只是将进水按流程分若干点进入曝气池,使有机物分配较为均匀,解决曝气池进口端供氧不足的现象,使池内需氧与供氧较为平衡。阶段曝气法迄今已有 50 多年的历史,应用广泛,效果良好。

本工艺流程的特点:

污水均匀分散地进入,有机污染物在池内分配均匀,使负荷及需氧趋于均衡,缩小了供氧与需氧的矛盾,有利于生物降解;供气的利用率高,节约能源;污水均匀分散地进入,增强了系统对水质、水量冲击负荷的适应能力。系统耐负荷冲击的能力高于传统活性污泥法;曝气池内混合液中污泥浓度沿池长逐步降低,流入二沉池的混合液中的污泥浓度较低,可提高二沉池的固液分离效果,对二沉池的工作有利。

### (三)吸附再生活性污泥法(接触稳定法)

又名生物吸附活性污泥法,本工艺在 40 年代后期出现在美国,其工艺流程如图 14 – 10 所示。

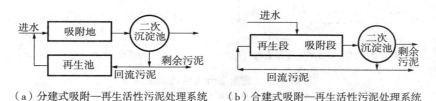

（a）分建式吸附—再生活性污泥处理系统　　（b）合建式吸附—再生活性污泥处理系统

**图 14 – 10　吸附—再生活性污泥处理系统**

污水与活性很强(饥饿状态)的活性污泥同步进入吸附池,并充分接触 30 ~ 60min,吸附去除水中有机物后,混合液进入二沉池进行泥水分离,澄清水排放,污泥则从沉淀池底部排出,一部分作为剩余污泥排出系统,另一部分回流至再生池,停留 3 ~ 6h,进行第二阶段的分解与合成代谢,即活性污泥对所吸附的大量有机底物进行"消化",活性污泥微生物进入内源呼吸期,活性污泥的活性得到恢复。

与传统活性污泥法比较,吸附再生法具有以下优点:污水与活性污泥在吸附池内停留时间短,使吸附池的容积减小。再生池接纳的是排除了剩余污泥的污泥,因此,再生池的容积也较小。经过再生的活性污泥处于饥饿状态,因而吸附活性高。吸附和代谢分开进行,对冲击负荷的适应性较强,构筑物体积小于传统的活性污泥法。再生池的污泥微生物处于内源呼吸期,丝状菌不适应这样的环境,所以繁殖受到抑制,因而有利于防止污泥膨胀。

本工艺存在的问题是:处理效果低于传统法,不宜用于处理溶解性有机物含量为主的污水,处理后的出水水质也较传统活性污泥法的差。

### (四)完全混合式活性污泥法

完全混合活性污泥系统见图 14 – 11,它与推流式的工况截然不同,有机染污物进入完全混合式曝气池后立即与混合液充分混合,池中的污泥负荷相同,它的运行工况点位于活性污泥的增长曲线的某一点上,完全混合式活性污泥法系统有曝气池与沉淀池合建及分建两种类型,曝气装置可以采用鼓风曝气装置或机械表面曝气装置。

本方法的特点如下：

（1）进入曝气池的污水很快被池内已存在的混合液稀释、均化，因此，该工艺对冲击负荷有较强的适应能力，适用于处理工业废水，特别是高浓度的工业废水；

（2）污水和活性污泥在曝气池中分布均匀，污泥负荷相同，微生物群体组成和数量一致，即工况相同。因此，有可能通过对污泥负荷的调控，将整个曝气池工况控制在最佳点，使活性污泥的净化功能得到充分发挥，在相同处理效果下，其负荷率低于推流式曝气池；

（3）池内需氧均匀，动力消耗低于传统的活性污泥法；

（4）该法比较适合小型的污水处理厂；

（5）该工艺较易产生污泥膨胀，其处理的水质一般不如推流式。

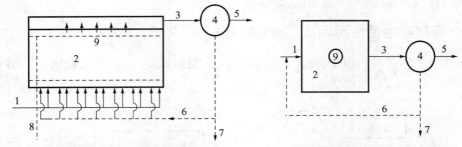

**图 14 – 11　完全混合活性污泥法系统**

1—预处理后的污水；2—完全混合曝气池；3—混合液；4—二次沉淀池；5—处理水；
6—回流污泥系统；7—剩余污泥；8—供气系统；9—曝气系统与空气扩散装置

### （五）延时曝气活性污泥法

适宜对出水水质要求高的场合。如氧化法、A/O 法和 A2/O 工艺等。

工艺特点：负荷低，曝气时间长（24h 以上），活性污泥处于内源呼吸期，剩余污泥少且稳定，污泥不需要消化处理，工艺也不需要设初沉池。

不足处为池容大、负荷小、曝气量大、投资与运行费用高。

### （六）高负荷活性污泥法（又叫短时曝气活性污泥法）

高负荷活性污泥法又称短时曝气活性污泥法。

本工艺的主要特点是工艺特点：BOD—SS 负荷高、曝气时间短，处理效果较低，BOD 去除率不超过 70% ~75%，出水水质不达标，因此，称之为不完全处理活性污泥法。与此相对，$BOD_5$ 的去除率在 90% 以上，处理水的 BOD 值在 20mg/L 以下的工艺则称为完全处理活性污泥法。

### （七）深水曝气活性污泥法

深水曝气活性污泥法的特点是在曝气池内的混合液的深度较大，一般在 7m 以上。这种工艺的效益是：（1）由于水压加大，提高了饱和溶解氧浓度以及降低气泡直径，提高气泡的表面积，进而提高了氧的传递速率，从而利于微生物的增殖与有机污染物的降解；（2）曝气池向深部发展,节省占地。

按机械(曝气)设备的利用情况,分深水中层曝气和深水底层曝气。

**1. 深水中层曝气**

水深在 10m 左右,曝气装置设在 4m 左右处,这样仍可利用风压在 5m 的风机,为了在池内形成环流和减少底部的死角,一般在池内设导流或导流筒。参见图 14 – 12。

**2. 深水底层曝气**

水深仍在 10m 左右,曝气装置仍设于池底部,需使用高风压的风机,但勿需设导流装置,自然在池内形成环流。参见图 14 – 13。

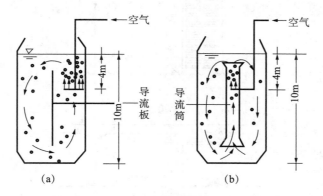

图 14 – 12　设导流板或导流筒的深水中层曝气池

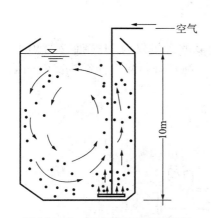

图 14 – 13　深水底层曝气曝气池

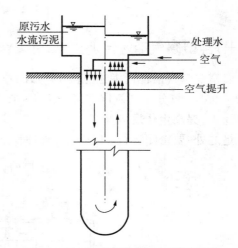

图 14 – 14　深井曝气活性污泥法系统

## (八) 深井曝气活性污泥法

深井曝气活性污泥法又名超水深曝气活性污泥法见图 14 – 14。深井曝气池直径介于 1 ~ 6m,深度可达 70 ~ 150m,井中间设隔墙将井一分为二或在井中心设内井筒,将井分为内、外两部分。由于水压很大,明显提高了饱和溶解氧浓度以及降低气泡直径,提高气泡的表面积,进而显著提高氧的传递速率,从而利于微生物的增殖与有机污染物的降解。

不足之处:施工难度大,对地质条件和防渗要求高。

## (九)浅层曝气活性污泥法

浅层曝气活性污泥法气泡只是在形成与破碎瞬间,有着最高的氧转移率,而与水深无关。

浅层曝气装置多为由穿孔管组成的曝气栅,曝气装置多设置于曝气池的一侧,安装高度度距水面0.6~0.8m,适宜低压风机曝气。

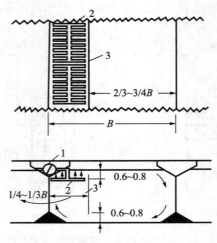

**图14-15 浅层曝气曝气池**

1—空气管;2—曝气栅;3—导流板

## (十)纯氧曝气活性污泥法

又名富氧曝气活性污泥法见图14-16,空气中氧的含量仅为21%,而纯氧中的含氧量为90%~95%,氧分压纯氧比空气高4.4~4.7倍,用纯氧进行曝气能够提高氧向混合液中的传递能力,提高生化反应速率。

不足之处:要密闭运行,工艺运行管理复杂。

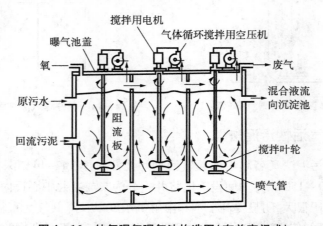

**图4-16 纯氧曝气曝气池构造图(有盖密闭式)**

# 第三节　曝气的原理、方法与设备

活性污泥法是采取人工措施,创造适宜条件,强化活性污泥微生物的新陈代谢功能,加速污水中的有机底物降解的污水生物处理法。对此,在活性污泥法中,重要的人工措施是向活性污泥反应器——曝气池曝气。

曝气的作用主要有:

(1)充氧:向活性污泥中的微生物提供溶解氧,满足其在生长和代谢过程中所需的氧量。

(2)搅动混合:使活性污泥在曝气池内处于悬浮状态,与废水充分接触。

曝气的方法:鼓风曝气;机械爆气和两者联合的鼓风——机械曝气。

鼓风曝气是由空气机送出的压缩空气通过一系列的管道系统送到安装在曝气池池底的空气扩散装置(曝气装置),空气从那里以微小气泡的形式逸出,并在混合液中扩散,是气泡中的氧转移到混合液中去,而气泡在混合液的强烈扩散、搅动,使混合液处于剧烈混合、搅拌状态。机械曝气则是利用安装在水面上、下的叶轮高速转动,剧烈地搅动水面,产生水跃,使液面与空气接触的表面不断更新,使空气中的氧转移到混合液中去。

## 一、曝气的原理与理论基础

### (一)菲克(Fick)定律

通过曝气,空气中的氧,从气相传递到混合液的液相中,这实际上是一个物质扩散过程,即气相中的氧通过气液界面扩散到液相主体中。所以,它应该服从扩散过程的基本定律——Fick 定律。

Fick 定律认为:扩散过程的推动力是物质在界面两侧的浓度差,物质的分子会从浓度高的一侧向浓度低的一侧扩散、转移。

即
$$v_d = -D_L \frac{\mathrm{d}C}{\mathrm{d}y} \tag{14—7}$$

式中,$v_d$——物质的扩散速率,即在单位时间内单位断面上通过的物质数;

$D_L$——扩散系数,表示物质在某种介质中的扩散能力,主要取决于扩散物质和介质的特性及温度;

$C$——物质浓度;

$y$——扩散过程的长度;

$\frac{\mathrm{d}C}{\mathrm{d}y}$——浓度梯度,即单位长度内的浓度变化值。

式(14—7)表明,物质的扩散速率与浓度梯度呈正比关系。

如果以 $M$ 表示在单位时间 $t$ 内通过界面扩散的物质数量,以 $A$ 表示界面面积,则有:

$$v_d = \left( \frac{\mathrm{d}M}{\mathrm{d}t} \right) / A \tag{14—8}$$

代入式(14—7),得:

$$\left( \frac{\mathrm{d}M}{\mathrm{d}t} \right) = -D_L A \frac{\mathrm{d}C}{\mathrm{d}y} \tag{14—9}$$

## (二)双膜理论

对于气体分子通过气液界面的传递理论,在废水生物处理界被普遍接受的是刘易斯(Lewis)和怀特曼(Whitman)于1923年建立的"双膜理论"。

双膜理论认为:

(1)当气、液面相接触并作相对运动时,接触界面的两侧,存在着气体与液体的边界层,即气膜和液膜;

(2)气膜和液膜内相对运动的速度属于层流,而在其外的两相体系中则均为紊流;

(3)氧的转移是通过气、液膜进行的分子扩散和在膜外的对流扩散完成;

(4)对于难溶于水的氧来说,分子扩散的阻力大于对流扩散,传质的阻力主要集中在液膜上;

(5)在气膜中存在着氧分压梯度,而液膜中同样也存在着氧的浓度梯度,由此形成了氧转移的推动力;

(6)实际上,在气膜中,氧分子的传递动力很小,即气相主体与界面之间的氧分压差值 $P_g - P_i$ 很低,一般可认为 $P_g \approx P_i$。这样,就可以认为界面处的溶解氧浓度 $C_i$ 等于在氧分压条件下的饱和溶解氧浓度值,因此氧转移过程中的传质推动力就可以认为主要是界面上的饱和溶解氧浓度值 $C_s$ 与液相主体中的溶解氧浓度值 $C_i$。

双膜理论模型的示意图见图 14－17:

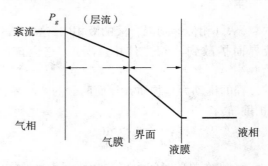

**图 14－17 双膜理论模型(或称氧转移模式图)**

设液膜厚度为 $y_l$(此值是极小的),因此在液膜内溶解氧浓度的梯度为:

$$-\frac{dC}{dy} = \frac{C_s - C_i}{y_l} \qquad (14—10)$$

代入式(14—9),得:

$$\frac{dM}{dt} = D_L A\left(\frac{C_s - C_i}{y_L}\right) \qquad (14—11)$$

式中,$\dfrac{dM}{dt}$——氧传递速率,kg($O_2$)/h;

$\quad D_L$——氧分子在液膜中的扩散系数,$m^2$/h;

$\quad A$——气、液两相接触界面面积,$m^2$;

$\dfrac{C_s - C_i}{y_L}$——在液膜内溶解氧的浓度梯度,$kgO_2/m^3 \cdot m$。

设液相主体的容积为 $V(\mathrm{m}^3)$，并用其除以上式，则得：

$$\frac{\mathrm{d}M}{\mathrm{d}t}/V = \frac{D_L A}{y_L V} \cdot (C_s - C_L) \tag{14—12}$$

$$\frac{\mathrm{d}C}{\mathrm{d}t} = K_L \frac{A}{V}(C_s - C_L) \tag{14—13}$$

式中，$\dfrac{\mathrm{d}C}{\mathrm{d}t}$——液相主体溶解氧浓度变化速率（或氧转移速率），$\mathrm{kg(O_2)/(m^3 \cdot h)}$；

$\quad K_L$——液膜中氧分子传质系数，$\mathrm{m/h}$，$K_L = D_L/y_L$。

由于气液界面面积难于计量，一般以氧总转移系数（$K_{La}$）代替 $K_L \dfrac{A}{V}$，则上式改写为：

$$\frac{\mathrm{d}C}{\mathrm{d}t} = K_{La} \cdot (C_s - C_i) \tag{14—14}$$

式中，$K_{La}$——氧总转移系数，$\mathrm{h}^{-1}$，$K_{La} = K_L \dfrac{A}{V} = \dfrac{D_L \cdot A}{y_L \cdot V}$ $\tag{14—15}$

此值表示在曝气过程中氧的总传递性，当传递过程中阻力大，则 $K_{La}$ 值低，反之则 $K_{La}$ 值高。

$K_{La}$ 的倒数 $1/K_{La}$ 的单位为 h，它所表示的是曝气池中溶解氧浓度从 $C_l$ 提高到 $C_s$ 所需要的时间。

为了提高 $\mathrm{d}C/\mathrm{d}t$ 值，可以从两方面考虑：

（1）提高 $K_{La}$ 值——加强液相主体的紊流程度，降低液膜厚度，加速气、液界面的更新，增大气、液接触面积等；

（2）提高 $C_s$ 值——提高气相中的氧分压，如采用纯氧曝气、深井曝气等。

## （三）氧总转移系数（$K_{La}$）的求定

氧总转移系数（$K_{La}$）是评价空气扩散装置供氧能力的重要参数，一般是通过试验求得。

将式（14—16）整理，得：
$$\frac{\mathrm{d}C}{C_s - C} = K_{La} \cdot \mathrm{d}t \tag{14—16}$$

积分后得：
$$\ln\left(\frac{C_s - C_0}{C_s - C_t}\right) = K_{La} \cdot t$$

换成的以 10 为底，则
$$\lg\left(\frac{C_s - C_0}{C_s - C_t}\right) = \frac{K_{La}}{2.3} \cdot t \tag{14—17}$$

式中，$C_0$——当 $t=0$ 时，液体主体中的溶解氧浓度，$\mathrm{mg/L}$；

$\quad C_t$——当 $t=t$ 时，液体主体中的溶解浓度，$\mathrm{mg/L}$；

$\quad C_s$——是在实际水温、当地气压下溶解氧在液相主体中饱和浓度，$\mathrm{mg/L}$。

测定 $K_{La}$ 值的方法与步骤如下：

（1）向受试清水中投加 $\mathrm{Na_2SO_3}$ 和 $\mathrm{COCl_2}$，以脱除水中的氧；每脱除 $1\mathrm{mg/L}$ 的氧，在理论上需 $7.9\mathrm{mg/L}$ $\mathrm{Na_2SO_3}$，但实际投药量要高出理论值 $10\% \sim 20\%$；$\mathrm{COCl_2}$ 的投量则以保持 $\mathrm{CO^{2+}}$ 离子浓度不低于 $1.5\mathrm{mg/L}$ 为准，$\mathrm{CO^{2+}}$ 是催化剂；

（2）当水中溶解氧完全脱除后，开始曝气充氧，一般每隔 $10\mathrm{min}$ 取样一次，（开始时可以更密集一些），取 $6 \sim 10$ 次，测定水样的溶解氧；

(3)计算 $\frac{C_s - C_0}{C_s - C_t}$ 值,绘制 $\lg\left(\frac{C_s - C_0}{C_s - C_t}\right)$ 与 $t$ 之间的关系曲线,直线的斜率即为 $K_{La}/2.3$。

## 二、氧转移速率的影响因素

标准氧转移速率——指脱氧清水在20℃和标准大气压条件下测得的氧转移速率,一般以 $R_0$ 表示 $[kg(O_2)/h]$;

实际氧转移速率——以城市废水或工业废水为对象,按当地实际情况(指水温、气压等)进行测定,所得到的为实际氧转移速率,以 $R$ 表示,单位为 $[kg(O_2)/h]$;

影响氧转移速率的主要因素——废水水质、水温、气压等。

### (一)水质对氧总转移系数($K_{La}$)值的影响

废水中的污染物质将增加氧分子转移的阻力,使 $K_{La}$ 值降低;为此引入系数 $\alpha$,对 $K_{La}$ 值进行修正:

$$K_{Law} = \alpha \cdot K_{La}$$

式中,$K_{Law}$——废水中的氧总转移系数;$\alpha$ 值可以通过试验确定,一般 $\alpha = 0.8 \sim 0.85$。

### (二)水质对饱和溶解氧浓度($C_s$)的影响

废水中含有的盐分将使其饱溶解氧浓度降低,对此,以系数 $\beta$ 加以修正:

$$C_{sw} = \beta \cdot C_s$$

式中,$C_{sw}$——废水的饱和溶解氧浓度,mg/L;$\beta$ 值一般介于 $0.9 \sim 0.97$。

### (三)水温对氧总转移系($K_{La}$)的影响

水温升高,液体的黏滞度会降低,有利于氧分子的转移,因此 $K_{La}$ 值将提高;水温降低,则相反。温度对 $K_{La}$ 值的影响以下式表示:

$$K_{La(T)} = K_{La(20)} \times 1.024^{(T-20)}$$

式中,$K_{La(T)}$ 和 $K_{La(20)}$——分别为水温 $T$℃和20℃时的氧总转移系数;

$T$——设计水温,℃。

### (四)水温对饱和溶解氧浓度($C_s$)的影响

水温升高,$C_s$ 值就会下降,在不同温度下,蒸馏水中的饱和溶解氧浓度可以从表14-1中查出。

表14-1 水温对饱和溶解氧浓度($C_s$)的影响

| 水温/℃ | 0 | 1 | 2 | 3 | 4 | 5 | 6 | 7 | 8 | 9 | 10 |
|---|---|---|---|---|---|---|---|---|---|---|---|
| 饱和溶解氧/(mg/L) | 14.62 | 14.23 | 13.84 | 13.48 | 13.13 | 12.80 | 12.48 | 12.17 | 11.87 | 11.59 | 11.33 |
| 水温/℃ | 11 | 12 | 13 | 14 | 15 | 16 | 17 | 18 | 19 | 20 | 21 |
| 饱和溶解氧/(mg/L) | 11.08 | 10.83 | 10.60 | 10.37 | 10.15 | 9.95 | 9.74 | 9.54 | 9.35 | 9.17 | 8.99 |
| 水温/℃ | 22 | 23 | 24 | 25 | 26 | 27 | 28 | 29 | 30 | | |
| 饱和溶解氧/(mg/L) | 8.83 | 8.63 | 8.53 | 8.38 | 8.22 | 8.07 | 7.92 | 7.77 | 7.63 | | |

（五）压力对饱和溶解氧浓度($C_s$)值的影响

压力增高，$C_s$值提高，$C_s$值与压力($P$)之间存在着如下关系：

$$C_{s(P)} = C_{s(760)} \frac{P - P'}{1.013 \times 10^5 - P'} \qquad (14—18)$$

式中，$P$——所在地区的大气压力，Pa；

$C_{s(P)}$和$C_{s(760)}$——分别是压力$P$和标准大气压力条件下的$C_s$值，mg/L；

$P'$——水的饱和蒸气压力，Pa；

由于$P'$很小(在几 kPa 范围内)，一般可忽略不计，则得：

$$C_{s(P)} = C_{s(760)} \cdot \frac{P}{1.013 \times 10^5} = \rho \cdot C_{s(760)}$$

其中

$$\rho = \frac{P}{1.013 \times 10^5}$$

对于鼓风曝气系统，曝气装置是被安装在水面以下，其$C_s$值以扩散装置出口和混合液表面两处饱和溶解氧浓度的平均值$C_{sm}$计算，如下所示：

$$C_{sm} = \frac{1}{2}(C_{s1} + C_{s2}) = \frac{1}{2}C_s \cdot \left[ \frac{O_t}{21} + \frac{P_b}{1.013 \times 10^5} \right] \qquad (14—19)$$

式中，$O_t$——从曝气池逸出气体中含氧量的百分率，%；

$$O_t = \frac{21(1 - E_A)}{79 + 21(1 - E_A)} \qquad (14—20)$$

$E_A$——氧利用率，%，一般在 6%~12%；

$P_b$——安装曝气装置处的绝对压力，可以按下式计算：

$$P_b = P + 9.8 \times 10^3 \times H \qquad (14—21)$$

$P$——曝气池水面的大气压力，$P = 1.013 \times 10^5 \mathrm{Pa}$；

$H$——曝气装置距水面的距离，m。

# 三、氧转移速率与供气量的计算

## （一）氧转移速率的计算：

标准氧转移速度($R_0$)为：$R_0 = \frac{\mathrm{d}C}{\mathrm{d}t} \cdot V = K_{La(20)} \cdot [C_{sm(20)} - C_L] \cdot V = K_{La(20)} \cdot C_{sm(20)} \cdot V$，

式中，$C_L$——水中的溶解氧浓度，对于脱氧清水 $C_L = 0$；

$V$——曝气池的体积，$\mathrm{m}^3$。

为求得水温为$T$，压力为$P$条件下的废水中的实际氧转移速率($R$)，则需对上式加以修正，需引入各项修正系数，即：

$$R = \alpha \cdot K_{La(20)} \cdot 1.024^{(T-20)} \cdot [\beta \cdot \rho \cdot C_{sm(T)} - C_L] \cdot V,$$

因此，$R_0/R$ 为：

$$\frac{R_0}{R} = \frac{C_{sm(20)}}{\alpha \cdot 1.024^{(T-20)} \cdot (\beta \rho C_{sm(T)} - C_L)} \qquad (14—22)$$

一般来说：$R_0/R = 1.33 \sim 1.61$。

将式(14—22)重写： $$R_0 = \frac{R \cdot C_{sm(20)}}{\alpha \cdot 1.024^{(T-20)} \cdot (\beta\rho C_{sm(T)} - C_L)} \qquad (14—23)$$

式中，$C_L$——曝气池混合液中的溶解氧浓度，一般按 2mg/L 来考虑。

### (二)氧转移效率与供气量的计算：

①氧转移效率： $$E_A = \frac{R_0}{O_C} \qquad (14—24)$$

式中，$E_A$——氧转移效率，一般的百分比表示；

$\quad O_C$——供氧量，$kgO_2/h$；

$\quad O_C = G_s \times 21\% \times 1.331 = 0.28G_s$，

$\quad 21\%$——氧在容气中的占的百分比；

$\quad 1.331$——20℃时氧的容重，$kg/m^3$；

$\quad G_s$——供氧量，$m^3/h$。

②供气量 $G_s$： $$G_s = \frac{R_0}{0.28 \times E_A} \qquad (14—25)$$

对于鼓风曝气系统，各种曝气装置的 $E_A$ 值是制造厂家通过清水试验测出的，随产品向用户提供；

对于机械曝气系统，按式(14—22)求出的 $R_0$ 值，又称为充氧能力，厂家也会向用户提供其设备的 $R_0$ 值。

③需氧量：活性污泥系统中的供氧速率与耗氧速率应保持平衡，因此，曝气池混合液的需氧量应等于供氧量。需氧量是可以根据下式求得：

$$O_2 = a'QS_r + b'VX_v \qquad (14—26)$$

## 四、曝气系统的设计计算

### (一)鼓风曝气系统：

①求风量即供气量：式(14—26)求得需氧速率 $O_2$，根据供氧速率 = 需氧速率，则有：$R = O_2$，

根据式(14—22)求得标准氧转移速率 $R_0$： $R_0 = \frac{R \cdot C_{sm(20)}}{\alpha \cdot 1.024^{(T-20)} \cdot (\beta\rho C_{sm(T)} - C_L)}$，

根据式(14—25)求得供气量 $G_s = \frac{R_0}{0.28 \times E_A}$ ($m^3/d$) $G_s'$ ($m^3/min$)；

②求要求的风压(风机出口风压)：

根据管路系统的沿程阻力、局部阻力、静水压力再加上一定的余量，得到所要求的最小风压；

③根据风量与风压选择合适的风机。

### (二)机械曝气系统：

①充氧能力 $R_0$ 的计算：根据式(14—26)求得需氧量 $O_2$；

$$R = O_2;R_0 = \frac{R \cdot C_{s(20)}}{\alpha \cdot 1.024^{(T-20)} \cdot (\beta \rho C_{s(T)} - C_L)};$$

②根据 $R_0$ 值选配合适的机械曝气设备。

## 五、曝气方法与设备

曝气装置,又称为空气扩散装置,是活性污泥处理系统的重要设备,按曝气方式可以将其分为鼓风曝气装置和表面曝气装置两种。

### (一)曝气装置的技术性能指标:

①动力效率($E_p$):每消耗 $1kW \cdot h$ 电转移到混合液中的氧量 $[kg(O_2)/(kW \cdot h)]$;

②氧的利用率($E_A$):又称氧转移效率,是指通过鼓风曝气系统转移到混合液中的氧量占总供氧量的百分比(%);

③充氧能力($R_0$):通过表面机械曝气装置在单位时间内转移到混合液中的氧量 $[kg(O_2)/h]$。

### (二)鼓风曝气

鼓风曝气是传统的曝气方法,它由加压设备、扩散装置和管道系统三部分组成。加压设备一般采用回转式鼓风机,也有采用离心式鼓风机的,为了净化空气,其进气管上常装设空气过滤器,在寒冷地区,还常在进气管前设空气预热器。

扩散装置的分类:小气泡扩散装置;中气泡扩散装置;大气泡扩散装置;水力剪切扩散装置(倒盆式、撞击式);水力冲击式扩散装置(喷嘴式、射流式)等见图 14-18。

**1. 小气泡扩散装置**

扩散板是用多孔性材料制成的薄板,有陶土制、塑料制或其他材料制成的扩散板和扩散管等,其形状可做成方形或长方形,方形扩散板尺寸通常为 $300 \times 300 \times (25 \sim 40)mm$,扩散板安装在池底一侧的预留槽上,空气由竖管进入槽内,然后通过扩散板进入混合液。扩散板的通气率一般为 $1 \sim 1.5m^3/(m^2 \cdot min)$,氧利用率约10%,充氧动力效率约为 $2kg(O_2)/kW \cdot h$。缺点是板的孔隙小、空气通过时压力损失大、容易堵塞。

扩散板及其安装方式:

扩散管是由陶质多孔管组成,其内径 $44 \sim 75mm$,壁厚 $6 \sim 14mm$,长 $600mm$,每 10 根为一组,通气率为 $12 \sim 15m^3/(根 \cdot h)$。目前用软管代替陶质多孔管。

**2. 中气泡扩散装置**

应用较为广泛的中气泡用扩散装置是穿孔管,由管径介于 $25 \sim 50mm$ 的钢管或塑料管制成,它的孔直径为 $2 \sim 3mm$,孔眼气体流速不小于 $10m/s$,以防堵塞,其特点是氧利用率低,但空气压力损失较小;穿孔管扩散器多组装成栅格型,一般多用于浅层曝气的曝气池。

**3. 大气泡扩散装置**

竖管曝气是在曝气池的一侧布置以横管分支成梳形的竖管,竖管直径在 $15mm$ 以上,离池底 $150mm$ 左右。竖管属于大气泡扩散器,由于大气泡在上升时形成较强的紊流并能够剧烈地翻动水面,从而加强了气泡液膜层的更新和从大气中吸氧的过程。

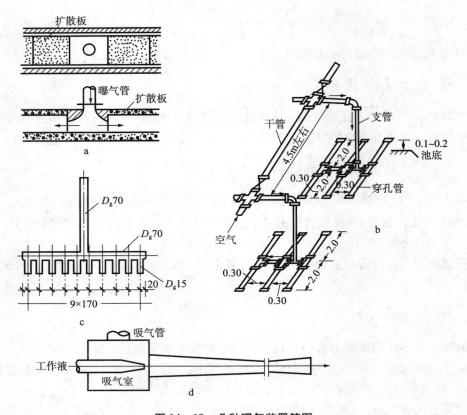

图 14-18　几种曝气装置简图

a. 扩散板装置；b. 穿孔曝气；c. 竖管曝气；d. 射流曝气

**4. 水力剪切扩散装置**

利用装置本身的构造特征，产生水力剪切作用，在空气从装置吹出之前，将大气泡切割成小气泡。这类空气扩散装置有：倒盆式、撞击式。

**5. 水力冲击式空气扩散装置**

密集多喷嘴扩散装置和射流扩散装置属于水力冲击式空气扩散装置，$E_A = 20\%$；噪声小，无需鼓风机房；一般适用于小规模污水厂。

## (三) 机械曝气装置

机械曝气设备的式样较多，大致可归纳为叶轮和转刷两大类。曝气叶轮有安装在池中与鼓风曝气联合使用的，也有安装在池面的，后者称"表面曝气"。表面曝气具有构造简单，动力消耗小，运行管理方便，氧吸收率高的优点，故应用较多。常用的表面曝气叶轮有泵型，倒伞型和平板型。

（1）曝气的原理：

①水跃——曝气机转动时，表面的混合液不断地从周边被抛向四周，形成水跃，液面被强烈搅动而卷入空气；

②提升——曝气机具有提升作用，使混合液连续地上下循环流动，不断更新气液接触界

面,强化气、液接触;

③负压吸气——曝气器的转动,使其在一定部位形成负压区,而吸入空气。分类:按转动轴的安装形式,可分为竖轴式和横轴式两大类。

(2)竖轴式机械曝气装置:泵型叶轮曝气器、K型叶轮曝气器、倒伞型叶轮曝气器和平板型叶轮曝气器等见图4-19。

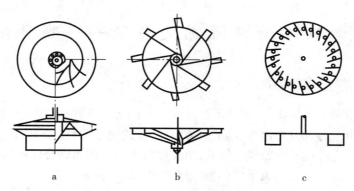

**图 14 - 19　几种叶轮表曝机**

a. 泵型;b. 倒伞型;c. 平板型

①泵型叶轮曝气器

由叶片、进气孔、引气孔、上压罩、下压罩和进水口等部分组成;

对于泵型叶轮曝气器,其充氧量和轴功率可按下列经验公式计算:

$$R_0 = 0.379 \cdot K_1 \cdot v^{2.8} \cdot D^{1.88} \tag{14—27}$$

$$N_{轴} = 0.0804 \cdot K_2 \cdot v^3 \cdot D^{2.8}$$

式中,$R_0$——在标准状态下清水的充氧能力,$kg(O_2)/h$;

$\quad N_{轴}$——叶轮轴功率,kW;

$\quad v$——叶轮周边线速度,m/s;

$\quad D$——叶轮公称直径,m;

$\quad K_1$——池型结构对充氧量的修正系数;

$\quad K_2$——池型结构对轴功率的修正系数。

②倒伞型叶轮曝气器

由圆锥形壳体及连接在外表面的叶片所组成;转速在 30 ~ 60r/min;动力效率为 2 ~ 2.5。

③平板型叶轮曝气器

由叶片与平板等部件组成;叶片与平板半径的角度在 0 ~ 25 度;线速度一般在 4.05 ~ 4.85。

(3)横轴式机械曝气装置:曝气转刷、曝气转盘等见图4-20。

曝气器的选择原则:

对于较小的曝气池,采用机械曝气器能减少动力费用,并省去鼓风曝气所需的管道系统

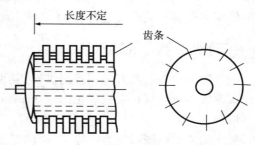

**图 14 - 20　卧式曝气刷**

和鼓风机等设备,维护管理也比较方便。这类曝气器的缺点是转速高,其动力消耗随曝气池的增大而迅速增大,所以曝气池不能太大。这种曝气器需要较大的表面积,因此曝气池的深度也受到限制。还有,如果曝气池中产生泡沫,将严重降低充氧能力。鼓风曝气供应空气的伸缩性较大,曝气效果也较好,一般用于较大的曝气池。鼓风曝气的缺点是需要鼓风机和管道系统。曝气头易堵塞。

# 第四节　活性污泥反应器——曝气池

## 曝气池的类型与构造

从混合液流型可分为推流式、完全混合式和循环混合式三种;

从平面形状可分为长方廊道形、圆形或方形、环形跑道形三种;

从采用的曝气方法可分为鼓风曝气式、机械曝气式以及两者联合使用的联合式三种;

从曝气池与二次沉淀池的关系可分为分建式和合建式两种。

### (一)推流式曝气池

推流式曝气池为长方廊道形池子,常采用鼓风曝气,扩散装置排放在池子的一侧。这样布置可使水流在池中呈螺旋状前进,增加气泡和水的接触时间。曝气池的数目随污水厂大小和流量而定,在结构上可以分成若干单元,每个单元包括几个池子,每个池子常由一至四个折流的廊道组成。推流式曝气池的池长可达 100m。为了防止短流,廊道长度和宽度之比应大于 5,甚至大于 10。为了使水流更好的旋转前进,宽深比不大于 2,常在 1.5 ~ 2。池深常在 3 ~ 5m。曝气池进水口一般淹没在水面以下,以免污水进入曝气池后沿水面扩散,造成短流,影响处理效果。曝气池出水设备可用溢流堰或出水孔。通过出水孔的水流流速一般较小(0.1 ~ 0.2m/s),以免污泥受到破坏。

### (二)完全混合式曝气池

完全混合式曝气池常采用叶轮供氧,多以圆形、方形或多边形池子作单元,主要是因为需要和叶轮所能作用的范围相适应。

改变叶轮的直径可以适应不同直径(边长)、不同深度的池子需要。长方形曝气池可以分成一系列相互衔接的方形单元,每个单元设置一个叶轮。

使用完全混合式曝气池时,为了节约占地面积,常常是把曝气池和沉淀池合建。

### (三)循环混合式曝气池

循环混合式曝气池多采用转刷供氧,其平面形状如环形跑道,如图 14 - 21 所示。循环混合式曝气池也称氧化渠或氧化沟(oxidation ditch),是一种简易的活性污泥系统,属于延时曝气法。

氧化沟的平面图像跑道一样,转刷设置在氧化渠的直段上,转刷旋转时混合液在池内循环流动,流速保持在 0.3m/s 以上,使活性污泥呈悬浮状态。氧化渠的流型为环状循环混合式,污水从环的一端进入,从另一端流出。一般混合液的环流量为进水量的数百倍以上,接近于完全混合,具备完全混合曝气池的若干特点。

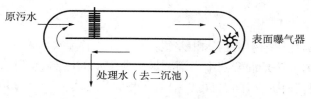

图 14-21　氧化沟平面

氧化沟的特点:

(1)简化了预处理,氧化沟水力停留时间和污泥龄比一般生物处理法长,悬浮有机物可与溶解性有机物同时得到较彻底的去除,排出的剩余污泥已得到高度稳定,因此氧化沟可以不设初次沉淀池,污泥也不需要进行厌氧消化;

(2)占地面积少,因在流程中省略了初次沉淀池、污泥消化池,有时还可省略二次沉淀池和污泥回流装置,使污水厂总占地面积不仅没有增大,相反还可缩小;

(3)从溶解氧的分布看,氧化沟具有推流特性,溶解氧浓度在沿池长方向形成浓度梯度,形成好氧、缺氧和厌氧条件。通过对系统合理的设计与控制,可以取得最好的除磷脱氮效果。

另外,氧化沟的曝气方式也不限于转刷一种,也可以用其他方法曝气。氧化沟的构造形式也是多种多样的,根据不同的目的可以设计多种形式的氧化沟。氧化沟技术是近年来发展较快的生物水处理技术之一。

# 第五节　活性污泥法系统的运行管理

## 一、活性污泥的培养与驯化

### (一)活性污泥的培养

城市占水或与之类似的工业废水,由于营养和菌种都已具备,可用其初步沉淀水调整 $BOD_5$ 至 200~300mg/L 后,在曝气池内进行连续曝气,一般在 15~20℃下经一周出现模糊不清的絮凝体,要及时适当地换水和排放剩余污泥,以补充营养和排除代谢产物。换水的方法分间断换水和连续换水。

间断换水——混合液在曝气到开始出现活性污泥絮体后,即停止曝气,静止沉淀 1~1.5h,排放约占总体积60%~70%的上清液,再补充生活污水或粪便水,继续曝气。当沉降比大于30%时,说明池中混合液污泥浓度已满足要求。第一次换水后,应每天换水一次,这样重复操作 7~10d,便可达到活性污泥成熟。此时,污泥具有良好的凝聚和沉降性能,含有大量的菌胶团和纤毛虫类原生动物,并可使 $BOD_5$ 去除率达95%左右。

连续换水——当池容积大采用间断换水有困难时,可改用连续换水。即当池中出现活性污泥絮体后,可连续地向池内投加生活污水,并连续地出水和回流,其投加量可控制在池内每天换水一次的程度。回流污泥量可采用进水量的50%。当水温在 15~20℃时,污泥经两周左右即可培养成熟。

## （二）活性污泥的驯化

如果工业废水的性质与生活污水相差很大时,用生活污水培养的活性污泥应用工业废水进行驯化。驯化的方法是混合液中逐渐增加工业废水的比例,直到达到满负荷。

为了缩短培养和驯化的时间,也可以把培养和驯化着两个阶段合并进行,即在培养开始就加入少量工业废水,并在培养过程中逐渐增加比重,使活性污泥在增长的过程中,逐渐适应工业废水并具有处理它的能力。这就是所谓同步培驯法。这种做法的缺点是,在缺乏经验的情况下不够稳妥可靠,出现问题时不易确定是培养上的问题还是驯化上的问题。

在有条件的地方,可直接从附近污水处理厂引入剩余污泥,作为种泥进行曝气培养,这可以缩短培养时间;如能从性质类似的工业废水处理站引来剩余污泥,这更提高驯化效果,缩短培驯时间,这些即所谓接种培驯法。工业废水中,如缺乏氮、磷等养料,在驯化过程中则应把这些物质加入曝气池中。

实际上,培养和驯化这两个阶段不能截然分开,间歇换水与连续换水也常结合进行,具体培养驯化时应根据净化机理和实际情况灵活进行。

## （三）试运行

活性污泥培驯成熟后,就开始试运行。试运行的目的是确定最佳的运行条件。在活性污泥系统的运行中,作为变数考虑的因素有混合液污泥浓度（MLSS）、空气量。污水注入的方式等;如采用生物吸附法,则还有污泥再生时间和吸附时间之比值;如采用曝气沉淀池还有回流窗孔开启高度;如工业废水养料不足,还有氮、磷的用量等。将这些变数组合成几种运行条件分阶段进行试验,观察各种条件的处理效果,并确定最佳的运行条件,这就是试运行的任务。

活性污泥法要求在曝气池内保持适宜的营养物与微生物的比值,供给所需要的氧,使微生物很好的和有机物相接触;全体均匀地保持适当的接触时间等。如前所述,营养物与微生物的比值一般用污泥负荷率加以控制,其中营养物数量由流入污水量和浓度所定,因此应通过控制活性污泥的数量来维持适宜的污泥负荷率。不同的运行方式有不同的污泥负荷率,运行时的混合液污泥浓度就是以其运行方式的适宜污泥负荷率作为基础规定的,并在试运行过程中获得最佳条件下的 $N_s$ 值和 MLSS 值。

MLSS 值最好每天都能够测定,如 SVI 值较稳定时,也可用污泥沉降比暂时代替 MLSS 值的测定。根据测定的 MLSS 值或污泥沉降比,便可控制污泥回流量和剩余污泥量,并获得这方便的运行规律。此外,剩余污泥量也可以通过相应的污泥龄加以控制。

关于空气量,应满足供氧和搅拌这两者的要求。在供氧上应使最高负荷时混合液溶解氧含量保持在 $1 \sim 2mg/L$。搅拌的作用是使污水与污泥充分混合,因此搅拌程度应通过测定曝气池表面、中间和池底各点的污泥浓度是否均匀而定。

活性污泥系统的进水方式,一般设计得比较灵活,即可以按传统法,也可以按阶段曝气法或生物吸附法运行。在这种情况下,必须通过试运行加以比较观察,然后得出最佳效果的运行方式。如按生物吸附法运行,还应得出吸附和再生时间的最佳比例。

## 二、活性污泥处理系统运行效果的测定的主要项目

试运行确定最佳条件后,即可转入正常运行。为了经常保持良好的处理效果,积累经验,需要对处理情况定期进行检测。检测项目有:

(1)反映处理效果的项目:进出水总的和溶解性的 BOD、COD,进出水总的和挥发性的 SS,进出水的有毒物质(对应工业废水);

(2)反映污泥情况的项目:污泥沉降比(SV%)、MISS、MLVSS、SVI、溶解氧、微生物观察等;

(3)反映污泥营养和环境条件的项目:氮、磷、pH、水温等。

一般 SV% 和溶解氧最好 2~4h 测定一次,至少每班一次,以便及时调节回流污泥量和空气量。微生物观察最好每班一次,以预示污泥异常现象。除氮、磷、MISS、MLVSS、SVI 可定期测定外,其他各项应每天测定一次。水样除测溶解氧外,均取混合水样。

此外,每天要记录进水量、回流污泥量和剩余污泥量,还要记录剩余污泥的排放规律、曝气设备的工作情况以及空气量和电耗等。剩余污泥(或回流污泥)浓度也要定期测定。上述检测项目如有条件,应尽可能进行自动检测和自动控制。

## 三、活性污泥法运行中常见的问题

### (一)污泥膨胀

二次沉淀池或加速曝气池的沉淀区,有时出现污泥的膨胀与上浮现象。这时,污泥结构松散,沉降性差;造成污泥上浮而随水流失。这样不仅影响出水水质,而且由于污泥大量流失,使曝水池中混合液浓度不断降低,严重时甚至破坏整个生化处理过程。

广义地把活性污泥的凝聚性和沉降性恶化,以及处理水混浊的现象总称为活性污泥的膨胀。就字面看,活性污泥的膨胀是指污泥体积增大而密度下降的现象。描述污泥膨胀程度的指标有 30min 沉降比、污泥体积指数和污泥密度指数。

污泥膨胀上浮的原因很多,除了理化、生物及生化方面的原因外,还有运行管理和构筑物结构型式等方面的因素。污泥膨胀可大致区分为丝状体膨胀和非丝状体膨胀两种。大多数污泥膨胀是由于丝状体膨胀,这是由于丝状微生物大量繁殖,菌胶团的繁殖生长受到抑制的结果。丝状体对活性污泥絮体起架桥作用,如果没有足够的丝状体,形成的绒絮不牢固,在曝气池紊动水流的冲击下,容易被破碎成细小的针点体。这时,污泥沉降快,SVI 低,但出水混浊,这叫做非丝状体膨胀。

当丝状体过多,长出一般絮体的边界而伸入混合液时,其架桥作用妨碍了絮体间的密切接触,致使沉降较馒,密实性差和 SVI 高,但这时的上清液可能报清。

当丝状体存在的数目足以形成适宜的絮体督架而无显著分枝伸入溶液时,絮体大而浓密、沉降性好、SVI 低、上清液清净,这叫做非膨胀污泥。

解决污泥膨胀的办法因产生原因而异,概括起来就是预防和抑制。预防就要加强管理,及时监测水质、曝气池污泥沉降比、污泥指数、溶解氧等,发现异常情况,及时采取措施。污泥发生膨胀后,要针对发生膨胀的原因,采取相应的制止措施:当进水浓度大和出水水质差时,应加强曝气提高供氧量,最好保持曝气池溶解氧在 2mg/L 以上;加大排泥量,提高进水浓

度,促进微生物新陈代谢过程,以新污泥置换老污泥;曝气池中含碳高而使碳氮比失调时,投加含氮化合物;加氯可以起凝聚和杀菌双重作用,在回流污泥中投加漂白粉或液氯可抑制丝状菌生长(加氯量按干污泥的 0.3% ~0.4% 估计),调整 pH。

### (二)污泥上浮

(1)污泥脱氮上浮  在曝气池负荷小而供氧量过大时,出水中溶解氧可能很高,使废水中氨氮被硝化菌转化为硝酸盐,此过程称为硝化。这种混合液若在二沉池中经较长时间的缺氧状态(DO 在 0.5mg/L 以下),则反硝化菌会使硝酸盐转化成氨和氮气,此过程称为反硝化。反硝化过程中形成的氨重新溶于水,只有氮以气体形式存在于水中。当活性污泥上氮气吸附过多时,由于比重降低,污泥就随气体浮上水面。防止污泥脱氮上浮的办法有:减少曝气,防止硝化出现;及时排泥,增加回流量,减少活泥在沉淀池中的停留时间;减少曝气池进水量,以减少二沉池中的污泥量。

(2)污泥腐化上浮  在沉淀池内污泥由于缺氧而腐化(污泥产生厌氧分解)。产生大量甲烷及二氧化碳气体附着在行泥体上,使污泥比重变小而上浮,上浮的污泥发黑发臭。造成污泥腐化的原因有:二沉池内污泥停留时间过长;局部区域污泥堵塞。解决腐化的措施是加大曝气量,以提高出水溶解氧含量;疏通堵塞,及时排泥。

此外,曝气池结构尺寸不合理,也能引起污泥上浮,主要是污泥回流缝太大,使大量微气泡从缝隙中窜出,携带污泥上浮;还有导流区断面太小,气水分离较差,影响污泥沉淀。

### (三)污泥的致密与减少

污泥体积指数减少会使污泥失去活性。在运行中,虽不及前一问题重要,但也应引起足够重视。引起污泥致密、活性降低的原因有:进水中无机悬浮物突然增多;环境条件恶化,有机物转化率降低;有机物浓度减小。造成污泥减少的原因有:有机物营养减少;曝气时间过长;回流比小而剩余污泥排放量大;污泥上浮而造成污泥流失等。解决上述问题的方法有:投加营养料;缩短曝气时间或减少曝气量矿调整回流比和污泥排放量;防止污泥上浮,提高沉淀效果。

### (四)泡沫问题

当废水中含有合成洗涤剂及其他起泡物质时,就会在曝气池表面形成大量泡沫,严重时泡沫层可高达 1m 多。泡沫的危害表现为:表面机械曝气时,隔绝空气与水接触,减小以至破坏叶轮的充氧能力;在泡沫表面吸附大量活性污泥固体时,影响二沉池沉淀效率,恶化出水水质;有风时随风飘散,影响环境卫生。抑制泡沫的措施有:在曝气池上安装喷洒管网,用压力水(处理后的废水或自来水)喷洒,打破泡沫;定时投加除沫剂(如机油、煤油等)以破除泡沫。油类物质投加量控制在 0.5 ~1.5mg/L 范围内,油类也是一种污染物质,投量过多会造成二次污染,且对微生物的活性也有影响;提高曝气池中活性污泥的浓度,这是一种比较有效的控制泡沫的方法。如果泡沫十分严重,在设计时,应考虑用鼓风曝气式活性污泥法系统。

# 第十五章　生物膜法

## 第一节　概　述

生物膜法和活性污泥法一样,同属好氧生物处理方法。生物膜法是利用附着生长于某些固体物表面的微生物(即生物膜)进行有机污水处理的方法。这种处理法是使细菌和菌类一类的微生物和原生动物、后生动物一类的微型生物在滤料或某些载体上生长繁育,形成膜状生物污泥——生物膜。通过与污水的接触,生物膜上的微生物摄取的污水中的有机污染物作为营养,从而使污水得到净化。

迄今为止,生物膜的处理工艺有:生物滤池(普通、高负荷、塔式)、生物转盘、生物接触氧化池、生物流化床。生物膜处理法既是古老的,也是发展中的污水生物处理技术。

活性污泥法是依靠曝气池中悬浮流动着的活性污泥来分解有机物的,而生物膜法则要依靠固着于载体表面的微生物膜来净化有机物。

由于载体材料的比表面积小,故设备容积负荷有限,空间效率较低。国外的运行经验表明,在处理城市污水方面,生物滤池处理厂的处理效率比活性污泥法处理厂略低。50%的活性污泥处理厂 BOD 去除率高于95%,50%的生物滤池处理厂 BOD 去除率为83%。

### 一、生物膜的构造及其对有机物的降解

构筑物中填充着数量相当多的挂膜介质,当有机废水均匀地淋洒在介质表面上时,便沿介质表面向下渗流,在充分供氧的条件下,接种或原存在于废水中的微生物在介质表面增殖。这些微生物吸附废水中的有机物,迅速进行降解有机物的生命活动,逐渐在介质表面形成黏液状的生长有极多微生物的膜,即为生物膜。生物膜成熟的标志是:生物膜沿水流方向的分布在其上由细菌及各种微生物组成的生态系及对有机物的降解达到了平衡和稳定的状态。

生物膜是高度亲水物质,其外侧存在附着水层,同时生物高度密集,在膜表面和一定深度的内部生长繁殖大量各种类型的微生物,并形成有机污染物 – 细菌 – 原生动物 – 后生动物的食物链。由于生物膜的繁殖以及废水中悬浮物和微生物的不断沉积,厚度不断增加,其结果是使生物膜的结构发生变化。在氧不能透入的地方将变成厌氧环境,形成了好氧微生物和兼性微生物组成的好氧层(1～2mm)及厌氧层。在各层间进行着物质的传递过程,营养进入供微生物呼吸,其产物通过各层排出,污水得到净化。厌氧层不厚时保持良好的关系,随着其代谢产物的增多,其产物会破坏好氧层的稳定状态,减弱生物膜在载体上的附着力,老化的膜容易脱落,新生物膜经过一定时间后发挥其功能。最理想的情况是:减缓生物膜的老化过程,不使厌氧层过分增长,加快好氧膜的更新,不使生物膜集中脱落。

在处理过程中,生物膜不断地增长、更新、脱落。造成生物膜脱落的原因有:水力冲刷、

由于膜增厚造成重量的增大、原生动物的松动、厌氧层和介质的黏结力较弱等,其中以水力冲刷最重要。从处理要求看,生物膜的更新脱落是完全必要的。生物膜是生物处理的基础,必须保持足够的数量。一般认为,生物膜厚度介于 2～3mm 时较为理想。生物膜太厚,会影响通风,甚至造成堵塞。厌氧层一旦产生,会使处理水质下降,而且厌氧代谢产物会恶化环境卫生。膜的构造见图 15－1。

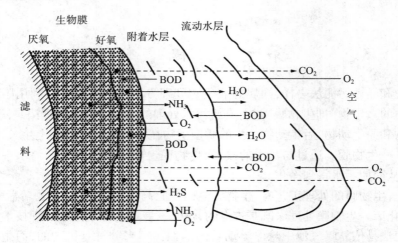

**图 15－1　生物滤池滤料上生物膜的构造(剖面图)**

生物膜法净化有机物的机理与活性污泥法类似:生物膜表面积大,能大量吸附水中有机物;有机物降解在生物膜表层 1～2mm 的好氧生物膜内进行。多种物质的传递过程:空气传递途径为流动水层—附着水层—生物膜—微生物呼吸;污染物传递途径为流动水层—附着水层—生物膜—生物降解;微生物代谢产物传递途径为:$H_2O$—附着水层—流动水层,$CO_2$、$H_2S$ 等气态代谢产物则从水层逸出进入空气。

## 二、生物膜的主要特征

### (一)微生物相方面的特征

(1)参与净化反应微生物多样化。

与活性污泥法相比,生物膜法具有更好的生物多样性,生物膜固着在载体上时间长或生物平均停留时间(泥龄)长,其除细菌广泛存在外,世代时间长、比增殖速度小的微生物,如硝化菌等也大量存在,此外,丝状菌,藻类众多,线虫、纤毛虫、轮虫以及昆虫等也都较广泛地存在。

(2)食物链长,污泥产率低。生物膜的生物中,动物性营养所占比例较大,微型动物的存活率亦高,在生物膜上能够栖息高次营养水平的生物,其在捕食性纤毛虫、轮虫类、线虫之上还栖息有寡毛类和昆虫,因次,在生物膜上形成的食物链要长于活性污泥法,也是由于这个原因,产生的生物污泥量也少于活性污泥法。

(3)能够存活世代较长的微生物,硝化菌和的世代时间都比较长,比增殖速度较小,如亚硝化单胞菌属和硝化杆菌属的比增殖速度分别是 0.21 和 1.12d$^{-1}$。在活性污泥法系统中,这类细菌是难以存活的,但在生物膜法中的,生物膜的污泥龄与污水的停留时间无关,因此硝化细菌等可以增殖、繁衍(特别是在冬季低温)。因此,生物膜处理法的各项处理工艺都具有一定的硝化功能,采取适当的运行方式,还可能具有反硝化脱氮的功能。

(4)可分段运行,提高降解能力。在每段都生长繁育与本段污水水质相适应的微生物,形成优势微生物种群,这种现象对有机污染物的降解是有利的。

## (二)在处理工艺方面的特征

**1.对水质、水量变动有较强适应性**

生物膜法中的各种工艺,对流入原污水水质、水量变动都有较强的适应性,若有一段时间中断进水,对生物膜的净化功能也不会带来明显的障碍,通水后能够很快地得到恢复。

**2.污泥沉降性能好,宜于固液分离**

由生物膜上脱落下来的生物污泥,生物组分中动物所占比重较大,含水率相对低,且剥落泥块体积较大,故沉降性能好,宜固液分离。但若厌养层过厚,在其脱落后,将有大量的非活性的细小悬浮物分散于水中,使处理水的澄清度降低,影响出水水质。

**3.能处理低浓度污水**

生物膜能处理活性污泥法不能处理的低浓度污水和微污染的原水,如原污水的 BOD 值长期低于 $50 \sim 60mg/L$,将影响活性污泥絮凝体的形成和增长,净化功能降低,处理水水质低下。但是,生物膜处理法对低浓度污水,也能够取得较好的处理效果,运行正常可使 $BOD_5$ 为 $20 \sim 30mg/L$ 的原污水降至 $5 \sim 10mg/L$。

**4.易于维护管理、节能**

与活性污泥处理系统比较,生物膜处理法中的各种工艺都是比较易于维护管理的,而且像生物滤池、生物转盘等工艺,还都是节省能源的,动力费用较低,去除单位重量 BOD 的耗电量较少。

**5.产生的污泥量少**

因高营养级的微生物存在,有机物代谢物较多的转移为能量,合成新细菌,剩余污泥量较少。产生的污泥量少,是生物转盘各种工艺的共同特性,并已为实践所证实,一般说来,产生的污泥量较活性污泥法能够少 $\frac{1}{4}$。

# 第二节　生物滤池

## 一、生物滤池的基本概念

生物滤池是以土壤自净原理为依据,在污水灌溉的实践基础上,经原始的间歇砂滤池和接触滤池而发展起来的人工生物处理技术,已有百余年的发展史。1893 年在英国试行将污水在粗滤料上喷洒进行净化试验,取得成功。1900 年后,这种方法得到公认,命名为生物过滤法,构筑物则称为生物滤池,开始用于污水处理实践,并迅速地在欧洲一些国家得到广泛应用。

污水长时间以滴状喷洒在块状滤料层的表面上,在污水流经的表面上就会形成生物膜,待生物膜成熟后,栖息在生物膜上的微生物即摄取流经污水中的有机物作为营养,从而使污水得到净化。

　　进入生物滤池的污水,必须通过预处理,去除原污水中的悬浮物、油脂等能够堵塞滤料的污染物,并会使水质均化。处理城市污水的生物滤池前设初次沉淀池。但并不限于沉淀池,采用什么样的预处理,应视原污水的水质而定。

## 二、构造

　　生物滤池主要由滤料、池壁、池底、布水设备和排水系统组成图 15 – 2。

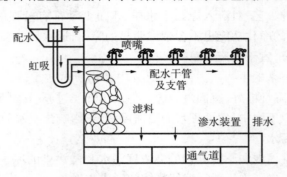

图 15 – 2　普通生物滤池的组成

### (一)滤料

　　滤料是挂膜介质,对生物滤池的工作效能影响极大。对滤料的基本要求是:(1)单位体积滤料的表面积要大;(2)孔隙率要高;(3)材质轻而强度高;(4)物理化学性质稳定,对微生物的增殖无危害作用;(5)价廉,取材方便。滤料按形状可分为块状、板状和纤维状。碎石、矿渣、碎砖、焦碳等属于天然状滤料,陶瓷环属于人工块状滤料。木板、纸板和塑料板属于板状滤料。软性塑料填料属于纤维状。

　　滤料粒径越小,表面积越大,所能挂的生物膜就越多,但是会因污泥的沉积而造成堵塞,影响通风。因此,恰当地选择粒径的大小是完全有必要的。通常采用的滤料粒径如下:普通生物滤池为 25 ~ 50mm;高负荷生物滤池为 50 ~ 60mm。此外,在滤池底部集水孔板以上设垫料层高 20 ~ 30cm,粒径为 100 ~ 150mm。无论何种滤料,都应进行筛分,不合格的不应超过5%,滤料表面应粗糙,以便于挂膜。

　　塑料球滤料几乎能满足滤料的全部要求,表面积可达 100 ~ 200m²/m³,孔隙率高达80% ~ 95%,空气流通好,所以在布水均匀时可承受高负荷。塑料板和纸板时新型高效能滤料,形状有波纹状、蜂窝状、管状等数种。

### (二)池壁

　　池壁其围挡滤料保护布水的作用。通常用砖、毛石、混凝土或预制板砌块等筑成。塔式滤池多采用钢架与塑料面板的池壁。池壁可有孔洞和不带孔洞的两种形式,有孔洞的池壁有利于滤料的内部的通风,但在低温季节,易受低温的影响,使净化功能降低。为了防止风力对池表面均匀布水的影响,池壁要高出滤料 0.5 ~ 0.9m。

## （三）池底

池底包括支承渗水结构、底部空间、排水系统、排水口和通风口。支承渗水结构起支承滤料和渗水的作用。常用的支承渗水结构是架在混凝土梁或砖垫上的穿孔混凝土板见图15－3，特点是加工方便、安装容易、堆放滤料时不易错位。支承渗水结构除应坚固耐用外，还必须有足够的渗水和通风面积。一般认为，这个面积应等于滤池横截面积的15%～20%，负荷高的滤池，开孔面积应适当大些。底部空间的作用是通气和布气。对于面积较大的滤池，底部空间应适当加高一些，以增大通风量，并使气流均匀地进入滤料层。

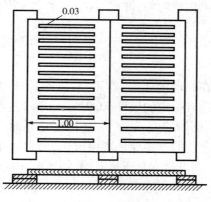

图15－3　混凝土板式渗水装置

## （四）布水设备

布水设备的作用是在规定的表面负荷下，将废水均匀分配到整个滤池表面。只有布水均匀，才能充分发挥全部滤料的净化作用。

布水设备有固定式和可动式两种。固定式布水装置间断布水，所以布水不均匀，配水的水头要高，配水池也较高（配水面高0.9～2.1m），故目前应用较少。

常用的可动式布水装置是旋转布水器（图15－4），它由进水竖管可旋转的布水横管组

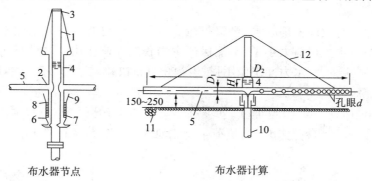

图15－4　旋转布水器计算示意

1—固定竖管；2—出水孔；3—轴承；4—转动部分；5—布水横管；6—固定环；
7—水银；8—滚珠；9—甘油；10—进水管；11—滤料；12—拉杆；
$D_1$—布水横管的直径，mm；$D_2$—旋转布水器直径，mm

成。竖管是固定不动的,它通过轴承和外部配水短管相连。横管上开有布水小孔,可用电力驱动和水力驱动而旋转。目前应用最多的是水力驱动,它是在布水横管的一侧水平开设布水小孔,当废水以一定的速度从小孔喷出时,在未开孔的管壁上产生反向压力,迫使布水横管绕中心竖管反向转动。横管数目常取 2～4 根,多者可达 8 根。当池子很大时,为了满足布水的最大需要,也可在横管上再设分叉支管。布水小孔的直径 10～15mm。由于喷洒面积随着与水池中心距离的增大而增大,因而孔间距应随着与池中心距离的增大而减小,以满足布水量的要求。为了布水均匀,相邻两根横管上的小孔位置在水平方向上应错开。布水横管距滤料表面的高度为 0.15～0.25m,喷水旋转所需的水头为 2.5～10kPa。

旋转布水器的优点是布水比较均匀,淋水周期短,水力冲刷作用强;缺点时喷水孔易堵,低温时要采用防冻措施,仅适用于圆形池。

### (五)排水系统

生物滤池的排水系统设在滤池的底部,作用是:排除处理后的污水,保证滤池有良好的通风和支撑滤料。池子底面应有一定的坡度(0.01～0.03),使渗下的水汇集于排水文沟;排水文沟的坡度可采用 0.005～0.02。最后,废水经排水总渠而流走,其坡度可采用 0.003～0.005。设计排水渠道时,最重要的是要保证不淤流速(通常采用 0.6m/s)。

排水渠穿过池壁的地方,应设排水和通风孔洞,通风面积应不小于过水断面。排水口可设于池壁的一侧或数侧,但通风口必须均匀分布于池壁的两对边或四周。

## 三、负荷

无论对生物滤池的设计还是运行管理,恰当的确定负荷条件是十分必要的。生物滤池的负荷有水力负荷和有机负荷两种。此外,在处理工业废水时,还应考虑毒物负荷。

水力负荷率:在保证处理水达到要求质量的前提下,以每 $m^3$ 滤料在 1d 内所能接受污水水量即 $m^3$(污水)$/[m^3$(滤料)$\cdot d]$。

有机负荷率:在保证处理水达到要求质量的前提下,以进水有机污染物或特定污染物表示,以每 $m^3$ 滤料在 1d 内所能接受的 $BOD_5$ 或特定污染物量,即:$kg(BOD_5$ 或特定污染物)$/[m^3$(滤料)$\cdot d]$。

为了使滤池能有效地处理废水,希望布在滤池上的水将滤料包起来流下,为此,水力负荷不能太小;此外,水力负荷太小了,不能保证生物膜的冲刷作用,生物膜厚,易堵塞。如果水力负荷太大,则流量大,水力冲刷作用强,生物膜更新快,不易堵塞,生物活性好,停留时间短,出水水质下降。

城市污水 $BOD_5$ 在 200～300mg/L,处理效率要求 80%～90% 时,低负荷生物滤池的有机负荷率为 0.2kg$/[m^3$(滤料)$\cdot d]$,高负荷生物滤池的有机负荷率在 1.1kg$/[m^3$(滤料)$\cdot d]$ 左右。

## 四、生物滤池的类型

生物滤池分为普通生物滤池和高负荷生物滤池两种类型。

普通生物滤池适用于水量不大于 1000$m^3/d$ 的小城镇污水或有机工业废水。滤率在 1～2m/d,在此条件下,随着滤率提高有机物传质速率加快,生物膜量增多,滤料特别是表层易堵塞,造成负荷长期难以提高。但当滤率提高到 3m/d 以上时,下渗废水对生物膜的水力冲刷作用,使堵塞现象又有所改善。它在应用上受到限制,近几年已很少新建了,有日渐被淘汰的趋势。

高负荷生物滤池是采用高滤率的生物滤池,是生物滤池的第二代工艺,在构造上与普通生物滤池基本相同,在高负荷率条件下,随着滤率提高,废水在生物滤池中的停留时间缩短,出水水质将相应下降,为此,可利用污水厂出水回流,或提高滤池高度,来改善出水水质。

普通生物滤池和高负荷生物滤池的负荷范围及操作特性列于表 15－1。此外,塔式生物滤池是一种超负荷生物滤池,其水力负荷可达 $80 \sim 200 m^3 /[m^2(滤池) \cdot d]$,BOD 负荷可达 $2 \sim 3 kg(BOD_5)/[m^3(滤料) \cdot d]$,净化效率也较高。

表 15－1　普通生物滤池和高负荷生物滤池的比较

| 项　目 | 普通生物滤池 | 高负荷生物滤池 |
|---|---|---|
| 水力负荷[$m^3/(m^2 \cdot d)$] | 15 | 10 ~ 30 |
| BOD 负荷[$kg/(m^3 \cdot d)$] | 0.15 ~ 0.3 | 0.8 ~ 1.2 |
| 滤层深度(m) | 1.8 ~ 3.0 | 0.9 ~ 2.4 |
| 回　流 | 无 | 1:1 ~ 1:4 |
| 二次污泥 | 一般黑色,氧化良好 | 一般褐色,氧化不充分 |
| 布水周期 | 5min 以下 | 15s 以下 |
| BOD 去除率(%) | 85 ~ 95 | 75 ~ 90 |
| 悬浮物去除率(%) | 70 ~ 80 | 65 ~ 75 |
| 硝化作用 | 完全硝化 | 负荷较低时有硝化 |

## 五、运行系统

### (一)回流

回流多用于高负荷生物滤池的运行系统。采用回流的优点是:(1)增大水力负荷、促进生物膜的脱落、防止堵塞;(2)废水被稀释,降低了基质浓度;(3)可向生物滤池连续接种,促进生物膜的生长;(4)提高进水的溶解氧;(5)由于进水量增加,有可能采用水力旋转布水器;(6)防止滤池滋生蚊蝇。但它的缺点是:缩短废水在滤池中的停留时间;洒水量大,将降低生物膜吸附有机物的速度;回流水中难降解的物质会产生积累,以及冬天使池中水温降低等。

回流比为回流水量 $Q_R$ 与原污水量 $Q$ 之比,即

$$R = \frac{Q_R}{Q} \qquad (15—1)$$

喷洒在滤池表面上的总水量($Q_T$)为

$$Q_T = Q + Q_R \qquad (15—2)$$

总水量($Q_T$)与原污水量($Q$)之比

$$F = \frac{Q_T}{Q} = 1 + R \qquad\qquad (15-3)$$

称为循环比。

采取处理水回流措施,原污水的 BOD 值(或 COD 值)被稀释,进入滤池污水的 BOD 浓度根据下列关系式计算。

$$S_a = \frac{S_0 + RS_e}{1 + R} \qquad\qquad (15-4)$$

式中,$S_a$——喷洒向滤池污水的 BOD 值,mg/L;

    $S_0$——原污水的 BOD 值,mg/L;

    $S_e$——滤池处理水的 BOD 值,mg/L;

    $R$——回流比。

## (二)运行系统

生物过滤法系统基本上由初沉池、生物滤池、二次沉淀池组合而成,其组合型式有单级运行系统和多级运行系统。

采取处理水回流措施,使高负荷生物滤池具有多种多样的流程系统。图 15-5 所示几种具有代表性的工艺流程。

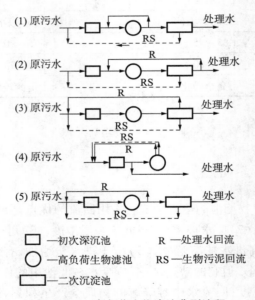

**图 15-5 高负荷生物滤池典型流程**

### 1. 一段法部分污泥回流

工艺(1)是应用比较广泛的高负荷生物滤池处理系统之一。污泥回流初次沉淀池,滤池出水回流滤池,利于改善水力负荷,减轻二次沉淀池负荷。

工艺(2)也是应用比较广泛的高负荷生物滤池处理系统。污泥回流初次沉淀池,二次沉淀池出水回流过滤池,(较工艺 1 比,二次沉淀池负荷略重)。

工艺(3)处理水和生物污泥同步从二次沉淀池回流初次沉淀池,这样,提高了初次沉淀池的沉淀效果,也加大初次沉淀池负荷(二者回流量大)和滤池的水力负荷。

工艺(4)不设二次沉淀池为本系统的主要特征,具有吸附再生工艺特点,但出水水质差,初次沉淀池水力负荷大。

工艺(5)滤池出水与污泥均回流到初次沉淀池,初次沉淀池水力负荷大。

当原污水浓度较高,或对处理水质要求较高时,可以考虑二段滤池处理系统。

**2. 二段法**

二段滤池有多种组合方式,建议考虑。见图 15-6。

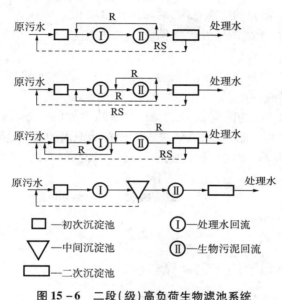

**图 15-6 二段(级)高负荷生物滤池系统**

设中间沉淀池的目的是减轻二段滤池的负荷,避免堵塞,但也可不设。

负荷率不均是二段生物滤池的主要弊端,一段滤池负荷率高,生物膜生长快,脱落生物膜易于积存并产生堵塞现象。二段法强化了优势生物种群,但第二段因污染物少或负荷率低,生物膜生长差,其容积负荷未充分发挥。但二段法能很好解决一段法生物膜积存与堵塞现象。

增大占地面积是二段生物滤池系统的另一弊端。二段生物滤池的水流方向可以互换,减少堵塞现象的发生,能够有效地提高处理效果。

采用生物滤池处理废水时,应该做好滤池类型和运行系统的选择。一般说来,低负荷生物滤池的体积大、占地多、滤料的需要量大、易堵塞、常出现池蝇和臭味,目前已不常采用,仅在水量小的地区选用。目前大多数采用高负荷生物滤池。确定流程时,应该决定是否用初次沉淀池,采用几级过滤,采用回流与否、选择回流方式及回流比问题。

是否用初次沉淀池、视水质而定,悬浮物较多的废水,一级都使用初沉池。

## (三)高负荷生物滤池的需氧与供氧

**1. 生物膜量**

由于生物膜厚度不同,其微生物量不一样,进水端生物膜厚,出水端生物膜薄,故生物量计算困难。

生物膜量计算有两种方法:一种是测膜的厚度(不同深度),一种是称重法。

**2. 生物滤池的需氧量**

生物滤池单位容积滤料的需氧量按下列公式计算:

$$O_2 = a' \text{BOD}_r + b'P \qquad [\text{kg/m}^3(\text{滤料})] \qquad (15\text{—}5)$$

式中,$a'$——降解 1kgBOD$_5$ 所需氧量。对城市污水取 1.46;

  BOD$_r$——在生物滤池上去除的 BOD$_5$ 值;

  $b'$——单位重量生物膜的所需氧量,对城市污水取 0.18kg/kg;

  $P$——每 m$^3$ 滤料上覆盖的活性生物膜量,kg/m$^3$ 滤料。

**3. 生物滤池的供氧**

在生物滤池,氧是在自然条件下,通过池内、外空气的流通转移到污水中,并通过污水而扩散传递到生物膜内部的。

影响生物滤池通风状况的因素很多,主要有:滤池内外的温差、风力、滤料类型、水力负荷(布水量)等。其中特别是第一项,能够决定空气在滤池内的流速、流向等。滤池内部的温度大致与水温相等,在夏季,滤池内温度低于池外气温,空气下向,冬季则相反。池内、外温差与空气流速的关系为:

$$v = 0.075 \times \Delta T - 0.15 \qquad (\text{m/min}) \qquad (15\text{—}6)$$

式中,$v$——空气流速,m/min;

  $\Delta T$——滤池内、外温差。

### (四)高负荷生物滤池的工艺计算与设计

$\alpha$ 见表 5 - 5 的取值,它反映了其可降解的能力。

表 15 - 2   $\alpha$ 值

| 污水冬季平均温度 ℃ | 年平均气温 ℃ | 不同滤料层高度(m)的 $\alpha$ 值 | | | | |
|---|---|---|---|---|---|---|
| | | 2.0 | 2.5 | 3.0 | 3.5 | 4.0 |
| 8 ~ 10 | <3 | 2.5 | 3.3 | 4.4 | 5.7 | 7.5 |
| 10 ~ 14 | 3 ~ 6 | 3.3 | 4.4 | 5.7 | 7.5 | 9.6 |
| >14 | >6 | 4.4 | 5.7 | 7.5 | 9.6 | 12 |

高负荷生物滤池的工艺计算与设计分两部分:一是滤池的计算与设计;二是旋转布水器的计算与设计。

**1. 滤池的计算与设计就是确定滤料容积以及决定滤池深度和计算滤池表面面积**

滤池池体的计算方法有多种,下面介绍广泛使用的负荷率计算法。

滤池池体的负荷率计算法中,以平均日污水量为设计水量,进滤池 BOD$_5$ 的浓度 $Sa <$ 200mg/L,否则应采取处理水回流。

(1)常用的负荷率的确定:

①容积负荷率 $Nv - \text{BOD}$,每 m$^3$ 滤料在每日内所能接受的 BOD$_5$ 值,以 g(BOD$_5$)/[m$^3$(滤料)·d]计,此值小于等于 1200gBOD$_5$/[m$^3$(滤料)·d];

②面积负荷率 $N_A$ – BOD；每 $m^2$ 滤料表面每日所能接受的 $BOD_5$ 值，以 $g(BOD_5)/[m^2(滤料表面)\cdot d]$ 计，一般介于 $1100 \sim 2000g(BOD_5)/[m^2(滤料表面)\cdot d]$；

③水力负荷率 $Nq$ – BOD，每 $m^2$ 滤料表面每日所能接受的污水量，一般介于 $10 \sim 30m^3/[m^2(滤池)\cdot d]$。

以上 3 种负荷率的取值，都是以处理水水质达到一定要求为前提的。

（2）确定进入滤池 $BOD_5$ 浓度 $Sa$

$$Sa = \alpha Se \tag{15—7}$$

式中，$\alpha$——系数，与滤料层高度，水温气温有关，按表 15 – 2 所列数值选用。

（3）回流稀释倍数

$$n = \frac{S_0 - S_a}{S_a - S_e} \tag{15—8}$$

（4）滤池面积 $A(m^2)$ 与滤料容积 $V(m^3)$

①按容积负荷率 $Nv$ – BOD 计算

滤料容积

$$V : V = \frac{Q(n+1)S_a}{N_v} \tag{15—9}$$

滤池面积：

$$A = \frac{V}{D} \tag{15—10}$$

式中，$Q$——原污水日平均流量，$m^3/d$；

$D$——滤料层高度，一般为 $2m$。

②按面积负荷率 $N_A$ – BOD 计算

滤池面积：

$$A = \frac{Q(n+1)S_a}{N_a} \tag{15—11}$$

式中，$N_A$ – BOD——面积负荷率；$g(BOD_5)/[m^2(滤料表面)\cdot d]$。

滤料容积：$V = DA$

③按水力负荷率计算

滤池面积：

$$A = \frac{Q(n+1)}{N_q} \tag{15—12}$$

式中，$N_q$——滤料表面水力负荷，$m^3(污水)/[m^2(滤池)\cdot d]$。

滤料容积计算同上式。

**2. 旋转布水器的计算与设计**

旋转布水器的计算与设计包括：（1）工作水头 $H$ 的计算；（2）布水横管上孔口数的确定；（3）每个孔口距滤池中心的距离 $r_i$；（4）旋转周数 $n$。

（1）工作水头的计算

$$H = h_1 + h_2 - h_3 \quad (m)$$

式中，$H$——旋转布水器所需工作水头，$m$；

$h_1$——旋转布水器竖管及布水横管沿程阻力，$m$；

$$h_1 = \frac{q^2 294 D'}{K^2 \times 10^3} \tag{15—13}$$

$h_2$——出水孔口局部阻力，$m$。

$$h_2 = \frac{q^2 256 \times 10^6}{m^2 \times d^4} \tag{15—14}$$

$h_3$——布水横管流速恢复水头,m。

$$h_3 = \frac{q^2 81 \times 10^6}{D''} \qquad (15\text{—}15)$$

式中,$q$——每根布水横管的污水流量,L/s;

　　　　$m$——每根布水横管上的孔口数;

　　　　$d$——孔口的直径,mm,一般 10~15mm;

　　　　$D''$——布水横管的管径,mm;

　　　　$D'$——旋转布水器的直径(滤池直径减去 200mm);

　　　　$K$——流量模数。其值按表 15-3 取用。

所以,$H = q^2 \left( \dfrac{294 D'}{K^2 \times 10^3} + \dfrac{256 \times 10^6}{m^2 \times d^4} + \dfrac{81 \times 10^6}{D^4} \right)$ (15—16)

$H$ 一般为 $0.2 \sim 1.0 \mathrm{mH_2O}$ 水柱;但 $H_{实际} = (1.5 \sim 2.0) H$。

(2)布水横管上孔口数的确定

$$m = \frac{1}{1 - \left(1 - \dfrac{a}{D'}\right)^2} \qquad (15\text{—}17)$$

式中,$a$——最末端的两个孔口间距的两倍数,一般为 80mm。

(3)每个孔口距滤池中心的距离

$$r_i = R' \sqrt{\frac{i}{m}} \qquad (15\text{—}18)$$

式中,$R'$——布水器半径,m;

　　　　$i$——从池中心算起,每个孔口在布水横管上的排列顺序。

(4)旋转周数 $n$

$$n = \frac{34.78 \times 10^6}{m \cdot d^2 \cdot D'} q \qquad (15\text{—}19)$$

表 15-3　流量模数 $K$

| $D$(mm) | 50 | 63 | 75 | 100 | 125 | 150 | 175 | 200 | 250 |
|---|---|---|---|---|---|---|---|---|---|
| 流量模数 $K(L/s)$ | 6 | 11.5 | 19 | 43 | 86.5 | 134 | 209 | 300 | 560 |
| $K^2$ | 36 | 132 | 361 | 1849 | 6500 | 18000 | 43680 | 90000 | 311000 |

## 六、塔式生物滤池

塔式生物滤池是最在 50 年代初出现的,是以加大滤层高度来提高处理能力的一种生物膜法,属第三代生物滤池。由于这项工艺具有某些特征,受到污水生物处理工程界的重视,也得到广泛的应用。

### (一)塔式生物滤池的构造特征

图 15-7 所示为塔式生物滤池的构造示意图。

塔式生物滤池是以加大滤层的高度来提高处理能力的,其总高度在 8～24m,直径1～3.5m,占地小,径高比介于 1:6～1:8,外形像塔,故称之塔式生物滤池。它的主要特征是滤料分层,每层滤床用棚板和格栅承托在池壁上。池断面一般呈矩形或圆形。它的主要部分包括塔体、滤料、布水设备、通风装置及排水系统。

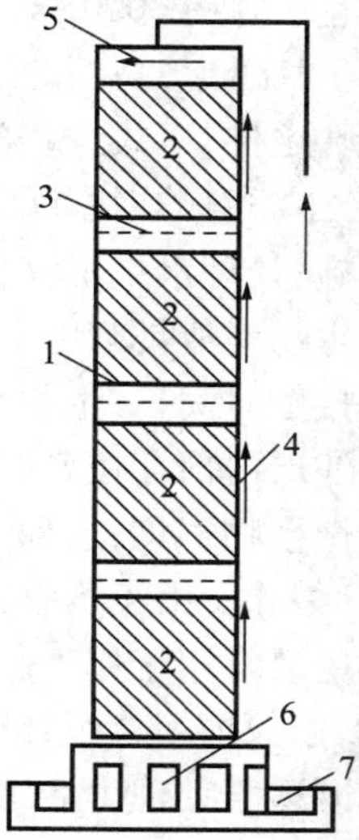

**1. 塔身**

塔身主要起维护结构,一般可用砖砌,钢筋混凝土现浇或预制板组装,也可以采用钢框架结构,四周塑料板式金属板围嵌,整个池体重量可大为减轻。塔身一般沿高度分层建造,分层处设格栅,格栅承托在塔身上,每层高不大于2m,每层设检修孔、测温孔、观察孔,塔顶上缘应高出最上层滤料0.5m左右,以免风吹影响污水的均匀分布。

一般说来,塔身高度增加,处理效果也随之增高。改善出水水质,但有一个限度,在超过这个限度后,处理效果提高很少,这在经济上是不适宜的。

**图 15-7　塔式生物滤池构造示意图**

1—塔身;2—滤料;3—格栅;
4—检修口;5—布水器;
6—通风孔;7—集水槽

**2. 滤料**

一般采用焦炭、炉渣、碎石等作滤料。为了增大滤料表面积、提高处理能力、减少重量及造价,也可采用蜂窝状、波纹状的塑料人工滤料见图 15-8(其单位体积表面积可达 80～220m²/m³)。人工滤料结构均匀,有利于布水和通风。近年来轻质滤料的采用,使生物滤池平面尺寸可以扩大,由塔式向高层建筑发展。

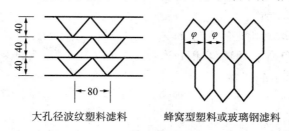

大孔径波纹塑料滤料　　　蜂窝型塑料或玻璃钢滤料

**图 15-8　塔式滤池常用滤料**

**3. 布水装置和通风装置**

塔式生物滤池的布水装置与一般的生物滤池相同,大、中型塔式生物滤池多采用旋转式布水器,小型多采用固定式喷嘴系统或多孔管溅水筛板等,通风多采用自然通风,当污水种含有有毒物质时,采用机械通风。通风装置有自然通风和机械通风两种:自然通风的塔式滤池,在塔底设进风孔,风孔总面积不能太小,使空气畅通无阻;机械通风时,按气水比为100～150:1的要求选择风机。

## (二)工艺方面的特征

塔式生物滤池是属于高负荷生物滤池,水力负荷高达 80～200m²/[m²(滤料)·d];有机负荷可达2000~3000g BOD$_5$/[m³(滤料)·d]。为高负荷的2~3倍,高额的有机物负荷使生物膜生长迅速,高额的水力负荷率又使生物膜受到强烈的水力冲刷,从而使生物膜不断脱落、更新,这样,塔式生物滤池内生物膜能够经常保持较好的活性。但是,生物膜生长过速,易于产生滤料的堵塞现象。为此,进水BOD$_5$控制在500mg/L以下,否则采用处理水回流稀释措施,处理水量不宜超过1000m³/d。

塔式生物滤池具有以下特点:水力负荷和有机物负荷都很高;淋水均匀、通风良好、废水与生物膜接触时间长;生物膜的生长、脱落和更新快。

塔滤滤层内部存在着明显的分层现象,在各层生长繁育者种属各异,但适应流至该层污水特征的微生物群集,这种情况有助于微生物的增殖、代谢等生理活动,更有助于有机污染物的降解、去除。由于具有这种分层的现象特征,塔滤能够承受较高的有机污染物的冲击负荷,对此,塔滤常用于作为高浓度工业废水二级生物处理的第一级工艺,较大幅度地去除有机污染物,以保证第二级处理技术保持良好的净化效果。

塔滤既适于处理生活污水和城市污水,也适于处理各种有机性的工业废水,但只适宜于少量污水的处理。

## (三)塔式生物滤池设计工艺

塔式生物滤池的设计和一般生物滤池基本相同,主要是确定滤料的有机物负荷和合理的塔高。塔滤主要按容积负荷率进行计算,在负荷率值确定后,可根据下列公式进行计算:

**1. 塔滤的滤料容积:**

$$V = \frac{S_a Q}{N_a} \tag{15—20}$$

式中,$V$——滤料容积;

$S_a$——进水BOD$_5$,g/m³;

$Q$——污水流量,取平均日污水量,m³/d;

$N_a$——BOD容积负荷或BOD$_u$容积允许负荷,g(BOD$_5$)/[m³(滤料)·d]或g(BOD$_u$)/[m³(滤料)·d]。

**2. 滤塔的表面面积:**

$$A = \frac{V}{H} \tag{15—21}$$

式中,$A$——滤塔的表面面积,m²;

$H$——滤塔的工作高度,m,其值根据表15-4所列数据确定。

表15-4 进水BOD$_u$与滤塔高度的关系

| 进水BOD$_u$/(mg/L) | 250 | 300 | 350 | 450 | 500 |
|---|---|---|---|---|---|
| 滤塔高度/m | 8 | 10 | 12 | 14 | >16 |

# 第三节　生物转盘

## 一、特点

生物转盘是一种通过盘面转动,交替与污水和空气接触从而使污水净化的一种处理方法。它是在生物过滤法基础上发展起来一种高效处理新技术,也是生物膜法之一,具有运行简便,可根据不同的要求调节接触时间、耗电少等优点,很适于小规模的污水处理。

## 二、构造

生物转盘是由氧化槽支撑和水平轴固定的一系列间距很近的圆盘所组成。它主要由三部分组成:转动部分、固定部分和传动部分,图 15 - 9 是其构造简图。

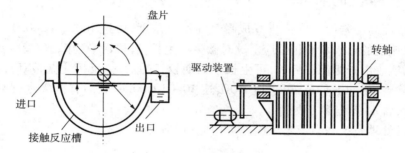

**图 15 - 9　生物转盘构造**

生物转盘是一种润壁型旋转式处理设备,以生物膜附着在一组转动着的圆盘上而得名。

生物转盘的转动部分包括轴和固定在其上的圆盘组。圆盘是生物转盘的主体,它是按膜介质。盘片由合成树脂(聚氯乙烯、玻璃钢)、金属(铅、钢)或竹材制成。一般要求质轻、坚固、抗蚀和无毒。圆盘直径多为 1～3m,厚度为 0.7～20mm。直径过大者,制作困难,且易挠曲变形。厚度过大者,将占用过多的有效容积。圆盘组平行安装于轴上,盘间净距采用15～25mm。净距过小,两盘面的生物膜有可能互相搭接,妨碍正常的通风,净距过大,同样会占用过多的有效容积。多级处理时,前面两级的盘间净距可以较大些,在利用藻类进行废水高级处理的场合,为了有利于阳光透射盘面,盘间净距应加大到 50～60mm。直径大者,净距也应适当加大。当直径大到易引起盘面变形时,可在盘面加肋条,用 3～4 根钢筋将圆盘互相串联固定起来。转轴必须坚固耐用,不产生弯曲变形。

固定部分包括接触氧化槽和进出水设备。接触氧化槽位于转盘组的正下方,小型者可用钢板制作或砖石砌筑,大型者多采用混凝土或钢筋混凝土结构。接触氧化槽由钢筋混凝土或钢板制成,与圆盘外形基本吻合的半圆形,以防产生死角,造成局部淤积或水质腐化。转盘和槽面之间的距离一般为 20～50mm。槽内水面应维持在转轴以下 15～20mm 处。水面超过转轴,会使靠轴处的盘面无法接触空气;水面过低,会减少转盘的有效挂膜面积。槽底应设放空管。进水槽可设于废水槽的一侧或一端,通过溢流堰控制槽内水位和出水的均匀性。当采用单轴多级处理装置时,各级之间应有连接渠。

传动部分包括电机和变速装置。圆盘的转速采用 0.8～3r/min,最线速以不超过 20m/

min 为宜。

### 三、工作原理

转盘用人工方法或自然方法挂膜后,转盘表面就形成了类似生物滤池滤料那样的生物膜。转盘旋转时,浸入污水的部分,其上的生物膜吸附有机污染物,并吸收生物膜外水膜中的溶解氧,在生物酶的催化作用下,分解有机物,排出代谢产物,微生物在这一过程中以有机污染物为营养进行自身繁殖。转盘露出水面的部分,空气不断地溶解到水膜中,增加其溶解氧量。生物膜交替地与污水和空气接触,形成一个连续的吸附 - 吸氧 - 氧化分解过程,使污水得到净化。

生活在转盘上的微生物群随废水而异,一般城市污水、生物膜厚度为 $1 \sim 3mm$,呈褐色,主要净化微生物是菌胶团、球衣菌、真菌、藻类及多种原生动物。

### 四、生物转盘的特征

微生物浓度高。若把生物膜折算成曝气池污泥浓度,可达 $10000 \sim 20000mg/L$;生物相分级,与流入该机的污水水质相适应。这对微生物生长,有机污染物降解有利;具有消化、反硝化、除磷功能。由于污泥泥龄长,可生长生长期较长的消化、反硝化菌;不回流污泥,除水可加混凝剂除磷;耐冲击负荷,可适应 $BOD_5$ 达 $10 \sim 10000mg/L$ 的有机废水;微生物食物链长,污泥量少,含水率低,易于处理。

生物转盘处理系统基本工艺流程,如图 15 - 10 所示:

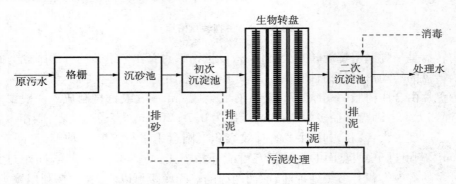

**图 15 - 10 生物转盘处理系统基本工艺流程**

组合型式有:单轴单级、单轴多级和多轴多级。单轴单级处理时,废水从槽的一侧流入,平行于盘面流动,从槽的另一侧流出。单轴多级处理时,则前一级的出水流入后一级。多轴多级处理时,废水经第一轴转盘处理后,再进入第二轴生物转盘。

究竟采用哪种组合和布置方式,需视水质、水量、处理要求、场地条件等而定。经验表明,对同一废水,盘面总面积不变,如将转盘分成多级串联,可以提高出水水质和溶解氨含量。对于城市污水和印染废水,需 $2 \sim 3$ 级串联,处理要求高的,至少得 4 级。

生物转盘处理废水的流程同样包括预处理设施、初次沉淀池、生物转盘、二次沉淀池,其中无需污泥回流。处理高浓度废水时,也可采用如下流程:初次沉淀池、一级转盘池、中间沉淀池、二级转盘池、二次沉淀池。处理结果可使 $BOD_5$ 由 $3000 \sim 4000mg/L$ 降至 $10mg/L$。

# 第四节　生物接触氧化法

## 一、特点

接触氧化法是一种浸没型生物膜法,接触氧化法是在接触滤池和生物滤池的基础上发展起来的处理方法,具有介于生物滤池或活性污泥法的特征。即在不透水的池内,填充填料,下侧曝气。在生物膜固定和污水流动方面和生物滤池相同,以污水充满池内、用人工进行曝气而言,又和活性污泥法相似。又称接触曝气或淹没式生物滤池、或固定式活性污泥法。接触氧化法的优点是:容易管理,忍受负荷、水温变动的冲击力强;剩余污泥量少;比较容易去除难分解和分解速度慢的物质。它的缺点是滤料间水流缓慢,接触时间长,水力冲刷力小,生物膜只能自行脱落;剩余污泥往往恶化处理水质;动力费高。

## 二、生物接触氧化法与生物滤池的区别

水流流态不同:生物膜表面直接与污水接触,提供更大污染物传质空间;水流稳定,加上充沛的溶解氧,适于微生物生长,微生物相丰富,能形成稳定的生态系;供氧方式不同:曝气供氧,传质快,效率高,污水中 DO 浓度大;容积负荷高且污泥产量低:污染物和氧气的传质条件好,单位容积生物量高于活性污泥法和生物滤池法(125g/m$^2$ 填料表面,相当于 MLSS13g/L),故容积负荷高,并保持较低的 $F/M$;不需污泥回流,运行管理方便;

耐冲击负荷和水质骤变:污泥浓度高,完全混合。

## 三、接触氧化池的构造

接触氧化池的构造见示意图 15 - 11。

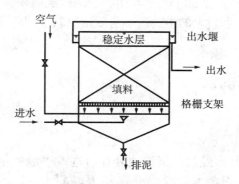

**图 15 - 11　生物接触氧化池构造示意图**

## (一)池体

池体的作用除了进行净化污水外,还要考虑填料,布水、布气等设施的安装。当池体容积较小时,可采用圆形钢结构,池体容积较大时可采用矩形钢筋混凝土结构。池体的平面尺寸以满足布水、布气均匀,填料安装、维护管理方便为准。池体的底壁须有支承填料的框架

和进水进气管的支座。池体厚度根据池的结构强度要求来计算。高度则由填料、布水布气层、稳定水层以及超高的高度来计算。同时,还必须考虑到充氧设备的供气压力或提升高度。一般总池高在 3.5～6.0m。

## (二)填料

填料是生物膜赖以栖息的场所,是生物膜的载体,同时也有截留悬浮物的作用。因此,载体填料是接触氧化池的关键,直接影响生物接触氧化法的效能。载体填料的要求是:易于生物膜附着,比表面积大,空隙率大,水流阻力小,强度大,化学和生物稳定性好,经久耐用,截留悬浮物质能力强,不溶出有害物质,不引起二次污染,与水的比重相差不大,避免氧化池负荷过重,能使填料间形成均一的流速,价廉易得,运输和施工方便。

目前,国内主要采用合成树脂类作填料,如硬聚氯乙烯塑料、聚丙烯塑料、环氧玻璃钢、环氧纸蜂窝等硬性填料;还开发出多种新颖的软性填料、半软性填料、弹性生物环填料以及漂浮填料等多种形式的填料。这些填料在生物接触氧化系统的建设费用中占 55%～60%。所以载体填料直接关系到接触氧化法的经济效果。

## (三)布水布气装置

接触氧化池均匀地布水布气很重要,它对于发挥填料作用,提高氧化池工作效率有很大关系。供气的作用有三种:①使生物接触氧化池溶解氧一般控制在 4～5mg/L;②充分搅拌形成紊流,有利于均匀布水,紊流愈甚,被处理水与生物膜的接触效率越高,传质效率良好,从而处理效果也越佳;③防止填料堵塞,促进生物膜更新。

目前生产上常采用的布气方式有喷射器(水射器)供氧、穿孔管布气、曝气头布气等。布水方式分顺流和逆流两种。顺流指进水与供气同向,氧化池中水、气同向流动,此种工艺中填料不易堵塞,生物膜更新情况较好,较易控制;逆流指进水与供气方向相反,池内水、气逆向相对流动,气液接触条件好,增加了气水与生物膜的接触面积,故去除效果好,但由于进水部分的水力冲刷作用较小,填料上的生物膜不易脱落更新。国内通常采用的是顺流工艺。

## 四、生物接触氧化操作系统

生物接触氧化处理技术的工艺流程一般分为:一级处理流程、二级处理流程和多段处理流程。

## (一)一段处理流程

如图 15 - 12 所示,原污水经初次沉淀池处理后进入接触氧化池,经接触氧化池的处理后进入二次沉淀池,在二次沉淀池进行泥水分离,从填料上脱落的生物膜,在这里形成污泥排出系统,澄清水则作为处理水排放。

接触氧化池的流态为完全混合型,微生物处于对数增殖期和减衰增殖期的前段,生物膜增长较快,有机物降解速率也较高。

一段处理流程的生物接触氧化处理技术流程简单,易于维护运行,投资较低。

## (二)二段处理流程

如图 15 - 13 所示,二段处理流程的每座接触氧化池的流态都属于完全混合型,而结合在一起考虑又属于推流式。

**图 15 - 12　生物接触氧化技术一段处理流程**

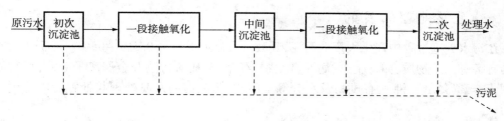

**图 15 - 13　生物接触氧化技术二段处理流程**

## （三）多段处理流程

如图 15 - 14 所示，多级生物接触氧化处理流程是由连续串联 3 座或 3 座以上的接触氧化池组成的系统。

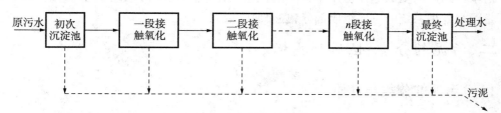

**图 15 - 14　多段生物接触氧化技术处理流程**

从总体来看，其流态应按照推流考虑，但每一座接触氧化池的流态又属完全混合。

由于设置了多段接触氧化池，在各池间明显地形成有机污染物的浓度差，这样在每池内生长繁殖的微生物，在生理功能方面适应于流至该池污水的水质条件，这样有利于提高处理效果，能够取得非常稳定的处理水。

经过适当运行，这种处理流程不仅具有去除有机污染物功能，还具有硝化、脱氮功能。

# 第十六章　污泥处理

## 第一节　概述

### 一、污泥处理的目的

在污水处理过程中产生大量的污泥,其数量占处理水量的0.3% ~05% 。污泥中含有大量的有害有毒的物质,如寄生虫、病原微生物、细菌、合成有机物及金属离子等;有用物质如植物营养素(氮、磷、钾)、有机物及水分等。因此,污泥需要及时处理与处置。以达到如下目的:

(1)使污水处理厂能够正常运行,确保污水处理的效果;

(2)使有毒有害物质得到妥善处理;

(3)使容易腐化发臭的有机物得到稳定处理;

(4)使有用物质能够得到综合利用,变害为利。

总之,处理的目的就是使污泥减量、稳定、无害化以及综合利用。

污水处理厂的全部基建费用中,用于处理污泥的占 20% ~50% ,甚至 70% 。所以污泥处理是污水处理系统的重要组成部分,必须加以重视。

### 二、污泥的分类、性质和指标

#### (一)污泥的分类与性质

可根据污泥的成分与来源的不同进行分类。

按照污泥成分的不同,可分为污泥和沉渣。以有机物为主要成分的称污泥。污泥的特性是有机物含量高,容易腐化发臭,颗粒较细,比重较小,含水率高且不易脱水,是呈胶状结构的亲水性物质,便于用管道输送。如初次沉淀池与二次沉淀池排出的污泥。以无机物为主要成分的也称为沉渣,沉渣的特性是颗粒较粗,比重较大,含水率较低且易于脱水,但流动性较差,不易用管道输送。如沉砂池和某些工业废水处理沉淀池所排出的。

按照污泥来源分为生污泥或新鲜污泥(初次沉淀污泥、剩余活性污泥、腐殖污泥);消化污泥或熟污泥;化学污泥。

(1)初沉污泥:来自初沉池的污泥。以无机物为主,数量较大,易腐化发臭,可能含有虫卵和病变菌,是污泥处理的主要对象;

(2)剩余污泥:来自活性污泥法后的二沉池污泥。有机物质,含水率高,易腐化发臭,难脱水,是污泥处理的主要对象;水源水在被净化的过程中也会产生各种污泥;

(3)腐质污泥:来自生物膜法后的二沉池的污泥;

（4）熟污泥:生污泥经厌氧消化或好氧消化处理后,称为消化污泥或熟污泥;

（5）化学污泥:用化学沉淀法处理污水后产生的沉淀物称为化学污泥或化学沉渣。如用混凝沉淀法去除污水中的磷;投加硫化物去除污水中的重金属离子;投加石灰中和酸性污水产生的沉渣以及酸、碱污水中和处理产生的沉渣均称为化学污泥或化学沉渣。

以上（1）（2）（3）种污泥可统称为生污泥或新鲜污泥。

## （二）表征污泥性质的主要指标

用于表示活性污泥性质的主要指标有:

（1）污泥含水率

污泥中所含水分的重量与污泥总重量之比的百分数称为污泥含水率。污泥的含水率一般都很高,相对密度接近1。污泥体积、重量及所含固体物浓度的关系用下式表示:

$$\frac{V_1}{V_2} = \frac{W_1}{W_2} = \frac{100 - P_2}{100 - P_1} = \frac{C_2}{C_1} \quad (16-1)$$

式中,$P_1$、$V_1$、$W_1$、$C_1$——污泥含水率$P_1$时的污泥体积、重量及固体物浓度;

$P_2$、$V_2$、$W_2$、$C_2$——污泥含水率$P_2$时的污泥体积、重量及固体物浓度。

当含水率发生变化时,可用上式近似计算湿污泥的体积;

含水率 >85% ,污泥呈流状;65% ~85% ,污泥呈塑态;<65% ,污泥呈固态。

一般污泥含水率:二沉池为99% ;浓缩池为96% ~97% ,脱水后为75% ~85%

（2）挥发性固体和灰分

挥发性固体,通常用于近似表示污泥中的有机物的量,又称灼烧减量;有机物含量越高,污泥的稳定性就更差。灰分也称灼烧残渣,表示污泥中无机物含量。

（3）可消化程度

污泥中的有机物,是消化处理的对象。一部分是可被消化降解的（或称可被气化,无机化）;另一部分是不易或不能被消化降解的,如纤维素和脂肪等。可消化程度用于表示污泥中可被消化降解的有机物量。可消化程度用下式（16—2）表示

$$R_d = \left(1 - \frac{p_{v2}p_{s1}}{p_{v1}p_{s2}}\right) \times 100 \quad (16-2)$$

式中,$p_{s1}$、$p_{s2}$——生污泥和消化污泥的无机物含量,% ;

$p_{v1}$、$p_{v2}$——生污泥和消化污泥的有机物含量,% 。

（4）湿污泥重量等于污泥所含水分重量与干固体重量之和。湿污泥相对密度等于湿污泥重量与同体积的水重量之比值。由于水相对密度为1,所以湿污泥相对密度$\gamma$可用下式计算:

$$\gamma = \frac{p + (100 - p)}{p + \frac{100 - p}{\gamma_s}} = \frac{100\gamma_s}{100\gamma_s + (100 - p)} \quad (16-3)$$

式中,$\gamma$——湿污泥相对密度;

$p$——湿污泥含水率,% ;

$\gamma_s$——污泥中干固体平均相对密度。

干固体中,有机物（即挥发性固体）所占百分比及其相对密度分别用$p_v$、$\gamma_v$表示,无机物

（灰分）的相对密度用 $\gamma_a$ 表示，则干污泥平均相对密度 $\gamma_s$ 可用式（16—4）、（16—5）计算

$$\frac{100}{\gamma_s} = \frac{p_v}{\gamma_v} + \frac{100 - p_v}{\gamma_a} \tag{16—4}$$

$$\gamma_s = \frac{100\gamma_a\gamma_v}{100\gamma_v + p_v(\gamma_a - \gamma_v)} \tag{16—5}$$

有机物相对密度一般等于1，无机物相对密度为 2.5～2.65，以 2.5 计，则式可化为

$$\gamma_s = \frac{250}{100 + 1.5p_v} \tag{16—6}$$

$$\gamma = \frac{25000}{250p + (100 - p)(100 + 1.5p_v)} \tag{16—7}$$

湿污泥相对密度为：$p_v$——污泥中有机物的含量，%；

确定湿污泥相对密度和干污泥相对密度，对于浓缩池的设计、污泥运输及后续处理，都有实用价值。

（5）污泥肥分

污泥肥分——污泥含氮、磷、钾和植物生长所必需的其他微量元素。污泥中的有机腐殖质，是良好的土壤改良剂，可改善土壤的结构性能，提高抗蚀性能。

（6）污泥重金属离子含量——它决定污泥能否作为肥料农用。

## 三、污泥的输送

### （一）污泥输送方法

污泥在厂内输送或排出厂外，都使用管道输送。因此，必需掌握污泥流动的水力特征。污泥在管道中流动的情况和水流大不相同，污泥的流动阻力随其流速大小而变化。污泥在层流状态时，黏滞性大，悬浮物又易于在管道中沉降，因此污泥流动的阻力比水流大。当流速提高达到紊流时，由于污泥的粘滞性能够消除边界层产生的漩涡，使管壁的粗糙度减少，污泥流动的阻力反较水流为小。含水率较高，污泥的粘滞性越小，其流动状态就接近于水流。根据污泥流动的特性，在设计输泥管道时，应采用较大的流速，使其处于稳流状态。

污泥除用管道输送外，还可以用卡车输送（农田用）和驳船输送（投海或用于农田），运输成本以管道最便宜，卡车最昂贵，驳船居中。

### （二）污泥输送设备

污泥压力管输送，需要污泥泵。污泥泵主要是要解决堵塞问题。为此对污泥泵的结构有特殊要求。常用的有隔膜泵、旋转螺栓泵、螺旋泵、混流泵、柱塞泵、离心泵等。

## 四、污泥的处理

污泥含水率高，体积庞大，常含有高浓度有机物，很不稳定，易在微生物作用下腐败发臭，并常常含有病原微生物、寄生虫卵及重金属离子等有害物质，必须进行相应的处理。

污泥处理的主要内容包括稳定处理（生物稳定、化学稳定），去水处理（浓缩、脱水、干化）和最终处置与利用（填地、投海、焚化、湿式氧化及综合利用等）。污泥处理与废水处理相比，设备复杂、管理麻烦、费用昂贵。

## 第二节 污泥浓缩

### 一、概述

污泥的含水率很高,初次沉淀池含水率为95%～97%,剩余活性污泥达99%以上,使得污泥的体积非常大,污泥浓缩的目的在于减容。

颗粒间的空隙水,约占总含水量的70%;毛细水,即颗粒间毛细管内的水,约占20%;污泥颗粒吸附水与颗粒内部水共占约10%。见图16-1存在于污泥絮体空隙之间的游离水(间隙水),可借助污泥固体的重力沉降可部分分离出余。全体水藏于絮体网络内部,只有靠外力改变絮体结构的形状才能部分分离。毛细水粘附于单个粒子之间,必须施加更大的外力,使毛细孔发生变形后,才能将其部分去除。颗粒内部水是化学结合水,需要通过化学作用或高温处理,改变污泥固体的化学结构和水分子状态,方能将其去除。至于微生物细胞内存在的微量水分,只有在细胞破裂后,始能去除。

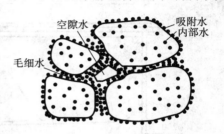

图16-1 污泥水分示意图

### 二、污泥浓缩

浓缩的主要目的是减少污泥体积,例如,活性污泥的含水率高达99.5%,若含水率减到99%,则其体积减为原体积的二分之一。若后续处理为厌氧消化,则可使消化池容积大大缩小;若后续处理为好氧消化或化学稳定,则可节约空气量及药剂用量。此外,当进行湿式氧化时,为了提高污泥的热值,也需浓缩以增加固体的百分含量。污泥浓缩的技术界限大致为:活性污泥含水率可降至97%～98%,初次沉淀污泥可降至85%～90%。

浓缩有间歇式和连续式两种操作方式。浓缩方法分重力浓缩、气浮浓缩和离心浓缩,其中重力浓缩应用最广。

### (一)重力浓缩法

重力浓缩法用于污泥处理是广泛采用的一种方法,已有60多年历史。机械浓缩方法出现在20世纪30年代的美国,此方法占地面积小,造价低,但运行费用与机械维修费用较高。气浮浓缩于1957年出现在美国。此法固液分离效果较好,目前应用已越来越广泛。

利用重力作用的自然沉降分离方式,不需要外加能量,是一种最节能的污泥浓缩方法。

重力浓缩只是一种沉降分离工艺,它是通过在沉淀中形成高浓度污泥层达到浓缩污泥的目的,是目前污泥浓缩方法的主体。单独的重力浓缩是在独立的重力浓缩池中完成,工艺简单有效,但停留时间较长时可能产生臭味,而且并非适用于所有的污泥;如果应用于生物除磷剩余污泥浓缩时,会出现磷的大量释放,其上清液需要采用化学法进行除磷处理。重力浓缩法适用于初沉污泥、化学污泥和生物膜污泥。重力浓缩构筑物称重力浓缩池。根据运行方式不同,可分连续式重力浓缩池、间歇式重力浓缩池两种。前者主要用于小型处理厂,后者用于中、大型污水处理厂。

**1. 连续式重力浓缩池**

连续式重力浓缩池见图 16-2 所示。污泥由中心管 1 连续进泥,上清液由溢流堰 2 出水,浓缩污泥用刮泥机 4 缓缓刮至池中心的污泥斗并从排泥管 3 排出,刮泥机 4 上装有垂直搅拌栅 5 随着刮泥机转动,周边线速度为 1m/min 左右,每条栅条后面,可形成微小涡流,有助于颗粒之间的絮凝,使颗粒逐渐变大,并可造成空穴,促使污泥颗粒的空隙水与气泡逸出,浓缩效果约可提高 20% 以上。搅拌栅可促进浓缩作用,提高浓缩效果,浓缩池的堤坡采用 1/100~1/12,一般用 1/20。

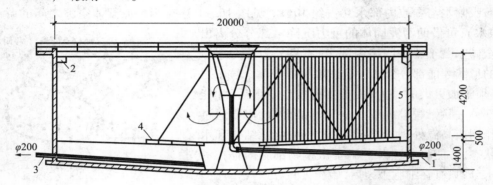

**图 16-2　有刮泥机及搅动栅的连续式重力浓缩池**
1—中心进泥管;2—上清液溢流堰;3—排泥管;4—刮泥机;5—搅动栅

**2. 间歇式重力浓缩池**

间歇式重力浓缩池多采用竖流式。在浓缩池深度方向的不同高度设上消夜排放管。运行时,应先排除浓缩池中的上清液,腾出池容,再投入待浓缩的污泥。浓缩时间一般采用 8~12h,见图 16-3。

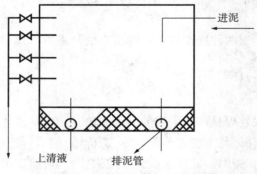

**图 16-3　不带中心管间歇式浓缩池**

## 三、污泥气浮浓缩

气浮浓缩:气浮浓缩与重力浓缩相反,在加压情况下,将空气溶解在澄清水中,在浓缩池中降至常压后,所溶解空气即可变成微小气泡,是依靠大量微小气泡附着在污泥颗粒的周围,减小颗粒的密度而强制上浮。因此气浮法对于密度接近于 $1g/cm^3$ 的污泥尤其适用。

气浮浓缩法操作简便,运行中同样有一定臭味,动力费用高,对污泥沉降性能(SVI)敏感;适用于剩余污泥产量不大的活性污泥法处理系统,尤其是生物除磷系统的剩余污泥。

适用于污泥颗粒比重接近于1的活性污泥工艺流程见图16-4:

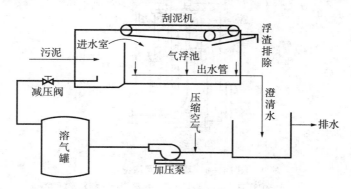

图16-4　气浮池工艺流程

气浮浓缩池有圆形与矩形两种,见图16-5,圆形气浮浓缩池的刮浮泥板、刮沉泥板都安装在中心旋转轴上一起旋转。矩形气浮浓缩池的刮浮泥板与刮沉泥板由电机并用链带连动刮泥。

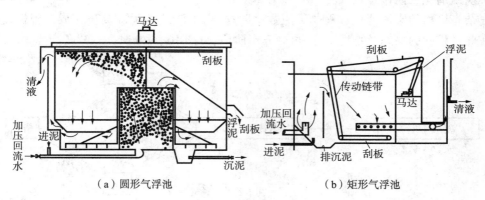

（a）圆形气浮池　　　　　　（b）矩形气浮池

图16-5　气浮池基本形式

## 四、离心浓缩法

离心浓缩法的原理是利用污泥中固、液相对密度不同而具有的不同的离心力进行浓缩。离心浓缩法的特点是自成系统,效果好,操作简便;但投资较高,动力费用较高,维护复杂;适用于大中型污水处理厂的生物和化学污泥。图16-6为离心筛网浓缩池。

# 第三节　污泥的厌氧消化

污泥及某些工业废水,其有机物含量大大高于城市污水,不易采用好氧法处理,一般采用厌氧法,即在无氧的条件下,厌氧微生物降解有机物产生$CO_2$和甲烷的生物处理过程叫污泥的厌氧消化(即污泥生物稳定)。

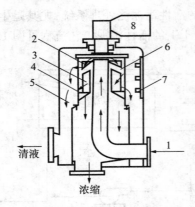

**图 16 – 6　离心筛网浓缩池**

1—中心分配管;2—进水布水器;3—排出管;4—旋转筛网笼;
5—出水集水室;6—调节流量转向器;7—反冲洗系统;8—电动机

## 一、厌氧消化的机理

### 1.厌氧消化三阶段理论

复杂有机物的厌氧消化过程要经历数个阶段,由不同的细菌群接替完成。根据复杂有机物在此过程中的物态及物性变化,可分三个阶段,见图 16 – 7。

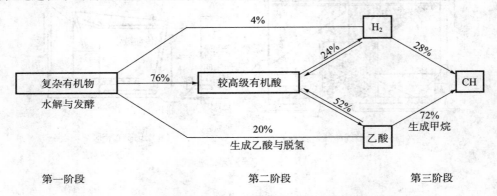

**图 16 – 7　有机物厌氧消化模式图**

第一阶段是水解与发酵阶段。在水解与发酵细菌作用下,使碳水化合物,蛋白质与脂肪水解与发酵转化成单糖、氨基酸、脂肪酸、甘油及二氧化碳、氢等;

第二阶段产生 $H_2$ 和乙酸阶段。在产氢产乙酸菌的作用下,把第一阶段的产物转化为、二氧化碳、氢气和乙酸;

第三阶段:产甲烷阶段。在产甲烷菌的作用下,对乙酸脱羧产生甲烷(约占甲烷总量的 2/3);同时把 $H_2$ 和 $CO_2$ 转化成甲烷(约占甲烷总量的 1/3)。

$$2CH_3COOH_2 \xrightarrow{\text{甲烷菌}} CH_4 + 2CO_2$$

$$4H_2 + CO_2 \xrightarrow{\text{甲烷菌}} CH_4 + 2H_2O$$

(1)在底物相同的条件下,厌氧消化产生的能量仅是好氧消化的 1/20 ~ 1/30。

（2）产甲烷的反应式。

①$CnHaO_bN_d + \left[ n - \dfrac{a}{4} - \dfrac{b}{2} + \dfrac{3}{4}d \right]H_2O$

$\rightarrow \left[ \dfrac{n}{2} + \dfrac{a}{8} - \dfrac{b}{4} - \dfrac{3}{8}d \right]CH_4 + dNH_3 + \left[ \dfrac{n}{2} - \dfrac{a}{8} + \dfrac{b}{4} + \dfrac{3}{8}d \right]CO_2 + 能量$

②当 $d = 0$，即不含氮有机物的厌氧消化通式（伯兹伟尔——莫拉通式）

$CnHaO_b + \left[ n - \dfrac{a}{4} - \dfrac{b}{2} \right]H_2O \rightarrow \left[ \dfrac{n}{2} - \dfrac{a}{8} + \dfrac{b}{4} \right]CO_2 + \left[ \dfrac{n}{2} + \dfrac{a}{8} - \dfrac{b}{4} \right]CH_4 + 能量$

根据此式，可计算出有机物厌氧消化产生的 $CO_2$ 和 $CH_4$ 体积

（3）第三阶段产甲烷阶段是厌氧消化反应的控制阶段

①甲烷菌对温度、pH 适应性差—"娇"，同时每一种甲烷菌种属分解底物的专一性很强—"挑食"，同时其世代时间 $G$ 长，繁殖速度慢。

②第一、二阶段的微生物对 $T$、pH、有机酸适应性强，世代时间短（几分钟到几小时），又不挑食，所以繁殖速度快。

厌氧消化产生的甲烷能抵消污水厂所需要的一部分能量，并使污泥固体总量减少（通常厌氧消化使 25% ~ 50% 的污泥固体被分解），减少了后续污泥处理的费用。消化污泥是一种很好的土壤调节剂，它含有一定量的灰分和有机物，能提高土壤的肥力和改善土壤的结构。消化过程尤其是高温消化过程（在 50 ~ 60℃ 条件下），能杀死致病菌。

尽管有如上的优点，厌氧消化也有缺点：投资大，运行易受环境条件的影响，消化污泥不易沉淀（污泥颗粒周围有甲烷及其他气体的气泡），消化反应时间长等。

**2. 厌氧消化动力学**

（1）在厌氧消化条件下，$BOD_5$ 去除属于一级反应，其动力学公式如下：

（2）底物去除速率：

$$-\frac{\mathrm{d}s}{\mathrm{d}t} = k \cdot \frac{SX}{Ks + S} \tag{16—8}$$

（3）细菌增殖速率：

$$\frac{\mathrm{d}x}{\mathrm{d}t} = Y \cdot \frac{\mathrm{d}s}{\mathrm{d}t} - bX \tag{16—9}$$

式中，$k$——单位质量细菌对底物的最大利用速率，质量/细菌质量；

$S$——可降解的底物量，质量/体积；

$X$——细菌浓度，质量/体积；

$\mathrm{d}x/\mathrm{d}t$——细菌增殖速率，质量/（体积·时间）；

$K_s$——半速度常数，质量/底物体积；

$Y$——细菌产率，细菌质量/底物质量；

$-\mathrm{d}s/\mathrm{d}t$——底物去除速率，质量/（体积·时间）；

$b$——细菌衰亡速率系数，$d^{-1}$。

（4）细菌净比增殖速率 $\mu$（$d^{-1}$）

$$\mu = (\mathrm{d}x/\mathrm{d}t)/X = \left[ YkS/(Ks + S) \right] - b \tag{16—10}$$

（5）细菌增殖速率与生物固体平均停留时间（$\theta_c$）的关系：

$$1/\theta_c = \mu = \left[ YkS/(Ks + S) \right] - b \tag{16—11}$$

由上式得出：

$$S = Ks(1 + b\theta_c)/[\theta_c(Yk - b) - 1] \tag{16—12}$$

（6）底物降解速率 $E$

$$E = (Sa - Se)/Sa \times 100\% \tag{16—13}$$

式中，$Sa$——原污泥可生物降解底物浓度，mg/L；

$Se$——剩余的可生物降解底物浓度，mg/L。

## 二、厌氧消化的影响因素

因甲烷发酵阶段是厌氧消化反应的控制因素，因此厌氧反应的各项影响因素也以对甲烷菌的影响因素为准。

### （一）温度因素

试验表明，污泥的厌氧消化受温度的影响很大，一般有两个最优温度区段：在 33~35℃ 叫中温消化，在 50~55℃ 叫高温消化。温度不同，占优势的细菌种属不同，反应速率和产气率都不同。高温消化的反应速率快，产气率高，杀灭病原微生物的效果好，但由于能耗较大，难以推广应用。在这两个最优温度区以外，污泥消化的速率显著降低。另外，有的研究还表明，对某些污泥，高温消化的最优温度不在 50~55℃，而在 45℃ 左右。

### （二）生物固体停留时间（污泥龄）与负荷

消化池的容积负荷和水力停留时间（消化时间）$t$ 的关系见图 16-8，厌氧消化效果的好坏还与污泥龄有直接的关系，泥龄的表达式与定义是：

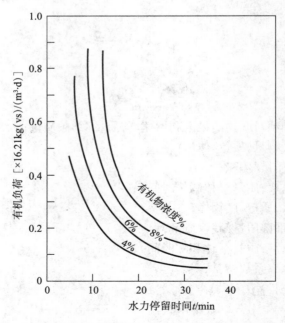

图 16-8　容积负荷和水力停留时间关系

消化池内的污泥龄

$$\theta_c = Mr/\varphi e \qquad\qquad (16\text{—}14)$$

式中,$\theta_c$——污泥龄,d,SRT;

　　$Mr$——消化池内的总生物量,kg;

　　$\varphi e$——消化池每日排出的生物量,$\varphi e = Me/t$;

　　$Me$——排出消化池的总生物量(包括上清液带出的);

　　$t$——排泥时间,d。

消化池的水力停留时间 $t$(消化时间)等于污泥龄 $\theta_c$。消化池的水力停留时间 $t$ 可用污泥投配率 $n$ 表述。

消化池的水力停留时间:

$$t = \frac{V}{V'} = \frac{1}{n} = \theta_c$$

污泥投配率:

$$n = \frac{V'}{V} \times 100\% \longrightarrow V = \frac{V'}{n} \times 100\% \qquad\qquad (16\text{—}15)$$

式中,$V'$——每日投入消化池的新鲜污泥量,$m^3/d$;

　　$V$——消化池的有效容积,$m^3$;

　　$n$——投配率(%):中温消化 $n=5\%\sim8\%$,相对应的消化时间为 $20\sim12.5d$。

可见,投配率 $n$ 是每日投加新鲜污泥体积占消化池有效容积的百分数。$n$ 过高,脂肪酸积累,pH 下降,污泥消化不完全,产气率降低;$n$ 过低,污泥消化较完全,产气率较高,消化池容积大,基建费用增高;投配率 $n$ 是消化池的重要设计和运行参数,$n$ 适当,有机酸不会积累,甲烷菌生长发育良好,沼气产生正常。根据我国污水处理厂的运行经验,城市污水处理厂污泥中温消化的投配率以 $5\%\sim8\%$ 为宜,相应的消化时间为 12.5d。

## (三)搅拌和混合

搅拌可使消化物料分布均匀,增加微生物与物料的接触,并使消化产物及时分离,从而提高消化效率、增加产气量。同时,对消化池进行搅拌,可使池内温度均匀,加快消化速度,提高产气量。消化池在不搅拌的情况下,消化料液明显地分成结壳层、清液层、沉渣层,严重影响消化效果。污水处理厂污泥厌氧消化池的厌氧消化搅拌方法包括气体搅拌、机械搅拌、泵循环等。机械搅拌时机械搅拌器安装在消化池液面以下,定位于上、中、下层皆可,如果料液浓度高,安装要偏下一些;泵循环指用泵使沼气池内的料液循环流动,以达到搅拌的目的;气体搅拌,将消化池产生的沼气,加压后从池底部冲入,利用产生的气流,达到搅拌的目的。机械搅拌适合于小的消化池,气体搅拌适合于大、中型的沼气工程。

## (四)营养与 $C/N$ 比

厌氧消化原料在厌氧消化过程中既是产生沼气的基质,又是厌氧消化微生物赖以生长、繁殖的营养物质。这些营养物质中最重要的是碳素和氮素两种营养物质,在厌氧菌生命活动过程中需要一定比例的氮素和碳素。原料 $C/N$ 比过高,碳素多,氮素养料相对缺乏,细菌和其他微生物的生长繁殖受到限制,有机物的分解速度就慢、发酵过程就长。若 $C/N$ 比过低,可供消耗的碳素少,氮素养料相对过剩,则容易造成系统中氨氮浓度过高,出现氨中毒。

### (五)氨氮

厌氧消化过程中,氮的平衡是非常重要的因素。消化系统中的由于细胞的增殖很少,故只有很少的氮转化为细胞,大部分可生物降解的氮都转化为消化液中的氨氮,因此消化液中氨氮的浓度都高于进料中氨氮的浓度。实验研究表明,氨氮对厌氧消化过程有较强的毒性或抑制性,氨氮以 $NH_4^+$ 及 $NH_3$ 等形式存在于消化液中,$NH_3$ 对产甲烷菌的活性有比 $NH_4^+$ 更强的抑制能力。

### (六)有毒物质

挥发性脂肪酸(VFA)是消化原料酸性消化的产物,同时也是甲烷菌的生长代谢的基质。一定的挥发性脂肪酸浓度是保证系统正常运行的必要条件,但过高的 VFA 会抑制甲烷菌的生长,从而破坏消化过程。

有许多化学物质能抑制厌氧消化过程中微生物的生命活动,这类物质被称为抑制剂。抑制剂的种类也很多,包括部分气态物质、重金属离子、酸类、醇类、苯、氰化物及去垢剂等。

### (七)酸碱度、pH 和消化液的缓冲作用

厌氧微生物的生命活动、物质代谢与 pH 有密切的关系,pH 的变化直接影响着消化过程和消化产物,不同的微生物要求不同的 pH,过高或过低的 pH 对微生物是不利的,表现在:

由于 pH 的变化引起微生物体表面的电荷变化,进而影响微生物对营养物的吸收;

pH 除了对微生物细胞有直接影响外,还可以促使有机化合物的离子化作用,从而对微生物产生间接影响,因为多数非离子状态化合物比离子状态化合物更容易渗入细胞;

pH 强烈地影响酶的活性,酶只有在最适宜的 pH 时才能发挥最大活性,不适宜的 pH 使酶的活性降低,进而影响微生物细胞内的生物化学过程。

## 三、厌氧消化池池形和构造

消化池的基本池形有圆柱形和蛋形两种,见图 16-9。

图 16-9(a)(b)(c)为圆柱形,池径一般为 6~35m,池总高与池径之比取 0.8~1.0,池底、池盖倾角一般取 15°~20°,池顶集气罩直径取 2~5m,高 1~3m;(d)为卵形。大型消化池可采用蛋形,容积可达 10000m³ 以上,蛋形消化池在工艺与结构方面有如下优点:①搅拌充分、均匀,无死角,污泥不会再池底固结;②在池容相等的条件下池子总表面积比圆柱小,故散热面积小,易于保温;③防渗水性能好,聚集沼气效果好;④池内污泥的表面积小,即使生成浮渣,也容易清除;⑤蛋形的结构与受力条件最好,如采用钢筋混凝土结构,可节省材料。蛋形壳体曲线做法如图 16-9(d);消化池由池顶、池底和池体三部分组成。池顶设有固定盖和浮动盖,集气罩,池底设有倒圆锥形,有利于排泥。

消化池从功能上分:包括污泥的投配、排泥及溢流系统,沼气排出、收集与贮气设备,搅拌设备及加温设备。

(1)投配、排泥与溢流系统

污泥投配是指生污泥(包括初沉污泥、剩余活性污泥等),需先排入消化池的污泥投配

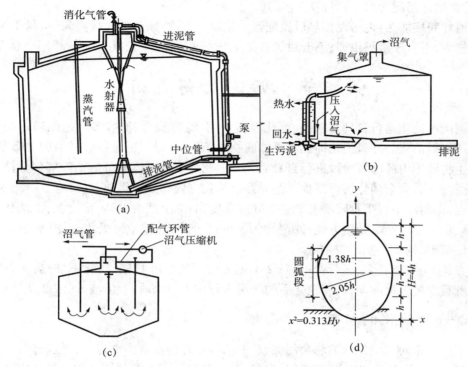

图 16－9　消化池基本池形

(a)(b)(c)圆柱形；(d)蛋形

池,然后用污泥泵抽送至消化池。投配管一般布置在泥位上层;消化池的排泥管设在池底,依靠消化池内的静水压力将熟污泥排至污泥的后续处理装置。消化池的投配过量、排泥不及时或沼气产量与用气量不平衡等情况发生时,沼气室内的沼气受压缩,气压增加甚至可能压破池顶盖。因此消化池必须设置溢流装置,及时溢流,以保持沼气室压力恒定。溢流装置必须绝对避免集气罩与大气相通。

溢流装置常用形式有倒虹管式、大气压式及水封式等3种。

(2)沼气的收集与贮存设备

由于产气量与用气量常常不平衡,所以必须设贮气柜进行调节。沼气从集气罩通过沼气管输送到贮气柜。贮气柜有低压浮盖式与高压球形罐两种。贮气柜的容积一般按平均日产气量的25%~40%,即6~10h的平均产气量计算。

(3)搅拌设备

搅拌的目的是使池内污泥温度与浓度均匀,防止污泥分层或形成浮渣层,缓冲池内碱度,从而提高污泥分解速度。消化池的搅拌设备应能在2~5h内将全池污泥搅拌一次。搅拌的方法有沼气搅拌、泵加水射器及联合搅拌等三种方式。

(4)加热设备

消化池的加温目的在于:维持消化池的消化稳定,使消化能有效地进行。加温的方法有两种:

①池内蒸汽(或热水)直接加热:设备简单,局部污泥易过热,会影响厌氧微生物的正常

活动,并会增加污泥含水率;目前很少采用;

②池外间接加热:把污泥预热后投配到消化池中,所需预热的污泥量较少,易于控制;预热温度较高,有利于杀灭虫卵;不会对厌氧微生物不利;但设备较复杂。

# 第四节  污泥的好氧消化

污泥厌氧消化运行管理要求高,消化池需密闭、池容积大、池数多。因此当污泥量不大时可采用好氧消化。好氧消化即在不投加底物的条件下,对污泥进行较长时间的曝气,使污泥中微生物处于内源呼吸阶段进行自身氧化。因此微生物机体的可生物降解部分被氧化去除,消化程度高,剩余消化污泥量少。污泥好氧消化主要有如下优缺点:

优点:①污泥中可生物降解有机物的降解程度高;②上清液 $BOD_5$ 浓度低;③消化污泥量少,无臭,稳定、易脱水,处置方便;④消化污泥的肥分高,易被植物吸收;⑤好氧消化池运行管理方便简单,构筑物基建费用低。

缺点:①运行能耗多,运行费用高;②不能回收沼气;③因好氧消化不加热,所以污泥有机物分解程度随温度波动大;④消化后的污泥进行重力浓缩时,上清液 SS 浓度高。

## 一、好氧消化的机理

好氧消化是对二级处理的剩余污泥或一、二级处理的混合污泥进行持续曝气,促使生物细胞(包括一部分构成 BOD 的有机物)分解,从而降低挥发性悬浮固体的含量的方法。在好氧消化过程中,有机污泥经氧化转化成 $CO_2$、$NH_3$、$H_2$ 等气体产物,其氧化作用可以下式表示:

$$C_5H_7NO_2 \longrightarrow 5CO_2 + NO_3^- + 3H_2O + H^+$$

只有约80%的细胞组织能被氧化,剩余的20%则是不能被生物降解的。氧化1kg 细胞质需氧约为2kg。

在好氧消化中,氨氮被氧化为 $NO_3^-$,pH 将降低,故需要有足够的碱度来调节,以便使好氧消化池内的 pH 维持在 7 左右。池内溶解氧不得低于 2mg/L,并应使污泥保持悬浮状态,因此必须要有充足的搅拌强度,污泥的含水率在95%左右,以便于搅拌。

## 二、好氧消化池的构造

好氧消化池的构造与完全混合式活性污泥法曝气池相似,见图 16 - 10。主要构造包括好氧消化室,进行污泥消化;泥液分离室,使污泥沉淀回流并把上清液排除;消化污泥排除管;曝气系统,由压缩空气管、中心导流筒组成,提供氧气并起搅拌作用。消化池底坡 $i$ 不小于 0.25,水深决定于鼓风机的风压,一般采用 3 ~ 4。

好氧消化池的设计尚无确定的标准,一

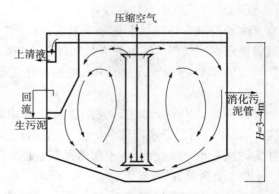

图 16 - 10  好氧消化池的构造

般情况下,其设计数据要通过实验获得,常用间歇式反应器进行实验。好氧消化适于气温较高地区的中小型废水处理厂,尤其适于低泥龄的剩余污泥。剩余污泥的消化时间应大于5d,一般在20℃时曝气10d或10℃时曝气15d为宜。若挥发性固体负荷小于0.12kg(VSS)/(m³·d),则挥发性固体和BOD可降低35%~50%,而且污泥的脱水性好。在居住区设计好氧消化池时,每个设计人口应有0.05~0.08m³的池容。剩余行泥好氯消化的供气量可采用1.2~2.1m³/(m³·h)(实验数据),与污泥负荷相关。好氧消化需氧率低,因供气量只需保证其有效混合及满足微生物自身分解代谢的要求。好氧消化的缺点是能耗大、卫生条件差、长时间曝气会使污泥指数增大而难以浓缩。

# 第五节 污泥脱水与干化

污泥经浓缩、消化后,尚有95%~97%含水率,且易腐败发臭,需对污泥作干化与脱水处理。

脱污泥脱水是整个污泥处理工艺的一个重要的环节,其目的是使固体富集,减少污泥体积,为污泥的最终处置创造条件。为使污泥液相和固相分离,必须克服它们之间的结合力,所以污泥脱水所遇到的主要问题是能量问题。针对结合力的不同形式,有目的采用不同的外界措施可以取得不同的脱水效果。利用芦苇等沼生植物也可以进行较好的脱水。

污泥脱水和干化的目的是除去污泥中的大量水分,缩小其体积,减轻其重量;一般经过脱水、干化处理后,污泥含水量能从90%左右下降到60%~80%,体积减小到仅为原来的1/10~1/5。污泥常用脱水与干化方法有自然干化和机械脱水两种。自然干化多采用于干化床;机械脱水多采用板框压滤机、带式压滤机、离心脱水机等。

世界各国都比较重视污泥脱水技术。在国外,经过脱水处理的污泥量占全部污泥量的比例普遍较高。欧洲的大部分国家达70%以上,日本则高达80%以上。

## 一、污泥的自然干化

自然干化主要采用的是污泥干化场,其中主要的干化机理是自然蒸发与渗透。一般经过自然干化处理后的出泥的含水率可接近65%。但由于自然干化床的占的面积较大,一般仅适用于中小规模的污水处理厂。

污泥干化场的类型自然滤层干化场与人工滤层干化场。前者适用于自然土质渗透性能好,地下水位低的地区。人工污泥干化场的滤层是人工铺设的,又可分敞开式干化场和有盖式干化场(可移动顶盖)。

人工滤层干化场的构造组成见图16-11。它由不透水底层、排水系统、滤水层、输泥管、隔坪及围堤(分成若干块,轮流使用)等部分组成。

不透水层:黏土或三七灰土实、也可用100~150mm厚的素混凝土铺成,底板有0.01~0.03的坡度坡向排水管。

排水管:采用100~150mm淘土管,管子接头不密封,以便排水。管道之间中心距4~8m,纵坡0.002~0.003,排水起点复土深(至砂层顶面)为0.6m。

水层:上层、细矿渣或砂层,下层、粗矿渣或砂石。

隔坪及围堤:把干化场分隔成若干个分块,轮流使用,以便提高干化场利用率。

近来在干燥、蒸发量大的地区,采用由沥青或混凝土铺成的不透水层而无滤水层的干化

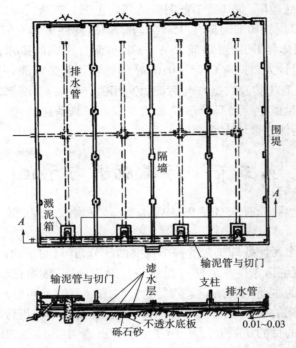

图 16 – 11　人工滤层干化厂

场,依靠蒸发脱水。这种干化场的优点是泥饼易铲除。

## 二、机械脱水

据统计,西欧国家经脱水处理的污泥占其污泥总量的 69.3%,其中机械脱水占 51.4% 、自然干化 16.9% 、其他 1% ;主要的脱水机械有:转筒离心机、板框压滤机、压式压滤机、真空过滤机,分别占 21.7% 、15.8% 、11.4% 和 2.5% 。

### (一)真空过滤机

真空过滤机是早期使用的连续机械脱水机械。真空过滤机的特点是适应性强、连续运行、操作平稳、全过程机械化。它的缺点是多数污泥须经调理才能过滤,且工序多、费用高。转筒式真空过滤机是应用最广的一种。

### (二)板框压滤机

板框压滤机是最早应用于污泥脱水的机械;间歇操作、基建投资大,过滤能力低;但其滤饼的含固率高、滤液清、药剂用量少。

### (三)带压式压滤机

合成有机聚合物(高分子絮凝剂)发展的结果;连续工作、制造容易、操作管理简单、附属设备较少;但由于絮凝剂较贵,使得其运行费用较高。

### （四）转筒式离心机

利用离心机使污泥中的固、液分离；离心力场可达到重力场的 1000 倍以上；处理量大，基建和占地少，操作简单，自动化程度高；可不投入或少投入化学调理剂；动力费用较高。转筒式离心机如图 16－12 所示。

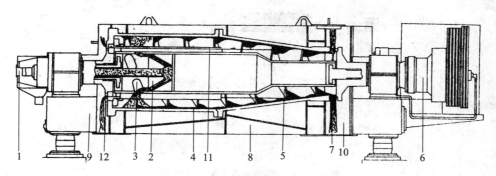

图 16－12　转筒式离心机

1—进料管；2—入门容器；3—输料孔；4—转筒；5—螺旋卸料器；6—变速箱；
7—固体物料排放门；8—机罩；9—机架；10—斜槽；11—回流管；12—堰板

## 三、污泥干燥

污泥脱水、干化后，含水率还很高，体积很大，为了进一步的利用与处理，可进行干燥处理和焚烧。污泥干燥是将脱水污泥通过处理，去除污泥中绝大部分毛细管水、吸附水和颗粒内部水的方法。污泥经干燥处理后含水率从 60%～80% 降低至 10%～30% 左右。

污泥干燥是一种可靠而有效的污泥处理方法，为了进一步降低脱水后污泥的含水率（75%），采用干燥工艺。经干燥后含水率可降至约 20% 左右。干燥工艺除了最简单的日晒外，常用的是热干燥技术。

常用的设施为回转式圆筒干燥炉。图 16－13 为回转圆筒干燥器流程。干燥炉系统的主体部分是回转炉，炉体为略带倾斜的回转圆筒。脱水行泥经粉碎后，与旋流分离返送回来的细粉混合，由高端进入回转圆筒。高温空气从转筒中流过，使污泥干燥。转筒旋转时可使污泥团块升起和落下，不断地被拌和及粉碎，促使其与热空气充分接触。干燥好的污泥从转筒纸端进入卸料室，通过格栅送到贮存池。干燥炉的排气经旋流分离器分离细粉后，通过除臭燃烧器排入大气。

污泥干燥处理的成本很高，只有在干燥污泥具有回收价值（如作肥料）、能补偿干燥处理费用时，或者有特殊要求时，才考虑采用。此方法可以完全杀灭病原菌，使污泥处于稳定化状态。但其设备投资和运行费用十分昂贵，在我国几乎没有用于城市污水厂污泥的实例，仅应用于工业污泥和垃圾的处理。

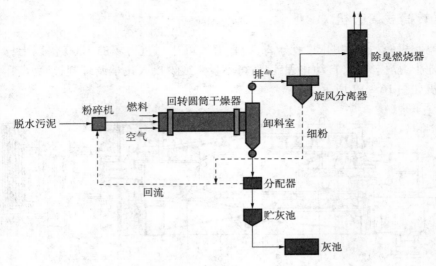

图 16－13 回转圆筒式干燥器流程

# 第六节 污泥的利用与处理

## 一、污泥的综合利用

污泥综合利用的方法视其性质而异。

（1）用作肥料和改良土壤 有机污泥中合有丰富的植物营养物质,城市污泥合氮2％～7％,磷1％～5％,钾0.1％～0.8％。消化污泥除钾含量较少外,氮、磷含量与厩肥差不多。活性污泥的氮磷含量比厩肥高4～5倍。此外,污泥中还含有硫、铁、钙、钠、镁、锌、铜、铂等微量元素和丰富的有机物与腐殖质。用有机污泥施肥,既有良好肥效,又能使土壤形成团粒结构,起到改良土壤的作用。

（2）其他用途 从工业废水泥渣中可以回收工业原料,例如,轧钢废水中的氧化铁皮,高炉煤气洗涤水和转炉烟气洗涤水的沉渣,均可作烧结矿的原料;由电镀废水的沉浚可提炼铁氧体;从有机污泥中可以提取维生素$B_{12}$;低温干馏有机污泥能获得可燃门体、氨及焦油,许多有机污泥还可作为铺路、制砖、制纤维板和水泥原料。

## 二、污泥的最终处置

（1）堆存 在可资利用的低凹地域,将污泥贮存,不断排除上清液,使污泥含水率降至50％～60％。

（2）焚烧 这是一种常用的处置方法,即借助辅助燃料引火,使焚烧炉内温度升至燃点以上,令其自烧,所产生的废气（$CO_2$、$SO_2$等）和炉灰,再分别进行处理。焚烧处理能将干燥污泥中的吸附水和颗粒内部水及有机物全部去除,使含水率降至零,变成灰尘。

影响污泥焚烧的基本条件包括:温度、时间、氧气量、挥发物含量以及泥气混合比等因素。温度超过800℃有机物才能燃烧,1000℃时始可消除气味。焚烧时间越长越彻底。焚烧时必须有助燃氧气通常由空气供应。空气量不足燃烧不充分;空气量过多,加热空气要消耗过多的热量。主要焚烧装置是多床炉和流化床炉。

焚烧工艺的适用情况:不符合安全性要求,有毒物质含量高,不能作为农田肥料使用;卫生要求高,用地紧张的大、中城市;污泥自身燃烧热值很高,用于发电时较合适;有城市垃圾焚烧发电设备时可以与垃圾混合燃烧发电。

(3)湿式氧化　这是湿污泥在高温高压下分解其有机物的一种处理方沦。

影响湿式氧化的因素有温度、压力、空气量、挥发物浓度、含水率等。

湿式氧化法的特点是能氧化不能生物降解的有机物;氧化程度可以调节;降低了比阻,可直接过滤脱水;热量可回收;污泥水中的氨氮可作为生物处理的氮源。它的缺点是设备要求耐高温高压、建造费用高、设备易腐蚀。

(4)弃置　弃置主要是投海、投井。投海时要充分考虑海水的稀释净化能力及其对海洋生态环境的影响;投井是将污泥注入废弃的油井和矿井,此时要注意对地下水的影响。

# 第十七章　污水的自然生物处理

## 第一节　稳定塘

### 一、概述

污水自然处理系统的净化作用主要是利用土壤浅表层中的物理作用、化学作用和微生物的生化作用。与常规处理技术相比，前者具有工艺简便、操作管理方便、建设投资和运转成本低的特点，建设投资仅为常规处理技术的 1/2 ~ 1/3，运转费用仅为常规处理技术的 1/2 ~ 1/10，可大幅度降低污水处理成本。而且净化效果良好，净化水质可达二级以上处理水平。自然处理系统尤其是人工湿地，还是多种鸟类及水生动植物的良好栖息地。在净化污水的同时，提供了生物多样性的存在条件，也成为人们回归自然、亲近自然的最佳场所，是美化城市环境的较好选择。采用自然处理技术对污水厂的出水进行自然净化，可以进一步去除污水中引起富营养化的主要污染物质氮、磷，保护水体。

自然处理系统（Natural Treatment Systems）分为稳定塘系统和土地处理系统。稳定塘系统（Aquatic Systems）通过水－水生生物系统（菌藻共生系统和水生生物系统）对污水进行自然处理。土地处理系统（Soilbased System）利用土壤－微生物－植物系统的陆地生态系统的自我调控机制和对污染物的综合净化功能，对污水进行净化。

稳定塘（Stabilization Ponds）旧称氧化塘或生物塘，是一种利用天然净化能力对污水进行处理的构筑物，其净化过程与自然水体的自净过程过程相似。通常是将土地进行适当的人工修整，建成池塘，并设置围堤和防渗层，依靠塘内生长的微生物来处理污水。污水在塘内缓慢的流动、较长时间的贮留，通过在污水中存活微生物的代谢活动和包括水生植物在内的多种生物的综合作用，使有机污染物降解，污水得到净化。其净化全过程，包括好氧、兼性和厌氧 3 种状态。好氧微生物生理活动所需要的溶解氧主要由塘内以藻类为主的水生浮游植物所产生的光合作用提供。

作为污水生物处理技术，稳定塘具有一系列较为显著的优点，其中主要有：

（1）能够充分利用地形，工程简单，建设投资省。

建设稳定塘，可以利用农业开发利用价值不高的废河道、沼泽地、峡谷等地段，因此，能够起到整治国土、绿化、美化环境的效益。在建设上也具有周期短、易于施工的优点。

（2）能够实现污水资源化，使污水处理与利用相结合。

稳定塘处理后的污水，一般能够达到农业灌溉的水质标准，可用于农业灌溉，充分利用污水的水肥资源。

稳定塘内能够形成藻菌、水生植物、浮游生物、底栖动物以及虾、鱼、水禽等多级食物链，组成复合的生态系统。将污水中的有机污染物转化为鱼、水禽等物质，提供给人们食用。

利用稳定塘处理污水,环境效益、社会效益、经济效益是十分明显的。

(3)污水处理能耗少,维护方便,成本低廉。

稳定塘依靠自然功能处理污水,能耗低,便于维护,运行费用低廉。

但是,稳定塘也具有一些难于解决的弊端,其中主要有下列各项:

(1)占地面积大,没有空闲的余地是不宜采用的;

(2)污水净化效果,在很大程度上受季节、气温、光照等自然因素的控制,在全年范围内,不够稳定;

(3)防渗处理不当,地下水可能遭到二次污染,应认真对待;

(4)易于散发臭气和滋生蚊蝇等。

## 二、稳定塘分类

稳定塘有多种分类方式,本书采用通用的分类方式,即根据塘水中微生物优势群体类型和塘水的溶解氧工况来划分,即:

(1)好氧稳定塘。简称好氧塘,深度较浅,一般不超过0.5m,阳光能够透入塘底,主要由藻类供氧,全部塘水都呈好氧状态,由好氧微生物起有机污染物的降解与污水的净化作用。

(2)兼性稳定塘。简称兼性塘,塘水较深,一般在1.0m以上,上层是好氧区,从塘面到一定深度(0.5m左右),藻类的光合作用和大气复氧作用使其有较高的溶解氧,呈好氧状态,由好氧微生物起净化污水作用,塘底(下层)为沉淀污泥,处于无溶解氧状态,称厌氧区,沉淀污泥在塘底进行厌氧分解。中层的溶解氧逐渐减少为兼性区(过渡区),存活大量的兼性微生物。兼性塘的污水净化是由好氧、兼性、厌氧微生物协同完成的。

兼性稳定塘是城市污水处理最常用的一种稳定塘。

(3)厌氧稳定塘。简称厌氧塘,厌氧塘的塘深在2m以上,有机负荷高,全部塘水均无溶解氧,呈厌氧状态,由厌氧微生物起净化作用,在其中进行水解、产酸以及甲烷发酵等厌氧反应全过程。净化速度慢,污水在塘内停留时间长。

厌氧稳定塘一般用作为高浓度有机废水的首级处理工艺,继之还设兼性塘、好氧塘甚至深度处理塘。

(4)曝气稳定塘。简称曝气塘,曝气塘采用人工曝气供氧,塘深在2m以上,全部塘水有溶解氧,污水停留时间较短。在曝气条件下,藻类的生长与光合作用受到抑制。

曝气塘又可分为好氧曝气塘及兼性曝气塘两种。好氧曝气塘与活性污泥处理法中的延时曝气法相近。

除上述几种类型的稳定塘以外,在应用上还存在一种专门用以处理二级处理后出水的深度处理塘。这种塘的功能是进一步降低二级处理水中残余的有机污染物(BOD值、COD值)、SS、细菌以及氮、磷等植物性营养物质等。在污水处理厂和接纳水体之间起到缓冲作用。深度处理塘一般采用大气复氧或藻类光合作用的供氧方式。

根据处理水的出水方式,稳定塘又可分为连续出水塘、控制出水塘与贮存塘3种类型。上述的几种稳定塘,在一般情况下,都按连续出水方式运行,但也可按控制出水塘和贮存塘(包括季节性贮存塘)方式运行。

控制出水塘的主要特征是人为地控制塘的出水,在年内的某个时期内,如结冰期,塘内只有污水流入,而无处理水流出,此时塘可起蓄水作用。在某个时期内,如在灌溉季节,又将塘水大量排出,出水量远超过进水量。

### 三、稳定塘的应用

稳定塘是一种比较古老的污水处理技术,从上一世纪末即已开始使用。第一个有记录的塘系统是美国于1901年在得克萨斯州修建的。目前,全世界已经有50多个国家在使用稳定塘系统,其中法国有稳定塘1500余座,西德2000余座,美国已有稳定塘20000余座。在发展中国家,稳定塘的应用也比较广泛。例如,马来西亚工业废水总量的40%都是利用稳定塘进行处理的。

由于稳定塘具有经济节能并能实现污水资源化等特点,所以受到我国政府的高度重视。我国利用稳定塘处理污水的研究始于50年代。目前,稳定塘除了用于处理中小城镇的生活污水之外,还被广泛用来处理各种工业废水,近几十年来,各国的实践证明,稳定塘能够适应各种气候条件,有效地用于生活污水、城市污水和各种有机性工业废水的处理。稳定塘现多作为二级处理技术考虑,但它完全可以作为活性污泥法或生物膜法后的深度处理技术,也可以作为一级处理技术。如将其串联起来,能够完成一级、二级以及深度处理全部系统的净化功能。

此外,由于稳定塘可以构成复合生态系统,而且塘底的污泥可以用作高效肥料,所以稳定塘在农业、畜牧业、养殖业等行业的污水处理中也得到了越来越多的应用。特别是在我国西部地区,人少地多,氧化塘技术的应用前景非常广泛。

### 四、稳定塘中的生物类群

在稳定塘中存活并对污水起净化作用的生物有细菌、藻类、原生动物和后生动物及水生植物。

### (一) 细菌

稳定塘内对有机物降解起主要作用的是细菌。

在好氧塘和兼性塘好氧区内活动的细菌中,有兼性异氧菌、好氧菌、厌氧菌等。

好氧菌和兼性菌:主要有假单胞菌、黄杆菌、微球菌等。

厌氧菌:主要有梭菌、假单胞菌、脱硫弧菌、脱硫菌、甲烷八叠球菌和甲烷丝菌等。

此外,稳定塘中还有产酸菌、硝化菌、紫硫菌等。

### (二) 藻类

藻类是稳定塘中另一类重要微生物。常见的藻类有:小球藻、栅藻、衣藻、纤维藻、实球藻、空星藻、裸藻、扁裸藻以及颤蓝菌和微囊蓝菌等。藻类的主要功能是产氧,维持塘的好氧条件。藻类另一个主要功能是去除植物营养盐氮和磷。

### (三) 原生动物

在稳定塘内,有时出现原生动物和后生动物,原生动物出现顺序为:植鞭毛虫如眼虫,游泳型纤毛虫如豆形虫、草履虫和游仆虫等,有柄纤毛虫如钟虫和累枝虫等。最后是甲壳类蚤和轮虫。

## （四）水生维管束植物

稳定塘内的水生维管束植物,能够提高稳定塘对有机污染物和氮、磷等的去除效果。凤眼莲、水浮洼、水鳖、绿荫等漂浮植物有很强的耐污能力,芦苇、水葱、香蒲等挺水植物有中等耐污能力,眼子菜、茨藻和金鱼藻等沉水植物适于生长在寡污带水中。

# 五、稳定塘的设计

## （一）好氧塘

### 1. 基本工作原理

好氧塘净化有机污染物的基本工作原理如图 17－1 所示。好氧塘塘内存在着菌、藻和原生动物的共生系统。是一种主要靠塘内藻类的光合作用供氧的氧化塘。塘内的藻类进行光合作用,释放出氧,塘表面的好氧型异氧细菌利用水中的氧,通过好氧代谢氧化分解有机污染物并合成本身的细胞质(细胞增殖),其代谢产物 $CO_2$ 则是藻类光合作用的碳源。它的水深较浅,一般在 $0.3 \sim 0.5 \mathrm{m}$,阳光能直接射透到池底,藻类生长旺盛,加上塘面风力搅动进行大气复氧,全部塘水都是好氧状态。由好氧微生物起有机污染物的降解与污水的净化。

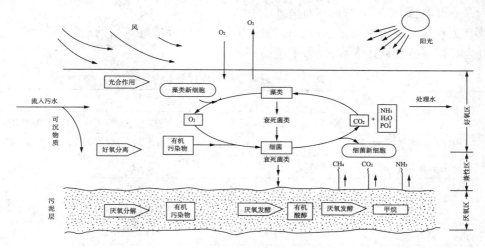

**图 17－1　稳定塘内典型的生态系统**

藻类光合作用使塘水的溶解氧和 pH 呈昼夜变化。白天,藻类光合作用使 $CO_2$ 降低,pH上升。夜间,藻类停止光合作用,细菌降解有机物的代谢没有终止,$CO_2$ 累积,pH 下降。

### 2. 分类

（1）高负荷好氧塘　这类塘设置在处理系统的前部,目的是处理污水和产生藻类。特点是塘的水深较浅,水力停留时间较短,有机负荷高。

（2）普通好氧塘　这类塘用于处理污水,起二级处理作用。特点是有机负荷较高,塘的水深较高负荷好氧塘大,水力停留时间较长。

（3）深度处理好氧塘　深度处理好氧塘设置在塘处理系统的后部或二级处理系统之后,作为深度处理设施。特点是有机负荷较低,塘的水深较高负荷好氧塘大。

### 3. 应用
好氧塘多应用于串联在其他稳定塘后做进一步处理,不用于单独处理。

### 4. 主要尺寸
(1)长宽比:多采用矩形塘,L∶W = 3∶1 ~ 4∶1。

(2)塘深:有效水深:高负荷好氧塘:0.3 ~ 0.45m;普通好氧塘:0.5 ~ 1.5m;深度处理好氧塘:0.5 ~ 1.5m;超高:0.6 ~ 1.0m。

(3)堤坡:塘内坡坡度1∶2 ~ 1∶3;塘外坡坡度1∶2 ~ 1∶5。

(4)单塘面积:单塘面积介于0.8 ~ 4.0 × 10⁴m²;好氧塘不得少于3座(至少2座)。

### 5. 设计计算
好氧塘的计算,主要内容是确定塘的表面面积。应以塘深1/2处的面积作为设计计算平面。近表面有机负荷率进行计算。计算公式为:

$$A = \frac{QS_0}{N_A} \tag{17—1}$$

式中,$A$——好氧塘的有效面积,m²;

$Q$——污水设计流量,m³/d;

$S_0$——原污水的BOD₅浓度,kg/m³;

$N_A$——BOD面积负荷率,kg/(m²·d)。

BOD面积负荷率应根据试验或相近地区污水性质相近的好氧塘的运行数据确定。(表17-1)为好氧塘典型设计参数,供参考选用。

表17-1 好氧塘典型设计参数

| 参 数 | 类 型 | | |
| --- | --- | --- | --- |
| | 高负荷好氧 | 普通好氧塘 | 深度处理好氧塘 |
| BOD₅表面负荷率 | 0.004 ~ 0.016 | 0.002 ~ 0.004 | 0.0005 |
| 水力停留时间 | 4 ~ 6 | 2 ~ 6 | 5 ~ 20 |
| 水深 | 0.3 ~ 0.45 | ~ 0.5 | 0.5 ~ 1.0 |
| BOD₅去除率 | 80 ~ 90 | 80 ~ 95 | 60 ~ 80 |
| 藻类浓度 | 100 ~ 260 | 100 ~ 200 | 5 ~ 10 |
| 回流比 | | 0.2 ~ 2.0 | |

## (二)兼性塘

### 1. 兼性塘的基本工作原理
兼性塘是城市污水处理最常用的一种稳定塘。兼性塘的水深一般在1.2 ~ 2.5m,塘内好氧和厌氧生化反应兼有。上部水层中,白天藻类光合作用旺盛,塘水维持好氧状态,好氧区对有机污染物的净化机理与好氧塘相同。在夜晚,藻类光合作用停止,大气复氧低于塘内耗氧,溶解氧急剧下降至接近于零。塘底,由可沉团体和藻、菌类残体形成了污泥层,由于缺氧而进行厌氧发酵,称为厌氧层。污泥层中的有机质由厌氧微生物对其进行厌氧分解,其厌氧分解包括酸发酵和甲烷发酵两个过程。发酵过程中未被甲烷化的中间产物进入塘的上、中层,由好氧菌和兼性菌继续进行降解。而 $CO_2$、$NH_3$ 等代谢产物进入好氧层,部分逸出水面,部分参与藻类的光合作用。在好氧层和厌氧层之间,存在着一个兼性层。兼性层的塘水溶解氧较低。异氧型兼性细菌,它们既能利用水中的溶解氧氧化分解有机污染物,也能在无分子氧条件下,以 $NO_3^{3-}$、$CO_3^{2-}$ 作为电子受体进行无氧代谢。兼性塘的污水净化是由好氧、兼性、厌氧微生物协同完成的。兼性塘是氧化塘中最常用的类型,兼性塘不仅可去除一般的有机污染物,还可以有效地去除磷、氮等营养物质和某些难降解的有机污染物。常用于处理城市一级沉淀或二级处理出水。在工业废水处理中,常在曝气塘或厌氧塘之后作为二级处理塘使用,有的也作为难生化降解有机废水的贮存城和间歇排放塘(污水库)使用。由于它在夏季的有机负荷要比冬季所允许的负荷高得多,因而特别适用于处理在夏季进行生产的季节性食品工业废水。

**2. 兼性塘的计算**

兼性塘计算的主要内容也是求定塘的有效面积。对兼性塘仍多采用经验数据进行计算。

(1)设计参数

①兼性塘可以作为独立处理技术考虑,也可以作为生物处理系统中的一个处理单元,或者作为深度处理塘的预处理工艺。

②塘深。一般采用 $1.2 \sim 2.5m$,污泥层厚度取值 $0.3m$。

③停留时间。一般规定为 $7 \sim 180d$,幅度很大。

④$BOD_5$ 表面负荷率。按 $0.0002 \sim 0.010kg/(m^2 \cdot d)$ 考虑,见表 $17-2$。

表 $17-2$　处理城市污水兼性塘 BOD 面积负荷与水力停留时间

| 冬季月平均气温/℃ | BOD 负荷率/[kg/($10^4 m^2 \cdot d$)] | 停留时间/d | 冬季月平均气温/℃ | BOD 负荷率/[kg/($10^4 m^2 \cdot d$)] | 停留时间/d |
|---|---|---|---|---|---|
| 15 以上 | 70 ~ 100 | >7 | -10 ~ 0 | 20 ~ 30 | 102 ~ 40 |
| 10 ~ 15 | 50 ~ 70 | 20 ~ 7 | -20 ~ 10 | 10 ~ 20 | 150 ~ 120 |
| 0 ~ 10 | 30 ~ 50 | 40 ~ 20 | -20 以下 | <10 | 180 ~ 150 |

注:在串联塘系统中,前部塘的 $BOD_5$ 负荷率取高值,一般在 $70 \sim 40kg/(10^4 m^2 \cdot d)$,当气温高于15℃时,$BOD_5$ 负荷率也可以高达 $100kg/(10^4 m^2 \cdot d)$ 以不出现全塘呈厌氧状态为准。

⑤BOD 去除率一般可达 $70\% \sim 90\%$。

⑥藻类浓度取值 $10 \sim 100mg/L$。

⑦如采取处理水循环措施,循环率可为 $0.2‰ \sim 2.0‰$。

(2)在塘的构造方面应考虑的因素

①塘形,以矩形为宜,矩形塘易于施工和串联组合,有助于风对塘水的混合,而且死角少,长宽比以 $2:1$ 或 $3:1$ 为宜。

②塘数,除小规模的兼性塘可以考虑采用单一的塘进行处理外,一般不宜少于 2 座。宜采用多级串联,第一塘面积大,约占总面积的 $30\% \sim 60\%$,采用较高的负荷率,以不使塘都处理厌氧状态为限。串联可得优质处理水。

③进水口,矩形塘进水口应尽量使的横断面上配水均匀,宜采用扩散管或多点进水。

④出水口,出水口与进水口之间的直线距离应尽可能的大,一般在矩形塘按对角线排列

设置,以减少短路。进、出口的设计应参照有关资料进行。

### (三)厌氧塘

#### 1. 厌氧塘的特征及控制条件

厌氧塘的水深一般在2.5m以上,最深可达4~5m。当塘中耗氧超过藻类和大气复氧时,就使全塘处于厌氧分解状态。因而,厌氧塘是一类高有机负荷的以厌氧分解为主的生物塘。其表面积较小而深度较大,水在塘中停留20~50d。它能以高有机负荷处理高浓度废水,污泥量少,但净化速率慢、停留时间长,并产生臭气,出水不能达到排放要求,因而多作为好氧塘的预处理塘使用。

厌氧塘对有机污染物的降解,与所有的厌氧生物处理设备相同,是由两类厌氧菌通过产酸发酵和甲烷发酵两阶段来完成的。即先由兼性厌氧产酸菌将复杂的有机物水解、转化为简单的有机物(如有机酸、醇、醛等),再由绝对厌氧菌(甲烷菌)将有机酸转化为甲烷和二氧化碳等。由于甲烷菌的世代时间长,增殖速度慢,且对溶解氧和pH敏感,因此厌氧塘的设计和运行,必须以甲烷发酵阶段的要求作为控制条件,控制有机污染物的投配率,以保持产酸菌和甲烷菌之间的动态平衡。应控制塘内的有机酸浓度在3000mg/L以下,pH为6.5~7.5,进水的$BOD_5$:N:P = 100:2.5:1,硫酸盐浓度应小于500mg/L,以使厌氧塘能正常运行。

此外,厌氧塘对周围环境有着不利的影响,应予注意,其中主要是:(1)厌氧塘多一般散发臭气,臭味大,应远离住宅区,一般在500m以上;(2)厌氧塘内有机负荷高,池深较大,占地省。池深大易污染地下水,因此,必须作好防渗措施;(3)在水面上可能形成浮渣层的肉类加工废水的厌氧处理,浮渣层对厌氧塘水温保持有利,有碍观瞻,并且在浮渣上滋生小虫,有碍环境卫生,应考虑采取适当的措施。

厌氧塘对于高温、高浓度的有机废水有很好的去除效果,如食品、生物制药、石油化工、屠宰场、畜牧场、养殖场、制浆造纸、酿酒、农药等工业废水。对于醇、醛、酚、酮等化学物质和重金属也有一定的去除作用。城市污水由于有机污染物含量较低,一般很少采用厌氧塘处理。但是厌氧塘的处理水,有机物含量仍很高,需要进一步通过兼性塘和好氧塘处理,这样可以大大减少后续兼性塘和好氧塘的容积。一般置于塘系统的首端,作为预处理设施,以厌氧塘代替初次沉淀池,这样做有下列几项效益:(1)有机污染物降解一部分,约30%左右;(2)使一部分难降解有机物转化为可降解物质,有利于后续塘处理;(3)通过厌氧发酵反应使有机物降解,降低污泥量,减轻污泥处理与处置工作。

#### 2. 厌氧塘的设计计算

(1)设计的经验数据。

迄今为止,厌氧塘是按经验数据设计的。现将用于厌氧塘设计的经验数据加以介绍,设计方法主要有有机负荷率法。

有机负荷法分为3类:BOD容积负荷法、VSS容积负荷法、BOD表面负荷法。对厌氧塘,由于有机物厌氧降解速率是停留时间的函数,而与塘面关系较小,因此,以采用容积负荷率为宜,即采用BOD容积负荷率,对VSS含量高的废水,还应用VSS容积负荷率进行设计。但对城市污水厌氧塘的设计,一般还多采用BOD表面负荷率。

①BOD表面负荷率

厌氧塘为了维持其厌氧条件,应规定其最低容许BOD表面负荷率。如果厌氧塘的BOD

表面负荷率过低,其工况就将接近于兼性塘。

最低允许 BOD 表面负荷率与 $BOD_5$ 容积负荷率、气温有关。我国北方可采用 300kg（BOD）/（$10^4 m^2 \cdot d$）、200 ~ 600kg（$BOD_5$）/（$10^4 m^2 \cdot d$）。

我国给水排水设计手册对厌氧塘处理城市污水的建议负荷率值为 20 ~ 60g（$BOD_5$）/（$m^2 \cdot d$）、200 ~ 600kg（$BOD_5$）/（$10^4 m^2 \cdot d$）。

②BOD 容积负荷

国外城市污水厌氧塘的设计一般都采用此方法,我国的工业废水厌氧塘也有不少采用该方法。表 17 – 3 厌氧塘的深介于 3 ~ 4.5m,BOD 容积负荷为一般采用 0.2 ~ 0.4kg（$BOD_5$）/（$m^3 \cdot d$）。

表 17 –3　美国7 个州厌氧塘处理城城市污水设计参数

| 州名 | 纬度（度） | BOD 容积负荷 kgBOD₅/（m³·d） | 水力停留时间（d） | 预计去除率（%） |
|---|---|---|---|---|
| 佐治亚州 | 30.4 ~ 35 | 0.048①,0.24② | — | 60 ~ 80 |
| 伊利诺斯州 | 37 ~ 42.5 | 0.24 ~ 0.32 | 5 | 60 |
| 爱阿华州 | 40.6 ~ 43.5 | 0.19 ~ 0.24 | 5 ~ 10 | 60 ~ 80 |
| 蒙大拿州 | 45 ~ 49 | 0.032 ~ 0.16 | 10（最小） | 70 |
| 内布拉斯加州 | 40 ~ 43 | 0.19 ~ 0.24 | 3 ~ 5 | 75 |
| 南达科他州 | 43 ~ 46 | 0.24 | — | 60 |
| 德克萨斯州 | 26 ~ 36.4 | 0.4 ~ 1.6 | 5 ~ 30 | 50 ~ 100 |

①不回流;②1:1回流。

表 17 –4　我国肉类加工废水厌氧塘处理中试数据

| 顺序 | BOD 容积负荷 kgBOD₅/（m³·d） | 水力停留时间（d） | 水温 T（℃） | BOD₅ 进水（mg/L） | BOD₅ 处理水（mg/L） | BOD₅ 去除率（%） |
|---|---|---|---|---|---|---|
| 1 | 0.49 | 1 | 17.3 | 486 | 251 | 48.3 |
| 2 | 0.53 | 1 | 28.2 | 530 | 330 | 37.7 |
| 3 | 0.22 | 2 | 24.5 | 438 | 200 | 54.4 |
| 4 | 0.24 | 2 | 30.2 | 473 | 150 | 68.2 |

③VSS 容积负荷率

VSS 容积率用于厌氧塘处理 VSS 含量废水的设计。

下面所列举的是国外对几种工业废水厌氧塘处理所采用的 VSS 容积负荷。

家禽粪水　　　　　　0.063 ~ 0.16kg（VSS）/（$m^3 \cdot d$）

奶牛粪水　　　　　　0.166 ~ 1.12kg（VSS）/（$m^3 \cdot d$）

猪粪水　　　　　　　0.064 ~ 0.32kg（VSS）/（$m^3 \cdot d$）

菜牛屠宰废水　　　　0.593kg（VSS）/（$m^3 \cdot d$）

④水力停留时间

污水在厌氧塘内的停留时间,采用的数值介于很大的幅度内,无成熟数据可以遵循,应通过试验确定。

我国《给水排水设计手册》的建议值,对城市污水是 30～50d。国外有长达 160d 的设计运行数据,但也有短为 12d 的。

(2)厌氧塘的形状和主要尺寸

①厌氧塘表面仍以矩形为宜,长宽比 2～2.5:1。

②塘深,厌氧塘的有效深度(包括污泥层深度)为 3～5m,当土壤和地下水条件适宜时,可增大到 6m。处理城市污水用厌氧塘的塘深为 1.0～3.6m。处理城市污水的厌氧塘底部储泥深度,不应小于 0.5m,污泥量按 50L/(人·a)计算。污泥清除周期为 5～10 年。

③保护高度 0.6～1.0m。

④塘底略具坡度,堤内坡 1:1～1:3。塘外坡度:1:2～1:4。

⑤厌氧塘的单塘面积不应大于 8000m²(0.8 × 10⁴m²)。

⑥厌氧塘一般位于稳定塘系统之首,截留污泥量较大,因此,宜设并联的厌氧塘,以便轮换清除塘泥。

⑦厌氧塘进出口,厌氧塘进口设在底部,高出塘底 0.6～1.0m,以便使进水与塘底污泥相混合。进水管直径一般为 200～300mm;对于含油废水,进水管直径应不小于 300mm。出水管应在水面以下,淹没深度不小于 0.6m,并要求在浮渣层或冰冻层以下。一般进口和出口均不得少于两个,当塘底宽小于 9m 时,也可以只用一个进水口。

## (四)深度处理塘

深度处理塘为三级处理塘,设置在二级处理工艺之后或稳塘系统之后,采用好氧塘或曝气塘的形式。深度处理塘能去除以下物质:

BOD 和 COD:$\eta_{BOD}$ = 30%～60%;$\eta_{COD}$ = 10%～25%、细菌、藻类、$N$、$P$。

计算:

深度处理塘的计算在当前仍采用负荷率进行,根据去除对象的不同而采用不同的负荷率及其他各项设计参数。

(1)以去除 BOD、COD 为主要目的的深度处理塘。采用下表 17－5 所列举的各项参数。

表 17－5  以去除 BOD 值为目的好氧塘和兼性塘型深度处理塘的设计参数

| 类　型 | BOD 表面负荷/[kg/($10^4$m² · d)] | 水力停留时间/d | 深度/m | BOD 去除率/% |
|---|---|---|---|---|
| 好氧塘 | 20～60 | 5～25 | 1～1.5 | 30～55 |
| 兼性塘 | 100～150 | 3～8 | 1.5～2.5 | 40 |

(2)养鱼的深度处理塘。$BOD_5$ 负荷率可取值 20～35kg/($10^4$m² · d),水力停留时间应不小于 15d。

(3)以去除氨氮为目的的深度处理塘。BOD 表面负荷率不高于 20kg/($10^4$m² · d),水力停留时间不少于 12d,按氮去除率可达 65%～75%。

(4)以除磷为目的深度处理塘。$BOD_5$ 表面负荷率取值在 13kg/($10^4$m² · d)左右,水力停留时间为 12d,磷酸盐去除率可按 60% 考虑。

### (五)曝气塘

不是依靠自然净化过程为主,而是采用人工补给方式供氧,通常是在塘面上安装曝气机。使塘水得到不同程度的混合而保持好氧或兼性状态。实际上是介于活性污泥法中的延时曝气法与稳定塘之间的一种工艺。曝气塘有机负荷和去除率都比较高,占地面积小,但运行费用高,且出水悬浮物浓度较高,使用时可在后面连接兼性塘来改善最终出水水质。

曝气塘可以分为以下两种类型:完全混合曝气塘(或称好氧曝气塘)和部分混合曝气塘(或称兼性曝气塘)。主要取决于曝气装置的数量、安设密度和曝气强度。当曝气装置的功率较大,足以使塘水中全部生物污泥都处于悬浮状态,并向塘水提供足够的溶解氧时,即为完全混合曝气塘;如果曝气装置的功率仅能使部分固体物质处于悬浮状态,而有一部分固体物质沉积塘底,进行厌氧分解,曝气装置提供的溶解氧也不敷全部需要,则即为部分混合曝气塘。

设计参数:

(1)$BOD_5$ 表面负荷率:30 ~ 60g($BOD_5$)/($m^2 \cdot d$)。

(2)$H = 2.5 ~ 5.0m$。

(3)停留时间 $t$(天),一般好氧曝气塘为 1 ~ 10d,兼性塘曝气塘为 7 ~ 10d。

(4)塘内生物污泥浓度为 80 ~ 200mg/L。

### (六)控制出水塘

设于北方寒冷地区的稳定塘,在冬季低温季节,生物降解功能极其低下,处理水水质难于达到排放要求,将污水加以贮存,待天气转暖,降解功能恢复正常,处理水水质达到排放要求,稳定塘开始正常运行。这种稳定塘就是控制出水塘。控制出水塘的实质是按一种特定的排放处理水制度运行的稳定塘。控制出水塘多是兼性塘类型,很少是好氧和厌氧塘。

**设计要点**

污水进塘前要经过一级处理;多级塘串联、并联方式运行均可;塘数不得少于 2 座;塘形宜根据地形选用,但要避免产生短流现象。

其设计参数见表 17 - 6:

**表 17 - 6　控制出水塘的设计数据**

| 参数 | 有效水深/m | 水力停留时间/d | BOD 负荷/[kg/($10^4 m^2 \cdot d$)] | BOD 去除率/% |
|------|-----------|---------------|-----------------------------------|-------------|
| 数值 | 2.0 ~ 3.5 | 30 ~ 60 | 10 ~ 80 | 20 ~ 40 |

## 六、稳定塘系统的工艺流程

稳定塘处理系统由预处理设施、稳定塘和后处理设施等三部分组成。

**1. 稳定塘进水的预处理**

为防止稳定塘内污泥淤积,污水进入稳定塘前应先去除水中的悬浮物质。常用设备为格栅、普通沉砂池和沉淀池。若塘前有提升泵站,而泵站的格栅间隙小于 20mm 时,塘前可不另设格栅。原污水中的悬浮固体浓度小于 100mg/L 时,可只设沉砂池,以去除砂质颗粒。

原污水中的悬浮固体浓度大于 100mg/L 时,需考虑设置沉淀池。设计方法与传统污水二级处理方法相同。

**2. 稳定塘塘体设计要点**

(1)塘的位置　稳定塘应设在居民区下风向 200m 以外,以防止塘散发的臭气影响居民区。此外,塘不应设在距机场 2km 以内的地方,以防止鸟类(如水鸥)到塘中觅食、聚集,对飞机航行构成危险。

(2)防止塘体损害　为防止浪的冲刷,塘的衬砌应在设计水位上下各 0.5m 以上。若需防止雨水冲刷时,塘的衬砌应做到堤顶。衬砌方法有干砌块石、浆砌块石和混凝土板等。

在有冰冻的地区,背阴面的衬砌应注意防冻。若筑堤土为黏土时,冬季会因毛细作用吸水而冻胀,因此,在结冰水位以上应置换为非黏性土。

(3)塘体防渗　稳定塘渗漏可能污染地下水源;若塘出水考虑再回用,则塘体渗漏会造成水资源损失,因此,塘体防渗是十分重要的。但某些防渗措施的工程费用较高,选择防渗措施时应十分谨慎。防渗方法有素土夯实、沥青防渗衬面、膨润土防渗衬面和塑料薄膜防渗衬面等。

(4)塘的进出口　进出口的形式对稳定塘的处理效果有较大的影响。设计时应注意配水、集水均匀,避免短流、沟流、及混合死区。主要措施为采用多点进水和出水;进口、出口之间的直线距离尽可能大;进口、出口的方向避开当地主导风向。

# 第二节　污水的土地处理

## 一、概述

污水土地处理的涵义

在人工控制条件下,将污水投配在土地上,通过土壤－微生物－植物的生态系统,进行物理、化学、物理化学和生物化学的净化过程,使污水得到净化的一种污水处理工艺。

## 二、土地处理系统的净化机理

污水土地处理系统的净化机理十分复杂,它包含了物理过滤、物理和化学吸附、络合反应和化学沉淀、微生物对有机物的降解等过程。因此,污水在土地处理系统中的净化是一个综合净化过程。

(1)物理过滤:废水流经土壤时,悬浮物被表层土壤团粒间的孔隙过滤截留。

(2)物理和化学吸附:土壤中的黏土矿物颗粒能吸附水中的中性分子,废水中的各种离子则因离子交换作用被置换吸附并固定在矿物晶格中。

络合反应和化学沉淀:废水中的金属离子能作为中心离子与土壤中的某些组分生成络合物和整合物,或生成硫化物、氢氧化物以及磷酸盐、碳酸盐等而被沉积于土壤中。

微生物对有机物的降解:土壤中种类繁多的大量微生物,能与被截留、吸附的污染物一起形成生物膜,对有机物有很强的降解转化能力;在土壤表层,通风条件好,有机物浓度高,生物氧化作用尤为强烈,属于好氧生物处理带,其深度大体在 0.2 ~ 0.3m;好氧气带以下,依次分布着兼性和厌氧生物处理带。在用废水进行水田灌溉时,废水中的可沉悬浮物沉于水底,靠兼性和厌氧土壤微生物进行分解。胶体和溶解性有机物分散于水中,靠主要由藻类供氧的好氧微生物转化为无机物,然后被农作物吸收。此外,在接近出水的农田中,浮游生物得到繁殖,参与了对废水的办化,使出水进一步澄清。

污水土地处理系统中各种物质的的去除过程。

(1)BOD 的去除

BOD 大部分是在土壤表层土中去除的。土壤中含有大量的种类繁多的异养型微生物,它们能对被过滤、截留在土壤颗粒空隙间的悬浮有机物和溶解有机物进行生物降解,并合成微生物新细胞。当污水处理的 BOD 负荷超过让土壤微生物分解 BOD 的生物氧化能力时,会引起厌氧状态或土壤堵塞。

(2)磷和氮的去除

在土地处理中,磷主要是通过植物吸收,化学反应和沉淀(与土壤中的钙、铝、铁等离子形成难溶的磷酸盐)、物理吸附和沉淀(土壤中的黏土矿物对磷酸盐的吸附和沉积),物理化学吸附(离子交换、络合吸附)等方式被去除。其去除效果受土壤结构、阳离子交换容量、铁铝氧化物和植物对磷的吸收等因素的影响。

氮主要是通过植物吸收,微生物脱氮(氨化、硝化、反硝化),挥发、渗出(氨在碱性条件下逸出、硝酸盐的渗出)等方式被去除。其去除率受作物的类型、生长期、对氮的吸收能力以及土地处理系统等工艺因素的影响。

(3)悬浮物质的去除

污水中的悬浮物质是依靠作物和土壤颗粒间的孔隙截留、过滤去除的。土壤颗粒的大小、颗粒间孔隙的形状、大小、分布和水流通道,以及悬浮物的性质、大小和浓度等都影响对悬浮物的截留过滤效果。若悬浮物的浓度太高、颗粒太大,会引起土壤堵塞。

(4)病原体的去除

污水经土壤处理后,水中大部分的病菌和病毒可被去除,去除率可达 92% ~ 97%。其去除率与选用的土地处理系统工艺有关,其中地表漫流的去除率较低,但若有较长的漫流距离和停留时间,也可以达到较高的去除效率。

(5)重金属的去除

重金属主要是通过物理化学吸附、化学反应与沉淀等途径被去除的。重金属离子在土壤胶体表面进行阳离子交换而被置换、吸附,并生成难溶性化合物被固定于矿物晶格中;重金属与某些有机物生成可吸性螯合物被固定于矿物质晶格中;重金属离子与土壤的某些组分进行化学反应,生成金属磷酸盐和有机重金属等沉积于土壤中。

## 三、污水土地处理系统的基本工艺

土地处理技术有五种类型:慢速渗滤、快速渗滤、地表漫流、湿地和地下渗滤系统。

### (一)慢速渗滤处理系统

慢速渗滤使用于渗水性较好的砂质土和蒸发量小、气候湿润的地区。由于投配污水的负荷低,污水通过土壤的渗滤速度慢,废水中的污染物和养料可被作物充分吸收利用,污染地下水的可能也很小,因而被认为是土地处理中最适宜的方法。利用草场、林地、荒地以及农田、蔗地等(土壤微生物与植物),不考虑处理水的流出。慢速渗滤系统用表面布水或喷灌布水,渗流速度慢,故污水净化效率高,出水水质优良,对污水的 $BOD_5$、COD、N 的去除率分别为95%、90%、80% ~ 90%。慢速渗滤系统有农业型和森林型两种。其主要控制因素为:灌水率、灌水方式、作物选择和预处理等。(见图 17 - 2)

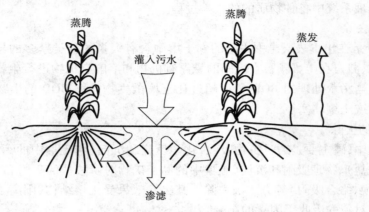

**图 17 - 2  慢速渗滤示意图**

### (二)快速渗滤处理系统

快速渗滤土地处理系统是一种高效、低耗、经济的污水处理与再生方法。适用于渗透性能良好的土壤,如砂土、砾石性砂土等。

污水灌至快速滤渗田表面后很快下渗进入地下,并最终进入地下水层。灌水与休灌反复循环进行,使滤田表面土壤处于厌氧 - 好氧交替运行状态,依靠土壤微生物将被土壤截留的溶解性和悬浮有机物进行分解,使污水得以净化。

快速渗滤法的主要目的是补给地下水和废水再生回用。进入快速渗滤系统的污水应进行适当预处理,以保证有较大的渗滤速率和硝化速率。

快速渗滤是为了适应城市污水的处理出水回注地下水的需要而发展起来的。处理场土壤应为渗透性强的粗粒结构的砂壤或砂土。废水以间歇方式投配于地面,在沿坡面流动的过程中,大部分通过土壤渗入地下,并在渗滤过程中得到净化,其过程如图 17 - 3。

### (三)地表漫流处理系统

利用缓坡草地缓慢流动(要求土地渗透性差),并以地表径流汇集、排放和利用处理水。地表漫流系统适用于渗透性的黏土或亚黏土,地面的最佳坡度为2% ~ 8%。废水以喷灌法或漫灌法有控制地在地面上均匀地漫流,流向设在坡脚的集水渠,在流动过程中少量废水被植物摄取、蒸发和渗入地下。地面上种牧草或其他作物供微生物栖息并防止土壤流失,尾水收集后可回用或排放水体。地表漫流处理系统见图 17 - 4。

采用何种方法灌溉取决于土壤性质、作物类型、气象和地形。

### (四)湿地处理系统

湿地处理系统是一种利用低洼湿地和沼泽地处理污水的方法。污水有控制地投配到种有芦苇、香蒲等耐水性、沼泽性植物的湿地上,废水在沿一定方向流动过程中,在耐水性植物

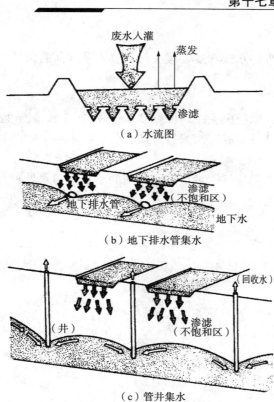

（a）水流图

（b）地下排水管集水

（c）管井集水

图 17-3　快速渗滤系统示意图

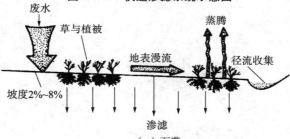

（a）面灌

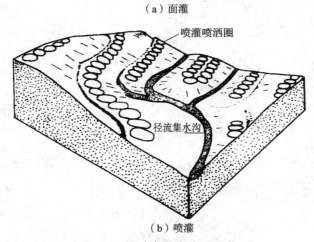

（b）喷灌

图 17-4　地表漫流处理系统

和土壤共同作用下得以净化。

湿地处理可直接处理污水或深度处理。污水进入系统前需预处理。

## (五)地下渗滤系统

地下渗滤系统是将污水投配到距地面约 0.5m 深、有良好渗透性的底层中,借毛管浸润和土壤渗透作用,使污水向四周扩散,通过过滤、沉淀、吸附和生物降解作用等过程使污水得到净化。

地下渗滤系统适用于无法接入城市排水管网的小水量污水处理。污水进入处理系统前需经化粪池或酸化池预处理。

# 第十八章 城市污水厂设计

## 第一节 城市污水厂设计步骤

城市污水处理厂的设计步骤,可分为设计前期工作、扩大初步设计、施工图设计等 3 个阶段。

### 一、设计前期工作

设计前期工作很重要,要求设计人员充分掌握与设计有关的原始数据、资料,具有深入地分析、归纳这些数据、资料,从中得出切合实际的结论的能力。

设计前期工作主要有两项:(1)预可行性研究(项目建议书);(2)可行性研究(设计任务书)。

#### (一)预可行性研究

预可行性研究是建设单位向上级送审的《项目建议书》的技术文件。预可行性研究报告须经专家评审,审批后,就可以"立项",然后就可以进行下一步的可行性研究了。

#### (二)可行性研究

可行性研究报告是对与本项工程有关的各个方面进行深入调查研究结果进行综合论证的重要文件,它为本项目的建设提供科学依据,保证所建项目在技术上先进、可行。

对城市污水处理厂工程来说,可行性研究报告的主要内容是:

1. 概述
(1)编制依据、原则和范围;
(2)污水水量、水质。
2. 工程方案
3. 城市排水系统
(1)处理厂位置及用地;
(2)污水处理工艺选择与方案比较、推荐方案;
(3)处理水的出路;
(4)人员编制、辅助建筑。
4. 工程投资估算(投资估算原则估算表)及资金筹措
5. 工程远近期结合的考虑
6. 工程效益分析
7. 工程进度安排

8.附图及附件

9.存在问题及建议

## 二、扩大初步设计

在原则上,扩大初步设计应当在可行性研究报告批准后进行。扩大初步设计由五部分组成:(1)设计说明书;(2)工程量;(3)材料与设备量;(4)工程概算书;(5)扩初图纸。

### (一)设计说明书

设计说明书应包括下列各项内容

(1)设计依据:①可行性研究报告的批准文件;②工程建设单位(甲方)的设计委托书。

(2)其他有关文件,主要是和本工程有关的单位,如供电、供水、铁路、运输以及环保等部门签订的协议和批件等。

(3)城市概况和自然条件的资料:①城市现状及总体规划资料;②自然条件资料;③地形资料;④现有的排水工程概况。

(4)工程设计:

①厂址选择;应着重说明在选定厂址时,如何遵循选址的原则,如何与城市的总体规划相呼应,如何解决防洪与卫生防护问题等。此外还应说明所选厂址的地形、地质条件以及用地面积等;

②污水水质、水量,包括污水水质各项指标的数值,污水的平均流量、高峰流量、现状流量、发展流量等水量资料;

③工艺流程的选择与布置,主要说明所选定的工艺流程的合理性、先进性、优越性和安全性等;

④对工艺流程中各处理设备的描述。按流程顺序,如采用某项新工艺,新技术时,应详细加以说明;

⑤处理后污水与污泥出路;

⑥污水厂的总体布置;

⑦分期建设说明;

⑧存在问题及其解决途径的建议。

### (二)工程量

需经计算列出本工程所需要的混凝土量、挖土方量、回填土方量等。

### (三)材料与设备量

列出本工程所需钢材、水泥、木材的数量和所需各种设备规格的清单。

### (四)工程概算书

为了编制工程预算,必须掌握:(1)当地建筑材料与各种设备的供应情况和价格;(2)当地有关施工力量的资料;(3)编制概算、预算的定额资料,包括地区差价、间接费用定额、运输费等;(4)有关租地、征地、拆迁补偿、青苗补偿等资料。

**（五）扩初图纸**

扩大初步设计的图纸主要包括:污水处理工艺系统图(1:5000～1:10000)、构筑物简图(1:200～1:500)、处理构筑物布置图、污水处理厂总平面布置图等。

## 三、施工图设计

施工图设计在扩初设计批准后进行。

施工图设计的任务是将污水处理厂各处理构筑物的平面位置和高程,精确地表示在图纸上;将各处理构筑物的各个节点的构造、尺寸都用图纸表示出来,每张图纸都应按一定的比例,用标准图例精确绘制,使施工人员能够按照图纸施工。

# 第二节 城市污水处理厂厂址的选择

厂址的选定是制定城市污水处理系统方案的重要的环节,它与城市的总体规划、城市排水系统的走向、布置、处理后的污水的出路都密切相关。

污水处理厂厂址的选择,应遵循的原则:

(1)污水处理厂,应尽量少占农田和不占良田;

(2)根据城市发展的总体规划,其厂址应考虑远期发展规划和留有扩建的余地,必须设在集中给水水源的下游、夏季主导风向的下风向,并与居民点有300m以上的距离;

(3)当处理后的污水或污泥用于农业、工业或市政时,厂址应考虑与用户靠近,或者便于运输。当处理水排放时,则应与受纳水体靠近;

(4)应与选定的污水处理工艺相适应,如选定稳定塘时,必须有适当的土地面积;

(5)厂址尽量选在地质条件好的地方,以方便施工,降低造价;不宜设在受水淹的低洼处,并不受洪水威胁;

(6)要充分利用地形,选择有适当坡度的地区,以满足污水构筑物高程布置的需要,减少土方工程量。若有可能,宜采用污水不经水泵提升而自流入处理构筑物的方案。节省土地及费用。

# 第三节 城市污水处理厂的设计水量及设计水质

## 一、用于城市污水处理厂的设计水量有以下几种:

### （一）平均日流量(m³/d)

平均日流量表示污水处理厂的公称规模,并用于计算处理总水量,污泥总量、沉砂量、栅渣量、耗药量、耗电量。

### （二）设计最大流量(m³/h 或 L/s)

由平均流量根据《室外排水设计规范》的规定,选用其总变化系数 $K_z$,而得到设计最大流量。

除曝气池外各处理构筑物与厂内连接管渠的设计都采用此流量。

污水处理厂的进厂水管的设计用此流量。当污水处理厂进水用泵提升时,则用组合泵的工作流量作为设计最大流量,但应与设计流量相吻合。

## (三)降雨时的设计流量($m^3/d$ 或 L/s)

该流量用于截流合流式的排水系统,包括旱天流量和截流 $n$ 倍的初期雨水流量,用于校核初沉池及其以前的构筑物。

## (四)最大日平均时流量

由于设计最大流量持续时间较短,当曝气池设计水力停留时间为 $4 \sim 6h$ 时,则曝气池的容量用该流量计算。

## (五)最小污水流量($m^3/d$)

根据经验估计,一般为平均日污水流量的 $0.25 \sim 0.5$。最小污水流量常用来作为污水泵选型或处理构筑物分组的考虑因素,当最小污水流量进入处理厂时,可开启一台设备或一组构筑物运行。

# 二、城市污水处理厂设计水质

根据排水设计规范的规定确定。

## (一)生活污水

生活污水的 $BOD_5$ 和 SS 设计值可取为:

$BOD_5 = 20 \sim 35g/(人 \cdot d)$

$SS = 35 \sim 50g/(人 \cdot d)$

## (二)工业废水

工业废水的水质可参照不同类型的工业企业的实测数据或传统数据确定。其 $BOD_5$、SS 值可折合当量人口数计算。

## (三)水质浓度 $S$

水质浓度按下式计算:

$$S = \frac{1000a_s}{Q_s} \qquad (18-1)$$

式中,$S$——某污染物质在污水中的浓度,mg/L;

$\alpha_s$——每人每天对该污染物质排出的 g 数,g;

$Q_s$——每人每日的排出量,以 L 计。

# 第四节　污水处理工艺流程选择

## 一、处理工艺流程选择应考虑的因素

所谓污水处理工艺流程是指在保证处理水达到所要求的处理程度的前提下,所采用的污水处理技术各单元的有机会结合。

在处理工艺流程选定的同时,还需要考虑确定各处理技术单元构筑物的型式,两者互为影响。污水处理工艺流程的选择主要受以下因素的影响:

**1. 污水的处理程度(主要依据)其决定于处理后水的出路和去向**

排放水体,这是对处理水最常采用的途径,也是处理水的"自然归宿"。

当处理水排放水体时,污水处理程度可考虑以下几种方法进行确定:

(1)按污水处理厂所能达到的处理程度确定。

一般多以二级处理技术所能达到的处理程度作为依据。

(2)考虑受纳水体的稀释自净能力,这样可能在一定程度上降低对处理水水质的要求,降低处理程度,须取得当地环境保护部门的同意。

处理水回用,城市污水的处理水有多种回用途径,可用于农田灌溉、浇灌菜园;也可作为城市的杂用水,用于冲洗公厕、喷洒绿地;冲洗街道和城市景观用水等。

**2. 原污水的水量与污水流入工况**

原污水的水量是选定处理工艺需要考虑的因素,水质、水量变化大,应设调节池或事故贮水池,或选用耐冲击负荷的工艺(如完全混合式延时曝气法)。生物膜法,竖流式沉淀式只适用于水量不大的小型污水处理厂。

**3. 当地各项条件**

当地的地形、气候等自然条件也对污水处理工艺流程的选定具有一定的影响。利用农田开发利用价值不大的旧河道、沼泽地、洼地等。可考虑设置稳定塘、土地处理系统等自然生物处理工艺。

**4. 工程造价与运行费用**

工程造价与运行费用也是污水处理工艺流程选定的重要因素。处理水应当达到水质标准的前提条件下,降低工程总造价和运行费用。减少占地面积也是降低造价的措施,从长远考虑,污水处理厂易选择高效处理工艺。

**5. 施工难易程度**

例如:地下水位高,地质条件差的地方,不宜选用深度大,施工难度高的处理工艺。

总之,污水处理工艺的选定是一项较为复杂的系统工程,须对上逐项综合考虑,进行多种方案的技术经济比较,选定技术可行、先进、经济合理的污水处理工艺流程。

## 二、城市污水处理厂的典型工艺流程

城市污水处理厂的典型工艺流程如图 18 -1。

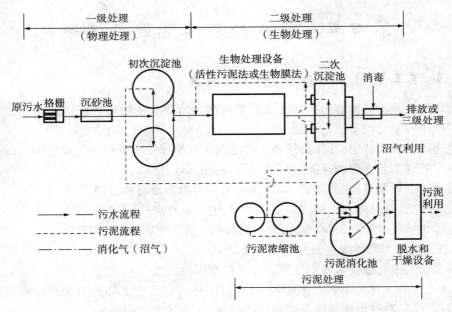

图18-1　城市污水处理厂的典型工艺流程图

# 第五节　污水处理厂的平面布置与高程的布置

## 一、污水处理厂的平面布置

在污水处理厂厂区内有：各种处理构筑物；连通各处理构筑物之间的管、渠及其他管线；辅助性建筑物；道路以及绿地等。现就在进行处理厂厂区平面规划、布置时应考虑的一般原则：

**处理构筑物的平面布置**

污水处理厂的主体是各种处理构筑物。作平面布置时，要根据各构筑物（及其附属辅助建筑物，如泵房、鼓风机房等）的功能要求和流程的水力要求，结合厂址地形、地质条件，确定它们在平面图上的位置。在这一工作中，应使联系各构筑物的管、渠简单而便捷，避免迁回曲折，运行时工人的巡回路线简短和方便；在作高程布置时土方量能基本平衡；并使构筑物避开劣质土壤。布置应尽量紧凑，缩短管线，以节约用地，但也必须有一定间距，这一间距主要考虑管、渠敷设的要求，施工时地基的相互影响，以及远期发展的可能性。构筑物之间如需布置管道时，其间距一般可取5~8m，某些有特殊要求的构筑物（如消化池、消化气罐等）的间距则按有关规定确定。

厂内管线的布置污水处理厂中有各种管线，最主要的是联系各处理构筑物的污水、污泥管、渠。管、渠的布置应使各处理构筑物或各处理单元能独立运行，当某一处理构筑物或某处理单元因故停止运行时，也不致影响其他构筑物的正常运行，若构筑物分期施工，则管、渠在布置上也应满足分期施工的要求；必须敷设超越全部处理构筑物，直接排放水体的超越管，在不得已情况下可通过此超越管将污水直接排入水体，但有毒废水不得任意排放。厂内尚有给水管、输电线、空气管、消化气管和蒸气管等。所有管线的安排,既要有一定的施工位置,又要紧凑,并应尽可能平行布置和不穿越空地,以节约用地。这些管线都要易于检查和维修。

污水处理厂内应有完善的雨水管道系统,以免积水而影响处理厂的运行。

辅助建筑物的布置辅助建筑物包括泵房、鼓风机房、办公室、集中控制室、化验室、变电所、机修、仓库、食堂等。它们是污水处理厂设计不可缺少的组成部分。其建筑面积大小应按具体情况与条件而定。有可能时,可设立试验车间,以不断研究与改进污水处理方法。辅助建筑物的位置应根据方便、安全等原则确定。如鼓风机房应设于曝气池附近以节省管道与动力;变电所宜设于耗电量大的构筑物附近等。化验室应远离机器间和污泥干化场,以保证良好的工作条件。办公室、化验室等均应与处理构筑物保持适当距离,并应位于处理构筑物的夏季主风向的上风向处。操作工人的值班室应尽量布置在使工人能够便于观察各处理构筑物运行情况的位置。

此外,处理厂内的道路应合理布置以方便运输;并应大力植树绿化以改善卫生条件。

应当指出在工艺设计计算时,就应考虑它和平面布置的关系,而在进行平面布置时,也可根据情况调整构筑物的数目,修改工艺设计。

总平面布置图可根据污水厂的规模采用 1:200~1:1000 比例尺的地形图绘制,常用的比例尺为 1:500。

图 18-2 为某市污水厂的平面布置图。主要构筑物有:格栅、曝气沉砂池、初次沉淀池、曝气池、二次沉淀池及回流污泥泵房等一些辅助建筑物。泵站设于厂外,湿污泥池设于厂外便于农民运输之处。

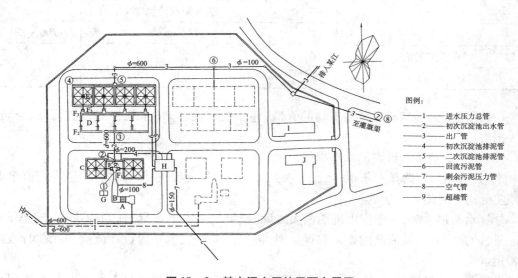

**图 18-2　某市污水厂的平面布置图**

该厂平面布置的特点是:布置整齐、紧凑。两期工程各自成系统,对设计与运行相互干扰较少。办公室等建筑物均位于常年主风向的上风向,且与处理构筑物有一定距离,卫生、工作条件较好。在污水流入初次沉淀池、曝气池与二次沉淀池时,先后经三次计量,为分析构筑物的运行情况创造了条件。利用构筑物本身的管渠设立超越管线,既节省了管道,运行又较灵活。

第二期工程预留地设在一期工程与厂前区之间,若二期工程改用别的工艺流程或另选池型时,在平面布置上将受一定限制。泵站与湿污泥池均设于厂外,管理不甚方便。此外,三次计量增加了水头损失。

## 二、污水处理厂的高程布置

污水处理厂高程布置的任务是:确定各处理构筑物和泵房等的标高,选定各连接管渠的尺寸并决定其标高。计算决定各部分的水面标高,以使污水能按处理流程在处理构筑物之间通畅地流动,保证污水处理厂的正常运行。

污水处理厂的水流常依靠重力流动,以减少运行费用。为此,必须精确计算其水头损失(初步设计或扩初设计时,精度要求可较低)。水头损失包括:

(1)水流流过各处理构筑物的水头损失,包括从进池到出池的所有水头损失在内;在作初步设计时可按表18-1估算。

表 18-1  处理构筑物的水头水损失

| 构筑物名称 | 水头损失/cm | 构筑物名称 | 水头损失/cm |
|---|---|---|---|
| 格栅 | 10 ~ 25 | 生物滤池(工作高度为2m时): | |
| 沉砂池 | 10 ~ 25 | | |
| 沉淀池:平流 | 20 ~ 40 | ①装有旋转式布水器 | 270 ~ 280 |
| 竖流 | 40 ~ 50 | ②装有固定喷洒布水器 | 450 ~ 475 |
| 辐流 | 50 ~ 60 | 混合池或接触池 | 10 ~ 30 |
| 双层沉淀池 | 10 ~ 20 | 污泥干化场 | 200 ~ 350 |
| 曝气池:污水潜流入池 | 25 ~ 50 | | |
| 污水跌水入池 | 50 ~ 150 | | |

(2)水流流过连接前后两构筑物的管道(包括配水设备)的水头损失,包括沿程与局部水头损失。

(3)水流流过量水设备的水头损失。

水力计算时,应选择一条距离最长、水头损失最大的流程进行计算,并应适当留有余地;以使实际运行时能有一定的灵活性。

计算水头损失时,一般应以近期最大流量(或泵的最大出水量)作为构筑物和管渠的设计流量,计算涉及远期流量的管渠和设备时,应以远期最大流量为设计流量,并酌加扩建时的备用水头。

设置终点泵站的污水处理厂,水力计算常以接受处理后污水水体的最高水位作为起点,逆污水处理流程向上倒推计算,以使处理后污水在洪水季节也能自流排出,而水泵需要的扬程则较小,运行费用也较低。但同时应考虑到构筑物的挖土深度不宜过大,以免土建投资过大和增加施工上的困难。还应考虑到因维修等原因需将池水放空而在高程上提出的要求。

在作高程布置时还应注意污水流程与污泥流程的配合,尽量减少需抽升的污泥量。污泥干化场、污泥浓缩池(湿污泥池),消化池等构筑物高程的决定,应注意它们的污泥水能自动排入污水管或其他构筑物的可能性。

在绘制总平面图的同时,应绘制污水与污泥的纵断面图或工艺流程图。绘制纵断面图时采用的比例尺:横向与总平面图同,纵向为 1:50～1:100。

现以图 18－2 所示的乙市污水处理厂为例说明高程计算过程。该厂初次沉淀池和二次沉淀池均为方形,周边均匀出水,曝气池为四座方形池,表面机械曝气器充氧,完全混合型,也可按推流式吸附再生法运行。污水在入初沉池、曝气池和二沉池之前;分别设立了薄壁计量堰($F_2$、$F_3$ 为矩形堰,堰宽 0.7m,$F_1$ 为梯形堰,底宽 0.5m)。该厂设计流量如下:

近期　　$Q_{Qvg} = 174L/s$　　　　远期　　$Q_{Qvg} = 348L/s$

　　　　$Q_{max} = 300L/s$　　　　　　　$Q_{max} = 600L/s$

回流污泥量以污水量的 100% 计算。

各构筑物间连接管渠的水力计算见表 18－2。

表 18－2　处理构筑物之间连接管道渠水力计算表

| 设计点编号 | 管渠名称 | 设计流量 (L/s) | 管渠设计参数 | | | | | |
|---|---|---|---|---|---|---|---|---|
| | | | 尺寸 $D$/mm 或 $B \times H$/m | $h/D$ | 水深 $h$/m | $i$ | 流速 $v$/ (m/s) | 长度 $l$/m |
| 1 | 2 | 3 | 4 | 5 | 6 | 7 | 8 | 9 |
| ⑧～⑦ | 出厂管入灌溉渠 | 600 | 1000 | 0.8 | 0.8 | | | |
| ⑦～⑥ | 出厂管 | 600 | 1000 | 0.8 | 0.8 | 0.001 | 1.01 | 390 |
| ⑥～⑤ | 出厂管 | 300 | 600 | 0.75 | 0.45 | 0.0035 | 1.37 | 100 |
| ⑤～④ | 沉淀池出水总渠 | 150 | 0.6×1.0 | | 0.35～0.25④ | | | 28 |
| ④～E | 沉淀池集水槽 | 75/2 | 0.30×0.53③ | | 0.38③ | | | 28 |
| E～$F_3'$ | 沉淀池入流管 | 150① | 450 | | | 0.0028 | 0.94 | 10 |
| $F_3'$～$F_3$ | 计量堰 | 150 | | | | | | |
| $F_3$～D | 曝气池出水总渠 | 600 | 0.84×1.0 | | 0.64～0.42 | | | 48 |
| | 曝气池集水槽 | 150 | 0.6×0.55 | 0.26⑤ | | | | |
| D～$F_2$ | 计量堰 | 300 | | | | | | |
| $F_2$～③ | 曝气池配水渠 | 300② | 0.84×0.85 | | 0.62～0.54 | | | |
| ③～② | 往曝气池配水渠 | 300 | 600 | | | 0.0024 | 1.07 | 27 |
| ②～C | 沉淀池出水总渠 | 150 | 0.6×1.0 | | 0.35～0.25 | | | 5 |
| | 沉淀池集水槽 | 150/2 | 0.35×0.53 | | 0.44 | | | 28 |
| C～$F_1$ | 沉淀池入流管 | 150 | 450 | | | 0.0028 | 0.94 | 11 |
| $F_1'$～$F_1$ | 计量堰 | 150 | | | | | | |
| $F_1$～① | 沉淀池配水渠 | 150 | 0.8×1.5 | | 0.48～0.46 | | | 3 |

①包括回流污泥量在内。

②按最不利条件,即推流式运行时,污水集中从一端入池计算。

③$B = 0.9 \left( 1.2 \dfrac{0.075}{2} \right)^{0.4} = 0.27m$,取 0.3m;$h_0 = 1.25 \times 0.3 = 0.38m$。

④出口处水深:$h_b = \sqrt[3]{(0.15 \times 1.5)^2/9.8 \times 0.6^2} = 0.25m$(1.5 为安全系数),起端水深可按巴克梅切夫的水力指数公式用试算法决定,得 $h_0 = 0.35m$。

⑤曝气池集水槽采用潜孔出流,此处 $h$ 为孔口至槽度高度(变为损失了的水头)。

处理后的污水排入农田灌溉渠道以供农田灌溉,农田不需水时排入某江。由于某江水位远低于渠道水位,故构筑物高程受灌溉渠水位控制,计算时,以灌溉渠水位作为起点,逆流程向上推算各水面标高。考虑到二次沉淀池挖土太深时不利于施工,故排水总管的管底标高与灌溉渠中的设计水位平接(跌水 0.8m)。

污水处理厂的设计地面高程为 50.00m。

高程计算中,沟管的沿程水头损失按表 2 所定的坡度计算,局部水头损失按流速水头的倍数计算。堰上水头按有关堰流公式计算,沉淀池、曝气池集水槽系底,且为均匀集水,自由跌水出流,故按下列公式计算:

$$B = 0.9Q^{0.4} \tag{18—2}$$
$$h_0 = 1.25B \tag{18—3}$$

式中,$Q$——集水槽设计流量,为确保安全,常对设计流量再乘以 1.2~1.5 的安全系数($m_3/s$);

$\quad$ $B$——集水槽宽,m;

$\quad$ $h_0$——集水槽起端水深,m。

高程计算如下:

| | 高程(m) |
|---|---|
| 灌溉渠道(点 8)水位 | 49.25 |
| 排水总管(点 7)水位 | |
| 跌水 0.8m | 50.05 |
| 窨井 6 后水位 | |
| 沿程损失 = 0.001 × 390 = 0.39m | 50.44 |
| 窨进 6 前水位 | |
| 管顶平接,两端水位差 0.05m | 50.49 |
| 二次沉淀池出水井水位 | |
| 沿程损失 = 0.0035 × 100 = 0.35m | 50.84 |
| 二次沉淀池出水总渠起端水位 | |
| 沿程损失 = 0.35 − 0.25 = 0.10m | 50.94 |
| 二次沉淀池中水位 | |
| 集水槽起端水深 = 0.38m | |
| 自由跌落 = 0.10m | |
| 堰上水头(计算或查表) = 0.02m | |
| 合计 $\quad$ 0.50m | 51.44 |
| 堰 $F_3$ 后水位 | |
| 沿程损失 = 0.0028 × 10 = 0.03m | |
| 局部损失 $= 6.0 \dfrac{0.94^2}{2g} = 0.28m$ | |
| 合计 $\quad$ 0.31m | 51.75 |
| 堰 $F_3$ 前水位 | |
| 堰上水头 = 0.26m | |
| 自由跌落 = 0.15m | |

| 合计 | 0.41m | 52.16 |

曝气池出水总渠起端水位

沿程损失 $= 0.64 - 0.42 = 0.22$m ... 52.38

曝气池中水位

集水槽中水位 $= 0.26$m ... 52.64

堰 $F_2$ 前水位

堰上水头 $= 0.38$m

自由跌落 $= 0.20$m

| 合计 | 0.58m | 53.22 |

点 3 水位

沿程损失 $= 0.62 - 0.54 = 0.08$m

局部损失 $= 5.85 \times \dfrac{0.69^2}{2g} = 0.14$m

| 合计 | 0.22m | 53.44 |

初次沉淀出水井(点2)水位

沿程损失 $= 0.0024 \times 27 = 0.07$m

局部损失 $= 2.46 \times \dfrac{1.07^2}{2g} = 0.15$m

| 合计 | 0.22m | 53.66 |

初次沉淀池中水位

出水总渠沿程损失 $= 0.35 - 0.25 = 0.10$m

集水槽起端水深 $= 0.44$m

自由跌落 $= 0.10$m

堰上水头 $= 0.03$m

| 合计 | 0.67m | 54.33 |

堰 $F_1$ 后水位

沿程损失 $= 0.0028 \times 11 = 0.04$m

局部损失 $= 6.0 \times \dfrac{0.94^2}{2g} = 0.28$m

| 合计 | 0.32m | 54.65 |

堰 $F_1$ 前水位

堰上水头 $= 0.30$m

自由跌落 $= 0.15$m

| 合计 | 0.45m | 55.10 |

沉砂池起端水位

沿程损失 $= 0.48 - 0.46 = 0.02$m

沉砂池出口局部损失 $= 0.05$m

沉砂池中水头损失 $= 0.02$m

| 合计 | 0.27m | 55.37 |

格栅前(A 点)水位

过栅水头损失 0.15m                                  55.52m

总水头损失 6.27m

上述计算中,沉淀池集水槽中的水头损失由堰上水头、自由跌落和槽起端水深 3 部分组成,计算结果表明:终点泵站应将污水提升至标高 55.52m 处才能满足流程的水力要求。根据计算结果绘制了流程图,见图 18 - 3。

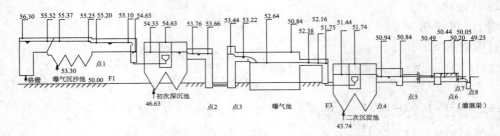

**图 18 - 3   B 市污水处理厂污水处理流程高程布置图**

从图 18 - 3 及上述高程计算结果可见,整个污水处理流程,从栅前水位 55.52m,开始到排放点(灌溉渠水位)49.25m,全部水头损失为 6.27m,这是比较高的。应考虑降低其水头损失。从另一方面看,这一处理系统,在降低水头损失,节省能量方面,是有潜力可挖的。

该系统所采用的初次沉淀池、二次沉淀池,在形式上都是不带刮泥设备的多斗辐流式沉淀池,而且都是用配水井进行配水。曝气池采用的是 4 座完全混合型曝气池,而且污水由初次沉淀池采用的是水头损失较大的倒虹管进入曝气池。

初次沉淀池进水处的标高为 54.33m,二次沉淀池出水处的标高为 50.84m,这一区段的水头损失为 3.49m,为整个系统水头损失的 56%。如将初次沉淀池和二次沉淀池都改用平流式,曝气池也改为廊道式的推流式。而且将初次沉淀池—曝气池—二次沉淀池这一区段直接串联联接,中间不用配水井,采用相同的宽度,这一措施将大大地降低水头损失。

经粗略估算,这一区段的水头损失可降至 1.4m 左右,可将水头损失降低 2.09m,这样,整个系统的水头损失能够降至 4.18m,这样能够显著地节省能量,降低运行成本,这是完全可行的。

**某污水处理厂污泥高程的设计**

(1)设计原则

①高程计算从控制点开始,一般从污泥脱水反推至消化池的最高泥面标高,然后从沉淀池推算到消化前污泥投配池的最低泥位标高,最后确定污泥控制室污泥泵所需的扬程。

②污泥管道的水头损失 $h_f$(m)

$$h_f = 2.49 \left( \frac{L}{D^{117}} \right) \left( \frac{v}{C_H} \right)^{1.85}$$

式中,$L$——管长,m;

$D$——管径,m;

$v$——污泥流速,m/s;

$C_H$——哈森威廉姆斯系数。

③二级消化池的泥面标高是撇去上清液的泥面标高,而不是正常运行时的池内泥面标高。

（2）设计计算

①二沉池排出的剩余污泥由污泥泵站打入初沉池。

②初沉池污泥重力流入污泥投配池的水头损失 $h_f$（管长 $L = 300m$，管径 $D = 0.3m$，流速 $v = 1.5m/s$）。

$$h_f = 2.49\left(\frac{150}{0.3^{117}}\right)\left(\frac{1.5}{71}\right)^{1.85} = 1.2m$$

初沉池至投配池的污泥排出自由水头取 1.5m。

则进投配池进泥管道中心标高为：

$$6.7 - (1.20 + 1.50) = 4.0m$$

③投配池污泥有效水深为 2.0m，则投配池最低泥位标高为 2.0m。

④由河中运泥船的最高标高确定贮泥池排泥管管中心标高为 3.0m。

⑤贮泥池有效水深取 2.0m，则贮泥池泥面标高为 5.0m。

⑥消化池至贮泥池的水头损失 $h_f$：铸铁管长 $L = 70m$，管径 $D = 200mm$，管内流速 $v = 1.5m/s$，所以有

$$h_f = 2.49\left(\frac{70}{0.2^{117}}\right)\left(\frac{1.5}{32}\right) = 1.20m$$

消化池排至贮泥池的自由水头取 1.5m。

消化池采用间歇排泥运行方式，一次排泥后泥面下降 0.5m，所以排泥结束时消化池内泥面标高为 $3.0 + 2.0 + 0.1 + 1.2 + 1.5 = 7.8m$。

式中，0.1 为进贮泥池的管道半径，即贮泥池设计泥面与进泥管管底相平。

开始排泥时泥面标高：$7.8 + 0.5 = 8.3m$

⑦据以上计算结果，该厂污泥处理流程的高程图如图 18-4。

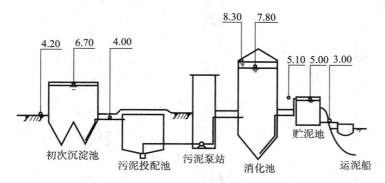

图 18-4　污泥处理流程高程布置图（单位 m）

# 第四篇　建筑给排水工程

# 概　　论

《建筑给排水工程》是一门专业技术课程。主要介绍建筑内部给水、排水、热水供应和与之密切联系的消防给水的设计原理、设计方法以及安装和管理方面的基本知识和技术。

## 一、地位

（1）建筑给排水是给水排水中不可缺少而又独具特色的组成部分。与城镇给水排水、工业给水排水并列组成完整的给排水体系。

（2）建筑给排水又是建筑物的有机组成部分。它和建筑学、建筑结构、建筑采暖与通风、建筑电气、建筑燃气等工程构成可供使用的建筑物整体，建筑给排水满足人们舒适的卫生条件、保障生产的运行、保障人民的生命财产的安全。一般说来，建筑给排水的完善程度是建筑标准等级的重要标志之一。

## 二、发展

我国建筑给水排水自中华人民共和国成立以来大致经历了三个发展阶段：

**1. 房屋卫生技术设备阶段，简称房卫阶段。**

即 1949 年～1964 年，《室内给水排水和热水供应设计规范》被批准为全国通用的部颁试行标准。在这一阶段中，我国开始设置给水排水专业，房屋卫生技术设备被确定为一门独立的专业课程。第一代通过专业培养的建筑给水排水专业技术人员走上工作岗位，开始形成自己的专业队伍。全国性专业基础业务建设的主要内容，如：设计规范、设计手册、标准图集等陆续编制并公布施行。

**2. 室内给水排水和热水供应阶段，简称室内给水排水阶段。**

即 1964 年～1986 年，《建筑给排水设计规范》审查通过为国家标准。在这一阶段中，通过许多工程实践，对以往机械搬用国外经验并造成的某些失误进行了认真的总结，并在总结经验的基础上，在建筑给水排水范畴内开始形成和确立我国独自的技术体系。总结的比较典型课题如：建筑排水通气系统忽视通气管功能问题；生活给水管道设计秒流量计算公式不符合国情，计算结果偏小问题；大面积厂房屋面雨水内排水系统的检查井冒水和天窗溢水等问题。

**3. 建筑给水排水阶段。**

1986 年以后，建筑给水排水专业迅速发展，并显示以下几方面的特点：

（1）在规划、设计、施工、安装管理方面，经过专业培训，从事专业工作的技术队伍已经有了几十年的实践工作经验，积累了正反两方面的经验。

（2）在技术方面：以高层建筑给水排水为代表的建筑给水排水技术迅速发展，而且在节水节能、防水质回流污染、给水方式、给水分区、防水锤措施、水泵的隔震技术、新型卫生器具研制、给水流量计算、气压给水技术、水景工程技术、游泳池水处理、通气管系统、新型管材的应用,建筑中水技术,生活污水局部处理,医院污水处理,矿泉水、饮料水制备等方面都有所发展,在自动喷水灭火系统和卤代烷灭火系统等发面,更有明显的发展。

(3)在组织方面:全国性的建筑给水排水组织先后成立,如1986年全国建筑给水排水工程标准技术委员会,1987年中国土木工程学会给水排水学会建筑给水排水委员会。

## 三、内容组成

就目前情况,建筑给水排水由5部分组成:

**1. 建筑内部给水排水**

建筑内部给水排水是建筑给水排水的主体和基础,它又可分为:

(1)建筑内部给水  任务是将室外城市给水管网的水按照建筑物、生活、生产、消防的需要合理地分配到用水点。

(2)建筑内部排水  任务就是建筑内部生活和生产过程中所产生的污水及时地排到室外排水系统中去,根据污水的性质、浓度、流量以及室外排水管网和处理设施的情况确定排放方式和处理方法。

(3)热水供应  主要是将冷水在加热设备(锅炉或水加热器)内集中加热,用管道输送到室内各用水点,以满足生产和生活中使用热水的需要。

(4)层面排水  任务是将降落在屋面的雨水及时排除,根据建筑物的类型,建筑物结构形式,屋面面积大小,当地气候条件及生产生活的要求,经过技术经济比较来选择排除方式。

因其管网内水流具有重力——压力流特性,且因大气降水的不可控制性,与建筑内部排水不尽相同。

建筑内部给水排水与建筑小区给水排水的分界,以建筑物的给水引入管的阀门井或水表井为界,排水以排出建筑物的排水检查井为界。

**2. 建筑消防**

有室外、室内之分。两者在消防用水量的贮存、消防水压的保证等方面关系密切。但不宜分别列入建筑内部给水和建筑小区给水,因而合并为独立的建筑消防给水。

除了以水作为主要灭火介质以外,还有蒸汽灭火、二氧化碳灭火、卤代烷气体灭火、泡沫灭火、干粉灭火等,也远非消防给水所能包括。

**3. 建筑小区给水排水**

小区给水排水介于建筑内部给水排水和城镇给水排水之间,从某种意义上,建筑小区是单幢建筑的扩大,又是城镇的缩小,建筑小区与单幢建筑物、城镇之间既有相同、相通之处,又与它们有区别。将建筑小区给水排水划归建筑给水排水有利于结束小区给水排水技术工作不统一、无章可循的局面。在给水流量计算和给水方式等方面,建筑小区给水排水和建筑内部给水排水有更多的共同点。

**4. 建筑水处理**

建筑水处理系指与建筑密切相关,以生活用水和生活污水、废水为主要处理对象的水处理。具有规模小、就近设置、局部处理等特点。它既不完全属于建筑内部给水排水,也不完全属于建筑小区给水排水。

按处理性质,可分为建筑给水处理、建筑污水处理、建筑中水处理和建筑循环水处理。已纳入建筑给水排水设计规范的有局部污水处理(化粪池、隔油池、降温池);医院污水处理;

游泳池和喷水池水循环处理;热水供应水质软化处理等都属于建筑水处理范畴。

　　从处理方法看,建筑水处理和工业水处理、城镇水处理,在处理流程、处理构筑物设置等方面有不少共同之处,它们之间的主要区别在于处理对象、处理规模、处理目的、处理地点和处理深度的不同。

**5.特殊建筑给水排水**

　　特殊建筑给水排水,有的因地区特殊,如地震区;有的建筑用途特殊,如大会堂;有的因水质标准特殊,如游泳池;有的使用方式特殊,如循环处理。

　　综上所述,建筑给水排水的体系如下:

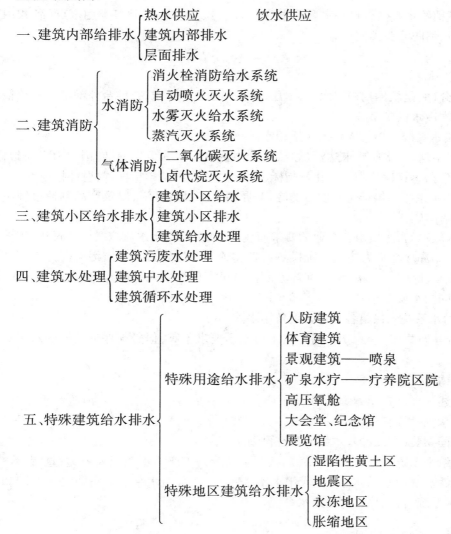

建筑内部给水

一、建筑内部给排水 {
　热水供应　　　　饮水供应
　建筑内部排水
　层面排水

二、建筑消防 {
　水消防 {
　　消火栓消防给水系统
　　自动喷火灭火系统
　　水雾灭火给水系统
　　蒸汽灭火系统
　气体消防 {
　　二氧化碳灭火系统
　　卤代烷灭火系统

三、建筑小区给水排水 {
　建筑小区给水
　建筑小区排水
　建筑给水处理

四、建筑水处理 {
　建筑污废水处理
　建筑中水处理
　建筑循环水处理

五、特殊建筑给水排水 {
　特殊用途给水排水 {
　　人防建筑
　　体育建筑
　　景观建筑——喷泉
　　矿泉水疗——疗养院区院
　　高压氧舱
　　大会堂、纪念馆
　　展览馆
　特殊地区建筑给水排水 {
　　湿陷性黄土区
　　地震区
　　永冻地区
　　胀缩地区

# 第十九章　建筑内部给水系统

## 第一节　建筑内部系统的分类和组成

任务:将城镇给水管网或自备水源给水管网的水引入室内,送到各类用水点(各式用水龙头、生产设备、消防龙头等)。

### 一、分类

**1.按用途分**(它是根据用户对水质、水压、水量和水温的要求,并结合外部给水系统情况进行划分的基本冷水供应系统):

(1)生活给水系统　供给人们的生活用水。

特点:用水不均匀,水质要求达标(水质符合生活饮用水为卫生标准,国内 102 项指标,项目标准主要包括感官性状和一般化学指标、毒理学指标、细菌学指标、放射性指标)。

(2)生产给水系统　供给生产设备的冷却,原料和产品的洗涤,以及产品制造过程中的生产用水。

特点:用水较均匀,水质由各企业的要求而变(比如生产用水水质应按生产过程、工艺设备的要求确定;循环冷却水为防止系统换热设备腐蚀和污垢热阻及水质污染等方面综合考虑,其水质标准从浊度、电导率、酸碱度等方面都有极限值的要求;其他的如直流冷却水、锅炉用水都有不同的水质要求)。

(3)消防给水系统　供给各类消防设备用水。

特点:保证建筑物安全的要求(消防用水对水质要求不高,但必须保证足够的水量和水压)。

**2.根据具体情况:**

有时将上述三种基本给水系统或其中两种合并变成:生活—生产—消防给水系统;生活—消防给水系统;生产—消防给水系统。

**3.根据不同需要**(将三种基本给水系统再划分):

如把生活给水系统划分为:饮水系统、杂用水系统。生产给水系统划分为:直流给水系统、循环给水系统、复用水给水系统、软化水给水系统、纯水给水系统。消防给水系统划分为:消火栓给水系统、自动喷水灭火给水系统。

### 二、给水系统的组成

(1)引入管　自室外给水管将水引入室内的管段,也称进户管。对于单栋建筑物来说,是室内外的联络管段;对于建筑群来说,是总进水管,一般的用一条,要求高的用两条。

(2)水表节点　安装在引入管上的水表及前后设施的阀门和泄水装置的总称。

①水表的选用　目前应用较多的是流速式水表,流速式水表按叶轮转轴和水流方向的夹角可分为旋翼式水表和螺翼式水表。一般情况下,当公称直径小于等于50mm时,采用旋翼式水表,螺纹连接;公称直径大于50mm时,采用螺翼式水表,法兰连接。

②公称直径的确定　用水均匀时,按设计秒流量不超过水表的额定流量确定水表的公称直径;用水不均匀时,按设计秒流量不大于水表最大流量确定;新建住宅的分户水表,其公称直径一般可采用15mm旋翼式水表。

③水表的安装　水表应安装在便于检修和读数,不受暴晒、冻结、污染和机械损伤的地方;螺翼式水表得上游侧应保证长度为8~10倍水表公称直径的直管段,其他类型水表前后应有不小于300mm的直管段;水表应水平安装;对于生活、生产、消防合一的给水系统,如只有一条引入管,应绕水表安装旁通管;水表前后和旁通管上均应装设检修阀门,水表与表后阀门间应装设泄水装置,住宅中的分户水表其表后阀门和泄水阀可不设。

(3)管道系统　包括干管、立管和支管。

(4)配水装置和用水设备　各类卫生器具、用水设备和生产、消防等用水设备。

(5)给水附件

①控制附件　如各种阀门,它们在管道系统中调节水量、水压、控制水流方向以及方便抢修。

②调节附件　如各种龙头。

(6)增压和贮水设备　在室外给水管网压力不足或建筑内部对安全供水、水压稳定有要求时,设置的如水箱、水泵、气压装置、水池等升压和贮水设备。

# 第二节　建筑内部给水系统所需要的压力及给水方式

## 一、建筑内部给水系统所需的压力 $H$

**1. 确定最不利配水点**

在计算建筑内部给水管网所需水压时,选择若干个较不利的配水点进行水利计算,经比较后确定最不利处配水点,以保证所有配水点的水压要求。

**2. 建筑内部给水系统所需的压力**

(1)计算法(设计流量送至建筑内部最不利点)

$$H = H_1 + H_2 + H_3 + H_4 + H_5 \qquad (19—1)$$

式中,$H_1$——最不利点与引入管起点的几何高差,$mH_2O$;

$H_2$——管道中的沿程和局部水头损失之和,$mH_2O$;

$H_3$——水表的水头损失,$mH_2O$;

$H_4$——流出水头(最不利点的额定压力值),$mH_2O$。

$H_5$——为不可预见因素留有余地而予以考虑的富裕水头,通常取1~3$mH_2O$,一般按2$mH_2O$计。

$H$与室外给水管网能保证的水压$H_0$有较大差别时,应对建筑内部给水管网的某些管段的管径做适当调整。当$H < H_0$时,为充分利用室外管网水压,在流速允许范围内缩小某些管段的管径。当$H > H_0$,但相差不大时,为避免设置局部升压设置,可适当放大某些管段的管径,以减少管网水头损失。

注:$mH_2O$ 是非法定计量单位,$1mH_2O = 9.80665kPa$。

(2)经验法

按建筑层数确定居住区生活给水管网的最小服务水头,见表 19 - 1 所示。

**表 19 - 1　不同楼层所需最小服务水头**

| 楼层数 | 1 | 2 | 3 | 4 | 5 | 6 | 二层以上,每增高一层, |
|---|---|---|---|---|---|---|---|
| 所需水压($mH_2O$) | 10 | 12 | 16 | 20 | 24 | 28 | 服务水头增加 $4mH_2O$。 |

注:①适用住宅类建筑;

　　②水压从室外地面算起。

## 二、给水方式

建筑给水系统的给水方式即是室内的供水方案。合理的供水方案,应根据建筑物的高度,室外管网所能提供的水压和工作情况,各种卫生器具,生产机组所需的压力,室内消防所需的设备程度及用水点的分布情况加以选择,并最终取决于室内给水系统所需之总水压和室外给水管网所具有的资用水头(服务水头)$H_0$ 的关系。

$H_0$:室外管网到建筑物的自由水压。

当 $H_0 > H$ 时,表明室外给水管网水压满足建筑给水系统所需水压要求。

当 $H_0 < H$ 时,表明室外给水管网水压不能满足建筑给水系统所需水压,此时需设置升压设备。

**1. 直接给水方式($H_0 > H$ 的情况下使用)**

此种方式适用范围为一天中的任何时候,城市管网的压力都能满足用水要求,室内给水无特殊要求的单层建筑和多层建筑。此方式与外部管网直连,利用外网水压供水,而且当外网水压超过允许值时应设置减压装置,见图 19 - 1 所示。采用直接给水方式供水比较可靠,系统简单,投资省,安装维护简单;可充分利用外网水压,节约能源;但系统内部无贮水设备,当外网停水时,内部立即断水。

**2. 设水箱的给水方式**

设水箱的给水方式通常在外网水压 $H_0$ 周期不足,室内要求水压稳定及外网压力过高而需要减压的用户的多层建筑中使用。室内与外网直连并利用外网压供水,同时设高位水箱调节流量和压力,其布置形式见图 19 - 2(a、b)所示。此种供水方式供水较可靠,系统较简单,投资较省,安装维护简单,可充分利用外网水压,节省能源和水泵设备,但需设置高位水箱,增加结构荷载,假若图 19 - 2(b)中水箱容量不足,可造成上下层同时停水。

**3. 设水箱和水泵的联合给水方式**

当 $H_0$ 低于或经常不能满足 $H$,且外网允许直接抽水,室内用水不均匀的多层建筑可以采用设水箱和水泵的联合给水方式,见图 19 - 3,水泵自外网直接抽水加压,并利用高位水箱调节流量,在外网压力高时也可直接供水。此方式供水安全性高,能利用外网水压,节省能源;水泵恒速运行;安装维修麻烦,投资大,有水泵震动和噪声干扰;设高位水箱,增加荷载。

**4. 设水泵的给水方式**

当 $H_0$ 经常不满足室内的水压要求,且用水量较大又均匀的生产车间及用水量较大,用

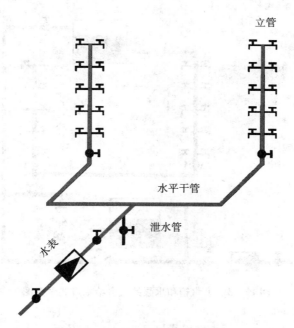

图 19 – 1　直接给水方式示意图

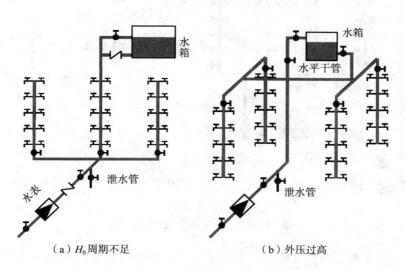

（a）$H_0$ 周期不足　　　　　　（b）外压过高

图 19 – 2　设水箱的给水方式示意图

水不均匀的多层建筑中可采取设水泵的给水方式,见图 19 – 4(a、b)所示。

　　当室外水压经常不足,用水较均匀,且不允许直接从管网抽水时可以采用(a);室外给水管网的水压经常不足时可采用(b)。为了充分利用室外管网压力,节省电能,当建筑内部用水量大且较均匀时,可恒速水泵供水;当用水不均匀时,采用变速泵;当外网 $H_0 > H$ 时,由外网直接供水。

**5. 分区给水方式**

　　当外网压力 $H_0 < H$,但 $H_0$ 可以满足建筑下面几层的多层建筑时可采用分区给水方式,见

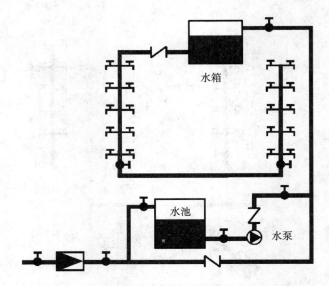

**图 19 - 3  设水箱和水泵的联合给水方式示意图**

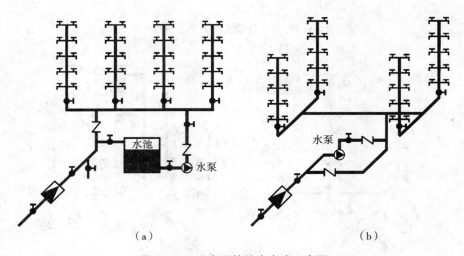

（a）                                （b）

**图 19 - 4  设水泵的给水方式示意图**

图 19 - 5 所示。室外给水管水压线以下的下层用户由外网直接供水，上层利用水泵及水箱来调节流量。这种供水方式供水可靠，充分利用 $H_0$ 节约能源，但安装麻烦，投资较大，有水泵震动及噪声干扰，同时维护相对复杂。

## 三、建筑给水系统的管路图式

### 1. 按水平配水干管的设置位置

（1）下行上给式    如直接供水方式，见图 19 - 6 所示。

下行上给式给水系统水平配水干管设在底层（明装、埋设或沟槽）或地下天花板下，通常在居住建筑、公共建筑在直接利用外网水压直接供水时采用，采用此种方式构造简单，特别是明装时便于维修，而对于埋地管道检修不便。

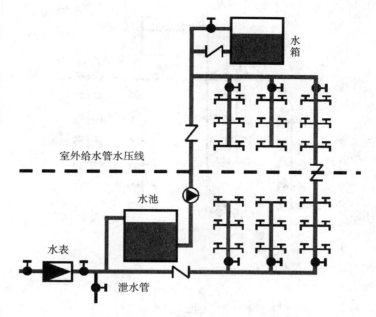

图 19 - 5  分区给水方式示意图

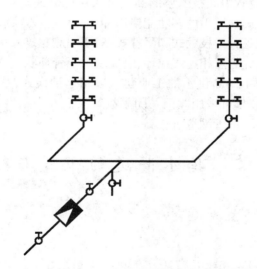

图 19 - 6  下行上给式示意图

（2）上行下给式  如设高位水箱供水方式,见图 19 - 7 所示。

上行下给式给水系统水平配水干管铺设在顶层天花板下,或吊顶之内,对于非冰冻地区,也有设在屋顶上的,对于高层建筑,也可设在夹层内。通常在设有高位水箱的居住,公共建筑,机械设备,地下管线较多的厂房中多采用。与下行上给相比,最高层配水点流出水头稍高,安装在吊顶内的配水干管可能因漏水或结露损坏吊顶或墙面,要求外网水压高一些,管材消耗多一些。

（3）中分式

中分式给水系统水平干管设在中间层,一部分是下行上给,一部分上行下给。通常屋顶

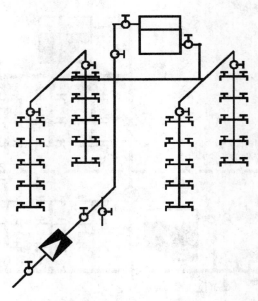

图 19 – 7　上行下给式示意图

多用作露天茶座、舞厅或设有中间技术层的高层多采用此方式。管道安装在技术层内便于维修,有利于管道排气;不影响屋顶的多功能使用;但需设置技术层或增加中间层的层高。

**2. 按供水安全可靠度可分为枝状式和网状式,对于一般建筑采用枝状式。**

水平配水干管或配水立管互相连接成环,组成水平干管环状或立管环状。在高层建筑、大型公共建筑和工艺要求不间断供水的工业建筑采用这种模式,消防管网也采用此方式。采用网状式任何管段事故时,可采用阀门关闭事故管段而不中断供水,水流通畅,水头损失小,水质不易因滞流而变质,但管网造价较高。

# 第三节　给水管道的布置与敷设

## 一、给水管道的布置

**基本要求**

(1)满足最佳水力条件　给水管布置力求短直;充分利用 $H_0$;引入管设在用水量最大处或不允许间断供水处;室内干管靠近用水量最大处或不允许间断供水处。

(2)满足维修及美观要求　管道应尽量沿墙、梁、柱直线布置;对美观要求高的,管道可暗设;为便于维修,管井设检修门;应有足够的空间拆换附件;引入管应有不小于 0.003 的坡度向室外或阀门井、水表井,方便检修时排水。

(3)保证生产及使用安全　管道位置不妨碍生产操作,交通运输和建筑物的使用;不得布置在遇水能引起燃烧、爆炸的原料、产品和设备上,避免在生产设备上通过;不得穿越橱窗、民用建筑的壁橱及木装修;对不允许间断供水的车间及建筑物,引入管应设置两条,并从室外不同处引入,见图 19 – 8 所示。

(4)保护管道不受损坏　应避免布置在受重物压坏处,不得穿越生产设备基础,如必须

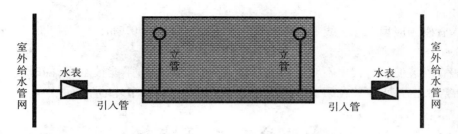

**图 19 - 8　引入管布置示意图**

穿越,应与有关专业协商;不得设在排水沟、烟道、风道内,不得穿过大便槽、小便槽;引入管与排出管间距不小于 1.0m;给水管与排出管平行或交叉时最小距离分别为 0.05m 和 0.15m,给水横管有 0.002 ~ 0.005 的泄水坡降;穿越楼板时,预留孔洞,避免打凿,一般大于管 50 ~ 100mm;穿越承重墙处预留洞口,且上部净高不得小于沉降量,一般大于 0.1m,过铁路设套管,不宜穿过伸缩缝、抗震、沉降缝。

## 二、管道敷设

**1. 敷设形式**

按美观与卫生要求分明装和暗装两种形式,其中明装对卫生美观要求不太高,暴露敷设。造价低,施工维护方便。暗装对卫生美观要求较高,美观整洁,但投资较大,维护不便,暗装管道在墙中敷设时,应预留墙槽。

**2. 敷设要求**

(1)引入管

①预留孔　给水横管穿过承重墙或基础、立管穿过楼板时均要预留孔洞。引入管进入建筑内,穿过建筑物的浅层基础或穿过承重墙或基础时的敷设方法见图 19 - 9 所示。

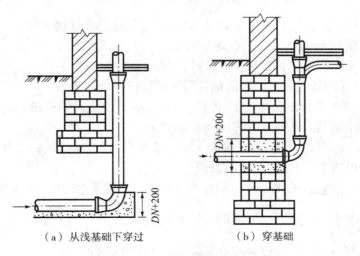

（a）从浅基础下穿过　　　（b）穿基础

**图 19 - 9　引入管进建筑物示意图**

$H >$ 沉降量,且必要时加套管,若地下水位高要做防水套管。

②标高

引入管管顶应埋在冰冻线下 0.2m，同时最小覆土厚度为 0.7m，若无荷载时 0.3m。

（2）水表

水表在安装使用过程中不能受机械损坏；不能冰冻损坏；不能被水淹；同时应考虑抄表方便，通常在北方，水表装在第一道承重墙内，在南方，可放在室外的水表井中。

# 第四节　水质防护

虽然送到小区和建筑物的给水水质符合"生活饮用水卫生标准"，但在小区和建筑物内的给水系统设计、施工和维护管理不当时，仍有造成水质被污染的可能。

## 一、水质被污染的原因

水质被污染的原因如下：

（1）与水接触的材料不当（有毒物质易溶于水中，直接污染水质）；

（2）水在贮存设备中停留时间过长（水中余氯耗尽，随着微生物的生长繁殖，水质变坏）；

（3）贮水池的入孔、通气管、溢流管等构造不合理；

（4）溢流排污管与市政排水管道连接不妥造成倒灌，饮用水非饮用水管道及用水设备的连接不合理。

## 二、贮水池、水箱的防水质污染

1.贮水池、水箱设置位置应满足要求：

（1）贮水池设在室外地下时，距污染源构筑物不小于 10m，设在室内时，不应在有污染源的房间的下面；

（2）非饮用水管道不得在贮水池、水箱中穿过，也不能将非饮用水接入；

（3）设置水箱、水池的房间内应有良好的通风条件。

2.贮水池和水箱的本体材料和表面材料，不得影响水质卫生。

3.贮水池、水箱的入孔、通气管、溢流排污管的设置应满足要求。

（1）入孔盖、通气管应能防止尘土、雨水、昆虫等有碍卫生的物质进入，入孔盖应是带锁的密封盖。地下水池的入孔凸台应高出地面 0.15m。

（2）地下贮水池的溢流排污管只能排入市政排水系统时，在接入检查井前，应设有空气隔断及防止倒灌的措施（可选用防逆水封阀）。

（3）虽不能产生倒灌，水池及水箱的溢流排污管应与排水系统设计成断流排水。

## 三、水在设备中贮存停留时间过长时的防水质污染

水在设备中贮存停留时间过长时防水质污染的措施如下：

（1）贮水池中的消防用水容积过大时，仅靠生活用水不能更新，应采取补充加气和其他灭菌措施。

（2）贮水池及水箱的进出水管，应采取相对的方向进出。

（3）在生活及消防合流的给水系统中,对独立的消防立管,应考虑设置定期排空措施。

## 四、生活饮用水管道敷设中的防水质污染

生活饮用水管道敷设中防水质污染的要求如下:

（1）不得在有毒物质及污水处理构筑物的污染区域内敷设。

（2）不得在大便槽、小便槽、污水沟内敷设。

（3）建筑物生活饮用水的引入管与污水排出管的水平净距不小于1m。

（4）生活饮用水管在堆放及操作安装中,应避免外界的污染,验收前应清洗和封闭。

## 五、防止混接造成回流水质污染

（1）生活饮用水管道不得与非饮用水管道连接,如必须连接时,应同时满足下列要求:

①应保证生活饮用水管道的水压高于其他管道内的水压。

②在连接处设置防污空气隔断阀,或在连接处设两个止回阀并在中间加排水口。

（2）生活饮用水管道在与加热器连接时,应有防止热水回流使饮用水升温的措施。

（3）生活饮用水的配水管出口,不允许被任何液体或杂质掩埋。

（4）生活饮用水管道严禁与大便器直接相连。

（5）接至卫生器具及用水设备的生活饮用水配水出口,应高出该器具及设备的溢流水位,其隔断间隙,不应小于2.5d。

# 第二十章　建筑内部给水系统的计算

建筑内部给水系统的计算是在完成给水管线布置,给出管道轴测图后进行的。

计算内容:1. 确定各管段的管径。

2. 各管段的水头损失(进而确定给水系统所需的压力)。

## 第一节　建筑用水情况和用水定额

用水定额是指用水对象单位时间内所需用水量的规定数值,是确定建筑物设计用水量的主要参数之一。其数值是在对各类用水对象的实际耗用水量进行多年实测的基础上,经过分析,并且考虑国家目前的经济状况以及发展趋势等综合因素而制定的,以作为工程设计时必须遵守的规范。合理选择用水定额关系到给排水工程的规模和工程投资。

### 一、生产用水

生产用水量的大小取决于生产工艺,生产产品和设备等。

计量方法:1. 用水单位数,即单位产品消耗水量(t/d)。

2. 单位设备单位时间消耗水量[t/(设备·d)]。

### 二、消防用水

按照国家规范,消防用水量大而集中,与建筑物的使用性质、规模、耐火等级和火灾危险程度等有关,为保证灭火效果,建筑内消防水量应按需要同时开启的消防用水灭火设备用水量之和计算。

### 三、生活用水

决定于卫生设备的完善程度、气候条件、生活习惯等。一般来说,生活用水不均匀、无规律,卫生设备越多,用水越均匀。

最高日用水量的计算

$$Q_d = m q_d \tag{20—1}$$

最高日平均时用水量

$$Q_p = Q_d / T \tag{20—2}$$

因 $k_h = Q_h / Q_p$,得 $Q_h = k_h \cdot Q_p$ (20—3)

式中,$Q_d$——最高日用水量,L/d;

$m$——用水单位数,人或床位数等,工业企业为每班人数;

$q_d$——最高日生活用水定额,L/(人·d),L/(床·d)或 L/(人·班);

$Q_p$——平均小时用水量,L/h;

$T$——建筑物的用水时间,工业企业为每班用水时间,h;

$k_h$——小时变化系数;

$Q_h$——最大小时用水量,L/h。

# 第二节　设计秒流量

为保证建筑内部用水,生活给水管道的设计流量,应为建筑内部,卫生器具按最不利情况组合出流时的最大瞬时流量,又称为设计秒流量。

生活用水与用水的实际情况有关,一般有工业生活用水、住宅生活用水和公共建筑用水。

按建筑用水特点,计算方法有两种:

1.按卫生器具同时作用系数,求设计秒流量。(针对用水时间集中,设备使用集中,不同类型卫生器材最大用水量之和只是一种极限情况,不能同时发生)见式(20—4)。

$$q_g = \sum n_0 \cdot q_0 \cdot b \tag{20—4}$$

式中,$q_g$——计算管段的给水设计秒流量,L/s;

$q_0$——同一类型的1个卫生器具给水额定流量,L/s;

$n_0$——同类型卫生器具数;

$b$——卫生器具的同时给水百分数,按设计手册确定。

适用:宿舍(Ⅰ、Ⅱ类)、工业企业生活间类、公共浴池、实验室、影剧院、洗衣房、公共食堂、体育场等建筑。

2.按建筑生活用水的秒不均匀系数确定,也可称当量法(用水时间长,用水设备使用不集中)。

方法就是:以安装在污水盆上的,支管直径为15mm的配水龙头的额定流量(0.2L/s)为一个当量,其他卫生器具给水额定流量对它的比值,为该卫生器具的当量值。然后,不同类型的给水卫生器具的流量进行折算,见式(20—5)。

$$q_g = 0.2\alpha\sqrt{N_g} \tag{20—5}$$

式中,$q_g$——计算管段的给水设计秒流量,L/s;

$N_g$——计算管段的卫生器具给水当量总数,见设计手册;

$\alpha$——根据建筑用途而定系数。

注意:

(1)如果计算值小于干管上最大卫生器具的给水额定流量,采用最大卫生器具的给水额定流量为设计流量;

(2)如果计算值大于该计算管段上所有卫生器具给水额定流量的叠加,以叠加值为设计流量;

(3)综合建筑时,$\alpha$采用加权平均计算

$$\alpha = (\alpha_1 N_1 + \alpha_2 N_2 + \alpha_3 N_3 + \cdots\cdots + \alpha_n N_n)/N_g \tag{20—6}$$

(4)当装设大便器有自闭式冲洗阀时,计算管段设计秒流量为:

$$q_g = 0.2\alpha\sqrt{N_g} + 1.2(大便器自闭式冲洗阀的额定流量) \tag{20—7}$$

3. 住宅建筑的生活给水管道的设计秒流量,应按下列步骤和方法计算:

(1)根据住宅配置的卫生器具给水当量、使用人数、用水定额、使用时数及小时变化系数,可按式(20—8)计算出最大用水时卫生器具给水当量平均出流概率:

$$u_o = \frac{100q_o m K_h}{0.2 \cdot N_g \cdot T \cdot 3600}(\%) \qquad (20—8)$$

式中,$u_o$——生活给水管道的最大用水时卫生器具给水当量平均出流概率,%;

$q_o$——最高用水日的用水定额,L/s;

$m$——每户用水人数;

$K_h$——小时变化系数;

$N_g$——每户设置的卫生器具给水当量数;

$T$——用水时数,h;

0.2——一个卫生器具给水当量的额定流量,L/s。

(2)根据计算管段上的卫生器具给水当量总数,可按式(20—9)计算得出该管段的卫生器具给水当量的同时出流概率:

$$u = 100 \frac{1 + \alpha_c(N_g - 1)^{0.49}}{\sqrt{N_g}}(\%) \qquad (20—9)$$

式中,$u$——计算管段的卫生器具给水当量同时出流概率,%;

$\alpha_c$——对应于不同 $u_o$ 的系数;

$N_g$——计算管段的卫生器具给水当量总数。

(3)根据计算管段上的卫生器具给水当量同时出流概率,可按式(20—10)计算该管段的设计秒流量:

$$q_g = 0.2 \cdot U \cdot N_g \qquad (20—10)$$

式中,$q_g$——计算管段的设计秒流量,L/s。

(4)给水干管有两条或两条以上具有不同最大用水时卫生器具给水当量平均出流概率的给水支管时,该管段的最大用水时卫生器具给水当量平均出流概率应按式(20—11)计算:

$$\bar{u}_o = \frac{\sum u_{oi} N_{gi}}{\sum N_{gi}} \qquad (20—11)$$

式中,$\bar{u}_o$——给水干管的卫生器具给水当量平均出流概率;

$u_{oi}$——支管的最大用水时卫生器具给水当量平均出流概率;

$N_{gi}$——相应支管的卫生器具给水当量总数。

# 第三节　给水管网水力计算

计算目的:

1. 确定给水管网各管段的直径。

2. 求管段的水头损失,复核室外给水管网的水压能否满足最不利处的配水点或消火栓所需的水压要求,选定加压装置所需扬程和高位水箱的设置高度。

## 一、确定管径

根据建筑物性质和卫生器具当量数来计算各管段的设计秒流量,根据流量计算公式,已

知流速、流量,即可确定管径:

$$q_g = \frac{\pi d^2}{4} v \qquad (20—12)$$

$$d = \sqrt{\frac{4q_g}{\pi v}} \qquad (20—13)$$

式中,$q_g$——计算管段的设计秒流量,$m^3/s$;

　　$v$——计算管段内的流速,$m/s$;

　　$d$——计算管段的管径,$m$。

在建筑内的给水管径小,不易求得经济流速,而采用经验流速:生活、生产给水管道 $v \leqslant 2.0m/s$;干管:$1.2 \sim 2.0m/s$;支管:$0.8 \sim 1.2m/s$;消火栓系统管道内流速:$v \leqslant 2.5m/s$;自动喷水:$v \leqslant 5.0m/s$;自动喷水配水支管在个别情况下:$\leqslant 10.0m/s$。

## 二、管网和水表水头损失的计算

### 1. 给水管网水头损失的计算

室内给水管网的水头损失包括沿程和局部水头损失两部分

(1)沿程水头损失

$$h_y = i \cdot L \qquad (20—14)$$

式中,$h_y$——管段的沿程水头损失,$mH_2O$;

　　$i$——单位长度的沿程水头损失,$mH_2O$;

　　$L$——管段长度,$m$。

给水管道的钢管和铸铁管的单位长度损失,按下式计算:

当 $v < 1.2m/s$ 时,

$$i = 0.00912 \frac{v^2}{d_j^{1.3}} \cdot \left(1 + \frac{0.867}{v}\right)^{0.3} \qquad (20—15)$$

当 $v \geqslant 1.2m/s$ 时,

$$i = 0.0107 \frac{v^2}{d_j^{1.3}} \qquad (20—16)$$

式中,$v$——管道内的平均水流速度,$m/s$。

在水力计算时,可直接使用由上列公式编制的水力计算表,由管段的设计秒流量 $q_s$ 控制流速 $v$,在正常范围内,查得管径 $d$ 和单位长度的水头损失 $i$。

(2)管段的局部水头损失 $h_j$:

$$h_j = \sum \zeta \frac{v^2}{2g} \qquad (20—17)$$

式中,$h_j$——管段局部水头损失之和,$mH_2O$;

　　$\sum \zeta$——管段局部阻力系数之和;

　　$v$——沿水流方向局部零件下游的速度,$m/s$。

水流中局部零件较多,为了简化计算,建筑内部给水管网的局部水头损失一般可按经验采用沿程水头损失的百分数进行估算。

独用时:

生活给水管网　　　　　25% ~ 30%

生产给水管网　　　　　20%

消火栓消防给水　　　　10%

自动喷水灭火　　　　　20%

共用时：

生活、消防共用给水　　　20%

生产、消防共用给水　　　15%

生活、生产、消防共用给水　20%

**2. 水表水头损失的计算**

水表水头损失数值与水表的型号、口径等有关，因此设计时，首先根据工作环境选择水表的类型，根据通过水表的设计流量确定水表的口径，然后才能计算水表的水头损失。

水表的类型应根据安装水表的管段上，通过水流的水质、水量、水压、水的温度以及水量的变化等情况选定。一般分户水表多选用旋翼式湿式水表，建筑物总引入管上的水表多选用螺翼式湿式水表。

水表的口径根据通过水表的设计流量来选择，一般原则是：用水量比较均匀时，应保证安装水表的管段上设计秒流量（不包括消防流量）不大于水表的公称流量，因为公称流量是水表允许在相当长的时间内，通过的流量；用水量不均匀的给水系统，可以按设计秒流量不大于水表的最大流量确定水表的口径；生活或生产用水不均匀，而且连续高峰用水负荷昼夜不超过 3h 时，可以按给水设计最大小时流量（不包括消防流量）不超过水表最大流量，而超过水表额定流量来确定水表口径，并按表 4 - 10 的规定复核水表的水头损失；住宅大便器如采用自闭式冲洗阀时，分户水表的口径一般不小于 20mm；平均小时流量的 6% ~ 8%（不包括消防流量）应大于水表的最小流量。

（1）水表水头损失的计算：

$$h_{\mathrm{d}} = \frac{q_{\mathrm{g}}^2}{K_{\mathrm{b}}}　　　　　　　　　　　　　　　（20—18）$$

式中，$q_{\mathrm{g}}$——计算管段的给水流量，L/s；

$K_{\mathrm{b}}$——水表的特性系数，一般由生产厂商提供，也可以计算；

　　旋翼式　　$K_{\mathrm{b}} = q_{\max}^2/100$

　　螺翼式　　$K_{\mathrm{b}} = q_{\max}^2/10$

$q_{\max}$——水表的最大流量，$m^3/h$。

水表水头损失的复核：水表水头损失的规定值。对于生活消防共用系统，加上消防流量时，也不应超过规定水表水头损失值。即应满足表 20 - 1 中的规定。

表 20 - 1　　不同水表水头损失的控制范围( kPa )

| 表　型 | 正常用水时 | 消防用水时 |
|--------|-----------|-----------|
| 旋翼式 | < 24.5 | < 49.0 |
| 螺翼式 | < 12.8 | < 29.4 |

（2）水表的水头损失估算

当未确定水表的具体产品时,水头损失可以估算:住宅入户表上的水表水头损失可以按 0.01MPa 计算;建筑物或小区引入管上的水表水头损失在生活用水时,按 0.03MPa 计算,在消防校核时,按 0.05MPa 计算。

## 三、建筑内部所需水压

建筑内部所需水压如何确定:

（1）确定最不利配水点;

（2）确定给水系统所需压力。

## 四、水力计算方法和步骤

### 1. 基本步骤

（1）选择最不利配水点,确定计算管路;

（2）根据卫生器具的当量数计算各个管段的设计秒流量;

（3）根据设计秒流量和各管段的控制流速,查水力计算表;

（4）确定各管段的管径 $d$ 和单位管长的水头损失 $i$;

（5）计算最不利管路的总水头损失;

（6）选择水泵或其他加压贮水设备并确定设备安装高度等参数。

### 2. 计算方法

（1）下行上给式

①根据轴侧图确定最不利计算点,选出计算管路;

②从最不利点开始,按流量变化处为节点进行管段编号,把计算管路划分为计算管段,标出两节点之间的管段长;

③求各管段设计秒流量;

④根据设计秒流量,计算管段管径和水头损失;

⑤最不利管段上所有的水头损失叠加后,计算建筑物所需水压,确定建筑物所需水头;

⑥根据设计设计秒流量和控制流速,确定非最不利管路各管段的管径;

⑦选择水泵或气压水罐等设备。

（2）上行下给式(一般在设水箱的供水系统中,常用上行下给式)

①首先在上行横干管中选择最不利点,确定计算管路(从水箱到最不利点);

②求各管段设计秒流量,计算管段管径和水头损失,求出最不利管路的总水头损失;

③计算高位水箱生活用水最低水位标高, $Z_X \geqslant Z_B + H_C + H_S$;

④水箱的安装高度;

⑤计算各立管管径(逐段计算, $Q$、$V$、$D$,知道立管几何高度及水箱安装高度,需要计算管中流速,流速不能过大)。

## 五、要求

要求如下:

（1）引入管管径考虑发展因素≥200mm;

（2）允许断水管网,引入管按同时使用计算;不允许断水管网,假定其中一条被关闭修理,其余的供给全部用水;

（3）确定的管径应标出相应水损;

（4）满足最不利点的水压要求;

（5）正确使用秒流量计算公式。

# 第二十一章　建筑消防系统

建筑消防根据灭火剂的不同,可分为水消防,非水灭火剂消防系统。

建筑消防又可分为室外消防和室内消防。二者有不同的消防范围,又有紧密联系。(室外消防主要供给消防水池和消防车的消防用水。)

高层建筑与低层建筑的高度分界线为24m;

超高层与高层的分界线为100m;

建筑物高度为建筑物室外地面到其女儿顶部或檐口的高度;

我国现行的建筑设计防火规范使用的范围有:

(1)《建筑设计防火规范》(GB50016—2006)适用于多层建筑

(2)《高层民用建筑设计防火规范》(GB50045—1995)适用于高层建筑

## 消防给水设置范围

**1. 应设室内消防给水的建筑物**

(1)建筑占地面积大于$300m^2$的厂房(仓库);

(2)体积大于$5000m^3$的车站、码头、机场的候车(船、机)楼、展览建筑、商店、旅馆建筑、病房楼、门诊楼、图书馆建筑等;

(3)特等、甲等剧场,超过800个座位的其他等级的剧场和电影院等,超过1200个座位的礼堂、体育馆等;

(4)超过5层或体积大于$10000m^3$的办公楼、教学楼、非住宅类居住建筑等其他民用建筑;

(5)超过7层的住宅;

(6)国家级文物保护单位的重点砖木或木结构的古建筑;

(7)建筑面积大于$200m^2$的商业服务网点。

**2. 不设室内消防给水的建筑物**

(1)耐火等级为一、二级且可燃物较少的单层、多层丁、戊类厂房(仓库),耐火等级为三、四级且建筑体积小于等于$3000m^3$的丁类厂房和建筑体积小于等于$5000m^3$的戊类厂房(仓库),粮食仓库、金库;

(2)存有与水接触能引起燃烧爆炸的物品的建筑物和室内没有生产、生活给水管道,室外消防用水取自储水池且建筑体积小于等于$5000m^3$的其他建筑。

## 第一节　室外消防给水系统

### 一、室外消防水源

室外消防给水系统是指多栋建筑物组成的小区及建筑群的室外消防给水系统。

**1. 市政消防管网为水源**

一般采用低压给水系统,消防时的最不利点的水头为大于等于 $10mH_2O$,市政管网除供给生活用水外,还要确保消防所需水量。

**2. 天然水源**

当建筑物靠近江、河、湖泊等天然水源时,可采用,但必须采取措施保证取水。

**3. 消防水池**

设置消防水池的条件:市政给水管道和进水管道或天然水源不能满足消防用水量;市政给水管道为支状或建筑物只有一条进水管并且用水量超过 25L/s 时。

消防水池的设置应满足:消防水池的容积应满足在火灾延续时间内室内消防用水量和室外消防用水量之和;居住区、工厂和丁戊类仓库按 2h 计算,甲乙丙类仓库按 3h 计算露天堆场按 6h 计算;消防水池容积超过 $1000m^3$ 时,应分两个;消防水池的补水时间不超 48h;消防水池的吸水高度不超 6m,半径不超 150m;供消防车取水的水池取水口与建筑物的最大距离不超 40m。

## 二、室外消防用水量标准

室外消防用水量标准如下:

(1)城镇居住区室外消防用水量按同一时间内的火灾次数与一次灭火的用水量计算;

(2)工厂、仓库和民用建筑的室外消防按同一时间内的火灾次数确定;

(3)易燃、可燃材料、露天半露天堆场可燃性气体的室外消防用水量不小于规范规定。

## 三、室外消防水压

室外消防给水可采用:

(1)高压给水系统  管网内经常保持足够的压力,火场不使用消防防车或水泵加压,保证在用水最大时在建筑物的最高处充实水柱仍不小于 10m;

(2)临时高压给水系统  管道内的水压平时不高,接到火警时开启高压水泵时管内水压达到高压状态;

(3)低压给水系统(我国给水管道实行低压消防制)通常采用几栋建筑物合用一座泵站或每栋建筑设独立的临时高压系统。

## 四、室外消防给水管道的布置

室外消防给水管道的布置应符合下列规定:

(1)室外消防给水管网应布置成环状,当室外消防用水量小于等于 15L/s 时,可布置成枝状;

(2)向环状管网输水的进水管不应少于两条,当其中一条发生故障时,其余的进水管应能满足消防用水总量的供给要求;

(3)环状管道应采用阀门分成若干独立段,每段内室外消火栓的数量不宜超过 5 个;

(4)室外消防给水管道的直径不应小于 DN100。

## 五、室外消火栓的布置要求

室外消火栓的布置应符合下列规定:

（1）室外消火栓应沿道路设置。当道路宽度大于60.0m时，宜在道路两边设置消火栓，并宜靠近十字路口；

（2）甲、乙、丙类液体储罐区和液化石油气储罐区的消火栓应设置在防火堤或防护墙外。距罐壁15m范围内的消火栓，不应计算在该罐可使用的数量内；

（3）室外消火栓的间距不应大于120.0m；

（4）室外消火栓的保护半径不应大于150.0m；在市政消火栓保护半径150.0m以内，当室外消防用水量小于等于15L/s时，可不设置室外消火栓；

（5）室外消火栓的数量应按其保护半径和室外消防用水量等综合计算确定，每个室外消火栓的用水量应按10～15L/s计算；与保护对象的距离在5～40m范围内的市政消火栓，可计入室外消火栓的数量内；

（6）室外消火栓宜采用地上式消火栓。地上式消火栓应有1个DN150或DN100和2个DN65的栓口。采用室外地下式消火栓时，应有DN100和DN65的栓口各1个。寒冷地区设置的室外消火栓应有防冻措施；

（7）消火栓距路边不应大于2.0m，距房屋外墙不宜小于5.0m；

（8）工艺装置区内的消火栓应设置在工艺装置的周围，其间距不宜大于60.0m。当工艺装置区宽度大于120.0m时，宜在该装置区内的道路边设置消火栓。

# 第二节　低层建筑室内消火栓给水系统

建筑消火栓给水系统是把室外给水系统提供的水量，经过加压（外网压力不足时）输送到扑灭建筑内的火灾而设置的固定灭火设备，是建筑物的最基本灭火设施。

## 一、消火栓给水系统的组成与供水方式

### 1.组成

消火栓给水系统的组成见图21-1所示。

（1）消火栓设备由水枪、水带、消火栓组成，均安装在消火栓箱内。

①水枪　一般为直流式，喷嘴口径有13（50）mm、16（50、65）mm、19（65）mm三种。

②水带（输水软管）$L=15m、20m、25m$三种，材质有麻织和化纤两种。

③消火栓　实际上一种球形阀，有快速连接螺母，有两种形式：单出口DN50，也有DN65，接一个水龙带（<5L/s）；双出口DN65，接两个水龙带（>5L/s）。一般消火栓箱应采用玻璃门，在必要时可以砸开。

（2）水泵接合器　水泵接合器是连接消防车向室内给水管网补充水量和水压的装置，一端有消防给水管网水平干管引出，另一端设于消防车易于接近的地方。设置形式分为地上、地下、墙壁式三种。

（3）消防管道　消防管道包括引入管、消防干管、消防立管及相应阀门等。建筑物内消防管道是否与其他给水系统合或独立设置，应根据建筑物的性质和使用要求经技术经济比较后确定。

（4）消防水池　用于无室外消防水源情况下，贮存火灾持续时间内的室内消防用水量。可设于室外地下或地面上，也可设在室内地下室，或与室内游泳池、水景水池兼用。

（5）消防水箱　消防水箱对扑救初期或起着重要作用。水箱的设置为确保其自动供水的可靠性,应采用重力自流供水方式;消防水箱宜与生活(或生产)高位水箱合用,以保持箱内贮水经常流动、防止水质变坏;水箱的安装高度应满足室内最不利点消火栓所需的水压要求,且应贮存有室内 10min 的消防水量。

（6）消防水泵　保证消防时所需要的压力

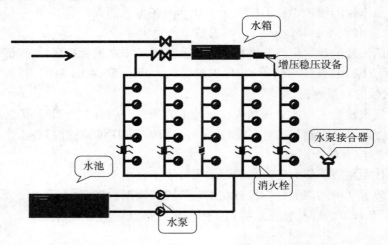

**图 21-1　消火栓给水系统组成示意图**

### 2.给水方式

室内消火栓给水系统有三种给水方式:

（1）无加压泵和水箱的室内消火栓系统(见图 21-2)当室外给水管网提供的水量和水压,在任何时候均能满足室内消火栓给水系统所需的水量、水压要求时采用。

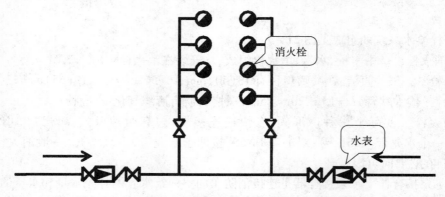

**图 21-2　室外给水管网直接供水的消防给水方式示意图**

（2）设有水箱的室内消火栓给水系统(见图 21-3)常用在水压变化较大的城市和居住区,当生活、生产用水量达到到最大时,室外管网不能保证室内消防的压力要求,而当生活、生产用水量较小时,室外管网的压力又较大,能向高位水箱补水,因此常设水箱调节生活生产用水量,同时贮存 10min 的消防用水量。在火灾初期,由水箱向消火栓给水系统供水;随着火灾延续,可由室外消防车通过水泵接合器向消火栓给水系统加压供水。

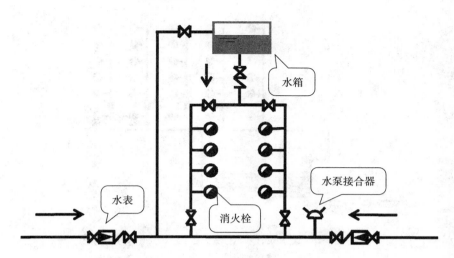

**图21-3　有水箱的室内消火栓给水系统示意图**

（3）设置消防泵和水箱的室内消火栓给水系统（见图21-4所示）室外管网压力经常不满足室内消火栓给水系统痛的水量和水压要求时，设置水泵和水箱。

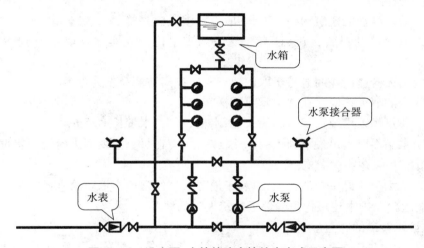

**图21-4　设水泵、水箱的消火栓给水方式示意图**

（4）设水池、水泵的消防给水方式（见图21-5所示）当室外给水管网的水压经常不能满足室内供水所需时采用此种方式。水泵从贮水池抽水，与室外给水管网间接连接，可避免水泵与室外给水管网直接连接的弊病。当外网压力足够大时，也可由外网直接供水。

（5）设水泵、水池、水箱的消火栓给水方式　当外网经常不能满足建筑物消火栓系统的水压水量要求，也不能确保向高位水箱供水；系统需外援供水，需借助室外消防车经水泵接合器向建筑消火栓给水系统加压供水时；室外给水管网为枝状或只有一条进水管时，应考虑设置设水泵、水池、水箱的消火栓给水方式。室外给水管网供水至贮水池，由水泵从水池吸水送至水箱，箱内贮存10min消防用水量。在火灾初期，由水箱向消火栓给水系统供水；随着火灾持续水泵启动，水泵从水池吸水，由水泵供水灭火。

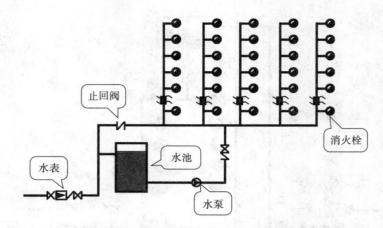

**图 21 - 5　设水泵、水池的消火栓给水方式示意图**

## 二、消火栓给水系统的布置

**1. 消火栓的布置**

（1）应设消防给水的建筑物,其各层均应设置消火栓;

（2）室内消火栓的布置,应保证有一支或两支水枪的充实水柱能同时到达室内任何部位;

（3）室内消火栓应设在明显易于取用地点。栓口离地面高度为 1.1m;

（4）冷库内的消火栓应设在常温堂或楼梯间内;

（5）同一建筑物采用统一规格的消火栓、水枪、水带,水带长 ≤25m;

（6）消防水箱不能满足最不利点的水压要求时,应在每个室内消火栓处设置直接启动消防水泵的按钮,并应有保护措施;

（7）在建筑物顶应设一个消火栓,以利于消防人员经常检查消防给水系统是否能正常运行,同时还能起到保护本建筑物免受邻近建筑火灾的波及。

**2. 消防给水管道的布置**

（1）建筑物内的消防给水系统是否与其他给水系统合并或单独设置,应根据建筑物的性质和使用要求经技术和经济比较后确定;

（2）室内消火栓大于 10 个且室外消防用水量大于 15L/s 时,室内消防给水管道至少应设置两条引入管与室外环状给水管网连接,并将室内管道连成环状或与室外管道连成环状;

（3）7 ~ 9 层的单元住宅,室内消防给水管道可为支状,进水管采用一条;

（4）对于塔式和通廊式住宅,体积大于 $10000m^3$ 的其他民用住宅、厂房和多余四层的库房,消防立管多于两条时,应为环状;

（5）阀门的设置应便于维修和使用安全,检修关闭后,停止使用的消防立管不多于一根,停止使用的消火栓不多于 5 个;

（6）超过四层的厂房,设有消防管网的住宅及超过五层的其他民用住宅,其室内管网应接水泵接合器,距接合器 15 ~ 40m 内有室外消火栓或消防水池。

# 第三节　消火栓给水系统的水力计算

室内消火栓给水系统的水力计算是在绘制了室内消防给水管道平面图、系统图之后进行的。其主要任务是确定出管道的管径、系统所需的水压及选定各种消防设备。

## 一、室内消防用水量及水压

### 1. 室内消防用水量

消火栓用水量应根据建筑物类型、规模、高度、结构、耐火等级因素按同时使用水枪数量和充实水柱长度,由计算确定。但不能小于规范的规定。比如:7~9 层住宅,要求消火栓的用水量不小于5L/s,同时使用水枪数量为 2 支,每支水枪最小流量为 2.5L/s,每根立管的最小流量5L/s。

### 2. 灭火初期用消防储处水量

室内消防水箱应储存 10min 的消防用水,当室内消防用水不超过 15L/h,水箱容积可按 6m³ 计算,不超过 25h,可按 12m³ 计算,超过 25h,可按 18m³ 计算。

### 3. 室内消防水压

(1)消火栓水枪充实水柱的长度不小于 7m,但甲乙类厂房、超过 6 层的民用建筑、超过 4 层的厂房和库房内,水枪的充实长度不小于 10m;

(2)消火栓口处的静水压力不超过 80mH₂O,当超过时,应采取分区措施,出口压力如超过 50,应采取减压措施。

## 二、消火栓出口所需压力

消火栓出口处所需水压:

$$H_{xh} = h_d + H_q + H_k = A_z L_d q_{xh}^2 + \frac{q_{xh}^2}{B} + H_k \qquad (21-1)$$

式中,$H_{xh}$——消火栓口所需压力,mH₂O;

$h_d$——消防水带的水头损失,mH₂O;

$H_q$——水枪喷嘴造成一定长度的充实水柱所需水压,mH₂O;

$H_k$——消火栓栓口水头损失,mH₂O;

$q_{xh}$——消火栓出水量,L/s;

$A_z$——水带的比阻(见表 21-1);

$L_d$——水带长度,m;

$B$——水流特性系数(见表 21-2)。

**表 21-1　水带比阻 $A_z$ 值**

| 水带口径/mm | 比阻 $A_z$ 值 | |
| --- | --- | --- |
| | 帆布水带、麻织水带 | 衬胶水带 |
| 50 | 0.1501 | 0.0677 |
| 60 | 0.0430 | 0.0172 |
| 85 | 0.0015 | 0.00075 |

表 21 – 2　水流特性系数 $B$ 值

| 喷嘴直径/mm | 水流特性系数 $B$ 值 | 喷嘴直径/mm | 水流特性系数 $B$ 值 |
|---|---|---|---|
| 6 | 0.0016 | 16 | 0.0793 |
| 7 | 0.0029 | 19 | 0.1577 |
| 8 | 0.0050 | 22 | 0.2834 |
| 9 | 0.0079 | 25 | 0.4727 |
| 13 | 0.0346 | | |

### 三、室内消火栓给水系统的水力计算方法和步骤

室内消火栓给水系统的水力计算方法和步骤如下：

（1）从室内消火栓给水管道系统图上,确定最不利点消火栓;

（2）计算最不利消火栓出口处所需水压;

（3）确定最不利管路及计算最不利管路的沿程和局部水头损失;（方法和内部给水相似,在流速不超过 2.5 的条件下确定管径,消防计算管道的最小管径为 50mm,局部水头按沿程的 10% 计算）;

（4）计算室内消火栓给水系统的总压力;

$$H = H_0 + H_{xh} + \sum h \qquad (21—2)$$

式中,$H_0$——最不利点与室外地面高差,m;

$\quad H_{xh}$——最不利点出口所需压力,$mH_2O$;

$\sum h$——压力损失,$mH_2O$。

（5）核算室外给水管道水压,确定本系统所用的给水方式,同时核定水箱高度及水泵扬程。

### 四、对室内消火栓灭火系统设备的要求

**1. 消防水泵的要求**

（1）一组消防水泵的吸水管不少于两条,其中一条损坏时,其余的吸水管仍能通过全部水量;消防水泵应采用自灌式启动;

（2）消防水泵房有不少于两条出水管直接与环状管连接,当一条损坏时,其余的仍能供水（应设检查用的压力表和试水用的防水阀门）;

（3）应设备用泵,当下列条件时可不设;

①室外用水量不超过 25L/s 的工厂和仓库;

②7 ~ 9 层的单元住宅;

（4）消防泵应保证在火警后 5min 内开始工作,并在火场断电时仍能给工作;

（5）消防泵房应有与消防队联络的通讯设备。

**2. 室内消防水箱的要求**

（1）室内消防水箱的设置,应根据室外光管网的水压和水量及室内用滚水要求确定;

（2）消防用水与其他用水和用时,应有消防用水不作他用的技术措施;

（3）由消防泵攻击的消防用水不应进入消防水箱,可在与水箱连接的消防用水管道上设

置单向阀；

（4）室内消防水箱的设置高度,应满足最不利点的水量水压需求。

# 第四节　自动喷水灭火系统

自动喷水灭火系统是一种在发生火灾时,能自动打开喷头喷水灭火并同时发出火警信号的消防灭火设施。自动喷水灭火系统特征是通过加压设备将水送入管网至带有热敏元件的喷头处,喷头在火灾的热环境中自动开启洒水灭火。通常喷头下方的覆盖面积大约为 $12m^2$。自动喷水灭火系统扑灭初期火灾的效率在97%以上。

## 一、自动喷水灭火系统的分类

（1）闭式自动喷水灭火系统,是指管网系统中喷头常闭,根据管网中是否充水,又可分为:湿式自动喷水灭火系统、干式自动喷水灭火系统、干湿式自动喷水灭火系统、预作用自动喷水灭火系统、重复启闭预作用灭火系统、自动喷水—泡沫连用灭火系统。

（2）开式自动喷水灭火系统,是指喷头为常开的消防系统,根据喷头的形式及布置方式可分为雨淋系统、水幕系统、水喷雾灭火系统。

自动喷水灭火系统由水源、加压贮水设备、喷头、管网、报警装置等组成。

## 二、自动喷水灭火系统的特点

### 1. 湿式自动喷水灭火系统

为喷头常闭的灭火系统,管网中充满有压水,当建筑物发生火灾,火点温度达到开启闭式喷头时,喷头出水灭火。灭火及时扑救效率高;由于管网中充有有压水,当渗漏时会损毁建筑装饰和影响建筑的使用。该系统只适用于环境温度 $4℃ < t < 70℃$ 的建筑物。湿式自动喷水灭火系统的工作原理见图21 – 6。

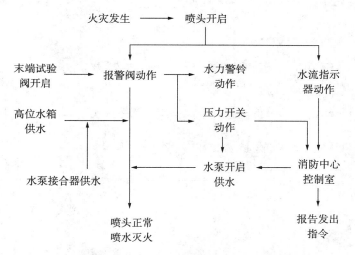

图 21 – 6　湿式自动喷水灭火系统的工作原理示意图

湿式自动喷水灭火系统主要部件表见表21 – 3。

表 21－3 湿式自动喷水灭火系统主要部件表

| 名称 | 用途 | 名称 | 用途 |
|---|---|---|---|
| 高位水箱 | 储存初期火灾用水 | 压力开关 | 自动报警或自动控制 |
| 水力警铃 | 发出音响报警信号 | 感烟探测器 | 感知火灾,自动报警 |
| 湿式报警阀 | 系统控制阀,输出报警水流 | 延迟器 | 克服水压液动引起的误报警 |
| 消防水泵接合器 | 消防车供水口 | 消防安全指示阀 | 显示阀门启闭状态 |
| 控制箱 | 接收电信号并发出指令 | 放水阀 | 试警铃阀 |
| 压力罐 | 自动启闭消防水泵 | 放水阀 | 检修系统时,放空用 |
| 消防水泵 | 专用消防增压泵 | 排水漏斗(或管) | 排走系统的出水 |
| 进水管 | 水源管 | 压力表 | 指示系统压力 |
| 排水管 | 末端试水装置排水 | 节流孔板 | 减压 |
| 末端试水装置 | 试验系统功能 | 水表 | 计量末端试验装置出水量 |
| 闭式喷头 | 感知火灾,出水灭火 | 过滤器 | 过滤水中杂质 |
| 水流指示器 | 输出电信号,指示火灾区域 | 自动排气阀 | 自动排出系统集聚的气体 |
| 水池 | 储存1h 火灾用水 | | |

### 2. 干式自动喷水灭火系统

为喷头常闭的灭火系统,管网中平时不充水,充有有压空气(或氮气)。当建筑物发生火灾火点温度达到开启闭时喷头时,喷头开启排气、充水灭火。因为管网中平时不充水,对建筑物装饰无影响,对环境温度也无要求,适用于采暖期长而建筑内无采暖的场所;但该系统灭火时需先排气,故喷头出水灭火不如湿式系统及时。干式自动喷水灭火系统的工作原理见图 21－7。

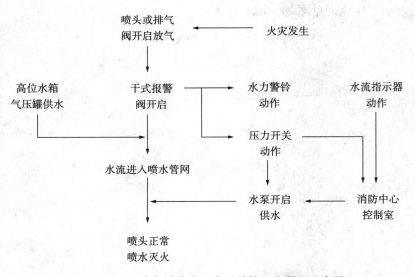

图 21－7 干式自动喷水灭火系统的工作原理示意图

干式自动喷水灭火系统主要部件表见表 21－4。

表 21 - 4　干式自动喷水灭火系统主要部件表

| 名称 | 用途 | 名称 | 用途 |
|---|---|---|---|
| 高位水箱 | 储存初期火灾用水 | 压力开关 | 自动报警或自动控制 |
| 水力警铃 | 发出音响报警信号 | 火灾探测器 | 感知火灾,自动报警 |
| 干式报警阀 | 系统控制阀,输出报警水流 | 过滤器 | 过滤水中杂质 |
| 消防水泵接合器 | 消防车供水口 | 消防安全指示阀 | 显示阀门启闭状态 |
| 控制箱 | 接收电信号并发出指令 | 截止阀 | 试警铃阀 |
| 空压机 | 供给系统压缩空气 | 放空阀 | 检修系统时,放空用 |
| 消防水泵 | 专用消防增压泵 | 排水漏斗 | 排走系统的出水 |
| 进水管 | 水源管 | 压力表 | 指示系统压力 |
| 排水管 | 末端试水装置排水 | 节流孔板 | 减压 |
| 末端试水装置 | 试验系统功能 | 水表 | 计量末端试验装置出水量 |
| 闭式喷头 | 感知火灾,出水灭火 | 安全阀 | 防止系统超压 |
| 水流指示器 | 输出电信号,指示火灾区域 | 排气阀 | 自动排出系统集聚的气体 |
| 水池 | 储存一小时火灾用水 | 加速器 | 加速排除系统压缩空气 |

**3. 预作用自动喷水灭火系统**

为喷头常闭的灭火系统,管网中平时不充水。发生火灾时,火灾探测器报警后,自动控制系统控制阀门排气、充水,由干式变为湿式系统。只有当着火点温度达到开启闭式喷头时,才开始喷水灭火。

预作用自动喷水灭火系统的优点:

(1)同时具备干式喷水灭火系统和湿式喷水灭火系统的特点;

(2)克服了干式喷水灭火系统控火灭火率低,湿式系统产生水渍的缺陷,可以代替干式系统提高灭火速度。也可代替湿式系统,用于管道和喷头易于被损坏而产生喷水和漏水,造成严重水渍的场所;

(3)还可用于对自动喷水灭火系统安全要求较高的建筑物中。

**4. 雨淋喷水灭火系统**

为喷头常开的灭火系统,当建筑物发生火灾时,由自动控制装置打开集中控制闸门,使整个保护区域所有喷头喷水灭火,形似下雨降水。出水量大,灭火及时。雨淋喷水灭火系统适用场所包括:

(1)火灾的水平蔓延速度快,闭式喷头的开放不能及时使喷水有效覆盖着火区域的场所或部位;

(2)内部容纳物品的顶部与顶板或吊顶的净距大,发生火灾时,能驱动火灾自动报警系统,而不易迅速驱动喷头开放的场所或部位;

(3)严重II级场所。

**5. 水幕系统**

该系统喷头沿线状布置,发生火灾时主要起阻火、冷却、隔离作用。

适用场所:需防火隔离的开口部位,如舞台与观众之间的隔离水帘、消防防火卷帘的冷却等。

### 6. 水喷雾灭火系统

是固定式自动灭火系统的一种类型,是在自动喷水灭火系统的基础上发展起来的。

灭火原理:该系统采用喷雾喷头把水粉碎成细小的水雾滴之后喷射到正在燃烧的物质表面,通过冷却、窒息以及乳化、稀释的同时作用实现灭火。水雾的自身具有电绝缘性能,可安全地用于电气火灾的扑救。

## 三、自动喷水迷惑系统的组成及设置

### 1. 喷头

(1)闭式喷头:喷口用由热敏元件组成的释放机构封闭,当达到一定温度时能自动开启,如玻璃球爆炸,易熔合金脱离。其构造按溅水盘的形式和安装位置有直立型、下垂型、边墙型、普通型、吊顶型和干式下垂型洒水喷头之分。

(2)开式喷头:根据用途分为开启式、水幕式、喷雾式。

### 2. 报警阀

作用:开启和关闭管网的水流,传递控制信号至控制系统并启动水力警铃直接报警。有湿式、干式、干湿式和雨淋式4种类型。

(1)湿式报警阀:用于湿式自动喷水灭火系统。

(2)干式报警阀:用于干式自动喷水灭火系统,由湿式、干式报警阀依次连接而成,在温暖季节用湿式装置,在寒冷季节则用干式装置。

(3)雨淋阀:用于雨淋、预作用、水幕、水喷雾自动喷水灭火系统。

### 3. 水流报警装置

水流报警装置主要有:水力警铃、水流指示器和压力开关。

(1)水力警铃

主要用于湿式喷水灭火系统,宜装在报警阀附近(连接管不宜超过6m)。

作用原理:当报警阀打开消防水源后,具有一定压力的水流冲动叶轮打铃报警。水力警铃不得由电动报警装置取代。

(2)水流指示器

作用步骤:某个喷头开启喷水或管网发生水量泄漏时,管道中的水产生流动;引起水流指示器中桨片随水流而动作;接通延时电路后,继电器触电吸合发出区域水流电信号,送至消防控制室。

(3)压力开关

作用原理:在水力警铃报警的同时,依靠警铃管内水压的升高自动接通电触点,完成电动警铃报警,向消防控制室传送电信号或启动消防水泵。

### 4. 延迟器

定义:是一个罐式容器,安装于报警阀与水力警铃(或压力开关)之间。

用途:防止由于水压波动原因引起报警阀开启而导致的误报。报警阀开启后,水流需经30s左右充满延迟器后方可冲打水力警铃。

**5.火灾探测器**

是自动喷水灭火系统的重要组成部分。目前常用的有感烟、感温探测器。

（1）感烟探测器　利用火灾发生地点的烟雾浓度进行探测。

（2）感温探测器　通过火灾引起的温升进行探测。火灾探测器布置在房间或走道的天花板下面,其数量应根据探测器的保护面积和探测区面积计算而定。

# 第二十二章　建筑排水系统

任务:把建筑内部生活和生产过程中所产生的污水,及时地排到室外排水系统中去。根据污水的性质、浓度、流量及室外排水管网和处理设施的情况,确定其排放方式和处理方法。

## 第一节　排水系统的分类和组成

### 一、分类

根据接纳污废水的性质分为以下三类:

(1)生活排水系统

排除居住建筑,公共建筑及工厂生活间的污废水。有时,由于污废水处理卫生条件和杂用水水源的需要,把生活排水系统分为:

生活污水排水系统排除大便器(槽)、小便器(槽)以及与此相似的卫生设备排出的污水。

生活废水排水系统排除洗涤盆(池)、沐浴设备、洗脸盆、化验盆等卫生器具排出的洗涤废水,废水经过处理后,作为杂用水,用来冲洗厕所浇洒绿地和道路,冲洗汽车。

(2)工业废水排水系统

排除工艺生产过程中产生的污废水,生产污水污染较重,需经处理,达标排放,生产废水污染较轻。经简单处理后回用或排入水体。

(3)屋面雨水排除系统排除屋面雨雪水系统

### 二、排水系统的选择

#### 1. 体制的选择

根据污水与废水的合流分流,排水体制分为分流制和合流制,分别称为建筑分流排水、建筑合流排水。在选择体制时考虑污废水的性质:污废水的性质(根据所含废水的种类);污废水污染程度(同类型污染物但浓度不同的分流,既利于轻污染的回收,又有利重污染水的处理);室外排水体制(室外排水体制是指污水和雨水分流与合流,室内是指污水与废水的合流、分流);污废水综合利用的可能性和处理要求。

#### 2. 特种情况下,建筑物内需设置单独管道排至处理或回收建筑物

(1)公共食堂或厨房洗涤废水中含有大量的油脂时;

(2)医院污水中含有大量致病细菌或含有放射性元素超过排放标准规定的浓度时;

(3)锅炉、水加热器等设备,排水温度超过40℃时;

(4)汽车修理间排出废水中含有大量机油类时;

(5)工业废水中含有有毒和有害物质需要单独处理时;

（6）生产污水中含酸碱以及行业污水等必须处理回收利用时；

（7）不经处理和稍经处理后,可重复利用的量较多,较洁净的废水；

（8）建筑中水系统中需回用的生活废水。

## 三、排水系统的组成

**1. 建筑内部排水系统的组成应能满足三个基本要求：**

（1）系统能迅速畅通地将污废水排到室外；

（2）管道系统气压稳定,有毒有害气体不进入室内,保持室内环境卫生；

（3）管线布置合理、简短顺直、工程造价低。

**2. 组成（见图 22 - 1）**

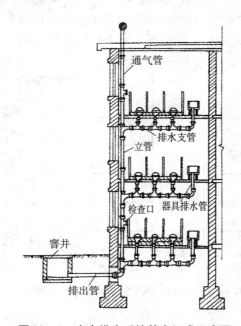

**图 22 - 1　室内排水系统基本组成示意图**

（1）卫生器具和生产设备受水器

卫生器具是建筑内部排水系统的起点,用来满足日常生活和生产过程中各种卫生要求、收集和排除污废水的设备。包括:便溺器具、盥洗沐浴器具、洗涤器具、地漏等。

（2）排水管道

包括器具排水管（包括存水管）、排水横支管、立管、埋地干管和排出管。按管道设置地点、条件及污水的性质和成分建筑内部排水管材主要有:塑料管、铸铁管、钢管和带釉陶土管,工业废水还可用陶瓷管、玻璃钢管、玻璃管等。塑料管目前在建筑内使用的排水塑料管是硬聚氯乙烯塑料管（简称 UPVC 管）;钢管主要用于洗脸盆、小便器、浴盆等卫生器具与横支管间的连接短管,管径一般为 32mm、40mm、50mm;带釉陶土管耐酸碱腐蚀,主要用于排放腐蚀性工业废水,室内生活污水埋地管也可用陶土管。

（3）清通设备

为疏通建筑内部排水管道,保障排水畅通,需设清通设备。包括在立管上检查口,横支管上设清扫口或带清扫门的90°弯头和三通,在埋地槽干管上设检查口井。

（4）提升设备

在地下建筑物的污废水不能自流排至室外检查井的时候设置提升设备。建筑内部污废水提升包括:污水泵的选择,污水集水池容积确定和污水泵房设计。

（5）污水局部处理物

当建筑内部污水未经处理不允许直接排入市政排水管网或水体时,须设污水局部处理。常见局部处理构筑物有:化粪池、隔油井、降温池等。

（6）通气管道系统

建筑内部排水管道是水气两相流,为防止因气压波动造成的水封破坏,使有毒有害气体进入室内,为排除管内有毒气体,使有害气体进入大气中,管道系统不断有新鲜空气注入,减轻废气腐蚀,需设置通气系统。建筑内部污废水排水管道系统按排水立管和通气立管的设置情况分为:单立管排水系统、双立管排水系统、三立管排水系统。（见图22－2、22－3、22－4所示。）

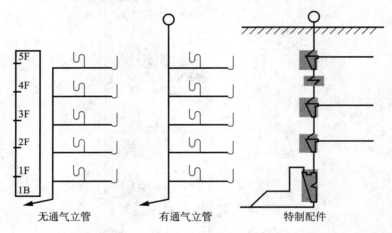

图22－2　单立管排水系统示意图

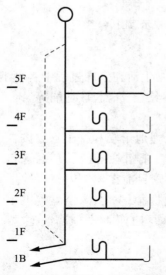

图22－3　双立管排水系统示意图

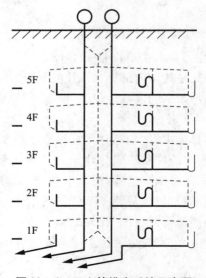

图22－4　三立管排水系统示意图

# 第二节　排水管道的布置敷设

## 一、布置与敷设的原则

排水管道的布置应满足排水畅通水利条件好；使用安全可靠不影响卫生；总管线短工程造价低；占地面积小；施工安装、维护管理方便和美观等要求。

## 二、卫生器具的布置敷设

卫生器具的布置敷设要求如下：

(1)根据卫生间和公共厕所的平面尺寸、所选用的卫生器具类型和尺寸布置卫生器具。既要考虑使用方便，又要考虑管线短，排水通畅，便于维护管理；

(2)卫生器具的安装高度应使其使用方便，功能正常发挥；

(3)地漏应设在地面最低、易于溅水的卫生器具附近。地漏不宜设在排水支管顶端，以防止卫生器具排放的固体杂物在卫生器具和地漏之间横支管内沉淀。

## 三、排水横支管布置与敷设

排水横支管布置与敷设的要求如下：

(1)排水横支管不宜太长，尽量少转弯，一根支管连接的卫生器具不宜太多；

(2)横支管不得穿过沉降缝、烟道、风道；

(3)横支管不得穿过有特殊卫生要求的生产厂房、食品及贵重商品仓库、通风小室和变电室；

(4)横支管不得布置在遇水易引起燃烧、爆炸或损坏的原料、产品和设备上面，也不得布置在食堂、饮食业的主副食操作烹调的上方；

(5)横支管与楼板和墙应有一定的距离，便于安装和维修；

(6)当横支管悬吊在楼板下，接有2个及2个以上大便器，或3个及3个以上卫生器具时，横支管顶端应升至上层地面设清扫口。

## 四、排水立管的布置与敷设

排水立管的布置与敷设要求如下：

(1)立管应靠近排水量大，水中杂质多，最脏的排水点处；

(2)立管不得穿过卧室、病房，也不宜靠近与卧室相邻的内墙；

(3)立管宜靠近外墙，以减少埋地管长度，便于清通和维修；

(4)立管应设检查口，其间距不大于10m，但底层和最高层必须设。平顶建筑物可用通气管顶口代替最高层的检查口。检查口中心至地面距离为1m，并应高于该层溢流水位最低的卫生器具上边缘0.15m。

## 五、横干管及排出管的布置与敷设

横干管及排出管的布置与敷设要求如下：

（1）排出管以最短的距离排出室外,尽量避免在室内转弯;

（2）建筑层数较多时,应按表22-1确定底部横管是否单独排出;

（3）埋地管不得布置在可能受重物压坏处或穿越生产设备基础;

（4）埋地管穿越承重墙或基础处,应预留洞口,且管顶上部净空不得小于建筑物的沉降量,一般不宜小于0.15m;

（5）湿陷性黄土地区的排出管应设在地沟内,并应设检漏井;

（6）距离较长的直线管段上应设检查口或清扫口,其最大间距见表22-2;

（7）排出管与室外排水管连接处应设检查井,检查井中心到建筑物外墙的距离不宜小于3m;检查井至污水立管或排出管上清扫口的距离不大于表22-3中的数值。

表22-1　最低横支管与立管连接处至立管管底的最小距离

| 立管连接卫生器具层数/层 | ≤4 | 5~6 | 7~12 | 16~19 | ≥20 |
|---|---|---|---|---|---|
| 垂直距离/m | 0.45 | 0.75 | 1.20 | 3.00 | 6.00 |

表22-2　污水横管的直线管段上检查口或清扫口之间的最大距离

| 管径/mm | 清扫设备种类 | 生产废水 | 距离/m | |
|---|---|---|---|---|
| | | | 生活污水及与生活污水成分接近的生产污水 | 含有大量悬浮物和沉淀物的生产污水 |
| 50~57 | 检查口 | 15 | 12 | 10 |
| | 清扫口 | 10 | 8 | 6 |
| 100~150 | 检查口 | 20 | 15 | 12 |
| | 清扫口 | 15 | 10 | 8 |
| 200 | 检查口 | 25 | 20 | 15 |

表22-3　室外检查井中心至污水立管或排出管上清扫口的最大长度

| 管径/mm | 50 | 75 | 100 | ≥100 |
|---|---|---|---|---|
| 最大长度/m | 10 | 12 | 15 | 20 |

## 六、通气系统的布置与敷设

通气系统的布置与敷设要求如下:

（1）生活污水和散发有毒气体的生产污水管道应设伸顶通气管;

（2）连接4个及4个以上卫生器具,且长度大于12m的横支管和连接6个及6个以上大便器的横支管上要设环形通气管;

（3）对卫生、安静要求高的建筑物内,生活污水管道宜设器具通气管;

（4）器具通气管和环形通气管与通气管连接处应高于卫生器具上边缘0.15m,按不小于0.01的上升坡度与通气立管连接;

（5）专用通气立管每隔2层,主通气管每隔8~10层设结合通气管与污水立管连接,结合通气管下端宜在污水横支管以下与污水立管以斜三通连接,上端可在卫生器具上边缘以上不小于0.15m处与通气立管以斜三通连接；

（6）专用通气立管和主通气立管的上端可在最高层卫生器具上边缘或检查口以上不小于0.15m处与污水立管以斜三通连接，下端在最低污水横支管以下与污水立管以斜三通连接；

（7）通气立管不得接纳污水、废水和雨水，通气管不得与通风管或烟道连接。

# 第二十三章 排水管道的水力计算

内容:计算管径、敷设坡度及是否设置通气管。

## 第一节 排水定额和设计秒流量

### 一、排水定额

建筑内部排水定额有两个:

(1)每人每日为标准 每人每日排放的污水量和时变化系数,与气候和建筑内卫生设备完善程度有关。在建筑内部,给水量散失较多,所以生活排水定额和时变化系数与生活给水相同。

(2)以卫生器具为标准 是经过实测得到的,主要用来计算建筑内部各管段的排水设计秒流量,确定个管段的管径。它与接纳污水的卫生器具类型、数量及使用频率有关。

这种方法是以污水盆排水量 0.33L/s 为一个排水当量,将其他卫生器具的排水量与 0.33L/s 的比值,做为这种卫生器具的排水当量。

### 二、设计秒流量

设计流量是确定各管段管径的依据。建筑内部排水流量具有历时短、瞬时流量大、排水时间间隔长的特点。为保证最不利时刻的最大排水量能迅速、安全排放,设计流量应为建筑内部的最大排水瞬时流量,即设计秒流量。

建筑内部排水设计秒流量有三种计算方法:经验、平方根、概率。我国生活排水设计秒流量计算公式和给水相对应,按排水特点有两个:

(1)工业类 工业企业生活间、公共浴室、洗衣房、公共食堂、实验室剧院的卫生设备使用集中,排水时间集中,同时排水百分数高。

设计秒流量公式为:

$$q_u = \sum q_p \cdot n_0 \cdot b \qquad (23—1)$$

式中,$q_u$——设计管段的设计秒流量,L/s;

$q_p$——同类型的一个卫生器具排水流量,L/s;

$n_0$——同类卫生器具数;

$b$——卫生器具同时排水百分数,冲洗水箱大便器按12%计算,其他卫生器具同给水。

对于有大便器接入的排水管网起端,卫生器具较少大便器的同时百分数定的较小。设计流量可能会小于一个大便器的排水量,做为该管段的设计秒流量。

(2)住宅及公共建筑 卫生设备使用不集中,用水时间长,同时排水百分数随卫生器具数量增加而减少。

设计秒流量为：

$$q_u = 0.12\alpha\sqrt{N_p} + q_{max} \qquad (23-2)$$

式中，$N_p$——管段的卫生器具排水当量总数；

$\quad\quad\alpha$——根据建筑物用途而定的系数，集体宿舍，旅馆其他公共建筑的 1.5，住宅、旅馆、医院 2.0~2.5；

$\quad\quad q_{max}$——管段上排水量最大的一个卫生器具的排水流量。

# 第二节　排水管网的水力计算

按经验确定排水管的最小管径：

一般管径都为 50mm，大便器为 10mm，水质好减小一号，水质坏增加一号。

①减少一号：浴盆脸盆 DN40mm，饮水器 DN25mm；

②增加一号：厨房医院等 DN75mm，小便槽 DN75mm，大便槽式 DN150mm。

## 一、利用临界流量确定管径

排水立管的通水能力与管径、系统是否通气、通气的方式和管材有关，不同的管径、不同通气方式、不同管材排水立管的最大允许排水流量见表 23-1。

表 23-1　生活排水立管最大设计排水能力

| 排水立管系统类型 | | | 最大设计通水能力（L/s） | | | | |
|---|---|---|---|---|---|---|---|
| | | | 排水立管管径（mm） | | | | |
| | | | 50 | 75 | 100(110) | 125 | 150(160) |
| 伸顶通气 | 立管与横支管连接配件 | 90°顺水三通 | 0.8 | 1.3 | 3.2 | 4.0 | 5.7 |
| | | 45°斜三通 | 1.0 | 1.7 | 4.0 | 5.2 | 7.4 |
| 专用通气 | 专用通气管 75mm | 结合通气管每层连接 | — | — | 5.5 | — | — |
| | | 结合通气管隔层连接 | — | 3.0 | 4.4 | — | — |
| | 专用通气管 100mm | 结合通气管每层连接 | — | — | 8.8 | — | — |
| | | 结合通气管隔层连接 | — | — | 4.8 | — | — |
| | 主、副通气立管＋环形通气管 | | — | — | 11.5 | — | — |
| 自循环通气 | 专用通气形式 | | — | — | 4.4 | — | — |
| | 环形通气形式 | | — | — | 5.9 | — | — |
| 特殊单立管 | 混合器 | | — | — | 4.5 | — | — |
| | 内螺旋管＋旋流器 | 普通型 | — | 1.7 | 3.5 | — | 8.0 |
| | | 加强型 | — | — | 6.3 | — | — |

## 二、水力计算确定横管管径

### 1. 计算中水力要素的规定

为保证管道系统有良好的水利条件,稳定管内气压,防止水封破坏,保证良好的室内环境卫生,在设计横管时需满足以下规定。

(1)管道坡度

分通用坡度和最小坡度,通用坡度为正常条件下应予以保证的坡度;最小坡度为必须保证的坡度。排水管的最大坡度不得大于0.15。

(2)管道流速

最小允许流速,为使悬游在污水中的杂质不沉淀在管道低部,使水流能及时冲刷管道中的污物。排水管道必须有一个最小保证流速(自清流速),流速的大小与污水成分、管径、设计充满度有关,管径 <150mm,0.6m/s,管径 =150mm,0.65m/s,管径 =200mm,0.7m/s;最大允许流速,为了防止管壁因受污水中坚硬杂质高速流动的摩擦而损坏和防止过大的水流冲击,不同管材有不同的最大允许值。

(3)充满度

建筑内部排水横管按非满流设计,以便使有毒有害气体能自由排入大气,调节排水管内压力,接纳意外高峰流量。

### 2. 水力计算方法

对于横干管和连接多个卫生器具的横支管,应逐段计算各管断的设计秒流量,通过水力计算确定各管断的管径和坡度,建筑内横管道按圆管均匀流公式计算。

$$q = \omega \cdot v \qquad (23—3)$$

$$v = \frac{1}{n} R^{2/3} I^{1/2} \qquad (23—4)$$

式中,$q$——排水设计流量,$m^3/s$;

$\omega$——过水断面面积,$m^2$;

$v$——流速,$m/s$;

$R$——水力半径,$m$;

$I$——水力坡度,即圆管坡度;

$n$——管道粗糙系数。

## 三、通气立管计算

在室内排水系统中,应首先确定是否设专用通气立管,单立管排水系统伸顶通气管管径可与污水管相同,但在低于 $-13℃$ 时,在屋内平顶或吊顶以下0.3m处放大一级,以增大通气管断面面积。

通气管的管径应根据排水能力、管道长度来确定,一般不小于排水管管径的一半,通气管最小管径可按表23-2确定。

通气立管长度在50m以上者,其管径应与排水立管管径相同;两个及两个以上排水立管同时与一根通气立管相连时,应以最大一根排水立管按上表确定,且管径不宜小于其余任何一根排水立管管径;结合通气管不宜小于通气立管管径。两根或两根以上污水立管的通气

表 23 - 2　专用通气立管最小管径

| 通气管名称 | 排水管管径/mm | | | | | | |
|---|---|---|---|---|---|---|---|
| | 32 | 40 | 50 | 75 | 100 | 125 | 150 |
| 器具通气管 | 32 | 32 | 32 | — | 50 | 50 | — |
| 环形通气管 | — | — | 32 | 40 | 50 | 50 | — |
| 通气立管 | — | — | 40 | 50 | 75 | 100 | 100 |

管汇合连接时,汇合通气管的断面积应为最大一根通气管的断面积加其余通气管断面积之和的 0.25 倍。

# 第二十四章　建筑雨水排水系统

建筑雨水排水系统是建筑物给排水系统的重要组成部分,它的任务是及时排除降落在建筑物屋面的雨水、雪水,避免形成屋顶积水对屋顶造成威胁,或造成雨水溢流、屋顶漏水等水患事故,以保证人们正常生活和生产活动。

本章将对建筑物各种形式的雨水排水系统进行系统介绍。

建筑雨水排水系统的分类:屋面雨水系统按照管道的设置位置不同可分为外排水系统、内排水系统。

## 第一节　雨水外排水系统

### 外排水系统分类

外排水是指屋面不设雨水斗,建筑物内部没有雨水管道的雨水排放方式。按照屋面有无天沟可以分为以下两种:

**1. 檐沟外排水**

一般用于居住建筑,屋面面积比较小的公共建筑和单跨工业建筑,屋面雨水汇集到屋顶的檐沟里,然后流入雨落管,沿雨落管排泄到地下管沟或排到地面见图24-1所示。通常檐沟外排水中,雨落管的直径 DN75～100mm,间距 16～20m。

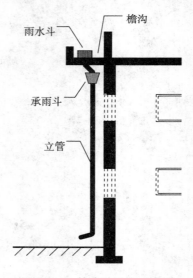

图 24-1　檐沟外排水示意图

**2. 天沟外排水**

一般用于排除大型屋面的雨、雪水。特别是多跨度的厂房屋面，多采用天沟外排水。所谓天沟，是指屋面上在构造上形成的排水沟，接受屋面的雨雪水。雨雪水沿天沟流向建筑物的两端，经墙外的立管排到地面或排到雨水道。天沟长度为 40～50m，坡度 0.003～0.005。见图 24－2 所示。

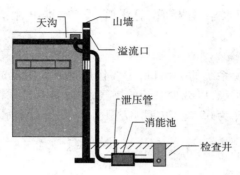

图 24－2　天沟外排水示意图

# 第二节　雨水内排水系统

## 一、概述

雨水内排水系统是指屋面设雨水斗，雨水管道设置在建筑内部的雨水排水系统。雨水内排水系统适用于屋面跨度大、屋面曲折（壳形、锯齿形）、屋面有天窗等设置天沟有困难的情况，以及高层建筑、建筑立面要求比较高的建筑、大屋顶建筑、寒冷地区的建筑等不宜在室外设置雨水立管的情况，多采用内排水。

## 二、内排水系统分类

**1. 内排水系统根据立管连接雨水斗的个数分为：**

（1）单斗雨水排水系统　悬吊管上只连接单个雨水斗的系统；

（2）多斗雨水排水系统　悬吊管上连接多个雨水斗（一般不得多于 4 个）的系统。

在条件允许的情况下，应尽量采用单斗排水，以充分发挥管道系统的排水能力，单斗系统的排水能力大于多斗系统。多斗系统的排水量大约为单斗的 80%。

**2. 根据系统是否与大气相通分为**

（1）密闭系统　雨水由雨水斗收集，进入雨水立管，或通过悬吊管直接排至室外的系统，室内不设检查井。密闭式排出管为压力排水。

（2）敞开系统　为重力排水，检查井设置在室内，敞开式可以接纳生产废水，省去生产废水的排出管，但在暴雨时可能出现检查井冒水现象。一般为安全可靠，宜采用密闭式排水系统。

**3. 按雨水管中水流的设计流态可分为**

（1）压力流（虹吸式）雨水系统　采用虹吸式雨水斗，管道中是全充满的压力流状态，屋面雨水的排水过程是一个虹吸排水过程。

（2）重力半有压流雨水系统　设计水流状态为半有压流,系统的设计流量、管材、管道布置等考虑了水流压力的作用。

## 三、内排水系统组成

内排水系统由天沟、雨水斗、连接管、悬吊管、立管、排出管、埋地横管、检查井等部分组成。

### 1. 雨水斗

雨水斗是整个雨水管道系统的进水口,主要作用是最大限度的排泄雨、雪水;对进水具有整流、导流作用,使水流平稳,以减少系统的掺气;同时具有拦截粗大杂质的作用。

目前国内常用的雨水斗为 65 型、79 型、87 型雨水斗、平篦雨水斗、虹吸式雨水斗等。

### 2. 连接管

连接雨水斗与悬吊管的短管。

### 3. 悬吊管

悬吊管与连接管和雨水立管连接,见雨水内排水系统图,对于一些重要的厂房,不允许室内检查井冒水,不能设置埋地横管时,必须设置悬吊管。

### 4. 立管

接纳雨水斗或悬吊管的雨水,与排出管连接。

### 5. 排出管

将立管的水输送到地下管道中,雨水排出管设计时,要留有一定的余地。

### 6. 埋地横管

密闭系统一般采用悬吊管架空排至室外的,不设埋地横管;敞开系统,室内设有检查井,检查井之间的管为埋地敷设。

### 7. 检查井

雨水常常把屋顶的一些杂物冲进管道,为便于清通,室内雨水埋地管之间要设置检查井。设计时应注意,为防止检查井冒水,检查井深度不得小于 0.7m。检查井内接管应采用管顶平接,而且平面上水流转角不得小于135°。

# 第三节　排水系统的水力计算

## 一、雨水量计算

### 1. 计暴雨强度 $q$

设计暴雨强度公式中应有重现期 $p$ 和屋面集水时间 $t$ 两个参数。设计重现期应根据生产工艺及建筑物的性质确定,一般采用一年,工业建筑可参考表 24 - 1 各种数据确定。

### 2. 水面积 $F(m^2)$

屋面汇水面积一般较小,一般以 $m^2$ 计算。屋面有一定的坡度,汇水面积应按照水平投影面积计算。

表 24 - 1　工业建筑雨水设计重现期

| 工业企业特征 | $P$/年 |
|---|---|
| 1. 生产工业因素 | |
| 　生产和机械设备不会因水受损害 | 0.5 |
| 　生产可能因水受损害,但机械设备不会因水受损害 | 1.0 |
| 　生产不会因水受影响,但机械设备可能因水受损害 | 1.5 |
| 　生产和机械均可能因水受损害 | 2.0 |
| 2. 土建因素 | |
| 　房屋最低层地板标高低于室外地面标高 | 0.5 |
| 　天窗玻璃位于天沟之上低于 10cm | 0.5 |
| 　屋顶各方面被房屋高出部分包围,妨碍雨水流动 | 0.5 |

**3. 水量计算公式**

$$Q = \varphi \frac{Fq_5}{10000} \tag{24—1}$$

$$Q = \varphi \frac{Fh_5}{3600} \tag{24—2}$$

式中,$Q$——屋面雨水设计流量,L/s;

　$F$——屋面设计汇水面积,m²;

　$q_5$——当地降雨历时 5min 时的暴雨强度,L/s·10⁴m²;

　$h_5$——当地降雨历时 5min 时的小时降雨厚度,mm/h;

　$\varphi$——径流系数,屋面取 0.9。

## 二、普通外排水设计计算

根据屋面坡度和建筑无立面要求等情况,按经验布置立管,划分并计算每根立管的汇水面积,计算每根立管需排泄的雨水量 $Q$。查表 24 - 2 使设计雨水量不大于表中最大设计泄流量,确定雨水立管管径。

表 24 - 2　雨水立管最大设计泄流量

| 管径/mm | 75 | 100 | 125 | 150 | 200 |
|---|---|---|---|---|---|
| 最大设计泄流量/(L/s) | 9 | 19 | 29 | 42 | 75 |

## 三、天沟外排水设计计算

屋面天沟为明渠排水时,天沟水流流速可按明渠
均流公式计算:

$$v = \frac{1}{n} R^{\frac{2}{3}} I^{\frac{1}{2}} \tag{24—3}$$

式中,$v$——天沟水流速度,m/s;

R——水力半径,m;

　I——天沟坡度;

　n——天沟粗糙系数,与天沟材料及施工情况有关,见表24－3。

表24－3　各种抹面天沟 n 值

| 天沟壁面材料 | n |
|---|---|
| 水泥砂浆光滑抹面 | 0.011 |
| 普通水泥砂浆抹面 | 0.012－0.013 |
| 无抹面 | 0.014－0.017 |
| 喷浆护面 | 0.016－0.021 |
| 不整齐表面 | 0.020 |
| 豆砂沥青玛地脂表面 | 0.025 |

## 四、内排水系统设计计算

内排水系统设计计算包括选择布置雨水斗,布置并确定连接管、悬吊管、立管、排出管和埋地管。根据最大允许泄流量换算成最大允许汇水面积:

$$F = \frac{3600}{h_5} \cdot \frac{Q}{\varphi} \tag{24—4}$$

式中,$\varphi$——径流系数;

　$h_5$——当地降雨历时 5min 时的小时降雨深度,mm/h;

　$F$——最大允许汇水面积,m$^2$;

　$Q$——最大允许泄流量。

**1. 雨水斗**

渲泄流量与雨水斗前水深有关,随水深增大而增大,斗前水深一般不超过100mm。

**2. 连接管**

管径一般和雨水斗相同,直接选用。

**3. 悬吊管**

悬吊管的泄流量与连接的雨水斗个数、管道坡度、管道长度等因素有关。

**4. 立管**

立管连接一根悬吊管时,立管管径与悬吊管管径相同。若一根立管连接两根悬吊管时,应计算立管的汇水面积,再根据 5min 小时降雨厚度 $h_5$ 确定管径。

**5. 排出管**

管径一般与立管相同,为改善排水系统的泄水能力,也可以比立管大一级。

**6. 埋地管**

为排水通畅,坡度应不小于0.003。敞开式排水系统按非满流设计,最大允许充满度在管径小于或等于300mm 时为0.50;管径350～450mm 时为0.65;管径大于500mm 时为0.80。密闭式内排水系统按满流计算。

埋地管计算方法和步骤与悬吊管相同。

# 参考文献

[1]张玉先.全国勘察设计注册公用设备师给水排水专业执业资格考试教材.给水工程.北京:中国建筑工业出版社,2011.

[2]龙腾锐,何强.全国勘察设计注册公用设备师给水排水专业执业资格考试教材.排水工程.北京:中国建筑工业出版社,2011.

[3]岳秀萍.全国勘察设计注册公用设备师给水排水专业执业资格考试教材.建筑给水排水工程.北京:中国建筑工业出版社,2011.

[4]建筑给水排水设计规范(2009年版)GB50015—2003.

[5]室外给水设计规范 GB50013—2006.

[6]室外排水设计规范(2011年版)GB50014—2006.

[7]高层民用建筑设计防火规范(2005年版)GB50045—95.

[8]李圭白,张杰.水质工程学.北京:中国建筑工业出版社,2005.

[9]严煦世,范瑾初.给水工程(第四版).北京:中国建筑工业出版社,1999.

[10]杨钦,严煦世.给水工程(第二版).北京:中国建筑工业出版社,1986.

[11]吴俊奇,付婉霞,曹秀芹.给水排水工程.北京:中国水利水电出版社,2004.

[12]张自杰等.排水工程下册(第四版).北京:中国建筑工业出版社,2000.

[13]钱易,米祥友.现代废水处理新技术.北京:中国科学技术出版社,1993.

[14]赵庆良,任南琪.水污染控制工程学.北京:化学工业出版社,2005.

[15]余淦申.生物接触氧化处理废水技术.北京:中国环境科学出版社,1992.

[16]李穗中.氧化塘污水处理技术.北京:中国环境科学出版社,1992.

[17]张禹卿.污水处理厂设计概要.北京:中国环境科学出版社,1992.

[18]王宝贞.水污染控制工程.北京:高等教育出版社,1990.

[19]高迁耀.水污染控制工程(下册).北京:高等教育出版社,2007.

[20]金儒霖,刘永龄.污泥处理.北京:中国建筑工业出版社,1988.

[21]郑元景,沈光明,沈光范.污水厌氧生物处理.北京:中国建筑工业出版社,1998.

[22]郑元景,沈光范,邬扬善.生物膜法处理污水.北京:中国建筑工业出版社,1983.

[23]张自杰,张忠祥,龙腾锐等.废水处理理论与设计.北京:中国建筑工业出版社,2003.

[24]韩洪军.污水处理构筑物设计与计算(第二版).哈尔滨:哈尔滨工业大学出版社,2005.

[25]顾夏声.水处理工程.北京:清华大学出版社,1985.

[26]王郁.水污染控制工程.北京:化学工业出版社,2008.

[27]孙慧修.排水工程(上册)(第四版).北京:中国建筑工业出版社,1999.

[28]严煦世,赵洪宾.给水管网理论和计算.北京:中国建筑工业出版社,1986.

[29]王继明.给水排水管道工程.北京:清华大学出版社,1995.

[30]李圭白,蒋展鹏,范谨初等.城市水工程概论.北京:中国建筑工业出版社,2002.

[31]严煦世.给水排水工程快速设计手册(1)给水工程.北京:中国建筑工业出版社,1995.

[32]于尔捷,张杰.给水排水工程快速设计手册(2)排水工程.北京:中国建筑工业出版社,1996.

[33]严煦世,刘遂庆.给水排水管网系统.北京:中国建筑工业出版社,2002.

[34]赵洪宾.给水管网系统理论与分析.北京:中国建筑工业出版社,2003.

[35]周玉文,赵洪宾.排水管网理论与计算.北京:中国建筑工业出版社,2000.

[36]汪光焘.城市供水行业2000年技术进步发展规划.北京:中国建筑工业出版社,1993.

[37]高廷耀,顾国维.水污染控制工程(上册)(第二版).北京:高等教育出版社,1999.

[38]李玉华,苏德俭.建筑给水排水工程设计计算.北京:中国建筑工业出版社,2006.

[39]张英,吕鑑.新编建筑给水排水工程.北京:中国建筑工业出版社,2004.

[40]李玉华,苏德俭.建筑给水排水工程设计计算.北京:中国建筑工业出版社,2006.

[41]王增长.建筑给水排水工程(第五版).北京:中国建筑工业出版社,2005.

[42]陈耀宗,姜文源,胡鹤均等.建筑给水排水设计手册.北京:中国建筑工业出版社,1992.

[43]刘文镔.给水排水工程快速设计手册(3).建筑给水排水工程.北京:中国建筑工业出版社,1998.

[44]聂梅生等.建筑小区给水排水.北京:中国建筑工业出版社,2000.

[45]公安部消防局编.建筑消防设施工程技术.北京:新华出版社,1998.

[46]陆耀庄等.实用供热空调设计手册.北京:中国建筑工业出版社,1994.